普通高等院校电子信息与电气工程类专业教材

# 电力系统分析(下)

## （第四版）

何仰赞　温增银

华中科技大学出版社
中国·武汉

# 内 容 提 要

本书共上、下两册。本册为下册,主要内容有:电力系统负荷、电力传输的基本概念、潮流计算、电压调整、频率调整、经济运行、暂态稳定、静态稳定和提高稳定性的措施等。上册的内容是电力系统各元件的数学模型、电力系统短路计算的原理和方法。

本书可选作高等学校电气工程有关专业的教学用书,亦可供电力系统相关专业的技术人员参考。

**图书在版编目(CIP)数据**

电力系统分析.下/何仰赞,温增银.—4 版.—武汉:华中科技大学出版社,2016.5(2024.7 重印)
ISBN 978-7-5680-1772-5

Ⅰ.①电… Ⅱ.①何… ②温… Ⅲ.①电力系统-系统分析-高等学校-教材 Ⅳ.①TM711

中国版本图书馆 CIP 数据核字(2016)第 092276 号

**电力系统分析**(下)(第四版) 何仰赞 温增银
Dianli Xitong Fenxi

---

策划编辑:谢燕群
责任编辑:谢燕群
封面设计:原色设计
责任校对:何 欢
责任监印:周治超
出版发行:华中科技大学出版社(中国·武汉) 电话:(027)81321913
　　　　　武汉市东湖新技术开发区华工科技园 邮编:430223
录　排:武汉市洪山区佳年华文印部
印　刷:武汉市籍缘印刷厂
开　本:787mm×1092mm 1/16
印　张:17.75
字　数:429 千字
版　次:2024 年 7 月第 4 版第 18 次印刷
定　价:45.00 元

---

本书若有印装质量问题,请向出版社营销中心调换
全国免费服务热线:400-6679-118 竭诚为您服务

# 第四版前言

电力系统分析作为一门专业基础课,也是一门专业课。虽然当前电力系统应用技术得到了很大的发展,但其理论基础仍是电力系统分析课程的内容。

本版在第三版的基础上,作了适当的修改,使定义更清晰、更严格。相较于第三版的上册,此次插入了一个附录;相较于第三版的下册,此次主要对第 16 章、第 18 章进行修订,并在第 18 章增加了一小节内容。

习题演练是加深课程的基本概念、基本计算方法的必要手段,也是建立电力系统"相对数值概念"的手段。例如,一条输电线路,在正常运行方式下,它的反映有功功率损耗的输电效率、电压损耗的百分比数值等,都是重要的"数值概念"。

本版编写的分工仍同第三版。

本书第四版修订工作全部由温增银完成。限于作者水平和条件,书中的缺点和错误在所难免,恳请读者批评指正。

作 者

2015 年 11 月

# 第三版前言

本书初版已有 15 年了，1996 年出了修订版（第二版）。本书第一版获 1987 年水利电力部优秀教材一等奖、1988 年全国高等学校优秀教材奖，本版于 1996 年获得国家教委"九五"国家级重点教材立项。这次修订在基本保持原书体系的同时，对教材内容作了较大的调整，主要有以下几个方面。

鉴于计算机的应用在电力系统分析计算中已经普及，本书对于电力系统的短路、潮流和稳定这三类常规计算，在讲清楚基本概念和基本原理的基础上，更侧重从应用计算机的角度进行计算方法的阐述。为此，书中关于电力网络的数学模型、短路故障和潮流的计算机算法等部分，在编排顺序和具体内容两个方面都作了必要的调整。

下册新增一章电力传输的基本概念，阐述交流电网功率传送的基本原理，从不同的角度说明交流电网的功率传输特性。原有的交流远距离输电的基本概念一章被撤销，但将其主要内容并入新的一章。

为了控制本书的篇幅，第二版中直流输电的基本概念一章，部分选学内容，以及电力网络设计的基本原则和方法（下册附录I）在新版中不再保留。

采用本书作教材，需要按"电力系统稳态分析"和"电力系统暂态分析"分别设课时，可以分别取第一、二、四、九、十、十一、十二、十三、十四章作为稳态分析，第三、五、六、七、八、十五、十六、十七、十八、十九章作为暂态分析的教学内容，两门课程可以平行开出。

本版的修订工作由何仰赞（第二、四、五、六、八、九、十、十一、十二、十三、十四章）和温增银（第一、三、七、十五、十六、十七、十八、十九章）共同完成。何仰赞担任主编。

限于作者的水平和条件，书中的缺点和错误在所难免，恳请读者批评指正。

作　者
2001 年 8 月

# 修订版说明

按照高等学校电力工程类专业教学委员会 1987 年制定的第三轮教材出版规划的安排，进行了本书的修订工作。

这次修订基本保持了原书的内容体系，对教材内容所作的调整与增删，主要是为了方便教学。在各章之后补充了简要的小结和习题，考虑到课程设计是本课程的必要教学环节，增添了有关电力网课程设计的基本知识作为附录收入下册。

书中所用文字符号采用中华人民共和国国家标准 GB7159—87，量和单位采用 GB3100～3102—93。

修订工作由原作者何仰赞、温增银、汪馥瑛、周勤慧共同完成，分工大体上如初版。温增银选编了习题(含答案)和课程设计参考材料。何仰赞、温增银担任主编。何仰赞负责全书审订。

**1995 年 10 月**

# 前　言

　　本书以我院《电力系统》自编讲义为基础修订而成。在修订过程中,考虑了电力系统教材编审小组于 1982 年 9 月审订定稿的"电力系统稳态分析"和"电力系统暂态分析"两门课程的教学大纲要求。

　　全书共 22 章,分为上、下两册。上册内容主要是:电力系统的数学模型和参数计算,突然三相短路的暂态分析和实用计算,不对称短路和故障的分析计算等,在附录中编入了短路电流新计算曲线的数字表。下册内容主要是:电力系统稳态运行的电压和功率计算,电压调整和频率调整,经济运行,静态稳定和暂态稳定的基本概念和分析方法,提高稳定性的措施,交流远距离输电和直流输电的基本概念。

　　本书在着重阐明电力系统的基本概念、基本理论和计算方法的基础上,对电子计算机在电力系统分析计算中的应用也作了适当的介绍。书中反映前述两门课程教学大纲基本要求的部分所需授课学时(不含实验课和习题课)为:上册 46～48 学时,下册 54～56 学时,带※号的内容供选用。采用本书作教材,可以按上、下册分别设课,依次开出。

　　参加本书编写的有:何仰赞(第二、四、五、七、八、九、十、十二、二十一、二十二章及附录)、温增银(第十六、十七、十八、十九、二十章)、汪馥瑛(第三、十三、十四、十五章)、周勤慧(第一、六、十一章)。何仰赞、温增银担任主编。何仰赞对全书进行了审订。

　　原讲义(即本书初稿)于 1983 年印出后,承蒙华南工学院、成都科技大学、郑州工学院、江西工学院、武汉水利电力学院、合肥工业大学、合肥联合大学、北京农业机械化学院等院校试用,许多老师对教材初稿提出了宝贵的意见和建议,对此我们表示衷心的感谢。

编　者

1984 年 4 月

# 目　　录

# 第9章　电力系统的负荷

本章简要介绍负荷的组成、负荷曲线和负荷特性及其数学描述等问题。

## 9.1　负荷的组成

系统中所有电力用户的用电设备所消耗的电功率总和就是电力系统的负荷,亦称电力系统的综合用电负荷,它是把不同地区、不同性质的所有用户的负荷总加起来而得到的。

系统中主要的用电设备大致有异步电动机、同步电动机、电热装置、整流装置和照明设备等。根据用户的性质,用电负荷也可以分为工业负荷、农业负荷、交通运输业负荷和人民生活用电负荷等。在不同性质的用户中,上述各类用电设备消耗功率所占的比重是不同的。在工业负荷中,对于不同的行业,这些用电设备消费功率所占的比重也不相同。某电力系统曾对若干工业部门各类设备用电功率的比重做过统计,其结果见表9-1。

**表 9-1　几个工业部门用电设备比重的统计**　　　　单位:%

| 用电设备 | 综合性中小工业 | 纺织工业 | 化学工业(化肥厂、焦化厂) | 化学工业(电化厂) | 大型机械加工工业 | 钢铁工业 |
|---|---|---|---|---|---|---|
| 异步电动机 | 79.1 | 99.8 | 56.0 | 13.0 | 82.5 | 20.0 |
| 同步电动机 | 3.2 | | 44.0 | | 1.3 | 10.0 |
| 电热装置 | 17.7 | 0.2 | | | 15.0 | 70.0 |
| 整流装置 | | | | 87.0 | 1.2 | |
| 合　　计 | 100.0 | 100.0 | 100.0 | 100.0 | 100.0 | 100.0 |

综合用电负荷加上电力网的功率损耗就是各发电厂应该供给的功率,称为电力系统的供电负荷。供电负荷再加上发电厂厂用电消耗的功率就是各发电厂应该发出的功率,称为电力系统的发电负荷。

## 9.2　负 荷 曲 线

实际的系统负荷是随时间变化的,其变化规律可用负荷曲线来描述。常用的负荷曲线有日负荷曲线和年负荷曲线。图9-1所示的电力系统日负荷曲线描述了一天24小时负荷的变化情况。负荷曲线中的最大值称为日最大负荷 $P_{\max}$(又称峰荷),最小值称为日最小负荷 $P_{\min}$(又称谷荷)。为了方便计算,实际上常把连续变化的曲线绘制成阶梯形,如图9-1(b)所示。

根据日负荷曲线可以计算一日的总耗电量,即

$$W_{\mathrm{d}} = \int_0^{24} P \mathrm{d}t$$

故日平均负荷为

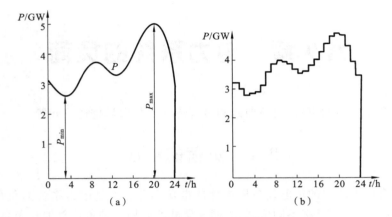

图 9-1　日负荷曲线

$$P_{av} = \frac{W_d}{24} = \frac{1}{24}\int_0^{24} P dt \qquad (9-1)$$

为了说明负荷曲线的起伏特性，常引用这样两个系数：负荷率 $k_m$ 和最小负荷系数 $\alpha$。

$$k_m = \frac{P_{av}}{P_{max}} \qquad (9-2)$$

$$\alpha = \frac{P_{min}}{P_{max}} \qquad (9-3)$$

这两个系数不仅用于日负荷曲线，也可用于其他时间段的负荷曲线。

对于不同性质的用户，负荷曲线是不同的。一般说来，负荷曲线的变化规律取决于负荷的性质、厂矿企业生产发展情况及作息制度、用电地区的地理位置、当地气候条件和人民生活习惯等。三班制连续生产的重工业，例如钢铁工业的日负荷曲线如图 9-2(a)所示，曲线比较平坦，最小负荷系数达到 0.85。一班制生产的轻工业，如食品工业的日负荷曲线如图 9-2(b)所示，负荷变化幅度大，最小负荷系数只有 0.13。非排灌季节的农业日负荷曲线如图 9-2(c)所示，农村加工用电每天仅 12 小时。市政生活负荷曲线中存在明显的照明用电高峰，如图 9-2(d)所示。在电力系统中各用户的日最大负荷不会都在同一时刻出现，日最小负荷也不会在同一时刻出现。因此，系统的最大负荷总是小于各用户最大负荷之和，而系统的最小负荷总是大于各用户最小负荷之和。

日负荷曲线对电力系统的运行非常重要，它是安排日发电计划和确定系统运行方式的重要依据。

年最大负荷曲线描述一年内每月（或每日）最大有功功率负荷变化的情况，它主要用来安排发电设备的检修计划，同时也为制订发电机组或发电厂的扩建或新建计划提供依据。图 9-3 所示为年最大负荷曲线，其中划斜线的面积 $A$ 代表各检修机组的容量和检修时间的乘积之和，$B$ 是系统新装的机组容量。

在电力系统的运行分析中，还经常用到年持续负荷曲线，它按一年中系统负荷的数值大小及其持续小时数顺序排列而绘制成。例如，在全年 8760 小时中，有 $t_1$ 小时负荷值为 $P_1$（即最大值 $P_{max}$），$t_2$ 小时负荷值为 $P_2$，$t_3$ 小时负荷值为 $P_3$，于是可绘出如图 9-4 所示的年持续负荷曲线。在安排发电计划和进行可靠性估算时，常用到这种曲线。

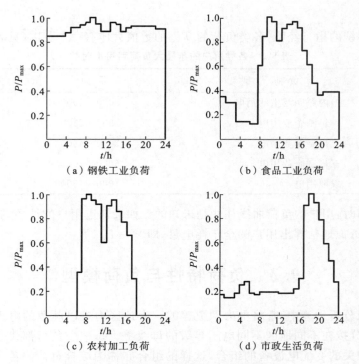

（a）钢铁工业负荷    （b）食品工业负荷

（c）农村加工负荷    （d）市政生活负荷

图 9-2　不同行业的有功功率日负荷曲线

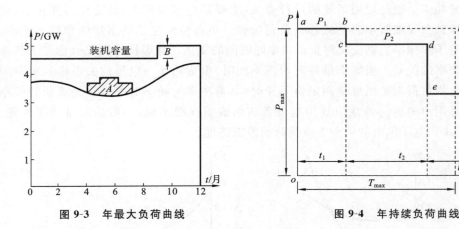

图 9-3　年最大负荷曲线    图 9-4　年持续负荷曲线

根据年持续负荷曲线可以确定系统负荷的全年耗电量为

$$W = \int_0^{8760} P \mathrm{d}t$$

如果负荷始终等于最大值 $P_{\max}$，经过 $T_{\max}$ 小时后所消耗的电能恰好等于全年的实际耗电量，则称 $T_{\max}$ 为最大负荷利用小时数，即

$$T_{\max} = \frac{W}{P_{\max}} = \frac{1}{P_{\max}} \int_0^{8760} P \mathrm{d}t \qquad (9-4)$$

对于图 9-4 所示的年持续负荷曲线，若使矩形面积 $oahio$ 同面积 $oabcdefgo$ 相等，则线段 $\overline{oi}$

即等于 $T_{max}$。

根据电力系统的运行经验，各类负荷的 $T_{max}$ 的数值大体有一个范围（见表 9-2）。

**表 9-2　各类用户的年最大负荷利用小时数**

| 负 荷 类 型 | $T_{max}/h$ |
|---|---|
| 户内照明及生活用电 | 2000～3000 |
| 一班制企业用电 | 1500～2200 |
| 二班制企业用电 | 3000～4500 |
| 三班制企业用电 | 6000～7000 |
| 农灌用电 | 1000～1500 |

在设计电网时，用户的负荷曲线往往是未知的。如果知道用户的性质，就可以选择适当的 $T_{max}$ 值，从而近似地估算出用户的全年耗电量，即 $W = P_{max} T_{max}$。

# 9.3　负荷特性与负荷模型

在电力系统分析计算中，常将电力网覆盖的广大地区内难以胜数的电力用户合并为数量不多的负荷，分接在不同地区不同电压等级的母线上。每一个负荷都代表一定数量的各类用电设备及相关的变配电设备的组合，这样的组合亦称为综合负荷。各个综合负荷功率大小不等，成分各异。一个综合负荷可能代表一个企业，也可能代表一个地区。

综合负荷的功率一般是要随系统的运行参数（主要是电压和频率）的变化而变化的，反映这种变化规律的曲线或数学表达式称为负荷特性。负荷特性包括动态特性和静态特性。动态特性反映电压和频率急剧变化时负荷功率随时间的变化。静态特性则代表稳态下负荷功率和电压与频率的关系。当频率维持额定值不变时，负荷功率与电压的关系称为负荷的电压静态特性。当负荷端电压维持额定值不变时，负荷功率与频率的关系称为负荷的频率静态特性。各类用户的负荷特性依其用电设备的组成情况而不同，一般是通过实测确定。图 9-5 表示由 6 kV 电压供电的中小工业负荷的静态特性。

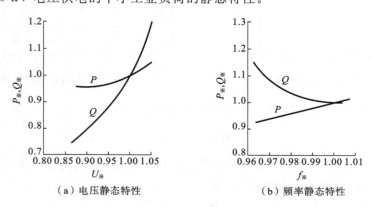

（a）电压静态特性　　　　（b）频率静态特性

**图 9-5　6 kV 综合中小工业负荷的静态特性**
负荷组成：异步电动机 79.1%；同步电动机 3.2%；电热电炉 17.7%

负荷模型是指在电力系统分析计算中对负荷特性所作的物理模拟或数学描述。显然，负荷模型也可分为动态模型和静态模型。将负荷的静态特性用数学公式表述出来，就是负荷的静态数学模型。负荷的电压静态特性常用以下二次多项式表示。

$$P = P_N[a_p(U/U_N)^2 + b_p(U/U_N) + c_p] \tag{9-5}$$

$$Q = Q_N[a_q(U/U_N)^2 + b_q(U/U_N) + c_q] \tag{9-6}$$

式中，$U_N$ 为额定电压，$P_N$ 和 $Q_N$ 为额定电压时的有功和无功功率，各个系数可根据实际的电压静态特性用最小二乘法拟合求得，这些系数应满足

$$\left. \begin{array}{l} a_p + b_p + c_p = 1 \\ a_q + b_q + c_q = 1 \end{array} \right\} \tag{9-7}$$

式(9-5)和式(9-6)表明，负荷的有功和无功功率都由三个部分组成，第一部分与电压平方成正比，代表恒定阻抗消耗的功率；第二部分与电压成正比，代表与恒电流负荷相对应的功率；第三部分为恒功率分量。

负荷的频率静态特性也可以用类似的多项式表示。当电压和频率都在额定值附近小幅度变化时，还可以对静态特性作线性化处理，将负荷功率表示为

$$P = P_N(1 + k_{pv}\Delta U) \tag{9-8}$$

$$Q = Q_N(1 + k_{qv}\Delta U) \tag{9-9}$$

和

$$P = P_N(1 + k_{pf}\Delta f) \tag{9-10}$$

$$Q = Q_N(1 + k_{qf}\Delta f) \tag{9-11}$$

式中

$$\Delta U = (U - U_N)/U_N, \quad \Delta f = (f - f_N)/f_N$$

需要同时考虑电压和频率的变化时，也可以采用

$$P = P_N(1 + k_{pv}\Delta U)(1 + k_{pf}\Delta f) \tag{9-12}$$

$$Q = Q_N(1 + k_{qv}\Delta U)(1 + k_{qf}\Delta f) \tag{9-13}$$

负荷的静态特性还有另外一种表示形式，如幂函数形式，此处不再列举。

反映负荷动态特性的数学模型一般都由微分方程和代数方程组成，并且根据所研究问题的不同要求采用不同的数学表达式。

建立综合负荷的动态模型，无论是物理模型还是数学模型，都包含制订模型结构和确定模型参数这两个问题。综合负荷所代表的用电设备数量很大，分布很广，种类繁多，其工作状态又带有随机性和时变性（甚至是跃变性），联接各类用电设备的配电网的结构也可能发生变化。由于上述种种情况，怎样才能建立一个既准确又实用的负荷模型的问题至今仍未很好地解决。

电力系统分析计算中，发电机、变压器和电力线路常用等值电路代表，并由此组成电力系统的等值网络。负荷是电力系统的重要组成部分，用等值电路代表综合负荷是很自然的，也是合理的。最常采用的综合负荷等值电路有：含源等值阻抗（或导纳）支路、恒定阻抗（或导纳）支路、异步电动机等值电路（即阻抗值随转差而变的阻抗支路）以及这些电路的不同组合。

本课程中，对负荷模型一般都作简化处理。在潮流计算中，负荷常用恒定功率表示，必要时，也可以采用线性化的静态特性。在短路计算中，负荷或表示为含源阻抗支路，或表示为恒定阻抗支路（见上册第 6 章）。稳定计算中，综合负荷可表示为恒定阻抗，或不同比例的

恒定阻抗和异步电动机的组合。对于后一种处理方法,还应补充一个反映异步电动机机械运动状态的转子运动方程(见第 17 章)。

# 小　结

系统中所有电力用户的用电设备消耗的电功率的总和就是电力系统的负荷。

日负荷曲线是电力系统安排日发电计划和确定运行方式的重要依据。由于企业生产情况及作息制度不一样,不同行业用户的日负荷曲线形状可能有很大的差异。

年最大负荷曲线主要用来安排发电设备的检修计划,也为制订发电机组或发电厂的扩建或新建计划提供依据。

要掌握负荷率,最小负荷系数和年最大负荷利用小时数等几个概念。

负荷特性反映负荷功率随电压和频率变化而变化的规律。在电力系统分析计算中用来模拟负荷特性的数学公式或等值电路称为负荷的模型。本课程中,进行潮流计算时负荷常用恒定功率表示;在短路和稳定计算中,负荷常用等值电路表示。

# 习　题

9-1　某系统典型日负荷曲线如题 9-1 图所示,试计算:日平均负荷、负荷率 $k_m$、最小负荷系数 $\alpha$ 以及峰谷差 $\Delta P_m$。

9-2　若题 9-1 图所示曲线作为系统全年平均日负荷曲线,试作出系统年持续负荷曲线,并求出年平均负荷及最大负荷利用小时数 $T_{max}$。

9-3　某工厂用电的年持续负荷曲线如题 9-3 图所示。试求:工厂全年平均负荷、全年耗电量及最大负荷利用小时数 $T_{max}$。

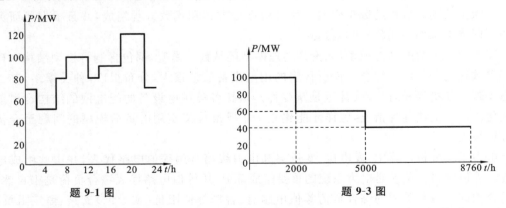

题 9-1 图　　　　　　　　　　　　　题 9-3 图

9-4　在给定运行情况下,某工厂 10 kV 母线运行电压为 10.3 kV,负荷为$(10+j5)$ MV·A。以此运行状态为基准值的负荷电压静态特性如图 9-5(a)所示,若运行电压下降到 10 kV,求此时负荷所吸收的功率。

# 第10章 电力传输的基本概念

本章介绍交流电力系统有关功率传输的基本概念,其中包括网络元件的电压降落和功率损耗、输电系统的功率特性和功率极限、长距离输电线路的运行特性等。

## 10.1 网络元件的电压降落和功率损耗

### 10.1.1 网络元件的电压降落

设网络元件的一相等值电路如图 10-1 所示,其中 $R$ 和 $X$ 分别为一相的电阻和等值电抗,$U$ 和 $I$ 表示相电压和相电流。

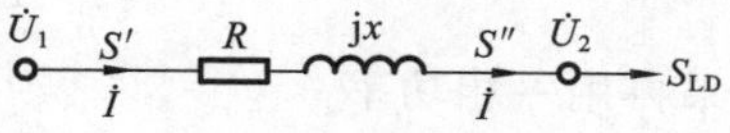

**1. 电压降落**

网络元件的电压降落是指元件首末端两点电压的相量差,由等值电路图 10-1 可知

图 10-1 网络元件的等值电路

$$\dot{U}_1 - \dot{U}_2 = (R + \mathrm{j}X)\dot{I} \tag{10-1}$$

以相量 $\dot{U}_2$ 为参考轴,如果 $\dot{I}$ 和 $\cos\varphi_2$ 已知,可作出相量图如图 10-2(a)所示。图中 $\overline{AB}$ 就是电压降相量 $(R+\mathrm{j}X)\dot{I}$。把电压降相量分解为与电压相量 $\dot{U}_2$ 同方向和相垂直的两个分量 $\overline{AD}$ 及 $\overline{DB}$,记这两个分量的绝对值为 $\Delta U_2 = \overline{AD}$ 及 $\delta U_2 = \overline{DB}$,由图可以写出

$$\left.\begin{array}{l} \Delta U_2 = RI\cos\varphi_2 + XI\sin\varphi_2 \\ \delta U_2 = XI\cos\varphi_2 - RI\sin\varphi_2 \end{array}\right\} \tag{10-2}$$

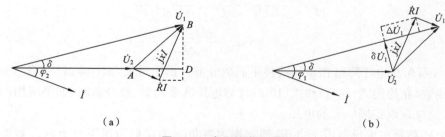

(a)                                        (b)

图 10-2 电压降落相量图

于是网络元件的电压降落可以表示为

$$\dot{U}_1 - \dot{U}_2 = (R + \mathrm{j}X)\dot{I} = \Delta\dot{U}_2 + \delta\dot{U}_2 \tag{10-3}$$

式中,$\Delta\dot{U}_2$ 和 $\delta\dot{U}_2$ 分别称为电压降落的纵分量和横分量。

在电力网分析中,习惯用功率进行运算。与电压 $\dot{U}_2$ 和电流 $\dot{I}$ 相对应的一相功率为

$$S'' = \dot{U}_2\overset{*}{\dot{I}} = P'' + \mathrm{j}Q'' = U_2 I\cos\varphi_2 + \mathrm{j}U_2 I\sin\varphi_2$$

用功率代替电流,可将式(10-2)改写为

$$\Delta U_2 = \frac{P''R + Q'X}{U_2} \\ \delta U_2 = \frac{P''X - Q'R}{U_2}\right\} \tag{10-4}$$

而元件首端的相电压为

$$\dot{U}_1 = \dot{U}_2 + \Delta\dot{U}_2 + \delta\dot{U}_2 = U_2 + \frac{P''R + Q'X}{U_2} + j\frac{P''X - Q'R}{U_2} = U_1\angle\delta \tag{10-5}$$

$$U_1 = \sqrt{(U_2 + \Delta U_2)^2 + (\delta U_2)^2} \tag{10-6}$$

$$\delta = \text{arctg}\frac{\delta U_2}{U_2 + \Delta U_2} \tag{10-7}$$

式中, $\delta$ 为元件首末端电压相量的相位差。

若以电压相量 $\dot{U}_1$ 作参考轴, 且已知电流 $\dot{I}$ 和 $\cos\varphi_1$ 时, 也可以把电压降落相量分解为与 $\dot{U}_1$ 同方向和相垂直的两个分量, 如图 10-2(b) 所示, 于是

$$\dot{U}_1 - \dot{U}_2 = (R + jX)\dot{I} = \Delta\dot{U}_1 + \delta\dot{U}_1 \tag{10-8}$$

如果再用一相功率

$$S' = \dot{U}_1\overset{*}{I} = P' + jQ' = U_1 I\cos\varphi_1 + jU_1 I\sin\varphi_1$$

表示电流, 便得

$$\Delta U_1 = \frac{P'R + Q'X}{U_1} \\ \delta U_1 = \frac{P'X - Q'R}{U_1}\right\} \tag{10-9}$$

而元件末端的相电压为

$$\dot{U}_2 = \dot{U}_1 - \Delta\dot{U}_1 - \delta\dot{U}_1 = U_1 - \frac{P'R + Q'X}{U_1} - j\frac{P'X - Q'R}{U_1} = U_2\angle(-\delta) \tag{10-10}$$

$$U_2 = \sqrt{(U_1 - \Delta U_1)^2 + (\delta U_1)^2} \tag{10-11}$$

$$\delta = \text{arctg}\frac{\delta U_1}{U_1 - \Delta U_1} \tag{10-12}$$

图 10-3 所示为电压降落相量的两种不同的分解。由图可见, $\Delta U_1 \neq \Delta U_2$, $\delta U_1 \neq \delta U_2$。

必须注意, 在使用式(10-4)和式(10-9)计算电压降落的纵、横分量时, 如果所用的是某一点的功率, 就应该取用同一点的电压。

上述公式都是按电流落后于电压, 即功率因数角 $\varphi$ 为正的情况下导出的。如果电流超前于电压, 则 $\varphi$ 应有负值, 在以上各公式中的无功功率 $Q$ 也应改变符号。顺便说明, 在本书的所有公式中, $Q$ 代表感性无功功率时, 其数值为正; 代表容性无功功率时, 其数值为负。

**2. 电压损耗和电压偏移**

通常, 我们把两点间电压绝对值之差称为电压损耗, 也用 $\Delta U$ 表示。由图 10-4 可以看到

$$\Delta U = U_1 - U_2 = \overline{AG}$$

当两点电压之间的相角差 $\delta$ 不大时, $\overline{AG}$ 与 $\overline{AD}$ 的长度相差不大, 可近似地认为电压损耗就等于电压降落的纵分量。

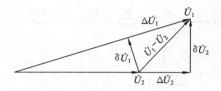

图 10-3　电压降落相量的两种分解法

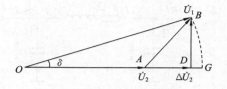

图 10-4　电压损耗示意图

电压损耗可以用 kV 表示,也可用该元件额定电压的百分数表示。在工程实际中,常需计算从电源点到某负荷点的总电压损耗,显然,总电压损耗将等于从电源点到该负荷点所经各串联元件电压损耗的代数和。

由于传送功率时在网络元件要产生电压损耗,同一电压级电力网中各点的电压是不相等的。为了衡量电压质量,必须知道网络中某些节点的电压偏移。所谓电压偏移,是指网络中某点的实际电压同网络该处的额定电压之差,可以用 kV 表示,也可以用额定电压的百分数表示。若某点的实际电压为 $U$,该处的额定电压为 $U_{\mathrm{N}}$,则用百分数表示的电压偏移为

$$\text{电压偏移}(\%) = \frac{U - U_{\mathrm{N}}}{U_{\mathrm{N}}} \times 100 \tag{10-13}$$

电力网实际电压的高低对用户的工作是有影响的,而电压的相位则对用户没有什么影响。在讨论电力网的电压水平时,电压损耗和电压偏移是两个常用的概念。

**3. 电压降落公式的分析**

从电压降落的公式可见,不论从元件的哪一端计算,电压降落的纵、横分量计算公式的结构都是一样的,元件两端的电压幅值差主要由电压降落的纵分量决定,电压的相角差则由横分量确定。高压输电线的参数中,电抗要比电阻大得多,作为极端的情况,令 $R=0$,便得

$$\Delta U = QX/U, \quad \delta U = PX/U$$

上式说明,在纯电抗元件中,电压降落的纵分量是因传送无功功率而产生,电压降落的横分量则因传送有功功率产生。换句话说,元件两端存在电压幅值差是传送无功功率的条件,存在电压相角差则是传送有功功率的条件。感性无功功率将从电压较高的一端流向电压较低的一端,有功功率则从电压相位越前的一端流向电压相位落后的一端,这是交流电网中关于功率传送的重要概念。实际的网络元件都存在电阻,电流的有功分量流过电阻将会增加电压降落的纵分量,电流的感性无功分量通过电阻则将使电压降落的横分量有所减少。

## 10.1.2　网络元件的功率损耗

网络元件的功率损耗包括电流通过元件的电阻和等值电抗时产生的功率损耗和电压施加于元件的对地等值导纳时产生的损耗。

网络元件主要指输电线路和变压器,其等值电路如图 10-5 所示。电流在线路的电阻和电抗上产生的功率损耗为

$$\Delta S_{\mathrm{L}} = \Delta P_{\mathrm{L}} + \mathrm{j}\Delta Q_{\mathrm{L}} = I^2(R + \mathrm{j}X) = \frac{P''^2 + Q''^2}{U_2^2}(R + \mathrm{j}X) \tag{10-14}$$

或

$$\Delta S_{\mathrm{L}} = \frac{P'^2 + Q'^2}{U_1^2}(R + \mathrm{j}X) \tag{10-15}$$

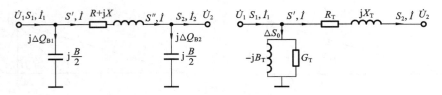

**图 10-5　线路和变压器的等值电路**

在外加电压作用下,线路电容将产生无功功率 $\Delta Q_B$。作为无功功率损耗,$\Delta Q_L$ 取正号,$\Delta Q_B$ 则应取负号。

$$\Delta Q_{B1} = -\frac{1}{2}BU_1^2, \quad \Delta Q_{B2} = -\frac{1}{2}BU_2^2 \qquad (10\text{-}16)$$

变压器绕组电阻和电抗产生的功率损耗,其计算公式与线路的相似,不再列出。变压器的励磁损耗可由等值电路中励磁支路的导纳确定。

$$\Delta S_0 = (G_T + jB_T)U^2 \qquad (10\text{-}17)$$

实际计算中,变压器的励磁损耗可直接利用空载试验的数据确定,而且一般也不考虑电压变化对它的影响。

$$\Delta S_0 = \Delta P_0 + jQ_0 = \Delta P_0 + j\frac{I_0\%}{100}S_N \qquad (10\text{-}18)$$

式中,$\Delta P_0$ 为变压器的空载损耗;$I_0\%$ 为空载电流的百分数;$S_N$ 为变压器的额定容量。

对于 35 kV 以下的电力网,在简化计算中常略去变压器的励磁功率。

线路首端的输入功率为

$$S_1 = S' + j\Delta Q_{B1}$$

末端的输出功率为

$$S_2 = S'' - j\Delta Q_{B2}$$

线路末端输出的有功功率 $P_2$ 与首端输入的有功功率 $P_1$ 之比,便是线路的输电效率。

$$输电效率 = \frac{P_2}{P_1} \times 100\% \qquad (10\text{-}19)$$

本节的各公式是从单相电路导出的,各式中的电压和功率应为相电压和单相功率。在电力网的实际计算中,习惯采用线电压和三相功率,以上导出的式(10-4)～(10-7)、式(10-9)～(10-19)仍然适用。各公式中有关参数的单位如下:阻抗为 $\Omega$,导纳为 S,电压为 kV,功率为 MV·A。这里所作的说明,同样适用于本章以下论述的内容。

## 10.2　输电线路的功率特性

输电线路两端电压和电流之间的关系可以用两端口网络(见图 10-6)的通用方程式表示。

$$\left.\begin{array}{l}\dot{U}_1 = \dot{A}\dot{U}_2 + \dot{B}\dot{I}_2 \\ \dot{I}_1 = \dot{C}\dot{U}_2 + \dot{D}\dot{I}_2\end{array}\right\} \qquad (10\text{-}20)$$

根据上列方程式,计及 $\dot{A}\dot{D} - \dot{B}\dot{C} = 1$,可以解出

$$\left.\begin{array}{l}\dot{I}_1 = \dfrac{1}{\dot{B}}(\dot{D}\dot{U}_1 - \dot{U}_2)\\[3mm]\dot{I}_2 = \dfrac{1}{\dot{B}}(\dot{U}_1 - \dot{A}\dot{U}_2)\end{array}\right\}\qquad(10\text{-}21)$$

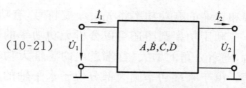

图 10-6 两端口网络

线路两端的功率方程为

$$\left.\begin{array}{l}S_1 = P_1 + jQ_1 = \dot{U}_1\overset{*}{I}_1 = \dfrac{U_1^2\overset{*}{D}}{\overset{*}{B}} - \dfrac{\dot{U}_1\overset{*}{U}_2}{\overset{*}{B}}\\[4mm]S_2 = P_2 + jQ_2 = \dot{U}_2\overset{*}{I}_2 = -\dfrac{U_2^2\overset{*}{A}}{\overset{*}{B}} + \dfrac{\overset{*}{U}_1\dot{U}_2}{\overset{*}{B}}\end{array}\right\}\qquad(10\text{-}22)$$

令 $\dot{A}=A\angle\theta_A$，$\dot{B}=B\angle\theta_B$，$\dot{D}=D\angle\theta_D$，$\dot{U}_1=U_1\angle\delta$ 和 $\dot{U}_2=U_2\angle 0°$，则式(10-22)可写成

$$\left.\begin{array}{l}S_1 = \dfrac{U_1^2 D}{B}\angle(\theta_B-\theta_D) - \dfrac{U_1 U_2}{B}\angle(\theta_B+\delta) = \dot{\xi}_1 + \dot{\rho}_1\\[4mm]S_2 = -\dfrac{U_2^2 A}{B}\angle(\theta_B-\theta_A) + \dfrac{U_1 U_2}{B}\angle(\theta_B-\delta) = \dot{\xi}_2 + \dot{\rho}_2\end{array}\right\}\qquad(10\text{-}23)$$

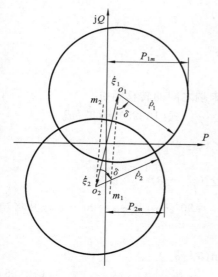

图 10-7 输电线的功率圆图

当电压幅值 $U_1$ 和 $U_2$ 不变时，式(10-23)的两式都是圆的方程，方程中唯一的变量是线路两端电压的相角差 $\delta$。根据式(10-23)作出的输电线功率圆图如图 10-7 所示。圆心的位置是固定的，分别由矢量 $\dot{\xi}_1$、$\dot{\xi}_2$ 的端点坐标确定。输电线路为对称两端口网络，$\dot{A}=\dot{D}$，矢量 $\dot{\xi}_1$ 和 $\dot{\xi}_2$ 正好反相，其长度分别正比于首端和末端电压幅值的平方。两圆半径长度相等，$\rho_1=\rho_2=U_1 U_2/B$。令 $\delta=0°$ 可以确定半径矢量 $\dot{\rho}_1$ 和 $\dot{\rho}_2$ 的初始方向分别为 $\overline{o_1 m_1}$ 和 $\overline{o_2 m_2}$，它们对于水平轴的偏转角分别为 $\theta_B+180°$ 和 $\theta_B$。当 $\delta$ 由零增大时，$\dot{\rho}_1$ 依反时针方向旋转，$\dot{\rho}_2$ 则依顺时针方向旋转。由矢量 $\dot{\rho}_1$ 和 $\dot{\rho}_2$ 的端点坐标即可分别确定线路首端和末端的功率。

当 $\theta_B+\delta=180°$ 时，半径矢量 $\dot{\rho}_1$ 与水平轴平行，首端有功功率达到最大值；当 $\delta=\theta_B$ 时，末端有功功率达到最大值。

$$\left.\begin{array}{l}P_{1m} = \mathrm{Re}[\dot{\xi}_1] + \rho_1\\[2mm]P_{2m} = \mathrm{Re}[\dot{\xi}_2] + \rho_2\end{array}\right\}\qquad(10\text{-}24)$$

这就是输电线路在给定的首、末端电压下所能传送的最大功率，称为功率极限。正常运行时，线路两端电压应在额定值附近，因此，输电线路的功率极限约与线路的额定电压的平方成正比。

随着首末端电压相位差 $\delta$ 的继续增大，有功功率将逐渐减小，当 $\delta$ 增大到 180° 附近，末

端和首端的有功功率将先后改变符号，有功功率将改变传送方向，变为由末端送往首端。

利用功率圆图还可以分析无功功率的变化情况。当 $\delta$ 角较小时，首端的无功功率有负值，随着 $\delta$ 角的增大，首端送出的感性无功功率持续增加，在 $\delta$ 角到达 $180°$ 附近时达到最大值。由于末端功率圆大部分位于水平轴的下方，只在 $\delta$ 角较小时，末端的无功功率有正值，即可以接受少量的感性无功功率，此后，随着 $\delta$ 角的增大，末端不仅接受不到无功功率，反而要向线路注入越来越多的无功功率。上述情况说明，$\delta$ 角较小时，线路电流也小，线路电容产生的无功功率超过线路电抗上消耗的无功功率，有少量盈余的无功功率向两端分送。随着 $\delta$ 角增大，线路上的电流大幅度增加，首端和末端都必须向线路提供大量的无功功率以抵偿线路的无功功率损耗。由此可见，当 $\delta$ 角大范围变化时，为了维持线路两端的电压有恒定的幅值，无论是首端还是末端都必须拥有充足的无功功率电源，而且还应具备吸收一定数量无功功率的能力。

电力系统分析计算中，常将输入阻抗和转移阻抗引入功率公式中。对于图 10-6 所示的两端口网络，令 $\dot{U}_2 = 0$，便得

$$\frac{\dot{U}_1}{\dot{I}_1} = \frac{\dot{B}}{\dot{D}} = Z_{11}, \qquad \frac{\dot{U}_1}{\dot{I}_2} = \dot{B} = Z_{12}$$

反过来，令 $\dot{U}_1 = 0$，便有

$$\frac{\dot{U}_2}{-\dot{I}_2} = \frac{\dot{B}}{\dot{A}} = Z_{22}$$

这里，$Z_{11}$ 和 $Z_{22}$ 分别为首端和末端的输入阻抗，$Z_{12}$ 为首末端之间的转移阻抗。

记 $Z_{11} = |Z_{11}| \angle \varphi_{11}$，$Z_{22} = |Z_{22}| \angle \varphi_{22}$ 和 $Z_{12} = |Z_{12}| \angle \varphi_{12}$，式（10-23）便可写成

$$S_1 = \frac{U_1^2}{|Z_{11}|} \angle \varphi_{11} - \frac{U_1 U_2}{|Z_{12}|} \angle (\varphi_{12} + \delta)$$

$$S_2 = -\frac{U_2^2}{|Z_{22}|} \angle \varphi_{22} + \frac{U_1 U_2}{|Z_{12}|} \angle (\varphi_{12} - \delta)$$

如果再将阻抗角用相应的余角表示，即 $\varphi_{11} = 90° - \alpha_{11}$，$\varphi_{22} = 90° - \alpha_{22}$ 和 $\varphi_{12} = 90° - \alpha_{12}$，并将功率公式展开，便得

$$\left.\begin{aligned}
P_1 &= \frac{U_1^2}{|Z_{11}|} \sin\alpha_{11} + \frac{U_1 U_2}{|Z_{12}|} \sin(\delta - \alpha_{12}) \\
Q_1 &= \frac{U_1^2}{|Z_{11}|} \cos\alpha_{11} - \frac{U_1 U_2}{|Z_{12}|} \cos(\delta - \alpha_{12})
\end{aligned}\right\} \tag{10-25}$$

$$\left.\begin{aligned}
P_2 &= -\frac{U_2^2}{|Z_{22}|} \sin\alpha_{22} + \frac{U_1 U_2}{|Z_{12}|} \sin(\delta + \alpha_{12}) \\
Q_2 &= -\frac{U_2^2}{|Z_{22}|} \cos\alpha_{22} + \frac{U_1 U_2}{|Z_{12}|} \cos(\delta + \alpha_{12})
\end{aligned}\right\} \tag{10-26}$$

上述公式不仅适用于输电线路，也完全适用于可以用两端口网络代替的更为复杂的输电系统。对图 10-8 所示的两发电机系统，可以把两端的发电机的阻抗，变压器和输电线路的阻抗和导纳，以及所接负荷（用等值阻抗表示）全部收入双口网络中。在应用式（10-25）和式（10-26）时，只要用 $E_1$ 和 $E_2$ 分别替代 $U_1$ 和 $U_2$，用 $\dot{E}_1$ 和 $\dot{E}_2$ 的相位差替代 $\delta$ 就可以了。

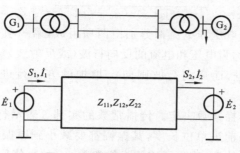

**图 10-8 两发电机电力系统**

# 10.3 沿长线的功率传送

在电力系统的运行分析中,对于长度超过 300 km 的架空线路和超过 100 km 的电缆线路,往往需要考虑线路参数的分布性。

## 10.3.1 长线的稳态方程

参数沿线均匀分布的长距离输电线(见图 10-9),在正弦电压作用下处于稳态时,其方程式为

$$\left.\begin{array}{l} \dfrac{\mathrm{d}\dot{U}}{\mathrm{d}x} = (r_0 + \mathrm{j}\omega L_0)\dot{I} \\[3mm] \dfrac{\mathrm{d}\dot{I}}{\mathrm{d}x} = (g_0 + \mathrm{j}\omega C_0)\dot{U} \end{array}\right\} \tag{10-27}$$

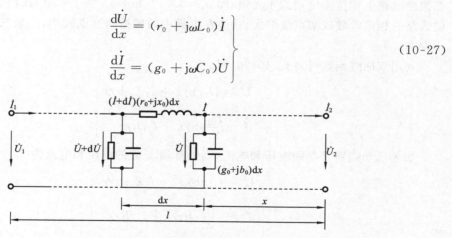

**图 10-9 长线的等值电路**

由上述方程可以解出

$$\left.\begin{array}{l} \dot{U} = \dfrac{\dot{U}_2 + Z_\mathrm{c}\dot{I}_2}{2}\mathrm{e}^{\gamma x} + \dfrac{\dot{U}_2 - Z_\mathrm{c}\dot{I}_2}{2}\mathrm{e}^{-\gamma x} \\[3mm] \dot{I} = \dfrac{\dot{U}_2/Z_\mathrm{c} + \dot{I}_2}{2}\mathrm{e}^{\gamma x} - \dfrac{\dot{U}_2/Z_\mathrm{c} - \dot{I}_2}{2}\mathrm{e}^{-\gamma x} \end{array}\right\} \tag{10-28}$$

式中

$$\gamma = \sqrt{(g_0 + \mathrm{j}\omega C_0)(r_0 + \mathrm{j}\omega L_0)} = \beta + \mathrm{j}\alpha$$

$$Z_c = \sqrt{(r_0 + j\omega L_0)/(g_0 + j\omega C_0)} = |Z_c| e^{j\theta_c}$$

由式（10-28）可见，沿线的电压和电流都分别由两项组成，第一项称为电压和电流的正向行波（或入射波），第二项则称为电压和电流的反向行波（或反射波）。随着时间的增长，正向行波向着 $x$ 减小的方向行进，而反向行波则向 $x$ 增加的方向行进。$\gamma$ 为传播常数，$Z_c$ 为波阻抗。

行波的基本性质由传播常数决定。传播常数的实部 $\beta$ 表示行波振幅衰减的特性，称为行波的衰减常数。行波每前进单位长度，其振幅都要减小到原振幅的 $1/e^{\beta}$。传播常数的虚部 $\alpha$ 表示行波相位变化的特性，称为行波的相位常数。$\alpha$ 的数值代表沿着行波的传播方向相距单位长度的前方处行波在相位上滞后的弧度数。当 $r_0 = 0$ 和 $g_0 = 0$ 时，$\beta = 0$，所以行波振幅衰减是由线路上的功率损失引起的。而行波沿线路的相位变动主要是由于线路上存在电感和电容的缘故。

行波的相位相差为 $2\pi$ 的两点间的距离称为波长，通常用 $\lambda$ 表示，即

$$\lambda = \frac{2\pi}{\alpha} = \frac{2\pi}{\omega \sqrt{L_0 C_0}} = \frac{1}{f \sqrt{L_0 C_0}} \tag{10-29}$$

行波的传播速度，亦称相位速度，记为

$$v_\omega = \lambda f = \frac{1}{\sqrt{L_0 C_0}} \tag{10-30}$$

在架空线路上相位速度接近于光速，即 $v_\omega \approx 3 \times 10^5$ km/s。当 $f = 50$ Hz 时，$\lambda \approx 6000$ km。电缆线路的相位常数较架空线的大，行波在电缆中的传播速度也较小，一般只有光速的四分之一左右。

利用双曲线函数可将式（10-28）写成

$$\left. \begin{aligned} \dot{U} &= \dot{U}_2 \operatorname{ch}\gamma x + \dot{I}_2 Z_c \operatorname{sh}\gamma x \\ \dot{I} &= \frac{\dot{U}_2}{Z_c} \operatorname{sh}\gamma x + \dot{I}_2 \operatorname{ch}\gamma x \end{aligned} \right\} \tag{10-31}$$

如果已知线路首端的电压和电流，则距首端 $x'$ 处的电压和电流为

$$\left. \begin{aligned} \dot{U} &= \dot{U}_1 \operatorname{ch}\gamma x' - \dot{I}_1 Z_c \operatorname{sh}\gamma x' \\ \dot{I} &= -\frac{\dot{U}_1}{Z_c} \operatorname{sh}\gamma x' + \dot{I}_1 \operatorname{ch}\gamma x' \end{aligned} \right\} \tag{10-32}$$

### 10.3.2  输电线路的自然功率

若线路终端接一负荷，其阻抗为 $Z_2$，则有 $\dot{U}_2 = Z_2 \dot{I}_2$。当负荷阻抗恰等于波阻抗 $Z_c$ 时，式（10-28）便简化为

$$\left. \begin{aligned} \dot{U} &= \dot{U}_2 e^{\gamma x} \\ \dot{I} &= \dot{I}_2 e^{\gamma x} \end{aligned} \right\} \tag{10-33}$$

可见，反射波没有了。使线路工作在无反射波状态的负荷称为匹配负荷或无反射负荷。由入射波输送到线路末端的功率将完全为负荷所吸收。这时负荷阻抗所消耗的功率便称为自

然功率,记为

$$S_n = \frac{U_2^2}{\overset{*}{Z_c}} = \frac{U_2^2}{Z_c} e^{j\theta_c} = P_n + jQ_n$$

由于高压架空线的波阻抗略呈电容性,自然功率也略呈电容性。

如果线路没有损耗,即 $g_0 = 0$ 和 $r_0 = 0$,则有

$$S_n = P_n = \frac{U_2^2}{Z_c} = U_2^2 \sqrt{\frac{C_0}{L_0}} \tag{10-34}$$

实际上常把 $S_n$ 的实数部分称为自然功率,并用线路的额定电压和波阻抗的模来计算。

自然功率是衡量输电线路传输能力的一个重要数据。提高输电额定电压和减小波阻抗都可以增大自然功率。

采用分裂导线可减小线路电感、增大线路电容,是减小波阻抗的有效办法。对于 500 kV 的线路,当每相导线截面给定时,采用常规分裂导线,从单根导线过渡到每相 2 根、3 根至 4 根分裂导线时,波阻抗的数值分别为 375 Ω、310 Ω、280 Ω 和 260 Ω。相应的自然功率分别为 670 MW、810 MW、900 MW 和 960 MW。继续增加每相导线的分裂根数,并对分裂导线的排列结构进行优化,即采用所谓紧凑型架空输电线,还可以进一步减小波阻抗。每相 4 分裂的 500 kV 紧凑型线路的波阻抗可减小到 210 Ω 左右,若将分裂根数增加到 6~10 根,则波阻抗还可下降到 150~100 Ω。紧凑型线路在俄罗斯等国已运行多年,近年来我国也有紧凑型线路投入运行。

## 10.3.3　无损线的功率圆图

对于无损耗输电线 $\dot{A} = \dot{D} = \cos\alpha l$,$\dot{B} = jZ_c \sin\alpha l$,线路两端的功率方程可写成

$$\left.\begin{array}{l} S_1 = j\dfrac{U_1^2}{Z_c}\cot\alpha l - \dfrac{U_1 U_2}{Z_c \sin\alpha l}\angle(\delta + 90°) \\[3mm] S_2 = -j\dfrac{U_2^2}{Z_c}\cot\alpha l + \dfrac{U_1 U_2}{Z_c \sin\alpha l}\angle(90° - \delta) \end{array}\right\} \tag{10-35}$$

当两端电压给定时,圆心的坐标和半径的长度都只是线路长度的函数。两圆的半径相等,圆心落在虚轴上。如果 $U_1 = U_2$,则两圆彼此对于水平轴为对称,而且圆周同水平轴交点的横坐标恰等于自然功率。不同长度线路的功率圆图各有其特点。

线路的长度通常是指其几何长度,在电力系统分析中,还用到电气长度的概念。一条线路的电气长度常用它的实际几何长度同工频下的波长之比来衡量。若线路的长度为 $l$,则它对于波长的相对长度为

$$l_* = \frac{l}{\lambda} = \frac{\alpha l}{2\pi}$$

若 $l_* = 1$,便是全波长线路;若 $l_* = 1/2$,则为半波长线路。有时也用全线的总相位常数来说明线路的电气长度。若 $\alpha l = 2\pi$ 便称为全波长线路,$\alpha l = \pi$ 则称为半波长线路。

线路的功率极限为

$$P_{1m} = P_{2m} = \frac{U_1 U_2}{Z_c \sin\alpha l} \tag{10-36}$$

当 $\alpha l = \pi/2$ 或 $3/(2\pi)$ 时，即 $l \approx 1500$ km 或 $4500$ km，线路的功率极限有最小值，它等于线路的自然功率。当 $\alpha l = 0$ 或 $\pi$ 时，即 $l = 0$ 或 $l \approx 3000$ km，理论上的功率极限将趋于无限大。

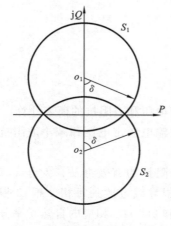

图 10-10　无损线的功率圆图
$V_1 = V_2$；$\alpha l < \pi/2$

当线路不太长时，式（10-36）中的分母

$$Z_c \sin\alpha l \approx Z_c \alpha l = \sqrt{L_0/C_0} \cdot \sqrt{L_0 C_0}\,\omega l = \omega L_0 l$$

即是线路的总电抗。

图 10-10 为长度为 $\alpha l < \pi/2$ 的线路当两端电压相等时的功率圆图。由圆图可见，由于两圆对横轴对称，两端的无功功率总是大小相等、符号相反。因为首端功率以输入线路为正，末端功率以从线路送出为正，所以，无损线在传送任何有功功率下，线路两端只有同时从系统吸收（或向系统提供）等量的无功功率，才能保持两端电压相等。在运行功角 $\delta < 90°$ 的范围内，当 $P_* < 1$ 时，系统必须从线路两端吸收感性无功功率；而当 $P_* > 1$ 时，系统必须向线路两端送入感性无功功率。

在 $0 < \alpha l < \pi/2$ 的范围内，随着线路长度的增加，圆心位置越来越向原点靠拢，圆的半径也越来越小。当 $\alpha l = \pi/2$ 时，两圆合二为一，圆心位于原点，具有最小的半径，其值等于给定电压下的自然功率。

当线路长度为 $\pi/2 < \alpha l < \pi$ 时，$\cot\alpha l < 0$，首端功率圆的圆心位于横轴之下，末端的圆心则在横轴之上。为了维持线路两端的电压相等，线路两端的无功功率状态正好与前述情况（$\alpha l < \pi/2$）相反。随着线路长度的增加，圆心离原点越来越远，半径也越来越大，当 $l$ 接近半波长时，圆心离原点的距离和半径都趋于无限大。

### 10.3.4　沿长线的电压和电流分布

以无损线为例，令 $\dot{U}_2 = U_2\angle 0°$，方程式（10-31）便简化为

$$\left. \begin{aligned} \dot{U} &= U_2\cos\alpha x + \mathrm{j}Z_c\dot{I}_2\sin\alpha x \\ \dot{I} &= \mathrm{j}\frac{U_2}{Z_c}\sin\alpha x + \dot{I}_2\cos\alpha x \end{aligned} \right\} \tag{10-37}$$

设送到线路末端的功率为 $S_2 = P_2 + \mathrm{j}Q_2 = U_2\overset{*}{I}_2 = U_2^2/\overset{*}{Z}_2$。若把 $S_2$ 表示成以自然功率为基准值的标幺值，则有

$$S_{2*} = S_2/S_n = P_{2*} + \mathrm{j}Q_{2*} = Z_c/\overset{*}{Z}_2$$

于是式（10-37）中的第一式可以写成

$$\dot{U} = U_2\left(\cos\alpha x + \mathrm{j}\frac{Z_c}{Z_2}\sin\alpha x\right) = U_2(\cos\alpha x + Q_{2*}\sin\alpha x + \mathrm{j}P_{2*}\sin\alpha x) = U_2 k e^{\mathrm{j}\delta}$$

$$\tag{10-38}$$

式中，$k$ 为电压 $U$ 同末端电压 $U_2$ 的幅值比，即

$$k = \frac{U}{U_2} = \sqrt{(\cos\alpha x + Q_{2*}\sin\alpha x)^2 + (P_{2*}\sin\alpha x)^2} \tag{10-39}$$

$\delta$ 则为电压 $\dot{U}$ 同末端电压的相位差

$$\text{tg}\delta = \frac{P_{2*}\sin\alpha x}{\cos\alpha x + Q_{2*}\sin\alpha x} = \frac{P_{2*}\text{tg}\alpha x}{1 + Q_{2*}\text{tg}\alpha x} \tag{10-40}$$

同样地,可以得到电流的表达式为

$$\dot{I} = \frac{U_2}{Z_c}[P_{2*}\cos\alpha x - \text{j}(Q_{2*}\cos\alpha x - \sin\alpha x)] \tag{10-41}$$

在输送不同功率时,式(10-38)～(10-41)可以用来分析无损线沿线电压和电流分布及其相位变化的情况。

最有典型意义的是输送自然功率的情况。这时 $P_{2*}=1$,$Q_{2*}=0$,沿线均无反射波存在,$k$ 不随 $x$ 变化而变化,始终等于 1,且 $\delta=\alpha x$。这就是说沿线电压的幅值处处都相等,而任两点间电压的相位差恰好等于线路的相位常数乘以该两点间的距离。电流的情况也完全一样,所以沿线路电流和电压的相量端点的轨迹是圆(见图 10-11(a)),而且线路任何点的电压和电流都同相位。根据 $U/I=Z_c=\sqrt{L_0/C_0}$ 可知,$U^2\omega C_0=I^2\omega L_0$,即电流通过线路电感所消耗的无功功率恰好等于线路电容产生的无功功率。这就是说,传送自然功率时,线路本身不需要从系统吸取,也不向系统提供无功功率。

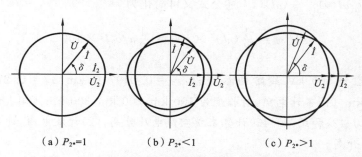

（a）$P_{2*}=1$　　　　（b）$P_{2*}<1$　　　　（c）$P_{2*}>1$

**图 10-11　传送纯有功功率时沿无损线的电压和电流分布**

当受端功率 $Q_{2*}=0$ 而有功功率 $P_{2*}\neq1$ 时,沿线电压和电流的相量端点的轨迹则变为椭圆,如图 10-11(b)（当 $P_{2*}<1$)和图 10-11(c)（当 $P_{2*}>1$)所示。在每一种情况下电流椭圆和电压椭圆的轴线都是互相垂直的。

线路末端空载时,$\dot{U}=U_2\cos\alpha x$,$\dot{I}=\text{j}\dfrac{U_2}{Z_c}\sin\alpha x$,沿线电压和电流相量端点的轨迹将分别变为横轴和纵轴上的一段直线。

当输送的功率不等于自然功率时,线路上任一点的电压同末端电压的相位差 $\delta$ 一般不等于该点到末端距离的弧度数 $\alpha x$,只是在线路中的几个特殊点 $\alpha x=\pi/2,\pi,\dfrac{3}{2}\pi$ 和 $2\pi$ 上才有 $\delta=\alpha x$。

当 $P_{2*}=1$,而 $Q_{2*}>0$ 和 $Q_{2*}<0$ 时,沿线电压和电流的相量的端点轨迹如图 10-12(a)和(b)所示。在每一种情况下,电压椭圆和电流椭圆的轴线都是互相垂直的。如果 $Q_{2*}$ 的绝对值相等,则两种情况下的图形互相成为以虚轴为对称轴的镜像。

从上述情况可见,只有在传送自然功率时,沿线电压幅值才能保持不变。在其他情况

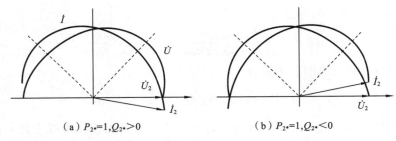

（a）$P_{2*}=1,Q_{2*}>0$        （b）$P_{2*}=1,Q_{2*}<0$

**图 10-12  沿无损线的电压和电流分布**

只画到 $ax=\pi$

下,沿线电压分布都随传送功率的不同而不同。对于给定长度的输电线路,特别要注意末端空载时的电压升高。

长度为 $l$ 的无损线,当 $\dot I_2=0$ 时,$U_1=U_2\cos\alpha l$,末端电压升高的百分比数值为

$$\Delta U\% = \frac{U_2-U_1}{U_1}\times 100 = \left(\frac{1}{\cos\alpha l}-1\right)\times 100 \tag{10-42}$$

线路不太长时,$\cos\alpha l\approx 1-\frac{1}{2}(\alpha l)^2$,上述公式又可简化为

$$\Delta U\% = \frac{1}{2}(\alpha l)^2\times 100 = \frac{1}{2}x_0 b_0 l^2\times 100 \tag{10-43}$$

**例 10-1**  已知 500 kV 线路的参数为:$r_0=0.0197\ \Omega/\text{km}$,$x_0=0.277\ \Omega/\text{km}$,$b_0=3.974\times 10^{-6}\ \text{S/km}$。(1)不计电阻,对长度为 100 km、200 km、300 km、400 km 和 500 km 的线路分别用式(10-42)和式(10-43)计算末端空载电压升高;(2)计及电阻,计算 500 km 线路的末端空载电压升高。

**解**  (一)先计算线路的相位常数。不计电阻时,有

$$\alpha = \sqrt{x_0 b_0} = \sqrt{0.277\times 3.974\times 10^{-6}}\ \text{rad}\cdot\text{km}^{-1} = 1.04919\times 10^{-3}\ \text{rad}\cdot\text{km}^{-1}$$

利用式(10-42)和式(10-43)计算空载电压升高,结果列入表 10-1。

**表 10-1  不同长度线路的末端空载电压升高**

| 线路长度 $l$/km | | 100 | 200 | 300 | 400 | 500 |
|---|---|---|---|---|---|---|
| 空载电压升高 | 1 | 0.5529 | 2.2427 | 5.1667 | 9.5025 | 15.5366 |
| $\Delta U\%$ | 2 | 0.5504 | 2.2016 | 4.9536 | 8.8064 | 13.7600 |

注:1—按式(10-42)计算,2—按式(10-43)计算。

(二)计及电阻时,线路的传播常数为

$$\gamma = \beta+\text{j}\alpha = \sqrt{(r_0+\text{j}x_0)\text{j}b_0} = \sqrt{(0.0197+\text{j}0.277)\times\text{j}3.974\times 10^{-6}}$$

$$= 3.7267\times 10^{-5}\ \text{km}^{-1}+\text{j}1.04985\times 10^{-3}\ \text{rad}\cdot\text{km}^{-1}$$

$$\text{ch}\gamma l = \text{ch}(\beta l+\text{j}\alpha l) = \text{ch}\beta l\cos\alpha l+\text{jsh}\beta l\sin\alpha l$$

$$\beta l = 3.7267\times 10^{-5}\times 500 = 1.86335\times 10^{-2}$$

$$\alpha l = 1.04985\times 10^{-3}\times 500\ \text{rad} = 0.524925\ \text{rad}$$

$$ch(\beta l + j\alpha l) = ch(1.86335 \times 10^{-2})\cos0.524925 + jsh(1.86335 \times 10^{-2})\sin0.524925$$
$$= 1.0001736 \times 0.865362 + j0.0186346 \times 0.501148$$
$$= 0.865512 + j0.0093387 = 0.865563\angle0.6182°$$

末端空载时，$\dot{U}_1 = U_2 ch\gamma l$，故

$$\Delta U\% = \left(\frac{1}{|ch\gamma l|} - 1\right) \times 100 = 15.5317$$

从本例的计算结果可见，简化公式的计算误差随线路长度增加而增大，当线路长度超过 300 km 时，已不宜采用。线路电阻对空载电压升高的计算结果影响很小。

**例 10-2** 输电线路长 600 km，参数为 $r_0 = 0.02625\ \Omega \cdot km^{-1}$，$x_0 = 0.281\ \Omega \cdot km^{-1}$，$b_0 = 3.956 \times 10^{-6}\ S \cdot km^{-1}$，$g_0 = 0$。已知线路首末端电压相等，以自然功率为基准值，试分别计算 $P_2 = 0$ 和 $P_2 = 1.5$ 时沿线的电压和电流分布。为了简化计算，可不计电阻。

**解** （一）计算波阻抗和传播常数。

$$Z_c = \sqrt{x_0/b_0} = \sqrt{0.281/3.956 \times 10^{-6}}\ \Omega = 266.517\ \Omega$$
$$\alpha = \sqrt{x_0 b_0} = \sqrt{0.281 \times 3.956 \times 10^{-6}}\ rad \cdot km^{-1} = 1.05434 \times 10^{-3}\ rad \cdot km^{-1}$$

（二）计算受端无功功率 $Q_2$。

为了能利用式（10-38）和式（10-41）进行电压和电流分布计算，先用 $x = l$ 代入式（10-39）得

$$k = U_1/U_2 = \sqrt{(\cos\alpha l + Q_2\sin\alpha l)^2 + (P_2\sin\alpha l)^2}$$

从中解出

$$Q_2 = -\cot\alpha l + \sqrt{\left(\frac{k}{\sin\alpha l}\right)^2 - P_2^2}$$

已知 $k = 1$，$\alpha l = 1.05434 \times 10^{-3} \times 600 = 0.632604 rad$，$\cot\alpha l = -1.36405$，$\sin\alpha l = 0.591247$。由此可以算出

$$P_2 = 0\ 时，\quad Q_2 = 0.32729$$
$$P_2 = 1.5\ 时，\quad Q_2 = -0.58263$$

（三）沿线电压和电流的分布计算。

从线路末端开始，每隔 100 km 计算一次，结果列于表 10-2（$U_1 = U_2$，$P_2 = 0$）和表 10-3（$U_1 = U_2$，$P_2 = 1.5$），其中电压和电流均为标幺值，电压以 $U_2$ 为基准值，电流以 $U_2/Z_c$ 为基准值。

表 10-2 电压和电流的沿线分布（$P_2 = 0$）

| 距离 $x$/km | 电压 | 电压相角 | 电流 | 电流相角 |
|---|---|---|---|---|
| 0 | 1.00000 | 0° | 0.32729 | −90° |
| 100 | 1.02889 | 0° | 0.22023 | −90° |
| 200 | 1.04635 | 0° | 0.11073 | −90° |
| 300 | 1.05220 | 0° | 0.00000 | |
| 400 | 1.04635 | 0° | 0.11073 | 90° |
| 500 | 1.02889 | 0° | 0.22023 | 90° |
| 600 | 1.00000 | 0° | 0.32729 | 90° |

表 10-3　电压和电流的沿线分布（$P_2 = 1.5$）

| 距离 $x$/km | 电压 | 电压相角 | 电流 | 电流相角 |
|---|---|---|---|---|
| 0 | 1.00000 | 0° | 1.60918 | 21.22720° |
| 100 | 0.94639 | 9.60184° | 1.64128 | 24.65378° |
| 200 | 0.91167 | 20.14417° | 1.66082 | 27.97370° |
| 300 | 0.89962 | 31.24140° | 1.66738 | 31.24160° |
| 400 | 0.91167 | 42.33866° | 1.66082 | 34.50950° |
| 500 | 0.94639 | 52.88100° | 1.64128 | 37.82940° |
| 600 | 1.00000 | 62.48290° | 1.60918 | 41.25598° |

从例 10-2 的计算结果可见，在维持首末端电压相等的条件下，当 $P_2 = 0$ 时，沿线各点电压有所升高，中间点（即 $x = l/2$ 处）电压最高，线路上有多余的感性无功功率向两端分送。这种情况在 $P_2 < 1$ 时普遍存在，只是程度不同而已。当 $P_2 = 1.5$ 时，沿线各点电压有所下降，中间点电压最低，两端都要向线路送入一定数量的无功功率以抵偿线路中的无功功率损耗。这种现象也不同程度地存在于一切 $P_2 > 1$ 的运行状态中。

## 10.3.5　有损耗线路稳态运行时的电压和电流分布

理想的无损线是不存在的。由于实际架空线路的电阻和电导都比较小，对于无损线运行状态的分析，无论在定性方面还是在定量方面都有助于了解实际输电线路稳态运行的基本特点。当然，具体计算时，应以实际的有损线为依据。

当给定末端电压 $\dot{U}_2$ 和功率 $S_2$（或电流 $\dot{I}_2$）时，沿线的电压和电流分布可表示为

$$\dot{U} = \frac{1}{2}(\dot{U}_2 + Z_c \dot{I}_2)\mathrm{e}^{\beta x}\mathrm{e}^{\mathrm{j}\alpha x} + \frac{1}{2}(\dot{U}_2 - Z_c \dot{I}_2)\mathrm{e}^{-\beta x}\mathrm{e}^{-\mathrm{j}\alpha x}$$

$$\dot{I} = \frac{1}{2Z_c}(\dot{U}_2 + Z_c \dot{I}_2)\mathrm{e}^{\beta x}\mathrm{e}^{\mathrm{j}\alpha x} - \frac{1}{2Z_c}(\dot{U}_2 - Z_c \dot{I}_2)\mathrm{e}^{-\beta x}\mathrm{e}^{-\mathrm{j}\alpha x}$$

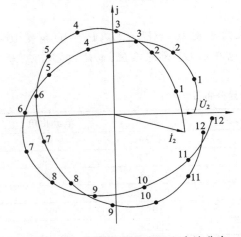

图 10-13　沿有损线的电压和电流分布

由上式可见，电压相量等于两项之和，当 $x = 0$ 时，第一项分量的初值为 $\frac{1}{2}(\dot{U}_2 + Z_c \dot{I}_2)$，随着 $x$ 的增加，该分量逆时针方向转过 $\alpha x$ 角，同时按 $\mathrm{e}^{\beta x}$ 的倍数增加相量的长度。第二个分量的初值是 $\frac{1}{2}(\dot{U}_2 - Z_c \dot{I}_2)$，随着 $x$ 的增加，相量顺时针方向转过 $\alpha x$ 角，并按 $\mathrm{e}^{-\beta x}$ 的倍数缩短长度。对于给定的 $x$ 值，将上述两项相量相加，便得到该处的电压相量。电流相量是由两项之差构成，每一项分量的长度是电压相量中对应分量的 $1/|Z_c|$ 倍，但在相位上则超前电压分量一个角度 $|\theta_c|$（因波阻抗略呈电容性，$\theta_c < 0$）。图 10-13 所示为沿有

损线电压和电流相量端点的轨迹,图中点 $i(i=1,2,\cdots,12)$ 为 $\alpha x = i\pi/6$ 处的相量端点。

## 10.4　单端供电系统的功率特性

输电线路(或输电系统)的两端都接有强大的电源,能够对两端的电压进行有效的控制时,应用前面两节所讲的功率公式(或圆图)对输电系统进行运行分析是比较方便的。实际上,输电系统首端的电压主要由发电机控制,末端(受端)的电压能否维持不变则同受端系统的情况密切相关。当受端位于电源配置不足的负荷中心地区时,随着传送功率的增加,受端电压将逐渐下降,并对功率传送产生不容忽视的影响。作为极端情况,本节以首端接电源,受端只接负荷的单端供电系统为例,分析功率传送同受端电压的关系。

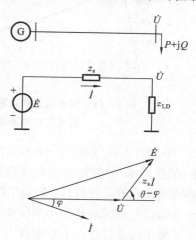

**图 10-14　简单供电系统**

在图 10-14 所示的简单系统中,同步发电机经过一段线路向负荷节点供电,发电机和输电线路的总阻抗记为 $z_s = |z_s| \angle \theta$,负荷的等值阻抗记为 $z_{LD} = |z_{LD}| \angle \varphi$,利用电压相量图,根据余弦定理可得

$$E^2 = U^2 + |z_s|^2 I^2 + 2|z_s| UI \cos(\theta - \varphi)$$

将 $I = U/|z_{LD}|$ 代入,便得

$$U^2 = \frac{E^2}{1 + \left|\dfrac{z_s}{z_{LD}}\right|^2 + 2\left|\dfrac{z_s}{z_{LD}}\right| \cos(\theta - \varphi)} \tag{10-44}$$

系统送到负荷点的功率为

$$P = \frac{U^2}{|z_{LD}|}\cos\varphi = \frac{E^2 \cos\varphi / |z_s|}{\left|\dfrac{z_{LD}}{z_s}\right| + \left|\dfrac{z_s}{z_{LD}}\right| + 2\cos(\theta - \varphi)} \tag{10-45}$$

当电源电势给定,输电系统阻抗和负荷功率因数一定时,确定受端电压和功率的唯一变量是负荷等值阻抗的模 $|z_{LD}|$,或者比值 $|z_s/z_{LD}|$。当比值 $|z_s/z_{LD}|$ 等于零(即受端开路)或趋于无限大(即受端短路)时,都有 $P=0$。容易证明,当 $|z_s/z_{LD}|=1$ 时,受端功率达到最大值。

$$P_m = \frac{E^2 \cos\varphi}{2|z_s|[1 + \cos(\theta - \varphi)]} \tag{10-46}$$

这就是在给定输电系统参数和负荷功率因数下受端的功率极限。

当比值 $|z_s/z_{LD}|$ 由零变化到无限大时,受端电压将由 $E$ 单调地下降到零。当 $|z_s/z_{LD}|=1$ 时,受端功率抵达极限,与其对应的受端电压称为临界电压。此时输电系统的电压降落与受端电压幅值相等。记临界电压为

$$U_{cr} = \frac{E}{\sqrt{2[1 + \cos(\theta - \varphi)]}} \tag{10-47}$$

图 10-15 所示为受端电压和功率随负荷阻抗而变化的曲线。在电力系统运行分析中,最常用的是受端功率随电压变化而变化的曲线。利用图 10-15 所示中同一 $|z_s/z_{LD}|$ 值下的

功率和电压值可以绘制成受端功率和电压的关系曲线，如图 10-16 所示。

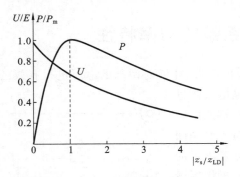

图 10-15  受端电压和功率随负荷
阻抗变化的曲线

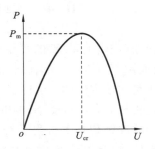

图 10-16  受端功率和电压的关系

从图 10-15 和图 10-16 所示的特性曲线可知，负荷节点从空载开始，随着负荷等值阻抗 $z_{LD}$ 的逐渐减小，伴随受端电压的下降，受端功率 $P$ 将逐渐增大，直到 $|z_{LD}|$ 与 $|z_s|$ 相等时，功率达到极大值。此后，负荷等值阻抗 $z_{LD}$ 的继续减小将导致受端电压和功率的同时下降。了解单端供电系统的这种功率传输特性对于分析负荷节点电压的稳定性是很重要的。

现在再来讨论一下功率极限与负荷功率因数 $\cos\varphi$ 的关系。当受端接有纯有功功率负荷时，$\varphi=0$，功率极限为

$$P_{m(\cos\varphi=1)} = \frac{E^2}{2\,|\,z_s\,|\,(1+\cos\theta)}$$

若负荷功率因数滞后，即 $\varphi>0$，必有

$$\frac{\cos\varphi}{1+\cos(\theta-\varphi)} < \frac{1}{1+\cos\theta}$$

而且 $\cos\varphi$ 越小（即 $\varphi$ 越大），功率极限也越小，相应的临界电压也越低。当负荷有超前功率因数时，即 $\varphi<0$，在 $\varphi$ 角的一定变化范围内，功率极限将会随着 $\cos\varphi$ 的减小而增大，相应的临界电压也会升高。

可以证明，当 $\varphi=-\theta$ 时，功率极限有最大值

$$P_{m\cdot max} = \frac{E^2}{4\,|\,z_s\,|\,\cos\theta} = \frac{E^2}{4r_s}$$

这种情况下，输电系统总阻抗 $z_s=r_s+jx_s$ 与负荷等值阻抗 $z_{LD}=r_{LD}+jx_{LD}$ 的关系为

$$|\,z_s\,|=|\,z_{LD}\,|,\quad r_s=r_{LD},\quad x_s+x_{LD}=0$$

输电系统的感抗 $x_s$ 将被负荷中的容抗 $x_{LD}$ 完全抵偿。此时供电点输出的功率为

$$P_s = \frac{E^2}{r_s+r_{LD}} = \frac{E^2}{2r_s}$$

送达负荷节点的功率只有 $P_s$ 的一半，输电效率仅为 50%。负荷节点的电压则为 $U=\dfrac{E}{2\cos\theta}$。

**例 10-3**  简单输电系统如图 10-17 所示。不计线路电容和变压器的空载损耗，归算到 110 kV 电压级的输电系统总阻抗 $z_s=(12+j60)\,\Omega$。若供电点电压能维持 115 kV 不变，试

计算:(1) 负荷功率因数 $\cos\varphi=0.90,0.95$ 滞后,$\cos\varphi=1.0,\cos\varphi=0.95$ 和 $0.90$ 超前时的功率极限和临界电压;(2) 功率极限的最大值。

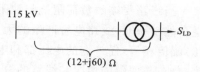

图 10-17　简单输电系统

**解**　根据题给条件

$$z_s = 12 + j60 = 61.1882\angle 78.69°, \quad \theta = 78.69°$$

$$\cos\varphi = 0.90 \text{ 时}, \quad \varphi = \pm 25.84°$$

$$\cos\varphi = 0.95 \text{ 时}, \quad \varphi = \pm 18.19°$$

$\cos\varphi=0.90$ 滞后时

$$P_m = \frac{E^2\cos\varphi}{2\mid z_s\mid [1+\cos(\theta-\varphi)]} = \frac{115^2 \times 0.9}{2\times 61.1882[1+\cos(78.69°-25.84°)]} \text{ MW}$$
$$= 60.64 \text{ MW}$$

$$U_{cr} = \frac{E}{\sqrt{2[1+\cos(\theta-\varphi)]}} = \frac{115}{\sqrt{2[1+\cos(78.69°-25.84°)]}} \text{ kV} = 64.21 \text{ kV}$$

其他各种情况的计算结果见表 10-4。

表 10-4　功率极限和临界电压随 $\cos\varphi$ 的变化

| $\cos\varphi$ | 0.90 滞后 | 0.95 滞后 | 1.0 | 0.95 超前 | 0.90 超前 |
|---|---|---|---|---|---|
| $P_m$/MW | 60.64 | 68.79 | 90.35 | 116.64 | 129.84 |
| $U_{cr}$/kV | 64.21 | 66.56 | 74.35 | 86.67 | 93.95 |

功率极限的最大值为

$$P_{m\cdot max} = \frac{E^2}{4r_s} = \frac{115^2}{4\times 12} \text{ MW} = 275.52 \text{ MW}$$

# 小　结

电网元件的电压降落计算不过是欧姆定律的工程应用。在电力网的实际计算中,电流是用功率和电压来表示的,必须掌握用功率表示的电压降落公式的导出和应用条件。要掌握电压降落,电压损耗和电压偏移这三个常用的概念。

在元件的电抗比电阻大得多的高压电网中,感性无功功率从电压高的一端流向电压低的一端,有功功率则从电压相位越前的一端流向相位落后的一端,这是交流电网功率传输的基本规律。

输电线路(或输电系统)两端的电压给定时,在 $P$-$Q$ 平面上,首端和末端功率随两端电压相位差而变化而变化的轨迹是圆,利用功率圆图可以方便地分析两端的有功功率和无功功率的变化情况。有功功率的最大值称为功率极限。功率极限的主要部分与两端电压幅值的乘积成正比,而与首端和末端之间的转移阻抗的模成反比。

研究长距离线路的功率传输特性时,必须考虑线路参数的分布性。波阻抗和传播常数是长线最基本的特征参数。波阻抗决定线路传送功率的能力,传播常数说明行波(电压或电流)沿线衰减和相位变化的特性。

当线路受端的负荷阻抗与波阻抗相等时,送到受端的功率便等于自然功率。无损线传送自然功率时,线路电容产生的无功功率恰好等于线路电感消耗的无功功率,沿线电流（电压）幅值相等,任一点的电压都和电流同相位。传送功率不等于自然功率时,沿线的电压（电流）分布与两端的情况和线路的总长度有关。长度不超过 1/4 波长的线路,若两端电压相等且维持不变,则当传输功率小于自然功率时线路中间电压将升高,传输功率大于自然功率时线路中间电压将降低。

线路本身的功率极限同线路的长度密切相关。1/4 波长和 3/4 波长无损线的功率极限最小,并等于自然功率。1/2 波长无损线的功率极限趋于无限大。

单端供电系统中,当给定电源电压和系统阻抗时,引起受端功率和电压变化的唯一变量是负荷的等值阻抗。负荷节点从空载开始,随着负荷等值阻抗的减小,受端功率先增后减,而电压则始终单调下降,这是单端供电网络固有的功率传输特性,它对于负荷节点电压稳定性的研究至关重要。

# 习　　题

10-1　一条 110 kV 架空输电线路,长 100 km,导线采用 LGJ-240,计算半径 $r=10.8$ mm,三相水平排列,相间距离 4 m。已知线路末端运行电压 $U_{LD}=105$ kV,负荷 $P_{LD}=42$ MW,$\cos\varphi=0.85$。试计算:

(1) 输电线路的电压降落和电压损耗;

(2) 线路阻抗的功率损耗和输电效率;

(3) 线路首端和末端的电压偏移。

10-2　若上题的负荷功率因数提高到 0.95,试作同样的计算,并比较两题的计算结果。

10-3　若题 10-1 的输电线路两端的电压能够维持 110 kV 不变。试确定:

(1) 在 $P\text{-}Q$ 平面上线路首、末端功率圆的圆心位置和半径长度;

(2) 当 $P_2=42$ MW 时,$Q_2$、$P_1$ 和 $Q_1$ 的数值;

(3) 首、末端的有功功率极限及对应的 $\delta$ 值。

10-4　500 kV 交流输电线路长 650 km,采用 4 分裂导线,型号为 $4\times$ LGJQ-400,导线计算半径 $r=13.6$ mm,分裂间距 $d=400$ mm,三相水平排列,相间距离 $D=12$ m,不计线路电导,试计算:

(1) 线路的传播常数 $\gamma$、衰减常数 $\beta$ 和相位常数 $\alpha$;

(2) 输电线路的波阻抗 $Z_c$ 及自然功率 $S_n$;

(3) 四端网络常数 $\dot{A}$、$\dot{B}$、$\dot{C}$ 和 $\dot{D}$;

(4) 若输电线路用集中参数的 Π 型等值电路表示,求参数的精确值和近似值,并进行比较。

10-5　上题的输电线路,不计线路电阻,若线路首端电压等于额定电压,即 $U_1=500$ kV,试求线路空载时末端电压值及工频过电压倍数。

10-6　欲使上题条件下末端电压不大于 $1.1U_N$,若在线路末端装设并联电抗器,试求电抗器在额定电压下的容量。

10-7 题 10-4 的线路,忽略电阻,若末端电压 $U_2 = U_N = 500$ kV,试分别计算末端输出功率为 1.3 倍自然功率、自然功率的 70％时,首端和线路中间点(即 1/2 长度处)的电压值。

10-8 题 10-4 的线路,忽略电阻,若首末端电压幅值相等,且 $U_1 = U_2 = 500$ kV,试分别计算末端输出有功功率为自然功率的 70％和 1.3 倍自然功率时的末端无功功率和线路中间点的电压值。

10-9 题 10-4 的线路,首末端电压幅值相等,且 $U_1 = U_2 = 500$ kV。试作:

(1) 线路首端和末端的功率圆图;

(2) 计算输电线路的功率极限;

(3) 当线路末端输出的有功功率 $P_2$ 为自然功率的 80％、90％,1.0、1.1 和 1.2 倍自然功率时,计算相应的末端无功功率 $Q_2$、首端功率 $P_1$、$Q_1$ 以及线路的输电效率。

10-10 题 10-1 的输电线路首端电压维持 120 kV 不变,受端接负荷,$\cos\varphi = 0.85$。试确定:

(1) 受端功率极限和临界电压;

(2) 受端功率留有 20％裕度时(即 $1.2P = P_m$)的受端电压;

(3) 受端电压不低于 100 kV 时受端的最大功率。

10-11 同上题的线路,首端电压维持 120 kV 不变。欲使受端功率达到 60 MW 时受端电压不低于 100 kV,负荷的功率因数应为多少?

# 第 11 章　电力系统的潮流计算

潮流计算是电力系统分析中的一种最基本的计算,它的任务是对给定的运行条件确定系统的运行状态,如各母线上的电压(幅值及相角)、网络中的功率分布及功率损耗等。本章将分别介绍简单系统和复杂系统潮流计算的方法。

## 11.1　开式网络的电压和功率分布计算

开式网络是电力网中结构最简单的一种,一般是由一个电源点通过辐射状网络向若干个负荷节点供电。潮流计算的任务就是要根据给定的网络接线和其他已知条件,计算网络中的功率分布、功率损耗和未知的节点电压。

### 11.1.1　已知供电点电压和负荷节点功率时的计算方法

图 11-1(a)所示的网络中,供电点 A 通过馈电干线向负荷节点 b、c 和 d 供电,各负荷节点功率已知。如果节点 d 的电压也给定,就可以从节点 d 开始,利用同一点的电压和功率计算第三段线路的电压降落和功率损耗,得到节点 c 的电压,并算出第二段线路末端的功率,然后依次计算第二段线路和第一段线路的电压降落和功率损耗,一次性地求得解答。但是实际的情况并不这么简单,多数的情况是已知电源点电压和负荷节点的功率,要求确定各负荷点电压和网络中的功率分布。在这种情况下,可以采取近似的方法通过迭代计算求得满足一定精度的解答。

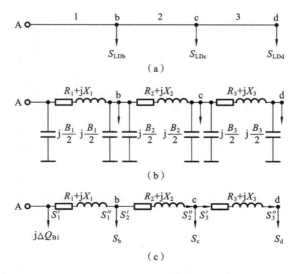

图 11-1　开式网络及其等值电路

在进行电压和功率分布计算以前,先要对网络的等值电路(见图 11-1(b))作些简化处理。具体的做法是,将输电线等值电路中的电纳支路都分别用额定电压 $U_N$ 下的充电功率代替,这样,对每段线路的首端和末端的节点都分别加上该段线路充电功率的一半。

$$\Delta Q_{Bi} = -\frac{1}{2}B_i U_N^2 \quad (i = 1, 2, 3)$$

为简化起见,再将这些充电功率分别与相应节点的负荷功率合并,便得

$$S_b = S_{LDb} + j\Delta Q_{B_1} + j\Delta Q_{B2} = P_{LDb} + j\left[Q_{LDb} - \frac{1}{2}(B_1 + B_2)U_N^2\right] = P_b + jQ_b$$

$$S_c = S_{LDc} + j\Delta Q_{B_2} + j\Delta Q_{B3} = P_{LDc} + j\left[Q_{LDc} - \frac{1}{2}(B_2 + B_3)U_N^2\right] = P_c + jQ_c$$

$$S_d = S_{LDd} + j\Delta Q_{B3} = P_{LDd} + j\left(Q_{LDd} - \frac{1}{2}B_3 U_N^2\right) = P_d + jQ_d$$

习惯上称 $S_b$、$S_c$ 和 $S_d$ 为电力网的运算负荷。这样,我们就把原网络简化为由三个集中的阻抗元件相串联,而在四个节点(包括供电点)接有集中负荷的等值网络(见图 11-1(c))。

针对图 11-1(c)所示的等值网络将按以下两个步骤进行电压和功率分布的计算。

第一步,从离电源点最远的节点 d 开始,利用线路额定电压,逆着功率传送的方向依次算出各段线路阻抗中的功率损耗和功率分布。对于第三段线路

$$S_3'' = S_d, \quad \Delta S_{L3} = \frac{P_3''^2 + Q_3''^2}{U_N^2}(R_3 + jX_3), \quad S_3' = S_3'' + \Delta S_{L3}$$

对于第二段线路

$$S_2'' = S_c + S_3', \quad \Delta S_{L2} = \frac{P_2''^2 + Q_2''^2}{U_N^2}(R_2 + jX_2), \quad S_2' = S_2'' + \Delta S_{L2}$$

同样地可以算出第一段线路的功率 $S_1'$。

第二步,利用第一步求得的功率分布,从电源点开始,顺着功率传送方向,依次计算各段线路的电压降落,求出各节点电压。先计算电压 $U_b$,有

$$\Delta U_{Ab} = (P_1' R_1 + Q_1' X_1)/U_A, \quad \delta U_{Ab} = (P_1' X_1 - Q_1' R_1)/U_A$$
$$U_b = \sqrt{(U_A - \Delta U_{Ab})^2 + (\delta U_{Ab})^2}$$

接着用 $U_b$ 及 $S_2'$ 计算 $U_c$,最后用 $U_c$ 及 $S_3'$ 计算 $U_d$。

通过以上两个步骤便完成了第一轮的计算。为了提高计算精度,可以重复以上的计算,在计算功率损耗时可以利用上一轮第二步所求得的节点电压。

上述计算方法也适用于由一个供电点通过辐射状网络向任意多个负荷节点供电的情况。辐射状网络即是树状网络,或简称为树。供电点即是树的根节点,树中不存在任何闭合回路,功率的传送方向是完全确定的,任一条支路都有确定的始节点和终节点。除根节点外,树中的节点可分为叶节点和非叶节点两类。叶节点只同一条支路联接,且为该支路的终节点。非叶节点同两条或两条以上的支路联接,它作为一条支路的终节点,又兼作另一条或多条支路的始节点。对于图 11-2 所示的网络,A 是供电点,即根节点,节点 b、c 和 e 为非叶节点,节点 d、h、f 和 g 为叶节点。

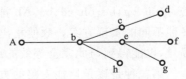

图 11-2　辐射状供电网

根据前述计算步骤,第一步,从与叶节点联接的支路开始,该支路的末端功率即等于叶节点功率。利用这个功率和对应的节点电压计算支路功率损耗,求得支路的首端功率。当以某节点为始节点的各支路都计算完毕后,便想象将这些支路都拆去,使该节点成为新的叶节点,其节点功率等于原有的负荷功率与以该节点为始节点的各支路首端功率之和。于是计算便可延续下去,直到全部支路计算完毕。这一步骤的计算公式如下:

$$S''^{(k)}_{ij} = S^{(k)}_j + \sum_{m \in N_j} S'^{(k)}_{jm} \tag{11-1}$$

$$\Delta S^{(k)}_{ij} = \frac{P''^{(k)2}_{ij} + Q''^{(k)2}_{ij}}{U^{(k)2}_j}(r_{ij} + jx_{ij}) \tag{11-2}$$

$$S'^{(k)}_{ij} = S''^{(k)}_{ij} + \Delta S^{(k)}_{ij} \tag{11-3}$$

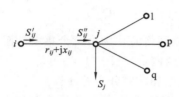

图 11-3　支路功率和电压的计算

式中,$N_j$ 为以 $j$ 为始节点的支路的终节点集,对图 11-3 所示的情况,$N_j = \{1, p, q\}$。若 $j$ 为叶节点,则 $N_j$ 为空集。$k$ 为迭代计数。

对于第一轮的迭代计算,节点电压取为给定的初值,一般为网络的额定电压。

第二步,利用第一步所得的支路首端功率和本步骤刚算出的本支路始节点的电压(对电源点为已知电压),从电源点开始逐条支路进行计算,求得各支路终节点的电压,其计算公式为

$$U^{(k+1)}_j = \sqrt{\left(U^{(k+1)}_i - \frac{P'^{(k)}_{ij}r_{ij} + Q'^{(k)}_{ij}x_{ij}}{U^{(k+1)}_i}\right)^2 + \left(\frac{P'^{(k)}_{ij}x_{ij} - Q'^{(k)}_{ij}r_{ij}}{U^{(k+1)}_i}\right)^2} \tag{11-4}$$

上述计算公式都很简单,对于规模不大的网络,可手工计算,精度要求不很高时,作一轮计算即可。若已给定容许误差为 $\varepsilon$,则以

$$\max\{|U^{(k+1)}_i - U^{(k)}_i|\} < \varepsilon$$

作为计算收敛的判据。

对于规模较大的网络,最好应用计算机进行计算。在迭代计算开始之前,先要处理好支路的计算顺序问题。现在介绍两种确定支路计算顺序的方法。

第一种方法是,按与叶节点联接的支路排序,并将已排序的支路拆除,在此过程中将不断出现新的叶节点,而与其联接的支路又加入排序行列。这样就可以全部排列好从叶节点向电源点计算功率损耗的支路顺序。其逆序就是进行电压计算的支路顺序。以图 11-2 所示的网络为例,设从节点 d 开始,选支路 cd 作为第一条支路。拆去 cd,节点 c 就变成叶节点,支路 bc 便作为第二条支路,拆去 bc 时没有出现新的叶节点。接着排上 ef 和 eg 支路,拆去该两条支路,e 成为叶节点,于是排上 be 支路,接下去是 bh 和 Ab 支路。当然,从节点 f 开始,按 ef、eg、be、bh、cd、bc、Ab 排序也是一种可行的方案。由此可见,同一排序原则可以有多种不同的实现方案。顺便指出,在节点优化编号中,动态地按联接支路数等于 1 进行节点编号,也能得到与此完全等效的结果。

第二种是逐条追加支路的方法。首先从根节点(电源点)开始接出第一条支路,引出一个新节点,以后每次追加的支路都必须从已出现的节点接出,遵循这个原则逐条追加支路,直到全部支路追加完毕。所得到的支路追加顺序即是进行电压计算的支路顺序,其逆序便

是功率损耗计算的支路顺序。对图 11-2 所示的网络,Ab,bc,cd,bh,be,ef,eg 就是一种可行的顺序。显而易见,可行的排序方案也不止一种。

无论采取哪一种支路排序方法,其程序实现都不存在什么困难。

按上述方法进行开式网络的潮流计算,不需要形成节点导纳矩阵,不必求解高阶方程组,计算公式简单,收敛迅速,十分实用。

**例 11-1**　开式网络如图 11-2 所示。各支路阻抗和节点负荷功率如下:$z_{Ab}=(0.54+$ j0.65) $\Omega$,$z_{bc}=(0.62+j0.5)$ $\Omega$,$z_{cd}=(0.6+j0.35)$ $\Omega$,$z_{be}=(0.72+j0.75)$ $\Omega$,$z_{ef}=(1.0+$ j0.55) $\Omega$,$z_{eg}=(0.65+j0.35)$ $\Omega$,$z_{bh}=(0.9+j0.5)$ $\Omega$。$S_b=(0.6+j0.45)$ kV·A,$S_c=$ (0.4+j0.3) kV·A,$S_d=(0.4+j0.28)$ kV·A,$S_e=(0.6+j0.4)$ kV·A,$S_f=(0.4+j0.3)$ kV·A,$S_g=(0.5+j0.35)$ kV·A,$S_h=(0.5+j0.4)$ kV·A。

设供电点 A 的电压为 10.5 kV,电压容许误差为 1 V。取电压初值 $U^{(0)}=10$ kV,试作潮流计算。

**解**　先确定功率损耗计算的支路顺序为 cd,bc,ef,eg,be,bh,ab。每一轮计算的第一步是按式(11-1)~(11-3)依上列支路顺序计算各支路的功率损耗和功率分布;第二步用式(11-4)按上列相反的顺序作电压计算。计算结果如表 11-1、表 11-2 所示。

**表 11-1　迭代过程中各支路的首端功率 $S/(\mathrm{kV·A})$**

| 迭代计数 | 1 | 2 |
|---|---|---|
| $S'_{cd}$ | 0.40143+j0.28083 | 0.40142+j0.28083 |
| $S'_{bc}$ | 0.80750+j0.58573 | 0.80740+j0.58565 |
| $S'_{ef}$ | 0.40250+j0.30138 | 0.40255+j0.30140 |
| $S'_{eg}$ | 0.50242+j0.35130 | 0.50246+j0.35132 |
| $S'_{be}$ | 1.52921+j1.07798 | 1.52945+j1.07819 |
| $S'_{bh}$ | 0.50369+j0.40205 | 0.50362+j0.40201 |
| $S'_{ab}$ | 3.53849+j2.63384 | 3.53559+j2.63035 |

**表 11-2　迭代过程中的节点电压 $U/\mathrm{kV}$**

| 迭代计数 | 1 | 2 |
|---|---|---|
| $U_b$ | 10.1553 | 10.1557 |
| $U_c$ | 10.0772 | 10.0776 |
| $U_d$ | 10.0435 | 10.0439 |
| $U_e$ | 9.9674 | 9.9677 |
| $U_f$ | 9.9103 | 9.9107 |
| $U_g$ | 9.9223 | 9.9226 |
| $U_h$ | 10.0909 | 10.0912 |

经两轮迭代计算,各节点电压误差均在 0.001 kV 以内,计算到此结束。

实际的配电网中,负荷并不都接在馈电干线上,在图 11-4(a)所示的网络中,节点 b、c 和

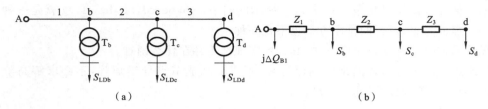

**图 11-4　开式网络及其等值电路**

d 都接有降压变压器，并且已知其低压侧的负荷功率分别为 $S_{LDb}$、$S_{LDc}$ 和 $S_{LDd}$。在这种情况下，应先将负荷功率 $S_{LD}$ 加上相应的变压器的绕组损耗 $\Delta S_T$ 和励磁损耗 $\Delta S_0$，以求得变压器高压侧的负荷功率 $S'_{LD}$。例如，对于节点 b，有

$$S'_{LDb} = S_{LDb} + \Delta S_{Tb} + \Delta S_{0b}$$

式中

$$\Delta S_{Tb} = \frac{P_{LDb}^2 + Q_{LDb}^2}{U_N^2}(R_{Tb} + jX_{Tb}); \quad \Delta S_{0b} = \Delta P_{0b} + j\frac{I_0\%}{100}S_{Nb}$$

然后再按照前面所说的方法，加上节点 b 所接线路 1 和 2 的电容功率的一半，便得到电力网在节点 b 的运算负荷为

$$S_b = S'_{LDb} + j\Delta Q_{B_1} + j\Delta Q_{B_2}$$

同样地可以求得运算负荷 $S_c$ 和 $S_d$，这样就得到简化的等值电路如图 11-4(b) 所示。

如果在图 11-4(a) 所示的网络中与节点 c 相接的是发电厂，那么严格地讲，该网络已不能算是开式网络了（开式网络只有一个电源点，任一负荷点只能从唯一的路径取得电能）。但是，该网络在结构上仍是辐射状网络，如果发电厂的功率已经给定，则还可以按开式网络处理，把发电机当作一个取用功率为 $-S_G$ 的负荷。于是节点 c 的运算负荷将为

$$S_c = -S_G + \Delta S_{Tc} + \Delta S_{0c} + j\Delta Q_{B_2} + j\Delta Q_{B_3}$$

在电压为 35 kV 及以下的架空线路中，常将电纳支路忽略，电力线路仅用阻抗元件代表。

## 11.1.2　两级电压的开式电力网计算

图 11-5 所示为有两级电压的开式电力网及其等值电路。变压器的实际变比为 $k$，变压器的阻抗已归算到线路 1 的电压级。已知末端功率 $S_{LD}$ 和首端电压 $U_A$，欲求末端电压 $U_d$ 和网络的功率损耗。对于这种情况，也可以采用前面所讲的方法，由末端向首端逐步算出各点的功率，然后用首端功率和电压算出第一段线路的电压损耗和节点 b 的电压，并依次往后推算出各节点的电压。但须注意，经理想变压器时功率保持不变，而两侧电压之比等于实际变压比 $k$。

另一种处理方法是将第二段线路的参数按变比 $k$ 归算到第一段的电压级，即

$$R'_2 = k^2 R_2, \quad X'_2 = k^2 X_2, \quad B'_2 = B_2/k^2$$

这样就得到图 11-5(c) 所示的等值电路。这种等值电路的电压和功率计算与一级电压的开式网络的完全一样。但要指出，图 11-5(c) 所示中节点 c 和 d 的电压并非该点的实际电压，而是归算到线路段 1 的电压级的电压。

对于手算而言，习惯采用有名单位制，上述两种处理方法以第一种比较方便，因为它无

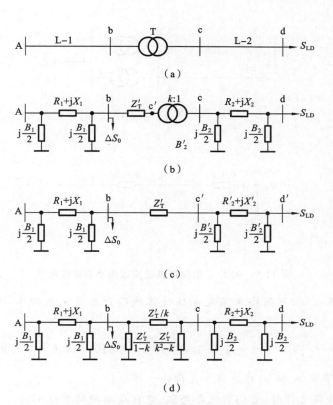

**图 11-5 两级电压的开式网络及其等值电路**

需进行线路参数的折算，又能直接求出网络各点的实际电压。

如果用 Π 型等值电路代表变压器，还可得到图 11-5(d)所示的等值电路。手工计算时，还是前两种等值电路比较方便。

应用计算机计算时，各种参数一般都用标幺值表示。

**例 11-2** 在图 11-6(a)中，额定电压为 110 kV 的双回输电线路，长度为 80 km，采用 LGJ-150 导线，其参数为：$r_0 = 0.21\ \Omega/\text{km}$，$x_0 = 0.416\ \Omega/\text{km}$，$b_0 = 2.74 \times 10^{-6}\ \text{S/km}$。变电所中装有两台三相 110/11 kV 的变压器，每台的容量为 15 MV·A，其参数为：$\Delta P_0 = 40.5$ kW，$\Delta P_S = 128$ kW，$U_S\% = 10.5$，$I_0\% = 3.5$。母线 A 的实际运行电压为 117 kV，负荷功率：$S_{LDb} = (30 + j12)$ MV·A，$S_{LDc} = (20 + j15)$ MV·A。当变压器取主抽头时，求母线 c 的电压。

**解** （一）计算参数并作出等值电路。

输电线路的电阻、等值电抗和电纳分别为

$$R_L = \frac{1}{2} \times 80 \times 0.21\ \Omega = 8.4\ \Omega$$

$$X_L = \frac{1}{2} \times 80 \times 0.416\ \Omega = 16.6\ \Omega$$

$$B_c = 2 \times 80 \times 2.74 \times 10^{-6}\ \text{S} = 4.38 \times 10^{-4}\ \text{S}$$

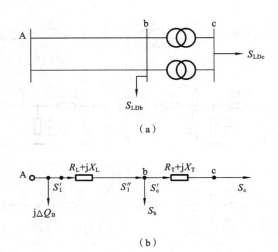

（a）

（b）

**图 11-6　例 11-2 的输电系统接线图及其等值电路**

由于线路电压未知，可用线路额定电压计算线路产生的充电功率，并将其等分为两部分，便得

$$\Delta Q_B = -\frac{1}{2}B_c U_N^2 = -\frac{1}{2}\times 4.38\times 10^{-4}\times 110^2 \text{ Mvar} = -2.65 \text{ Mvar}$$

将 $\Delta Q_B$ 分别接于节点 A 和 b，作为节点负荷的一部分。

两台变压器并联运行时，它们的组合电阻、电抗及励磁功率分别为

$$R_T = \frac{1}{2}\frac{\Delta P_S U_N^2}{S_N^2}\times 10^3 = \frac{1}{2}\times\frac{128\times 110^2}{15000^2}\times 10^3 \ \Omega = 3.4 \ \Omega$$

$$X_T = \frac{1}{2}\frac{U_S\%U_N^2}{S_N}\times 10 = \frac{1}{2}\times\frac{10.5\times 110^2}{15000}\times 10 \ \Omega = 42.4 \ \Omega$$

$$\Delta P_0 + j\Delta Q_0 = 2\left(0.0405 + j\frac{3.5\times 15}{100}\right) \text{ MV}\cdot\text{A} = (0.08 + j1.05) \text{ MV}\cdot\text{A}$$

变压器的励磁功率也作为接于节点 b 的一种负荷，于是节点 b 的总负荷

$$S_b = (30 + j12 + 0.08 + j1.05 - j2.65) \text{ MV}\cdot\text{A} = (30.08 + j10.4) \text{ MV}\cdot\text{A}$$

节点 c 的功率即是负荷功率　$S_c = (20 + j15) \text{ MV}\cdot\text{A}$

这样就得到图 11-6(b)所示的等值电路。

（二）计算由母线 A 输出的功率。

先按电力网的额定电压计算电力网中的功率损耗。变压器绕组中的功率损耗为

$$\Delta S_T = \frac{20^2 + 15^2}{110^2}(3.4 + j42.4) \text{ MV}\cdot\text{A} = (0.18 + j2.19) \text{ MV}\cdot\text{A}$$

由图 11-6(b)可知

$$S'_c = S_c + \Delta S_T = (20 + j15 + 0.18 + j2.19) \text{ MV}\cdot\text{A} = (20.18 + j17.19) \text{ MV}\cdot\text{A}$$

$$S''_1 = S'_c + S_b = (20.18 + j17.19 + 30.08 + j10.4) \text{ MV}\cdot\text{A}$$

$$= (50.26 + j27.59) \text{ MV}\cdot\text{A}$$

线路中的功率损耗为

$$\Delta S_L = \frac{50.26^2 + 27.59^2}{110^2}(8.4 + j16.6) \text{ MV} \cdot \text{A} = (2.28 + j4.51) \text{ MV} \cdot \text{A}$$

于是可得

$$S'_1 = S''_1 + \Delta S_L = (50.26 + j27.59 + 2.28 + j4.51) \text{ MV} \cdot \text{A} = (52.54 + j32.1) \text{ MV} \cdot \text{A}$$

由母线 A 输出的功率为

$$S_A = S'_1 + j\Delta Q_B = (52.54 + j32.1 - j2.65) \text{ MV} \cdot \text{A} = (52.54 + j29.45) \text{ MV} \cdot \text{A}$$

（三）计算各节点电压。

线路中电压降落的纵、横分量分别为

$$\Delta U_L = \frac{P'_1 R_L + Q'_1 X_L}{U_A} = \frac{52.54 \times 8.4 + 32.1 \times 16.6}{117} \text{ kV} = 8.3 \text{ kV}$$

$$\delta U_L = \frac{P'_1 X_L - Q'_1 R_L}{U_A} = \frac{52.54 \times 16.6 - 32.1 \times 8.4}{117} \text{ kV} = 5.2 \text{ kV}$$

利用式(10-11)可得 b 点电压为

$$U_b = \sqrt{(U_A - \Delta U_L)^2 + (\delta U_L)^2} = \sqrt{(117 - 8.3)^2 + 5.2^2} \text{ kV} = 108.8 \text{ kV}$$

变压器中电压降落的纵、横分量分别为

$$\Delta U_T = \frac{P'_c R_T + Q'_c X_T}{U_b} = \frac{20.18 \times 3.4 + 17.19 \times 42.4}{108.8} \text{ kV} = 7.3 \text{ kV}$$

$$\delta U_T = \frac{P'_c X_T - Q'_c R_T}{U_b} = \frac{20.18 \times 42.4 - 17.19 \times 3.4}{108.8} \text{ kV} = 7.3 \text{ kV}$$

归算到高压侧的 c 点电压

$$U'_c = \sqrt{(U_b - \Delta U_T)^2 + (\delta U_T)^2} = \sqrt{(108.8 - 7.3)^2 + 7.3^2} \text{ kV} = 101.7 \text{ kV}$$

变电所低压母线 c 的实际电压

$$U_c = U'_c \times \frac{11}{110} = 101.7 \times \frac{11}{110} \text{ kV} = 10.17 \text{ kV}$$

如果在上述计算中都将电压降落的横分量略去不计，所得的结果是

$$U_b = 108.7 \text{ kV}, \quad U'_c = 101.4 \text{ kV}, \quad U_c = 10.14 \text{ kV}$$

同计及电压降落横分量的计算结果相比较，误差是很小的。

## 11.2  简单闭式网络的功率分布计算

简单闭式网络通常是指两端供电网络和简单环形网络。本节将分别介绍这两种网络中功率分布计算的原理和方法。

### 11.2.1  两端供电网络的功率分布

在图 11-7 所示的两端供电网络中，设 $\dot{U}_a \neq \dot{U}_b$，根据基尔霍夫电压定律和电流定律，可写出下列方程

$$\left. \begin{array}{l} \dot{U}_a - \dot{U}_b = Z_{a1}\dot{I}_{a1} + Z_{12}\dot{I}_{12} - Z_{b2}\dot{I}_{b2} \\ \dot{I}_{a1} - \dot{I}_{12} = \dot{I}_1 \\ \dot{I}_{12} + \dot{I}_{b2} = \dot{I}_2 \end{array} \right\} \qquad (11\text{-}5)$$

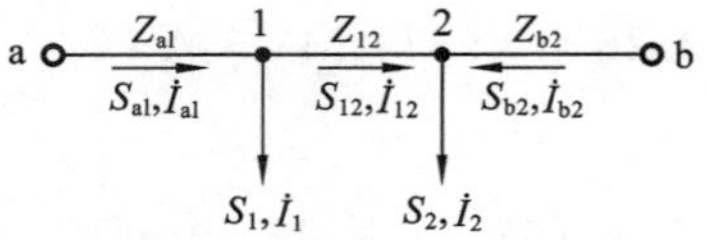

图 11-7　带两个负荷的两端
供电网络

如果已知电源点电压 $\dot{U}_a$ 和 $\dot{U}_b$ 以及负荷点电流 $\dot{I}_1$ 和 $\dot{I}_2$，便可解出

$$
\left.\begin{aligned}
\dot{I}_{a1} &= \frac{(Z_{12}+Z_{b2})\dot{I}_1 + Z_{b2}\dot{I}_2}{Z_{a1}+Z_{12}+Z_{b2}} + \frac{\dot{U}_a - \dot{U}_b}{Z_{a1}+Z_{12}+Z_{b2}} \\
\dot{I}_{b2} &= \frac{Z_{a1}\dot{I}_1 + (Z_{a1}+Z_{12})\dot{I}_2}{Z_{a1}+Z_{12}+Z_{b2}} - \frac{\dot{U}_a - \dot{U}_b}{Z_{a1}+Z_{12}+Z_{b2}}
\end{aligned}\right\}
$$

$$(11\text{-}6)$$

上式确定的电流分布是精确的。但是，在电力网中，由于沿线有电压降落，即使线路中通过同一电流，沿线各点的功率也不一样。在电力网的实际计算中，负荷点的已知量一般是功率，而不是电流。为了求取网络中的功率分布，可以采用近似的算法，先忽略网络中的功率损耗，都用相同的电压 $\dot{U}$ 计算功率，令 $\dot{U}=U_N\angle 0°$，并认为 $S \approx U_N \overset{*}{I}$，对式(11-6)的各量取共轭值，然后全式乘以 $U_N$，便得

$$
\left.\begin{aligned}
S_{a1} &= \frac{(\overset{*}{Z}_{12}+\overset{*}{Z}_{b2})S_1 + \overset{*}{Z}_{b2}S_2}{\overset{*}{Z}_{a1}+\overset{*}{Z}_{12}+\overset{*}{Z}_{b2}} + \frac{(\overset{*}{U}_a - \overset{*}{U}_b)U_N}{\overset{*}{Z}_{a1}+\overset{*}{Z}_{12}+\overset{*}{Z}_{b2}} = S_{a1,LD} + S_{cir} \\
S_{b2} &= \frac{\overset{*}{Z}_{a1}S_1 + (\overset{*}{Z}_{a1}+\overset{*}{Z}_{12})S_2}{\overset{*}{Z}_{a1}+\overset{*}{Z}_{12}+\overset{*}{Z}_{b2}} - \frac{(\overset{*}{U}_a - \overset{*}{U}_b)U_N}{\overset{*}{Z}_{a1}+\overset{*}{Z}_{12}+\overset{*}{Z}_{b2}} = S_{b2,LD} - S_{cir}
\end{aligned}\right\}
$$

$$(11\text{-}7)$$

由式(11-7)可见，每个电源点送出的功率都包含两部分，第一部分由负荷功率和网络参数确定，每一个负荷的功率都以该负荷点到两个电源点间的阻抗共轭值成反比的关系分配给两个电源点，而且可以逐个地计算。第二部分与负荷无关，它可以在网络中负荷切除的情况下，由两个供电点的电压差和网络参数确定，通常称这部分功率为循环功率。当两电源点电压相等时，循环功率为零，式(11-7)右端只剩下前一项，从该项的结构可知，在力学中也有类似的公式，一根承担多个集中负荷的横梁，其两个支点的反作用力就相当于电源点输出的功率。

式(11-7)对于单相和三相系统都适用。若 $U$ 为相电压，则 $S$ 为单相功率；若 $U$ 为线电压，则 $S$ 为三相功率。

求出供电点输出的功率 $S_{a1}$ 和 $S_{b2}$ 之后，即可在线路上各点按线路功率和负荷功率相平衡的条件，求出整个电力网中的功率分布。例如，根据节点 1 的功率平衡可得

$$S_{12} = S_{a1} - S_1$$

电力网中功率由两个方向流入的节点称为功率分点，并用符号▼标出，例如图 11-8(a)所示中的节点 2。有时有功功率和无功功率分点可能出现在电力网的不同节点，通常就用▼和▽分别表示有功功率和无功功率分点。

在不计功率损耗求出电力网功率分布之后，我们想象在功率分点(节点 2)将网络解开，使之成为两个开式电力网。将功率分点处的负荷 $S_2$ 也分成 $S_{b2}$ 和 $S_{12}$ 两部分，分别挂在两个开式电力网的终端。然后按照上节的方法分别计算两个开式电力网的功率损耗和功率分布。在计算功率损耗时，网络中各点的未知电压可暂用额定电压代替。当有功功率和无功功率分点不一致时，常选电压较低的分点将网络解开。

对于沿两端供电线路接有 $k$ 个负荷的情况(见图 11-9)，利用上述原理可以确定不计功率损耗时两个电源点送入线路的功率分别为

$$S_{a1} = \frac{\sum_{i=1}^{k} \overset{*}{Z}_i S_i}{\overset{*}{Z}_\Sigma} + \frac{(\dot{U}_a - \dot{U}_b) U_N}{\overset{*}{Z}_\Sigma} = S_{a1,LD} + S_{cir} \left. \right\}$$

$$S_{bk} = \frac{\sum_{i=1}^{k} \overset{*}{Z}'_i S_i}{\overset{*}{Z}_\Sigma} - \frac{(\dot{U}_a - \dot{U}_b) U_N}{\overset{*}{Z}_\Sigma} = S_{bk,LD} - S_{cir} \left. \right\} \qquad (11\text{-}8)$$

式中,$Z_\Sigma$ 为整条线路的总阻抗;$Z_i$ 和 $Z'_i$ 分别为第 $i$ 个负荷点到供电点 b 和 a 的总阻抗。

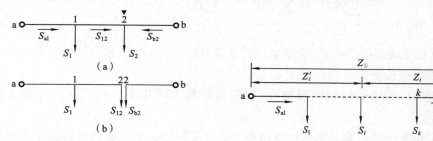

图 11-8　两端供电网络的功率分布　　　图 11-9　沿线有多个负荷的两端供电网络

在式(11-8)右端,循环功率的计算是很简单的,而第一项功率的计算则相当复杂。

为了方便计算,令 $\dfrac{1}{\overset{*}{Z}_\Sigma} = G_\Sigma - jB_\Sigma$,

则有
$$\begin{aligned} S_{a1,LD} &= (G_\Sigma - jB_\Sigma) \sum_{i=1}^{k} (R_i - jX_i)(P_i + jQ_i) \\ &= (G_\Sigma M - B_\Sigma N) + j(-G_\Sigma N - B_\Sigma M) \end{aligned} \qquad (11\text{-}9)$$

式中
$$M = \sum_{i=1}^{k} (P_i R_i + Q_i X_i); \quad N = \sum_{i=1}^{k} (P_i X_i - Q_i R_i)$$

$$G_\Sigma = \frac{R_\Sigma}{R_\Sigma^2 + X_\Sigma^2}; \quad B_\Sigma = \frac{-X_\Sigma}{R_\Sigma^2 + X_\Sigma^2}$$

同理也可以写出供电点 b 送出的负荷功率为
$$S_{bk,LD} = (G_\Sigma M' - B_\Sigma N') + j(-G_\Sigma N' - B_\Sigma M') \qquad (11\text{-}10)$$

式中
$$M' = \sum_{i=1}^{k} (P_i R'_i + Q_i X'_i); \quad N' = \sum_{i=1}^{k} (P_i X'_i - Q_i R'_i)$$

由于循环功率与负荷无关,应有 $S_{a1,LD} + S_{bk,LD} = \sum_{i=1}^{k} S_i$,可以此检验计算结果是否正确。

各段线路的电抗和电阻的比值都相等的网络称为均一电力网。在两端供电的均一电力网中,如果供电点的电压也相等,则式(11-8)便简化为

$$S_{a1} = \frac{\sum_{i=1}^{k} S_i R_i \left(1 - j\dfrac{X_i}{R_i}\right)}{R_\Sigma \left(1 - j\dfrac{X_\Sigma}{R_\Sigma}\right)} = \frac{\sum_{i=1}^{k} S_i R_i}{R_\Sigma} = \frac{\sum_{i=1}^{k} P_i R_i}{R_\Sigma} + j\frac{\sum_{i=1}^{k} Q_i R_i}{R_\Sigma} \left. \right\}$$

$$\qquad\qquad\qquad\qquad\qquad\qquad\qquad\qquad\qquad (11\text{-}11)$$

$$S_{bk} = \frac{\sum_{i=1}^{k} S_i R'_i}{R_\Sigma} = \frac{\sum_{i=1}^{k} P_i R'_i}{R_\Sigma} + j\frac{\sum_{i=1}^{k} Q_i R'_i}{R_\Sigma} \left. \right\}$$

由此可见，在均一电力网中有功功率和无功功率的分布彼此无关，而且可以只利用各线段的电阻（或电抗）分别计算。

对于各线段单位长度的阻抗值都相等的均一网络，式(11-8)便可简化为

$$S_{a1} = \frac{\sum\limits_{i=1}^{k} S_i \overset{*}{Z}_0 l_i}{\overset{*}{Z}_0 l_\Sigma} = \frac{\sum\limits_{i=1}^{k} S_i l_i}{l_\Sigma} = \frac{\sum\limits_{i=1}^{k} P_i l_i}{l_\Sigma} + j \frac{\sum\limits_{i=1}^{k} Q_i l_i}{l_\Sigma}$$
$$S_{bk} = \frac{\sum\limits_{i=1}^{k} S_i l'_i}{l_\Sigma} = \frac{\sum\limits_{i=1}^{k} P_i l'_i}{l_\Sigma} + j \frac{\sum\limits_{i=1}^{k} Q_i l'_i}{l_\Sigma} \quad\quad (11\text{-}12)$$

式中，$Z_0$ 为单位长度线路的阻抗；$l_\Sigma$ 为整条线路的总长度；$l_i$ 和 $l'_i$ 分别为从第 $i$ 个负荷点到供电点 b 和 a 的线路长度。

式(11-12)表明，在这种均一电力网中，有功功率和无功功率分布只由线段的长度来决定。

简单环网是指每一节点都只同两条支路相接的环形网络。单电源供电的简单环网可以当作是供电点电压相等的两端供电网络。当简单环网中存在多个电源点时，给定功率的电源点可以当作负荷点处理，而把给定电压的电源点都一分为二，这样便得到若干个已知供电点电压的两端供电网络。

## 11.2.2 闭式电力网中的电压损耗计算

在不要求特别精确时，闭式电力网中任一线段的电压损耗可用电压降落的纵分量代替，用如下公式计算，即

$$\Delta U = \frac{PR + QX}{U}$$

在不计功率损耗时，$U$ 取电力网的额定电压；计及功率损耗时，如用某一点的功率就应取同一点的电压。

在图 11-8 所示的两端供电网络中，有功功率分点和无功功率分点同在节点 2，因此节点 2 的电压最低。如果有功功率分点和无功功率分点不在同一节点，则只有分别算出各个分点的实际电压，才能确定电压最低点和最大的电压损耗。

对于图 11-10 所示具有分支的两端供电网络，电压最低点可能不在节点 2 而在节点 3，这需由比较计算结果来决定。所以在具有分支线的闭式电力网中，功率分点只是对干线而言的电压最低点，不一定是整个电力网中的电压最低点。

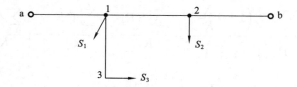

**图 11-10 具有分支线的两端供电网络**

**例 11-3**　图 11-11(a)所示为 110 kV 闭式电力网,A 为某发电厂的高压母线,其运行电压为 117 kV。网络各元件的参数如下。

每千米的参数为

线路Ⅰ、Ⅱ　　$r_0 = 0.27\ \Omega$,　$x_0 = 0.423\ \Omega$,　$b_0 = 2.69 \times 10^{-6}\ \text{S}$

线路Ⅲ　　　　$r_0 = 0.45\ \Omega$,　$x_0 = 0.44\ \Omega$,　$b_0 = 2.58 \times 10^{-6}\ \text{S}$

线路Ⅰ长度为 60 km,线路Ⅱ为 50 km,线路Ⅲ为 40 km。

各变电所每台变压器的额定容量、励磁功率和归算到 110 kV 电压级的阻抗分别为

变电所 b

$S_N = 20\ \text{MV·A}$,　$\Delta S_0 = (0.05 + \text{j}0.6)\ \text{MV·A}$,　$R_T = 4.84\ \Omega$,　$X_T = 63.5\ \Omega$

变电所 c

$S_N = 10\ \text{MV·A}$,　$\Delta S_0 = (0.03 + \text{j}0.35)\ \text{MV·A}$,　$R_T = 11.4\ \Omega$,　$X_T = 127\ \Omega$

负荷功率　　$S_{\text{LDb}} = (24 + \text{j}18)\ \text{MV·A}$,　$S_{\text{LDc}} = (12 + \text{j}9)\ \text{MV·A}$

试求电力网的功率分布及最大电压损耗。

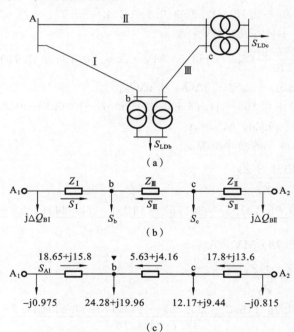

图 11-11　例 11-3 的电力网络及其等值电路和功率分布

**解**　(一)计算网络参数及制订等值电路。

线路Ⅰ:　　　　　　　　$Z_{\text{I}} = (0.27 + \text{j}0.423) \times 60\ \Omega = (16.2 + \text{j}25.38)\ \Omega$

　　　　　　　　　　　　$B_{\text{I}} = 2.69 \times 10^{-6} \times 60\ \text{S} = 1.61 \times 10^{-4}\ \text{S}$

　　　　　　　　　　　$2\Delta Q_{\text{BI}} = -1.61 \times 10^{-4} \times 110^2\ \text{Mvar} = -1.95\ \text{Mvar}$

线路Ⅱ:　　　　　　　　$Z_{\text{II}} = (0.27 + \text{j}0.423) \times 50\ \Omega = (13.5 + \text{j}21.15)\ \Omega$

　　　　　　　　　　　　$B_{\text{II}} = 2.69 \times 10^{-6} \times 50\ \text{S} = 1.35 \times 10^{-4}\ \text{S}$

　　　　　　　　　　　$2\Delta Q_{\text{BII}} = -1.35 \times 10^{-4} \times 110^2\ \text{Mvar} = -1.63\ \text{Mvar}$

线路Ⅲ：
$$Z_{\text{Ⅲ}} = (0.45 + j0.44) \times 40\ \Omega = (18 + j17.6)\ \Omega$$
$$B_{\text{Ⅲ}} = 2.58 \times 10^{-6} \times 40\ \text{S} = 1.03 \times 10^{-4}\ \text{S}$$
$$2\Delta Q_{B\text{Ⅲ}} = -1.03 \times 10^{-4} \times 110^2\ \text{Mvar} = -1.25\ \text{Mvar}$$

变电所 b：
$$Z_{Tb} = \frac{1}{2}(4.84 + j63.5)\ \Omega = (2.42 + j31.75)\ \Omega$$
$$\Delta S_{0b} = 2(0.05 + j0.6)\ \text{MV·A} = (0.1 + j1.2)\ \text{MV·A}$$

变电所 c：
$$Z_{Tc} = \frac{1}{2}(11.4 + j127)\ \Omega = (5.7 + j63.5)\ \Omega$$
$$\Delta S_{0c} = 2(0.03 + j0.35)\ \text{MV·A} = (0.06 + j0.7)\ \text{MV·A}$$

等值电路如图 11-11(b) 所示。

（二）计算节点 b 和 c 的运算负荷。

$$\Delta S_{Tb} = \frac{24^2 + 18^2}{110^2}(2.42 + j31.75)\ \text{MV·A} = (0.18 + j2.36)\ \text{MV·A}$$

$$\begin{aligned}
S_b &= S_{LDb} + \Delta S_{Tb} + \Delta S_{0b} + j\Delta Q_{B\text{Ⅰ}} + j\Delta Q_{B\text{Ⅲ}} \\
&= (24 + j18 + 0.18 + j2.36 + 0.1 + j1.2 - j0.975 - j0.625)\ \text{MV·A} \\
&= (24.28 + j19.96)\ \text{MV·A}
\end{aligned}$$

$$\Delta S_T = \frac{12^2 + 9^2}{110^2}(5.7 + j63.5)\ \text{MV·A} = (0.106 + j1.18)\ \text{MV·A}$$

$$\begin{aligned}
S_c &= S_{LDc} + \Delta S_{Tc} + \Delta S_{0c} + j\Delta Q_{B\text{Ⅲ}} + j\Delta Q_{B\text{Ⅱ}} \\
&= (12 + j9 + 0.106 + j1.18 + 0.06 + j0.7 - j0.625 - j0.815)\ \text{MV·A} \\
&= (12.17 + j9.44)\ \text{MV·A}
\end{aligned}$$

（三）计算闭式网络中的功率分布。

$$\begin{aligned}
S_{\text{Ⅰ}} &= \frac{S_b(\overset{*}{Z}_{\text{Ⅱ}} + \overset{*}{Z}_{\text{Ⅲ}}) + S_c\overset{*}{Z}_{\text{Ⅱ}}}{\overset{*}{Z}_{\text{Ⅰ}} + \overset{*}{Z}_{\text{Ⅱ}} + \overset{*}{Z}_{\text{Ⅲ}}} \\
&= \frac{(24.28 + j19.96)(31.5 - j38.75) + (12.17 + j9.44)(13.5 - j21.15)}{47.7 - j64.13}\ \text{MV·A} \\
&= (18.64 + j15.79)\ \text{MV·A}
\end{aligned}$$

$$\begin{aligned}
S_{\text{Ⅱ}} &= \frac{S_b\overset{*}{Z}_{\text{Ⅰ}} + S_c(\overset{*}{Z}_{\text{Ⅰ}} + \overset{*}{Z}_{\text{Ⅲ}})}{\overset{*}{Z}_{\text{Ⅰ}} + \overset{*}{Z}_{\text{Ⅱ}} + \overset{*}{Z}_{\text{Ⅲ}}} \\
&= \frac{(24.28 + j19.96)(16.2 - j25.38) + (12.17 + j9.44)(34.2 - j42.98)}{47.7 - j64.13}\ \text{MV·A} \\
&= (17.8 + j13.6)\ \text{MV·A}
\end{aligned}$$

验算：

$$S_{\text{Ⅰ}} + S_{\text{Ⅱ}} = (18.64 + j15.79 + 17.8 + j13.6)\ \text{MV·A} = (36.44 + j29.39)\ \text{MV·A}$$
$$S_b + S_c = (24.28 + j19.96 + 12.17 + j9.44)\ \text{MV·A} = (36.45 + j29.4)\ \text{MV·A}$$

可见，计算结果误差很小，无需重算。取 $S_{\text{Ⅰ}} = (18.65 + j15.8)\ \text{MV·A}$ 继续进行计算。

$$S_{\text{Ⅲ}} = S_b - S_{\text{Ⅰ}} = (24.28 + j19.96 - 18.65 - j15.8)\ \text{MV·A} = (5.63 + j4.16)\ \text{MV·A}$$

功率分布如图 11-11(c) 所示。

（四）计算电压损耗。

由于线路Ⅰ和Ⅱ的功率均流向节点 b，故节点 b 为功率分点，这点的电压最低。为了计算线路 I 的电压损耗,要用 A 点的电压和功率 $S_{A1}$。

$$S_{A1} = S_I + \Delta S_{LI} = \left[18.65 + j15.8 + \frac{18.65^2 + 15.8^2}{110^2}(16.2 + j25.38)\right] \text{MV} \cdot \text{A}$$

$$= (19.45 + j17.05) \text{MV} \cdot \text{A}$$

$$\Delta U_I = \frac{P_{A1}R_I + Q_{A1}X_I}{U_A} = \frac{19.45 \times 16.2 + 17.05 \times 25.38}{117} \text{kV} = 6.39 \text{kV}$$

变电所 b 高压母线的实际电压为

$$U_b = U_A - \Delta U_I = (117 - 6.39) \text{kV} = 110.61 \text{kV}$$

## 11.2.3 含变压器的简单环网的功率分布

先讨论变比不等的两台升压变压器并联运行时的功率分布。设两台变压器的变压比,即高压侧抽头电压与低压侧额定电压之比,分别为 $k_1$ 和 $k_2$,且 $k_1 \neq k_2$。不计变压器的导纳支路的等值电路如图 11-12(b)所示,$Z'_{T1}$ 及 $Z'_{T2}$ 是归算到高压侧(即图中 B 侧)的变压器阻抗值。

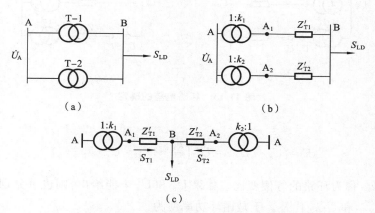

**图 11-12 变比不同的变压器并联运行时的功率分布**

如果已给出变压器一次侧的电压 $\dot{U}_A$,则有 $\dot{U}_{A1} = k_1 \dot{U}_A$ 和 $\dot{U}_{A2} = k_2 \dot{U}_A$。将等值电路从 A 点拆开,便得到一个供电点电压不等的两端供电网络,如图 11-12(c)所示。将式(11-7)用于一个负荷的情况,可得

$$\left.\begin{array}{l} S_{T1} = \dfrac{\overset{*}{Z}'_{T2} S_{LD}}{\overset{*}{Z}'_{T1} + \overset{*}{Z}'_{T2}} + \dfrac{(\dot{U}_{A1} - \dot{U}_{A2})U_{N \cdot H}}{\overset{*}{Z}'_{T1} + \overset{*}{Z}'_{T2}} \\[4mm] S_{T2} = \dfrac{\overset{*}{Z}'_{T1} S_{LD}}{\overset{*}{Z}'_{T1} + \overset{*}{Z}'_{T2}} + \dfrac{(\dot{U}_{A2} - \dot{U}_{A1})U_{N \cdot H}}{\overset{*}{Z}'_{T1} + \overset{*}{Z}'_{T2}} \end{array}\right\} \tag{11-13}$$

式中,$U_{N \cdot H}$ 是高压侧的额定电压。

我们假定循环功率是由节点 $A_1$ 经变压器阻抗流向 $A_2$,亦即在原电路中为顺时针方向,并令

$$\Delta \dot{E}' = \dot{U}_{A1} - \dot{U}_{A2} = \dot{U}_A(k_1 - k_2) = \dot{U}_A k_2 \left(\frac{k_1}{k_2} - 1\right) \tag{11-14}$$

电力系统分析（下）

则循环功率为

$$S_{cir} = \frac{(\overset{*}{U}_{A1} - \overset{*}{U}_{A2})U_{N\cdot H}}{\overset{*}{Z}'_{T1} + \overset{*}{Z}'_{T2}} = \frac{\Delta\overset{*}{E}'U_{N\cdot H}}{\overset{*}{Z}'_{T1} + \overset{*}{Z}'_{T2}} \tag{11-15}$$

我们称 $\Delta\dot{E}'$ 为环路电势,它是因并联变压器的变比不等而引起的。循环功率是由环路电势产生的。因此,循环功率的方向同环路电势的作用方向是一致的。当两变压器的变比相等时 $\Delta E' = 0$,循环功率便不存在。

式(11-13)说明,变压器的实际功率分布是由变压器变比相等且供给实际负荷时的功率分布,与不计负荷仅因变比不同而引起的循环功率叠加而成。

一般情况下,选好循环功率方向后,环路电势便可由环路的开口电压确定,开口处可在高压侧,也可在低压侧,但应与阻抗归算的电压级一致(见图11-13)。归算到高压侧时

$$\Delta\dot{E}' = \dot{U}_p - \dot{U}_{p'} = \dot{U}_{p'}\left(\frac{k_1}{k_2} - 1\right) = \dot{U}_{p'}(k_\Sigma - 1) \tag{11-16}$$

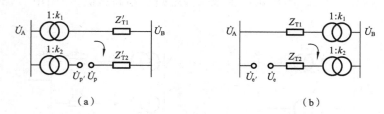

图 11-13　环路电势的确定

归算到低压侧时

$$\Delta\dot{E} = \dot{U}_e - \dot{U}_{e'} = \dot{U}_{e'}\left(\frac{k_1}{k_2} - 1\right) = \dot{U}_{e'}(k_\Sigma - 1) \tag{11-17}$$

式中,$k_\Sigma = k_1/k_2$,称为环路的等值变比。如果 $\dot{U}_{p'}$ 和 $\dot{U}_{e'}$ 未能给出,则也可分别以相应电压级的额定电压 $U_{N\cdot H}$ 和 $U_{N\cdot L}$ 代替。于是循环功率便为

$$S_{cir} \approx \frac{U_{N\cdot H}^2(k_\Sigma - 1)}{\overset{*}{Z}'_{T1} + \overset{*}{Z}'_{T2}} \approx \frac{U_{N\cdot L}^2(k_\Sigma - 1)}{\overset{*}{Z}_{T1} + \overset{*}{Z}_{T2}} \tag{11-18}$$

**例 11-4**　变比分别为 $k_1 = 110/11$ 和 $k_2 = 115.5/11$ 的两台变压器并联运行(见图 11-14 (a)),每台变压器归算到低压侧的电抗均为 $1\ \Omega$,其电阻和导纳忽略不计。已知低压母线电压为 $10\ kV$,负荷功率为 $(16 + j12)\ MV\cdot A$,试求变压器的功率分布和高压侧电压。

**解**　采用本节所讲的近似方法进行计算,步骤如下。

(一)假定两台变压器变比相同,计算其功率分布。因两台变压器电抗相等,故

$$S_{1LD} = S_{2LD} = \frac{1}{2}S_{LD} = \frac{1}{2}(16 + j12)\ MV\cdot A = (8 + j6)\ MV\cdot A$$

(二)求循环功率。因为阻抗已归算到低压侧,所以环路电势宜用低压侧的值。若取其假定正向为顺时针方向,则可得

$$\Delta E \approx U_B\left(\frac{k_2}{k_1} - 1\right) = 10 \times \left(\frac{10.5}{10} - 1\right)\ kV = 0.5\ kV$$

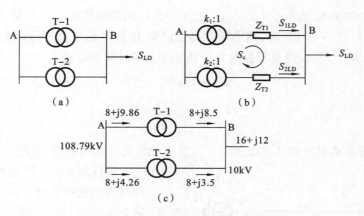

图 11-14　例 11-4 的电路及其功率分布

故循环功率为

$$S_c \approx \frac{U_B \Delta \overset{*}{E}}{\overset{*}{Z}_{T1} + \overset{*}{Z}_{T2}} = \frac{10 \times 0.5}{-j1 - j1} \text{ MV} \cdot \text{A} = j2.5 \text{ MV} \cdot \text{A}$$

（三）计算两台变压器的实际功率分布。

$$S_{T1} = S_{1LD} + S_c = (8 + j6 + j2.5) \text{ MV} \cdot \text{A} = (8 + j8.5) \text{ MV} \cdot \text{A}$$

$$S_{T2} = S_{2LD} - S_c = (8 + j6 - j2.5) \text{ MV} \cdot \text{A} = (8 + j3.5) \text{ MV} \cdot \text{A}$$

（四）计算高压侧电压。不计电压降的横分量时，按变压器 T-1 计算可得高压母线电压为

$$U_A = \left(10 + \frac{8.5 \times 1}{10}\right) k_1 = (10 + 0.85) \times 10 \text{ kV} = 108.5 \text{ kV}$$

按变压器 T-2 计算可得

$$U_A = \left(10 + \frac{3.5 \times 1}{10}\right) k_2 = (10 + 0.35) \times 10.5 \text{ kV} = 108.68 \text{ kV}$$

计及电压降的横分量，按 T-1 和 T-2 计算可分别得

$$U_A = 108.79 \text{ kV}, \quad U_A = 109 \text{ kV}$$

（五）计算从高压母线输入变压器 T-1 和 T-2 的功率。

$$S'_{T1} = \left(8 + j8.5 + \frac{8^2 + 8.5^2}{10^2} \times j1\right) \text{ MV} \cdot \text{A} = (8 + j9.86) \text{ MV} \cdot \text{A}$$

$$S'_{T2} = \left(8 + j3.5 + \frac{8^2 + 3.5^2}{10^2} \times j1\right) \text{ MV} \cdot \text{A} = (8 + j4.26) \text{ MV} \cdot \text{A}$$

输入高压母线的总功率为

$$S' = S'_{T1} + S'_{T2} = (8 + j9.86 + 8 + j4.26) \text{ MV} \cdot \text{A} = (16 + j14.12) \text{ MV} \cdot \text{A}$$

功率分布如图 11-14（c）所示。

对于有多个电压级的环形电力网，环路电势和循环功率确定方法如下。首先，作出等值电路并进行参数归算（变压器的励磁功率和线路的电容都略去不计）。其次，选定环路电势的作用方向，计算环路的等值变比 $k_\Sigma$。事先约定，变压器的变比等于较高电压级的抽头电压同较低电压级的抽头电压之比。令 $k_\Sigma$ 的初值等于1，从环路的任一点出发，沿选定的环路方向绕行一周，每经过一个变压器，遇电压升高乘以变比，遇电压降低则除以变比，回到出发点时，$k_\Sigma$ 便计算完毕。最后，便得环路电势和循环功率的计算公式为

$$\Delta \dot{E} \approx U_N(k_\Sigma - 1) \qquad (11\text{-}19)$$

$$S_{cir} \approx \frac{\Delta \dot{E} \overset{*}{U_N}}{\overset{*}{Z_\Sigma}} \qquad (11\text{-}20)$$

式中，$\overset{*}{Z_\Sigma}$ 为环网的总阻抗的共轭值；$U_N$ 是归算参数的电压级的额定电压。

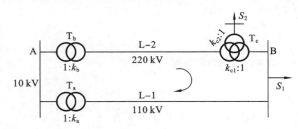

图 11-15 三级电压的环网

现以图 11-15 所示的有三级电压的环网为例进行计算。各变压器的变比分别为 $k_a=121/10.5$，$k_b=242/10.5$，$k_{c1}=220/121$ 和 $k_{c2}=220/11$。选定顺时针方向为环路电势的作用方向。令 $k_\Sigma$ 的初值等于1，从 B 点出发顺时针方向绕行一周，最先经过变压器 $T_a$，遇电压降低，除以变比 $k_a$，再经变压器 $T_b$，遇电压升高，乘以变比 $k_b$，最后经变压器 $T_c$ 回到出发点，遇电压降低，再除以变比 $k_{c1}$。于是得到 $k_\Sigma=$

$\frac{k_b}{k_a k_{c1}}=1.1$。

由式(11-19)或式(11-20)可见，若 $k_\Sigma=1$，则 $\Delta E=0$，循环功率也就不存在。$k_\Sigma=1$ 说明在环网中运行的各变压器的变比是相匹配的。循环功率只是在变压器的变比不匹配（即 $k_\Sigma \neq 1$）的情况下才会出现。如果环网中原来的功率分布在技术上或经济上不太合理，则可以通过调整变压器的变比，产生某一指定方向的循环功率来改善功率分布。

## 11.2.4 环网中的潮流控制

在环网中引入环路电势来产生循环功率，是对环网进行潮流控制和改善功率分布的有效手段。

在图 11-16 所示的简单环网中，根据式(11-7)可知其功率分布为

$$S_1 = \frac{S_c \overset{*}{Z_2} + S_b(\overset{*}{Z_2} + \overset{*}{Z_3})}{\overset{*}{Z_1} + \overset{*}{Z_2} + \overset{*}{Z_3}}$$

$$S_2 = \frac{S_b \overset{*}{Z_1} + S_c(\overset{*}{Z_1} + \overset{*}{Z_3})}{\overset{*}{Z_1} + \overset{*}{Z_2} + \overset{*}{Z_3}}$$

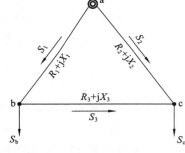

图 11-16 简单环网的功率分布

上式说明功率在环形网络中是与阻抗成反比分布的。这种分布称为功率的自然分布。

现在讨论一下，欲使网络的功率损耗为最小，功率应如何分布？图 11-16 所示环网的功率损耗为

$$P_{\mathrm{L}} = \frac{P_1{}^2 + Q_1{}^2}{U^2}R_1 + \frac{P_2{}^2 + Q_2{}^2}{U^2}R_2 + \frac{P_3{}^2 + Q_3{}^2}{U^2}R_3$$

$$= \frac{P_1{}^2 + Q_1{}^2}{U^2}R_1 + \frac{(P_{\mathrm{b}} + P_{\mathrm{c}} - P_1)^2 + (Q_{\mathrm{b}} + Q_{\mathrm{c}} - Q_1)^2}{U^2}R_2$$

$$+ \frac{(P_1 - P_{\mathrm{b}})^2 + (Q_1 - Q_{\mathrm{b}})^2}{U^2}R_3$$

将上式分别对 $P_1$ 和 $Q_1$ 取偏导数，并令其等于零便得

$$\frac{\partial P_{\mathrm{L}}}{\partial P_1} = \frac{2P_1}{U^2}R_1 - \frac{2(P_{\mathrm{b}} + P_{\mathrm{c}} - P_1)}{U^2}R_2 + \frac{2(P_1 - P_{\mathrm{b}})}{U^2}R_3 = 0$$

$$\frac{\partial P_{\mathrm{L}}}{\partial Q_1} = \frac{2Q_1}{U^2}R_1 - \frac{2(Q_{\mathrm{b}} + Q_{\mathrm{c}} - Q_1)}{U^2}R_2 + \frac{2(Q_1 - Q_{\mathrm{b}})}{U^2}R_3 = 0$$

由此可以解出

$$\left. \begin{aligned} P_{1\mathrm{ec}} &= \frac{P_{\mathrm{b}}(R_2 + R_3) + P_{\mathrm{c}}R_2}{R_1 + R_2 + R_3} \\ Q_{1\mathrm{ec}} &= \frac{Q_{\mathrm{b}}(R_2 + R_3) + Q_{\mathrm{c}}R_2}{R_1 + R_2 + R_3} \end{aligned} \right\} \tag{11-21}$$

式(11-21)表明，功率在环形网络中与电阻成反比分布时，功率损耗为最小。我们称这种功率分布为经济分布。只有在每段线路的比值 $R/X$ 都相等的单一网络中，功率的自然分布才与经济分布相符。在一般情况下，这两者是有差别的。各段线路的不均匀程度越大，功率损耗的差别就越大。

如果在环网中引入附加电势 $\Delta \dot{E}$，假定其产生与 $S_1$ 同方向的循环功率，且满足条件
$$S_1 + S_{\mathrm{cir}} = S_{1\mathrm{ec}}$$
就可以使功率分布符合经济分布的要求。由此可得所要求的循环功率为
$$S_{\mathrm{cir}} = S_{1\mathrm{ec}} - S_1 = (P_{1\mathrm{ec}} - P_1) + \mathrm{j}(Q_{1\mathrm{ec}} - Q_1) = P_{\mathrm{cir}} + \mathrm{j}Q_{\mathrm{cir}}$$
为产生此循环功率所需的附加电势则为
$$\Delta \dot{E} = Z_{\Sigma}\overset{*}{S}_{\mathrm{cir}}/U_{\mathrm{N}} = \frac{P_{\mathrm{cir}}R_{\Sigma} + Q_{\mathrm{cir}}X_{\Sigma}}{U_{\mathrm{N}}} + \mathrm{j}\frac{P_{\mathrm{cir}}X_{\Sigma} - Q_{\mathrm{cir}}R_{\Sigma}}{U_{\mathrm{N}}} = \Delta E_x + \mathrm{j}\Delta E_y$$
式中，$Z_{\Sigma}$ 为环网的总阻抗，$U_{\mathrm{N}}$ 为网络的额定电压。

调整环网中的变压器变比，对于比值 $X/R$ 较大的高压网络，其主要作用是改变无功功率的分布。一般情况下，当网络中功率的自然分布不同于所期望的分布时，往往要求同时调整有功功率和无功功率，这就要采用一些附加装置来产生所需的环路电势。这类装置主要的有附加调压变压器和基于电力电子技术的一些 FACTS 装置。

**1. 利用加压调压变压器产生附加电势**

加压调压变压器的原理接线及其与系统的联接如图 11-17 所示。加压调压变压器 2 由电源变压器 3 和串联变压器 4 组成。串联变压器 4 的次级绕组串联在主变压器 1 的引出线上，作为加压绕组。这相当于在线路上串联了一个附加电势。改变附加电势的大小和相位就可以改变线路上电压的大小和相位。通常把附加电势的相位与线路电压的相位相同的变压器称为纵向调压变压器，把附加电势与线路电压有 90°相位差的变压器称为横向调压变压器，把附加电势与线路电压之间的相位差也能进行调节的调压变压器称为混合型调压变压器。

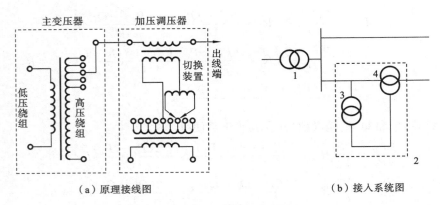

（a）原理接线图　　　　　　　　　（b）接入系统图

**图 11-17　加压调压变压器**
1—主变压器；2—加压调压变压器；3—电源变压器；4—串联变压器

纵向调压变压器的原理接线图如图 11-18 所示。图中电源变压器的次级绕组供电给串联变压器的励磁绕组，因而在串联变压器的次级绕组中产生附加电势 $\Delta \dot{U}$。当电源变压器取图 11-18(a) 所示的接线方式时，附加电势的方向与主变压器的相电压方向相同，可以提高线路电压，如图 11-18(b) 所示。反之，如将串联变压器反接，则可降低线路电压。纵向调压变压器只有纵向电势，它只改变线路电压的大小，不改变线路电压的相位。

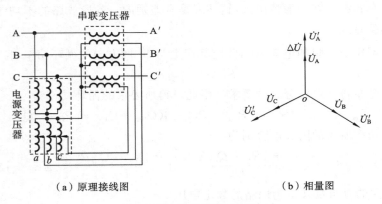

（a）原理接线图　　　　　　　　　（b）相量图

**图 11-18　纵向调压变压器**

横向调压变压器的原理接线如图 11-19 所示。如果电源变压器取图示的接线方式，则加压绕组中产生的附加电势的方向与线路的相电压将有 90°的相位差，故称为横向电势。从相量图中可以看出，由于 $\Delta \dot{U}$ 超前线路电压 90°，调压后的电压 $\dot{U}'_A$ 较调压前的电压 $\dot{U}_A$ 超前一个 $\beta$ 角，但调压前后电压幅值的改变甚小。如将串联变压器反接，使附加电势反向，则调压后可得到较原电压滞后的线路电压（电压幅值的变化仍很小）。横向调压变压器只产生横向电势，所以它只改变线路电压的相位而几乎不改变电压的大小。

混合型调压变压器中既有纵向串联加压变压器，又有横向串联变压器，接线如图 11-20 所示。它既产生纵向电势 $\Delta U_y$，又产生横向电势 $\Delta U_x$。因此，它既能改变线路电压的大小，又能改变其相位。

加压调压变压器和主变压器配合使用，相当于有载调压变压器，也可以单独串接在线路

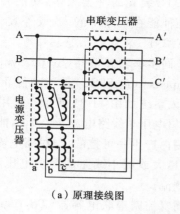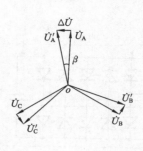

（a）原理接线图　　　　　　　（b）相量图

**图 11-19　横向调压变压器**

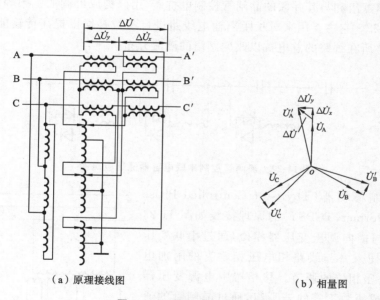

（a）原理接线图　　　　　　　（b）相量图

**图 11-20　混合型调压变压器**

上使用。对于辐射形网络,它可以作为调压设备。对于环形网络除起调压作用外,还可以改变网络中的功率分布。

**2. 利用 FACTS 装置实现潮流控制**

FACTS(Flexible AC Transmission System)的概念是在 20 世纪 80 年代末期由美国的 Hingorani 提出来的。现在 FACTS 技术已成为电力系统新技术的重要发展方向之一,我国也已开展了这一领域的研究。

FACTS 的含义是装有电力电子型或其他静止型控制器以加强可控性和增大电力传输能力的交流输电系统。在 FACTS 装置中采用晶闸管取代传统的机械式高压开关或接头转换部件,极大地提高了调节的灵活性和快速性,通过对电压(幅值和相位)和阻抗的迅速调整,可以在不改变电网结构的情况下,加强潮流的可控性和提高电网的传输能力。

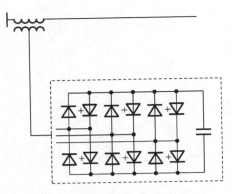

图 11-21 静止同步串联补偿器
接入系统示意图

FACTS 装置的种类很多，功能各异。以下简要介绍几种能在线路中嵌入（或等效于嵌入）附加电势的 FACTS 装置。

静止同步串联补偿器（Static Synchronous Series Compensator，SSSC）是一种静止型同步发电器，其接入系统如图 11-21 所示。它用作串联补偿器，其输出电压与线路电流相差 90°，能在容性到感性的范围内产生一可控的、与线路电流无关的补偿电压，以增大或减小线路的无功电压降，从而控制线路的潮流。

晶闸管控制串联电容器（Thyristor Controlled Series Capacitor，TCSC）是一种容性电抗补偿器，它包括串联电容器组和与其并联的晶闸管控制电抗器，用以构成可调的工频等值电抗，其原理电路见图 11-22。它主要用来对长距离输电线路进行参数补偿以提高传输能力。在闭式网络中它能调整所在线路的总电抗以改变网络的潮流分布。

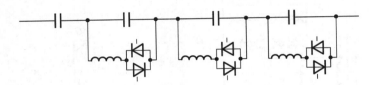

图 11-22 晶闸管控制串联电容器原理电路图

晶闸管控制移相器（Thyristor Controlled Phase Shifting Transformer，TCPST）的原理接线如图 11-23 所示。其原理与横向调压变压器相似，通过串联变压器在线路纵向插入一与线路相电压相垂直的附加电势，以实现对电压相位的调节。移相器中电源变压器的二次绕组分成匝数不等的若干组，通过晶闸管的通断控制，可以对串联变压器的输出电压进行分级调节。

统一潮流控制器（Unified Power Flow Controller，UPFC）的原理和接入系统如图 11-24 所示。它的主体部分是通过公共的直流电容联系起来的两个电压源型逆变器。逆变器 1 的交流输出电压通过变压器 $T_1$ 并联接入系统，其主要作用是实现并联无功补偿以控制电压。逆变器 2 的交流输出电压通过变压器 $T_2$ 串联插入线路，其作用相当于 SSSC，但它向线路引入的附加电势不仅幅值可变，相位也可在 0~2π 之间变化。

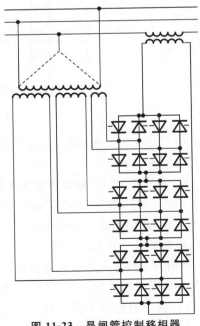

图 11-23 晶闸管控制移相器

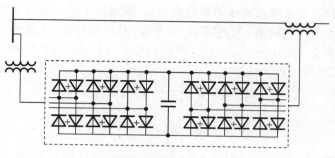

**图 11-24 统一潮流控制器接入系统示意图**

# 11.3 复杂电力系统潮流计算的数学模型

## 11.3.1 潮流计算的定解条件

在第 4 章导出的网络方程式(如节点方程)是潮流计算的基础方程式。如果能够给出电压源(或电流源),直接求解网络方程就可以求得网络内电流和电压的分布。但是在潮流计算中,在网络的运行状态求出以前,无论是电源的电势值,还是节点的注入电流,都无法准确给定。

图 11-25 表示一个三节点的简单电力系统。其网络方程为

$$\dot{I}_i = Y_{i1}\dot{U}_1 + Y_{i2}\dot{U}_2 + Y_{i3}\dot{U}_3 \quad (i=1,2,3) \tag{11-22}$$

节点电流可以用节点功率和电压表示

$$\dot{I}_i = \frac{\overset{*}{S}_i}{\overset{*}{U}_i} = \frac{\overset{*}{S}_{Gi} - \overset{*}{S}_{LDi}}{\overset{*}{U}_i} = \frac{(P_{Gi} - P_{LDi}) - \mathrm{j}(Q_{Gi} - Q_{LDi})}{\overset{*}{U}_i}$$

把这个关系代入式(11-22),便得

$$\frac{(P_{Gi} - P_{LDi}) - \mathrm{j}(Q_{Gi} - Q_{LDi})}{\overset{*}{U}_i} = Y_{i1}\dot{U}_1 + Y_{i2}\dot{U}_2 + Y_{i3}\dot{U}_3 \quad (i=1,2,3) \tag{11-23}$$

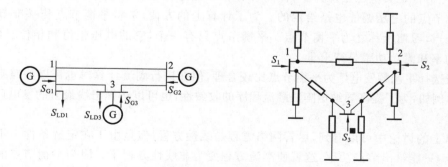

**图 11-25 简单电力系统**

这是一组复数方程式,而且是对于 $U$ 的非线性方程,如果把实部和虚部分开便得到 6 个实数方程。但是每一个节点都有 6 个变量:发电机发出的有功功率和无功功率、负荷需要的

有功功率和无功功率,以及节点电压的幅值和相位(或对应于某一选定参考直角坐标的实部和虚部)。对于 $n$ 个节点的网络,可列写 $2n$ 个方程,但是却有 $6n$ 个变量。通常把负荷功率作为已知量,并把节点功率 $P_i = P_{Gi} - P_{LDi}$ 和 $Q_i = Q_{Gi} - Q_{LDi}$ 引入网络方程。这样,$n$ 个节点电力系统的潮流方程的一般形式是

$$\frac{P_i - jQ_i}{\overset{*}{U}_i} = \sum_{j=1}^{n} Y_{ij}\dot{U}_j \quad (i = 1, 2, \cdots, n) \tag{11-24}$$

或

$$P_i + jQ_i = \dot{U}_i \sum_{j=1}^{n} \overset{*}{Y}_{ij}\overset{*}{U}_j \quad (i = 1, 2, \cdots, n) \tag{11-25}$$

将上述方程的实部和虚部分开,对每一节点可得两个实数方程,但是变量仍有 4 个,即 $P$、$Q$、$U$、$\delta$。我们必须给定其中的 2 个,只留下两个作为待求变量,方程组才可以求解。根据电力系统的实际运行条件,按给定变量的不同,一般将节点分为以下三种类型。

**1. PQ 节点**

这类节点的有功功率 $P$ 和无功功率 $Q$ 是给定的,节点电压 $(U, \delta)$ 是待求量。通常变电所都是这一类型的节点。由于没有发电设备,故其发电功率为零。有些情况下,系统中某些发电厂送出的功率在一定时间内固定时,该发电厂母线也作为 PQ 节点。因此,电力系统中的绝大多数节点属于这一类型。

网络中还有一类既不接发电机,又没有负荷的联络节点(亦称浮游节点),也可以当作 PQ 节点,其 $P$、$Q$ 给定值为零。

**2. PU 节点**

这类节点的有功功率 $P$ 和电压幅值 $U$ 是给定的,节点的无功功率 $Q$ 和电压的相位 $\delta$ 是待求量。这类节点必须有足够的可调无功容量,用以维持给定的电压幅值,因而又称之为电压控制节点。一般是选择有一定无功储备的发电厂和具有可调无功电源设备的变电所作为 PU 节点。在电力系统中,这一类节点的数目很少。

**3. 平衡节点**

在潮流分布算出以前,网络中的功率损失是未知的,因此,网络中至少有一个节点的有功功率 $P$ 不能给定,这个节点承担了系统的有功功率平衡,故称之为平衡节点。另外必须选定一个节点,指定其电压相位为零,作为计算各节点电压相位的参考,这个节点称为基准节点。基准节点的电压幅值也是给定的。为了计算上的方便,常将平衡节点和基准节点选为同一个节点,习惯上称之为平衡节点。平衡节点只有一个,它的电压幅值和相位已给定,而其有功功率和无功功率是待求量。

一般选择主调频发电厂为平衡节点比较合理,但在进行潮流计算时也可以按照别的原则来选择。例如,为了提高导纳矩阵法潮流程序的收敛性,也可以选择出线最多的发电厂作为平衡节点。

从以上的讨论中可以看到,尽管网络方程是线性方程,但是由于在定解条件中不能给定节点电流,只能给出节点功率,这就使潮流方程变为非线性方程了。因为平衡节点的电压已经给定,所以平衡节点的方程不必参与求解。

## 11.3.2 潮流计算的约束条件

通过方程的求解所得到的计算结果代表了潮流方程在数学上的一组解答。但这组解答

所反映的系统运行状态在工程上是否具有实际意义呢？还需要进行检验。为保证电力系统的正常运行，潮流问题中某些变量应满足一定的约束条件，常用的约束条件有：

**1. 电压约束条件**

所有的节点电压必须满足以下条件：

$$U_{imin} \leqslant U_i \leqslant U_{imax} \quad (i = 1, 2, \cdots, n) \tag{11-26}$$

从保证电能质量和供电安全的要求来看，电力系统的所有电气设备都必须运行在额定电压附近。PU 节点的电压幅值必须按上述条件给定。因此，这一约束主要是对 PQ 节点而言。

**2. 有功功率和无功功率约束条件**

所有电源节点的有功功率和无功功率必须满足

$$\left.\begin{array}{l} P_{Gimin} \leqslant P_{Gi} \leqslant P_{Gimax} \\ Q_{Gimin} \leqslant Q_{Gi} \leqslant Q_{Gimax} \end{array}\right\} \tag{11-27}$$

PQ 节点的有功功率和无功功率以及 PU 节点的有功功率，在给定时就必须满足式(11-27)所示条件。因此，对平衡节点的 $P$ 和 $Q$ 以及 PU 节点的 $Q$ 应按上述条件进行检验。

**3. 相位差约束条件**

某些节点之间电压的相位差应满足

$$|\delta_i - \delta_j| < |\delta_i - \delta_j|_{max} \tag{11-28}$$

为了保证系统运行的稳定性，要求某些输电线路两端的电压相位差不超过一定的数值。因此，潮流计算可以归结为求解一组非线性方程组，并使其解答满足一定的约束条件。如果不能满足，则应修改某些变量的给定值，甚至修改系统的运行方式，重新进行计算。

潮流计算用的节点导纳矩阵，一般只用网络元件（变压器和线路）的参数形成。与短路故障计算用的导纳矩阵可能不同。

潮流计算常用的方法是牛顿-拉夫逊法。

# 11.4 牛顿-拉夫逊法潮流计算

## 11.4.1 牛顿-拉夫逊法的基本原理

设有单变量非线性方程

$$f(x) = 0 \tag{11-29}$$

求解此方程时，先给出解的近似值 $x^{(0)}$，它与真解的误差为 $\Delta x^{(0)}$，则 $x = x^{(0)} + \Delta x^{(0)}$ 将满足方程式(11-29)，即

$$f(x^{(0)} + \Delta x^{(0)}) = 0$$

将上式左边的函数在 $x^{(0)}$ 附近展成泰勒级数，便得

$$f(x^{(0)} + \Delta x^{(0)}) = f(x^{(0)}) + f'(x^{(0)})\Delta x^{(0)} + f''(x^{(0)})\frac{(\Delta x^{(0)})^2}{2!} + \cdots$$
$$+ f^{(n)}(x^{(0)})\frac{(\Delta x^{(0)})^n}{n!} + \cdots \tag{11-30}$$

式中，$f'(x^{(0)}),\cdots,f^{(n)}(x^{(0)})$ 分别为函数 $f(x)$ 在 $x^{(0)}$ 处的一阶导数，$\cdots,n$ 阶导数。

如果差值 $\Delta x^{(0)}$ 很小，$\Delta x^{(0)}$ 的二次及以上阶次的各项均可略去，式(11-30)便简化成

$$f(x^{(0)}+\Delta x^{(0)})=f(x^{(0)})+f'(x^{(0)})\Delta x^{(0)}=0$$

这是对于变量的修正量 $\Delta x^{(0)}$ 的线性方程式，亦称修正方程式。解此方程可得修正量

$$\Delta x^{(0)}=-\frac{f(x^{(0)})}{f'(x^{(0)})}$$

用所求得的 $\Delta x^{(0)}$ 去修正近似解，便得

$$x^{(1)}=x^{(0)}+\Delta x^{(0)}=x^{(0)}-\frac{f(x^{(0)})}{f'(x^{(0)})}$$

修正后的近似解 $x^{(1)}$ 同真解仍然有误差。为了进一步逼近真解，这样的迭代计算可以反复进行下去，迭代计算的通式是

$$x^{(k+1)}=x^{(k)}-\frac{f(x^{(k)})}{f'(x^{(k)})} \tag{11-31}$$

迭代过程的收敛判据为

$$|f(x^{(k)})|<\varepsilon_1 \tag{11-32}$$

或

$$|\Delta x^{(k)}|<\varepsilon_2 \tag{11-33}$$

式中，$\varepsilon_1$ 和 $\varepsilon_2$ 为预先给定的小正数。

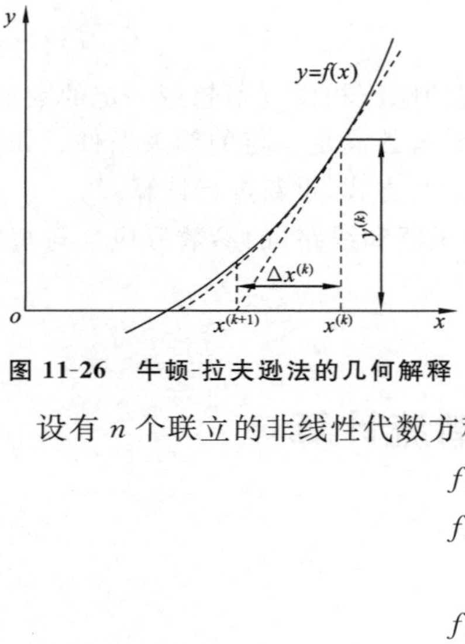

这种解法的几何意义可以从图 11-26 得到说明。函数 $y=f(x)$ 为图中的曲线。$f(x)=0$ 的解相当于曲线与 $x$ 轴的交点。如果第 $k$ 次迭代中得到 $x^{(k)}$，则过 $[x^{(k)},y^{(k)}=f(x^{(k)})]$ 点作一切线，此切线同 $x$ 轴的交点便确定了下一个近似解 $x^{(k+1)}$。由此可见，牛顿-拉夫逊法实质上就是切线法，是一种逐步线性化的方法。

牛顿-拉夫逊法不仅用于求解单变量方程，它也是求解多变量非线性代数方程的有效方法。

图 11-26 牛顿-拉夫逊法的几何解释

设有 $n$ 个联立的非线性代数方程

$$\left.\begin{array}{l}f_1(x_1,x_2,\cdots,x_n)=0\\f_2(x_1,x_2,\cdots,x_n)=0\\\vdots\\f_n(x_1,x_2,\cdots,x_n)=0\end{array}\right\} \tag{11-34}$$

假定已给出各变量的初值 $x_1^{(0)},x_2^{(0)},\cdots,x_n^{(0)}$，令 $\Delta x_1^{(0)},\Delta x_2^{(0)},\cdots,\Delta x_n^{(0)}$ 分别为各变量的修正量，使其满足方程组(11-34)，即

$$\left.\begin{array}{l}f_1(x_1^{(0)}+\Delta x_1^{(0)},x_2^{(0)}+\Delta x_2^{(0)},\cdots,x_n^{(0)}+\Delta x_n^{(0)})=0\\f_2(x_1^{(0)}+\Delta x_1^{(0)},x_2^{(0)}+\Delta x_2^{(0)},\cdots,x_n^{(0)}+\Delta x_n^{(0)})=0\\\vdots\\f_n(x_1^{(0)}+\Delta x_1^{(0)},x_2^{(0)}+\Delta x_2^{(0)},\cdots,x_n^{(0)}+\Delta x_n^{(0)})=0\end{array}\right\} \tag{11-35}$$

将上式中的 $n$ 个多元函数在初始值附近分别展成泰勒级数，并略去含有 $\Delta x_1^{(0)},\Delta x_2^{(0)},\cdots,\Delta x_n^{(0)}$ 的二次及以上阶次的各项，便得

$$\left.\begin{array}{l} f_1(x_1^{(0)},x_2^{(0)},\cdots,x_n^{(0)})+\dfrac{\partial f_1}{\partial x_1}\bigg|_0\Delta x_1^{(0)}+\dfrac{\partial f_1}{\partial x_2}\bigg|_0\Delta x_2^{(0)}+\cdots+\dfrac{\partial f_1}{\partial x_n}\bigg|_0\Delta x_n^{(0)}=0\\[2mm] f_2(x_1^{(0)},x_2^{(0)},\cdots,x_n^{(0)})+\dfrac{\partial f_2}{\partial x_1}\bigg|_0\Delta x_1^{(0)}+\dfrac{\partial f_2}{\partial x_2}\bigg|_0\Delta x_2^{(0)}+\cdots+\dfrac{\partial f_2}{\partial x_n}\bigg|_0\Delta x_n^{(0)}=0\\[2mm] \vdots\\[2mm] f_n(x_1^{(0)},x_2^{(0)},\cdots,x_n^{(0)})+\dfrac{\partial f_n}{\partial x_1}\bigg|_0\Delta x_1^{(0)}+\dfrac{\partial f_n}{\partial x_2}\bigg|_0\Delta x_2^{(0)}+\cdots+\dfrac{\partial f_n}{\partial x_n}\bigg|_0\Delta x_n^{(0)}=0 \end{array}\right\} \tag{11-36}$$

方程组(11-36)也可以写成矩阵形式

$$\begin{bmatrix} f_1(x_1^{(0)},x_2^{(0)},\cdots,x_n^{(0)})\\ f_2(x_1^{(0)},x_2^{(0)},\cdots,x_n^{(0)})\\ \vdots\\ f_n(x_1^{(0)},x_2^{(0)},\cdots,x_n^{(0)}) \end{bmatrix}=-\begin{bmatrix} \dfrac{\partial f_1}{\partial x_1}\bigg|_0 & \dfrac{\partial f_1}{\partial x_2}\bigg|_0 & \cdots & \dfrac{\partial f_1}{\partial x_n}\bigg|_0\\ \dfrac{\partial f_2}{\partial x_1}\bigg|_0 & \dfrac{\partial f_2}{\partial x_2}\bigg|_0 & \cdots & \dfrac{\partial f_2}{\partial x_n}\bigg|_0\\ & & \vdots &\\ \dfrac{\partial f_n}{\partial x_1}\bigg|_0 & \dfrac{\partial f_n}{\partial x_2}\bigg|_0 & \cdots & \dfrac{\partial f_n}{\partial x_n}\bigg|_0 \end{bmatrix}\begin{bmatrix}\Delta x_1^{(0)}\\ \Delta x_2^{(0)}\\ \vdots\\ \Delta x_n^{(0)}\end{bmatrix} \tag{11-37}$$

方程式(11-37)是对于修正量 $\Delta x_1^{(0)},\Delta x_2^{(0)},\cdots,\Delta x_n^{(0)}$ 的线性方程组,称为牛顿-拉夫逊法的修正方程式。利用高斯消去法或三角分解法可以解出修正量 $\Delta x_1^{(0)},\Delta x_2^{(0)},\cdots,\Delta x_n^{(0)}$。然后对初始近似解进行修正

$$x_i^{(1)}=x_i^{(0)}+\Delta x_i^{(0)}\quad(i=1,2,\cdots,n) \tag{11-38}$$

如此反复迭代,在进行第 $k+1$ 次迭代时,从求解修正方程式

$$\begin{bmatrix} f_1(x_1^{(k)},x_2^{(k)},\cdots,x_n^{(k)})\\ f_2(x_1^{(k)},x_2^{(k)},\cdots,x_n^{(k)})\\ \vdots\\ f_n(x_1^{(k)},x_2^{(k)},\cdots,x_n^{(k)}) \end{bmatrix}=-\begin{bmatrix} \dfrac{\partial f_1}{\partial x_1}\bigg|_k & \dfrac{\partial f_1}{\partial x_2}\bigg|_k & \cdots & \dfrac{\partial f_1}{\partial x_n}\bigg|_k\\ \dfrac{\partial f_2}{\partial x_1}\bigg|_k & \dfrac{\partial f_2}{\partial x_2}\bigg|_k & \cdots & \dfrac{\partial f_2}{\partial x_n}\bigg|_k\\ & & \vdots &\\ \dfrac{\partial f_n}{\partial x_1}\bigg|_k & \dfrac{\partial f_n}{\partial x_2}\bigg|_k & \cdots & \dfrac{\partial f_n}{\partial x_n}\bigg|_k \end{bmatrix}\begin{bmatrix}\Delta x_1^{(k)}\\ \Delta x_2^{(k)}\\ \vdots\\ \Delta x_n^{(k)}\end{bmatrix} \tag{11-39}$$

得到修正量 $\Delta x_1^{(k)},\Delta x_2^{(k)},\cdots,\Delta x_n^{(k)}$,并对各变量进行修正

$$x_i^{(k+1)}=x_i^{(k)}+\Delta x_i^{(k)}\quad(i=1,2,\cdots,n) \tag{11-40}$$

式(11-39)和式(11-40)也可以缩写为

$$\boldsymbol{F}(\boldsymbol{X}^{(k)})=-\boldsymbol{J}^{(k)}\Delta\boldsymbol{X}^{(k)} \tag{11-41}$$

和

$$\boldsymbol{X}^{(k+1)}=\boldsymbol{X}^{(k)}+\Delta\boldsymbol{X}^{(k)} \tag{11-42}$$

式中,$\boldsymbol{X}$ 和 $\Delta\boldsymbol{X}$ 分别是由 $n$ 个变量和修正量组成的 $n$ 维列向量;$\boldsymbol{F}(\boldsymbol{X})$ 是由 $n$ 个多元函数组成的 $n$ 维列向量;$\boldsymbol{J}$ 是 $n\times n$ 阶方阵,称为雅可比矩阵,它的第 $i$ 行第 $j$ 列元素 $J_{ij}=\dfrac{\partial f_i}{\partial x_j}$ 是第 $i$ 个函数 $f_i(x_1,x_2,\cdots,x_n)$ 对第 $j$ 个变量 $x_j$ 的偏导数;上角标 $(k)$ 表示 $\boldsymbol{J}$ 矩阵的每一个元素都在点 $(x_1^{(k)},x_2^{(k)},\cdots,x_n^{(k)})$ 处取值。

迭代过程一直进行到满足收敛判据

$$\max\{|f_i(x_1^{(k)},x_2^{(k)},\cdots,x_n^{(k)})|\}<\varepsilon_1 \tag{11-43}$$

或
$$\max\{|\ \Delta x_i^{(k)}\ |\} < \varepsilon_2 \tag{11-44}$$

为止。$\varepsilon_1$ 和 $\varepsilon_2$ 为预先给定的小正数。

将牛顿-拉夫逊法用于潮流计算，要求将潮流方程写成形如方程式(11-34)的形式。由于节点电压可以采用不同的坐标系表示，牛顿-拉夫逊法潮流计算也将相应地采用不同的计算公式。

## 11.4.2  节点电压用直角坐标表示时的牛顿-拉夫逊法潮流计算

采用直角坐标时，节点电压可表示为
$$\dot{U}_i = e_i + \mathrm{j}f_i$$

导纳矩阵元素则表示为
$$Y_{ij} = G_{ij} + \mathrm{j}B_{ij}$$

将上述表示式代入式(11-25)的右端，展开并分出实部和虚部，便得
$$\left. \begin{aligned} P_i &= e_i \sum_{j=1}^{n}(G_{ij}e_j - B_{ij}f_j) + f_i \sum_{j=1}^{n}(G_{ij}f_j + B_{ij}e_j) \\ Q_i &= f_i \sum_{j=1}^{n}(G_{ij}e_j - B_{ij}f_j) - e_i \sum_{j=1}^{n}(G_{ij}f_j + B_{ij}e_j) \end{aligned} \right\} \tag{11-45}$$

假定系统中的第 $1,2,\cdots,m$ 号节点为 PQ 节点，第 $i$ 个节点的给定功率设为 $P_{is}$ 和 $Q_{is}$，对该节点可列写方程
$$\left. \begin{aligned} \Delta P_i &= P_{is} - P_i = P_{is} - e_i \sum_{j=1}^{n}(G_{ij}e_j - B_{ij}f_j) - f_i \sum_{j=1}^{n}(G_{ij}f_j + B_{ij}e_j) = 0 \\ \Delta Q_i &= Q_{is} - Q_i = Q_{is} - f_i \sum_{j=1}^{n}(G_{ij}e_j - B_{ij}f_j) + e_i \sum_{j=1}^{n}(G_{ij}f_j + B_{ij}e_j) = 0 \end{aligned} \right\}$$
$$(i = 1,2,\cdots,m) \tag{11-46}$$

假定系统中的第 $m+1, m+2, \cdots, n-1$ 号节点为 PU 节点，则对其中每一个节点可以列写方程
$$\left. \begin{aligned} \Delta P_i &= P_{is} - P_i = P_{is} - e_i \sum_{j=1}^{n}(G_{ij}e_j - B_{ij}f_j) - f_i \sum_{j=1}^{n}(G_{ij}f_j + B_{ij}e_j) = 0 \\ \Delta U_i^2 &= U_{is}^2 - U_i^2 = U_{is}^2 - (e_i^2 + f_i^2) = 0(i = m+1, m+2, \cdots, n-1) \end{aligned} \right\} \tag{11-47}$$

第 $n$ 号节点为平衡节点，其电压 $U_n = e_n + \mathrm{j}f_n$ 是给定的，故不参加迭代。

式(11-46)和式(11-47)总共包含了 $2(n-1)$ 个方程，待求的变量有 $e_1, f_1, e_2, f_2, \cdots,$ $e_{n-1}, f_{n-1}$ 也是 $2(n-1)$ 个。我们还可看到，方程式(11-46)和式(11-47)已经具备了方程组(11-34)的形式。因此，不难写出如下的修正方程式
$$\Delta \mathbf{W} = -\mathbf{J} \Delta \mathbf{U} \tag{11-48}$$

式中
$$\Delta \mathbf{W} = \begin{bmatrix} \Delta P_1 & \Delta Q_1 & \cdots & \Delta P_m & \Delta Q_m & \Delta P_{m+1} & \Delta U_{m+1}^2 & \cdots & \Delta P_{n-1} & \Delta U_{n-1}^2 \end{bmatrix}^{\mathrm{T}}$$
$$\Delta \mathbf{U} = \begin{bmatrix} \Delta e_1 & \Delta f_1 & \cdots & \Delta e_m & \Delta f_m & \Delta e_{m+1} & \Delta f_{m+1} & \cdots & \Delta e_{n-1} & \Delta f_{n-1} \end{bmatrix}^{\mathrm{T}}$$

$$J = \begin{bmatrix}
\dfrac{\partial \Delta P_1}{\partial e_1} & \dfrac{\partial \Delta P_1}{\partial f_1} & \cdots & \dfrac{\partial \Delta P_1}{\partial e_m} & \dfrac{\partial \Delta P_1}{\partial f_m} & \dfrac{\partial \Delta P_1}{\partial e_{m+1}} & \dfrac{\partial \Delta P_1}{\partial f_{m+1}} & \cdots & \dfrac{\partial \Delta P_1}{\partial e_{n-1}} & \dfrac{\partial \Delta P_1}{\partial f_{n-1}} \\[2ex]
\dfrac{\partial \Delta Q_1}{\partial e_1} & \dfrac{\partial \Delta Q_1}{\partial f_1} & \cdots & \dfrac{\partial \Delta Q_1}{\partial e_m} & \dfrac{\partial \Delta Q_1}{\partial f_m} & \dfrac{\partial \Delta Q_1}{\partial e_{m+1}} & \dfrac{\partial \Delta Q_1}{\partial f_{m+1}} & \cdots & \dfrac{\partial \Delta Q_1}{\partial e_{n-1}} & \dfrac{\partial \Delta Q_1}{\partial f_{n-1}} \\[1ex]
\vdots & \vdots & & \vdots & \vdots & \vdots & \vdots & & \vdots & \vdots \\[1ex]
\dfrac{\partial \Delta P_m}{\partial e_1} & \dfrac{\partial \Delta P_m}{\partial f_1} & \cdots & \dfrac{\partial \Delta P_m}{\partial e_m} & \dfrac{\partial \Delta P_m}{\partial f_m} & \dfrac{\partial \Delta P_m}{\partial e_{m+1}} & \dfrac{\partial \Delta P_m}{\partial f_{m+1}} & \cdots & \dfrac{\partial \Delta P_m}{\partial e_{n-1}} & \dfrac{\partial \Delta P_m}{\partial f_{n-1}} \\[2ex]
\dfrac{\partial \Delta Q_m}{\partial e_1} & \dfrac{\partial \Delta Q_m}{\partial f_1} & \cdots & \dfrac{\partial \Delta Q_m}{\partial e_m} & \dfrac{\partial \Delta Q_m}{\partial f_m} & \dfrac{\partial \Delta Q_m}{\partial e_{m+1}} & \dfrac{\partial \Delta Q_m}{\partial f_{m+1}} & \cdots & \dfrac{\partial \Delta Q_m}{\partial e_{n-1}} & \dfrac{\partial \Delta Q_m}{\partial f_{n-1}} \\[2ex]
\dfrac{\partial \Delta P_{m+1}}{\partial e_1} & \dfrac{\partial \Delta P_{m+1}}{\partial f_1} & \cdots & \dfrac{\partial \Delta P_{m+1}}{\partial e_m} & \dfrac{\partial \Delta P_{m+1}}{\partial f_m} & \dfrac{\partial \Delta P_{m+1}}{\partial e_{m+1}} & \dfrac{\partial \Delta P_{m+1}}{\partial f_{m+1}} & \cdots & \dfrac{\partial \Delta P_{m+1}}{\partial e_{n-1}} & \dfrac{\partial \Delta P_{m+1}}{\partial f_{n-1}} \\[2ex]
\dfrac{\partial \Delta U_{m+1}^2}{\partial e_1} & \dfrac{\partial \Delta U_{m+1}^2}{\partial f_1} & \cdots & \dfrac{\partial \Delta U_{m+1}^2}{\partial e_m} & \dfrac{\partial \Delta U_{m+1}^2}{\partial f_m} & \dfrac{\partial \Delta U_{m+1}^2}{\partial e_{m+1}} & \dfrac{\partial \Delta U_{m+1}^2}{\partial f_{m+1}} & \cdots & \dfrac{\partial \Delta U_{m+1}^2}{\partial e_{n-1}} & \dfrac{\partial \Delta U_{m+1}^2}{\partial f_{n-1}} \\[1ex]
\vdots & \vdots & & \vdots & \vdots & \vdots & \vdots & & \vdots & \vdots \\[1ex]
\dfrac{\partial \Delta P_{n-1}}{\partial e_1} & \dfrac{\partial \Delta P_{n-1}}{\partial f_1} & \cdots & \dfrac{\partial \Delta P_{n-1}}{\partial e_m} & \dfrac{\partial \Delta P_{n-1}}{\partial f_m} & \dfrac{\partial \Delta P_{n-1}}{\partial e_{m+1}} & \dfrac{\partial \Delta P_{n-1}}{\partial f_{m+1}} & \cdots & \dfrac{\partial \Delta P_{n-1}}{\partial e_{n-1}} & \dfrac{\partial \Delta P_{n-1}}{\partial f_{n-1}} \\[2ex]
\dfrac{\partial \Delta U_{n-1}^2}{\partial e_1} & \dfrac{\partial \Delta U_{n-1}^2}{\partial f_1} & \cdots & \dfrac{\partial \Delta U_{n-1}^2}{\partial e_m} & \dfrac{\partial \Delta U_{n-1}^2}{\partial f_m} & \dfrac{\partial \Delta U_{n-1}^2}{\partial e_{m+1}} & \dfrac{\partial \Delta U_{n-1}^2}{\partial f_{m+1}} & \cdots & \dfrac{\partial \Delta U_{n-1}^2}{\partial e_{n-1}} & \dfrac{\partial \Delta U_{n-1}^2}{\partial f_{n-1}}
\end{bmatrix}$$

上述方程中雅可比矩阵的各元素,可以通过对式(11-46)和式(11-47)求偏导数获得。当 $i \neq j$ 时,有

$$\left.\begin{array}{l}
\dfrac{\partial \Delta P_i}{\partial e_j} = -\dfrac{\partial \Delta Q_i}{\partial f_j} = -(G_{ij}e_i + B_{ij}f_i) \\[2ex]
\dfrac{\partial \Delta P_i}{\partial f_j} = \dfrac{\partial \Delta Q_i}{\partial e_j} = B_{ij}e_i - G_{ij}f_i \\[2ex]
\dfrac{\partial \Delta U_i^2}{\partial e_j} = \dfrac{\partial \Delta U_i^2}{\partial f_j} = 0
\end{array}\right\} \tag{11-49}$$

当 $j = i$ 时,有

$$\left.\begin{array}{l}
\dfrac{\partial \Delta P_i}{\partial e_i} = -\sum_{k=1}^{n}(G_{ik}e_k - B_{ik}f_k) - G_{ii}e_i - B_{ii}f_i \\[2ex]
\dfrac{\partial \Delta P_i}{\partial f_i} = -\sum_{k=1}^{n}(G_{ik}f_k + B_{ik}e_k) + B_{ii}e_i - G_{ii}f_i \\[2ex]
\dfrac{\partial \Delta Q_i}{\partial e_i} = \sum_{k=1}^{n}(G_{ik}f_k + B_{ik}e_k) + B_{ii}e_i - G_{ii}f_i \\[2ex]
\dfrac{\partial \Delta Q_i}{\partial f_i} = -\sum_{k=1}^{n}(G_{ik}e_k - B_{ik}f_k) + G_{ii}e_i + B_{ii}f_i \\[2ex]
\dfrac{\partial \Delta U_i^2}{\partial e_i} = -2e_i \\[2ex]
\dfrac{\partial \Delta U_i^2}{\partial f_i} = -2f_i
\end{array}\right\} \tag{11-50}$$

修正方程式(11-48)还可以写成分块矩阵的形式

$$\begin{bmatrix} \Delta \boldsymbol{W}_1 \\ \Delta \boldsymbol{W}_2 \\ \vdots \\ \Delta \boldsymbol{W}_{n-1} \end{bmatrix} = - \begin{bmatrix} \boldsymbol{J}_{11} & \boldsymbol{J}_{12} & \cdots & \boldsymbol{J}_{1,n-1} \\ \boldsymbol{J}_{21} & \boldsymbol{J}_{22} & \cdots & \boldsymbol{J}_{2,n-1} \\ \vdots & \vdots & & \vdots \\ \boldsymbol{J}_{n-1,1} & \boldsymbol{J}_{n-1,2} & \cdots & \boldsymbol{J}_{n-1,n-1} \end{bmatrix} \begin{bmatrix} \Delta \boldsymbol{U}_1 \\ \Delta \boldsymbol{U}_2 \\ \vdots \\ \Delta \boldsymbol{U}_{n-1} \end{bmatrix} \qquad (11\text{-}51)$$

式中，$\Delta \boldsymbol{W}_i$ 和 $\Delta \boldsymbol{U}_i$ 都是二维列向量；$\boldsymbol{J}_{ij}$ 是 $2 \times 2$ 阶方阵。

$$\Delta \boldsymbol{U}_i = \begin{bmatrix} \Delta e_i \\ \Delta f_i \end{bmatrix}$$

对于 PQ 节点

$$\Delta \boldsymbol{W}_i = \begin{bmatrix} \Delta P_i \\ \Delta Q_i \end{bmatrix}$$

$$\boldsymbol{J}_{ij} = \begin{bmatrix} \dfrac{\partial \Delta P_i}{\partial e_j} & \dfrac{\partial \Delta P_i}{\partial f_j} \\[2mm] \dfrac{\partial \Delta Q_i}{\partial e_j} & \dfrac{\partial \Delta Q_i}{\partial f_j} \end{bmatrix} \qquad (11\text{-}52)$$

对于 PU 节点

$$\Delta \boldsymbol{W}_i = \begin{bmatrix} \Delta P_i \\ \Delta U_i^2 \end{bmatrix}$$

$$\boldsymbol{J}_{ij} = \begin{bmatrix} \dfrac{\partial \Delta P_i}{\partial e_j} & \dfrac{\partial \Delta P_i}{\partial f_j} \\[2mm] \dfrac{\partial \Delta U_i^2}{\partial e_j} & \dfrac{\partial \Delta U_i^2}{\partial f_j} \end{bmatrix} \qquad (11\text{-}53)$$

从表达式(11-49)～(11-53)可以看到，雅可比矩阵有以下的特点：

(1) 雅可比矩阵各元素都是节点电压的函数，它们的数值将在迭代过程中不断地改变。

(2) 雅可比矩阵的子块 $\boldsymbol{J}_{ij}$ 中的元素的表达式只用到导纳矩阵中的对应元素 $Y_{ij}$。若 $Y_{ij} = 0$，则必有 $\boldsymbol{J}_{ij} = \boldsymbol{0}$。因此，式(11-51)中分块形式的雅可比矩阵同节点导纳矩阵一样稀疏，修正方程的求解同样可以应用稀疏矩阵的求解技巧。

(3) 无论在式(11-48)或式(11-51)中雅可比矩阵的元素或子块都不具有对称性。

用牛顿-拉夫逊法计算潮流的流程框如图 11-27 所示。首先要输入网络的原始数据以及各节点的给定值并形成节点导纳矩阵。输入节点电压初值 $e_i^{(0)}$ 和 $f_i^{(0)}$，置迭代计数 $k = 0$。然后开始进入牛顿-拉夫逊法的迭代过程。在进行第 $k+1$ 次迭代时，其计算步骤如下：

(1) 按上一次迭代算出的节点电压值 $e^{(k)}$ 和 $f^{(k)}$（当 $k = 0$ 时即为给定的初值），利用式(11-46)和式(11-47)计算各类节点的不平衡量 $\Delta P_i^{(k)}$、$\Delta Q_i^{(k)}$ 和 $\Delta V_i^{2(k)}$。

(2) 按式(11-43)所示条件校验收敛，即

$$\max\{| \Delta P_i^{(k)}, \Delta Q_i^{(k)}, \Delta V_i^{2(k)} |\} < \varepsilon \qquad (11\text{-}54)$$

如果收敛，迭代到此结束，转入计算各线路潮流和平衡节点的功率，并打印输出计算结果。不收敛则继续计算。

(3) 利用式(11-49)和式(11-50)计算雅可比矩阵的各元素。

(4) 解修正方程式(11-48)求节点电压的修正量 $\Delta e_i^{(k)}$ 和 $\Delta f_i^{(k)}$。

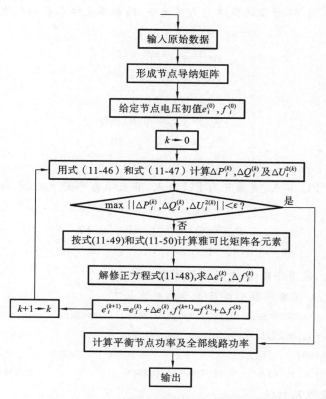

**图 11-27 牛顿-拉夫逊法潮流计算程序框图**

（5）修正各节点的电压

$$e_i^{(k+1)} = e_i^{(k)} + \Delta e_i^{(k)}, \quad f_i^{(k+1)} = f_i^{(k)} + \Delta f_i^{(k)} \tag{11-55}$$

（6）迭代计数加 1，返回第一步继续迭代过程。

迭代结束后，还要算出平衡节点的功率和网络中的功率分布。输电线路功率的计算公式如下（见图 11-28）。

$$S_{ij} = P_{ij} + \mathrm{j}Q_{ij} = \dot{U}_i \overset{*}{\dot{I}}_{ij} = U_i^2 \overset{*}{y}_{i0} + \dot{U}_i (\dot{U}_i - \dot{U}_j) \overset{*}{y}_{ij} \tag{11-56}$$

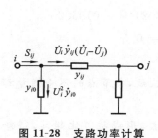

**图 11-28 支路功率计算**

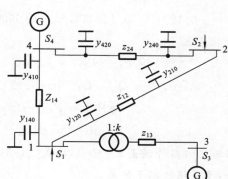

**图 11-29 例 11-5 的电力系统**

**例 11-5** 在图 11-29 所示的简单电力系统中，网络各元件参数的标幺值如下：

$$z_{12}=0.10+\mathrm{j}0.40$$
$$y_{120}=y_{210}=\mathrm{j}0.01528$$
$$z_{13}=\mathrm{j}0.3,\quad k=1.1$$
$$z_{14}=0.12+\mathrm{j}0.50$$
$$y_{140}=y_{410}=\mathrm{j}0.01920$$
$$z_{24}=0.08+\mathrm{j}0.40$$
$$y_{240}=y_{420}=\mathrm{j}0.01413$$

系统中节点 1、2 为 PQ 节点，节点 3 为 PU 节点，节点 4 为平衡节点，已给定

$$P_{1s}+\mathrm{j}Q_{1s}=-0.30-\mathrm{j}0.18$$
$$P_{2s}+\mathrm{j}Q_{2s}=-0.55-\mathrm{j}0.13$$
$$P_{3s}=0.5,\quad U_{3s}=1.10,\quad U_{4s}=1.05\angle 0°$$

容许误差 $\varepsilon=10^{-5}$。试用牛顿-拉夫逊法计算潮流分布。

**解** （一）按已知网络参数形成节点导纳矩阵如下。

$$Y=\begin{bmatrix} 1.042093-\mathrm{j}8.242876 & -0.588235+\mathrm{j}2.352941 & \mathrm{j}3.666667 & -0.453858+\mathrm{j}1.891074 \\ -0.588235+\mathrm{j}2.352941 & 1.069005-\mathrm{j}4.727377 & 0 & -0.480769+\mathrm{j}2.403846 \\ \mathrm{j}3.666667 & 0 & -\mathrm{j}3.333333 & 0 \\ -0.453858+\mathrm{j}1.891074 & -0.480769+\mathrm{j}2.403846 & 0 & 0.934627-\mathrm{j}4.261590 \end{bmatrix}$$

（二）给定节点电压初值。

$$e_1^{(0)}=e_2^{(0)}=1.0,\quad e_3^{(0)}=1.1,\quad f_1^{(0)}=f_2^{(0)}=f_3^{(0)}=0,\quad e_4^{(0)}=1.05,\quad f_4^{(0)}=0$$

（三）按式（11-46）和式（11-47）计算 $\Delta P_i$、$\Delta Q_i$ 和 $\Delta U_i^2$。

$$\Delta P_1^{(0)}=P_{1s}-P_1^{(0)}=P_{1s}-\left[e_1^{(0)}\sum_{j=1}^{4}(G_{1j}e_j^{(0)}-B_{1j}f_j^{(0)})+f_1^{(0)}\sum_{j=1}^{4}(G_{1j}f_j^{(0)}+B_{1j}e_j^{(0)})\right]$$
$$=-0.30-(-0.022693)=-0.277307$$

$$\Delta Q_1^{(0)}=Q_{1s}-Q_1^{(0)}=Q_{1s}-\left[f_1^{(0)}\sum_{j=1}^{4}(G_{1j}e_j^{(0)}-B_{1j}f_j^{(0)})-e_1^{(0)}\sum_{j=1}^{4}(G_{1j}f_j^{(0)}+B_{1j}e_j^{(0)})\right]$$
$$=-0.18-(-0.129033)=-0.050967$$

同样地可以算出

$$\Delta P_2^{(0)}=P_{2s}-P_2^{(0)}=-0.55-(-0.024038)=-0.525962$$
$$\Delta Q_2^{(0)}=Q_{2s}-Q_2^{(0)}=-0.13-(-0.149602)=0.019602$$
$$\Delta P_3^{(0)}=P_{3s}-P_3^{(0)}=0.5-0=0.5$$
$$\Delta U_3^{2(0)}=|U_{3s}|^2-|U_3^{(0)}|^2=0$$

根据给定的容许误差 $\varepsilon=10^{-5}$，按式（11-54）校验是否收敛，各节点的不平衡量都未满足收敛条件，于是继续以下计算。

（四）按式（11-49）和式（11-50）计算雅可比矩阵各元素，形成雅可比矩阵，得修正方程式如下。

$$\begin{bmatrix} -1.019400 & -8.371902 & 0.588235 & 2.352941 & 0.000000 & 3.666667 \\ -8.113836 & 1.064786 & 2.352941 & -0.588235 & 3.666667 & 0.000000 \\ 0.588235 & 2.352941 & -1.044966 & -4.876980 & 0.000000 & 0.000000 \\ 2.352941 & -0.588235 & -4.577775 & 1.093043 & 0.000000 & 0.000000 \\ 0.000000 & 4.033333 & 0.000000 & 0.000000 & 0.000000 & -3.666667 \\ 0.000000 & 0.000000 & 0.000000 & 0.000000 & -2.200000 & 0.000000 \end{bmatrix}$$

$$\times \begin{bmatrix} \Delta e_1^{(0)} \\ \Delta f_1^{(0)} \\ \Delta e_2^{(0)} \\ \Delta f_2^{(0)} \\ \Delta e_3^{(0)} \\ \Delta f_3^{(0)} \end{bmatrix} = \begin{bmatrix} \Delta P_1^{(0)} \\ \Delta Q_1^{(0)} \\ \Delta P_2^{(0)} \\ \Delta Q_2^{(0)} \\ \Delta P_3^{(0)} \\ \Delta U_3^{2(0)} \end{bmatrix}$$

从上述方程中我们看到,每行元素中绝对值最大的都不在对角线上。为了减少计算过程中的舍入误差,可对上述方程进行适当的调整。把第一行和第二行、第三行和第四行、第五行和第六行分别相互对调,便得方程

$$\begin{bmatrix} -8.113836 & 1.064786 & 2.352941 & -0.588235 & 3.666667 & 0.000000 \\ -1.019400 & -8.371902 & 0.588235 & 2.352941 & 0.000000 & 3.666667 \\ 2.352941 & -0.588235 & -4.577775 & 1.093043 & 0.000000 & 0.000000 \\ 0.588235 & 2.352941 & -1.044966 & -4.876980 & 0.000000 & 0.000000 \\ 0.000000 & 0.000000 & 0.000000 & 0.000000 & -2.200000 & 0.000000 \\ 0.000000 & 4.033333 & 0.000000 & 0.000000 & 0.000000 & -3.666667 \end{bmatrix}$$

$$\times \begin{bmatrix} \Delta e_1^{(0)} \\ \Delta f_1^{(0)} \\ \Delta e_2^{(0)} \\ \Delta f_2^{(0)} \\ \Delta e_3^{(0)} \\ \Delta f_3^{(0)} \end{bmatrix} = \begin{bmatrix} \Delta Q_1^{(0)} \\ \Delta P_1^{(0)} \\ \Delta Q_2^{(0)} \\ \Delta P_2^{(0)} \\ \Delta U_3^{2(0)} \\ \Delta P_3^{(0)} \end{bmatrix}$$

(五)求解修正方程,得

$$\begin{bmatrix} \Delta e_1^{(0)} \\ \Delta f_1^{(0)} \\ \Delta e_2^{(0)} \\ \Delta f_2^{(0)} \\ \Delta e_3^{(0)} \\ \Delta f_3^{(0)} \end{bmatrix} = \begin{bmatrix} -0.006485 \\ -0.008828 \\ -0.023660 \\ -0.107818 \\ 0.000000 \\ 0.126652 \end{bmatrix}$$

(六) 按式(11-55)计算节点电压的第一次近似值如下。

$$e_1^{(1)} = e_1^{(0)} + \Delta e_1^{(0)} = 0.993515, \quad f_1^{(1)} = f_1^{(0)} + \Delta f_1^{(0)} = -0.008828$$
$$e_2^{(1)} = e_2^{(0)} + \Delta e_2^{(0)} = 0.976340, \quad f_2^{(1)} = f_2^{(0)} + \Delta f_2^{(0)} = -0.107818$$

$$e_3^{(1)} = e_3^{(0)} + \Delta e_3^{(0)} = 1.100000, \quad f_3^{(1)} = f_3^{(0)} + \Delta f_3^{(0)} = 0.126652$$

这样便结束了第一轮迭代。然后返回第三步重复上述计算。作完第三步后即按式 (11-54)校验是否收敛，若已收敛，则迭代结束，转入计算平衡节点的功率和线路潮流分布。否则继续作第四、五、六步计算。迭代过程中节点电压和不平衡功率的变化情况分别列于表 11-3和表 11-4。

**表 11-3 迭代过程中节点电压变化情况**

| 迭代计数 $k$ | 节点电压 | | |
|---|---|---|---|
| | $\dot{U}_1 = e_1 + \mathrm{j}f_1$ | $\dot{U}_2 = e_2 + \mathrm{j}f_2$ | $\dot{U}_3 = e_3 + \mathrm{j}f_3$ |
| 1 | $0.993515 - \mathrm{j}0.008828$ | $0.976340 - \mathrm{j}0.107818$ | $1.100000 + \mathrm{j}0.126652$ |
| 2 | $0.984749 - \mathrm{j}0.008585$ | $0.959003 - \mathrm{j}0.108374$ | $1.092446 + \mathrm{j}0.128933$ |
| 3 | $0.984637 - \mathrm{j}0.008596$ | $0.958690 - \mathrm{j}0.108387$ | $1.092415 + \mathrm{j}0.128955$ |

**表 11-4 迭代过程中节点不平衡量的变化情况**

| 迭代计数 $k$ | 节点不平衡量 | | | | | |
|---|---|---|---|---|---|---|
| | $\Delta P_1$ | $\Delta Q_1$ | $\Delta P_2$ | $\Delta Q_2$ | $\Delta P_3$ | $\Delta U_3^2$ |
| 0 | $-2.77307 \times 10^{-1}$ | $-5.09669 \times 10^{-2}$ | $-5.25962 \times 10^{-1}$ | $1.96024 \times 10^{-2}$ | $5.0 \times 10^{-1}$ | $0$ |
| 1 | $-1.33276 \times 10^{-3}$ | $-2.77691 \times 10^{-3}$ | $-1.35287 \times 10^{-2}$ | $-5.77115 \times 10^{-2}$ | $3.01149 \times 10^{-3}$ | $-1.60408 \times 10^{-2}$ |
| 2 | $-3.60906 \times 10^{-5}$ | $-3.66420 \times 10^{-5}$ | $-2.53856 \times 10^{-4}$ | $-1.06001 \times 10^{-3}$ | $6.65784 \times 10^{-5}$ | $-6.22030 \times 10^{-5}$ |
| 3 | $5.96046 \times 10^{-8}$ | $-7.45058 \times 10^{-8}$ | $-5.96046 \times 10^{-8}$ | $-3.42727 \times 10^{-7}$ | $2.98023 \times 10^{-8}$ | $3.17568 \times 10^{-8}$ |

由表中数字可知，经过 3 次迭代计算即已满足收敛条件。收敛后，节点电压用极坐标表示可得

$$\dot{U}_1 = 0.984675 \angle -0.500172°$$

$$\dot{U}_2 = 0.964798 \angle -6.450306°$$

$$\dot{U}_3 = 1.1 \angle 6.732347°$$

（七）按式(11-25)计算平衡节点功率，得

$$P_4 + \mathrm{j}Q_4 = 0.367883 + \mathrm{j}0.264698$$

线路功率分布的计算结果见例 11-6。

## 11.4.3 节点电压用极坐标表示时的牛顿-拉夫逊法潮流计算

采用极坐标时，节点电压表示为

$$\dot{U}_i = U_i \angle \delta_i = U_i(\cos\delta_i + \mathrm{j}\sin\delta_i)$$

节点功率方程式(11-25)将写成

$$\left. \begin{array}{l} P_i = U_i \sum\limits_{j=1}^{n} U_j(G_{ij}\cos\delta_{ij} + B_{ij}\sin\delta_{ij}) \\ Q_i = U_i \sum\limits_{j=1}^{n} U_j(G_{ij}\sin\delta_{ij} - B_{ij}\cos\delta_{ij}) \end{array} \right\} \tag{11-57}$$

式中，$\delta_{ij} = \delta_i - \delta_j$，是 $i$、$j$ 两节点电压的相角差。

方程式(11-57)把节点功率表示为节点电压的幅值和相角的函数。在有 $n$ 个节点的系统中，假定第 $1\sim m$ 号节点为 PQ 节点，第 $m+1\sim n-1$ 号节点为 PU 节点，第 $n$ 号节点为平衡节点。$U_n$ 和 $\delta_n$ 是给定的，PU 节点的电压幅值 $U_{m+1}\sim U_{n-1}$ 也是给定的。因此，只剩下 $n-1$ 个节点的电压相角 $\delta_1,\delta_2,\cdots,\delta_{n-1}$ 和 $m$ 个节点的电压幅值 $U_1,U_2,\cdots,U_m$ 是未知量。

实际上，对于每一个 PQ 节点或每一个 PU 节点都可以列写一个有功功率不平衡量方程式

$$\Delta P_i = P_{is} - P_i = P_{is} - U_i\sum_{j=1}^{n}U_j(G_{ij}\cos\delta_{ij} + B_{ij}\sin\delta_{ij}) = 0 \quad (i=1,2,\cdots,n-1)$$

(11-58)

而对于每一个 PQ 节点还可以再列写一个无功功率不平衡量方程式

$$\Delta Q_i = Q_{is} - Q_i = Q_{is} - U_i\sum_{j=1}^{n}U_j(G_{ij}\sin\delta_{ij} - B_{ij}\cos\delta_{ij}) = 0 \quad (i=1,2,\cdots,m)$$

(11-59)

式(11-58)和式(11-59)一共包含了 $n-1+m$ 个方程式，正好同未知量的数目相等，而比直角坐标形式的方程式少了 $n-1-m$ 个。

对于方程式(11-58)和式(11-59)可以写出修正方程式如下：

$$\begin{bmatrix}\Delta P\\\Delta Q\end{bmatrix} = -\begin{bmatrix}H & N\\K & L\end{bmatrix}\begin{bmatrix}\Delta\delta\\U_{D2}^{-1}\Delta U\end{bmatrix}$$

(11-60)

式中

$$\Delta P = \begin{bmatrix}\Delta P_1\\\Delta P_2\\\vdots\\\Delta P_{n-1}\end{bmatrix};\quad \Delta Q = \begin{bmatrix}\Delta Q_1\\\Delta Q_2\\\vdots\\\Delta Q_m\end{bmatrix};\quad \Delta\delta = \begin{bmatrix}\Delta\delta_1\\\Delta\delta_2\\\vdots\\\Delta\delta_{n-1}\end{bmatrix}$$
$$\Delta U = \begin{bmatrix}\Delta U_1\\\Delta U_2\\\vdots\\\Delta U_m\end{bmatrix};\quad U_{D2} = \begin{bmatrix}U_1\\&U_2\\&&\ddots\\&&&U_m\end{bmatrix}$$

(11-61)

$H$ 是 $(n-1)\times(n-1)$ 阶方阵，其元素为 $H_{ij}=\dfrac{\partial\Delta P_i}{\partial\delta_j}$；$N$ 是 $(n-1)\times m$ 阶矩阵，其元素为 $N_{ij}=U_j\dfrac{\partial\Delta P_i}{\partial U_j}$；$K$ 是 $m\times(n-1)$ 阶矩阵，其元素为 $K_{ij}=\dfrac{\partial\Delta Q_i}{\partial\delta_j}$；$L$ 是 $m\times m$ 阶方阵，其元素为 $L_{ij}=U_j\dfrac{\partial\Delta Q_i}{\partial U_j}$。

在这里把节点不平衡功率对节点电压幅值的偏导数都乘以该节点电压，相应地把节点电压的修正量都除以该节点的电压幅值，这样，雅可比矩阵元素的表达式就具有比较整齐的形式。

对式(11-58)和式(11-59)求偏导数，可以得到雅可比矩阵元素的表达式如下。

当 $i\neq j$ 时，有

$$H_{ij} = -U_iU_j(G_{ij}\sin\delta_{ij} - B_{ij}\cos\delta_{ij})$$
$$N_{ij} = -U_iU_j(G_{ij}\cos\delta_{ij} + B_{ij}\sin\delta_{ij})$$
$$K_{ij} = U_iU_j(G_{ij}\cos\delta_{ij} + B_{ij}\sin\delta_{ij})$$
$$L_{ij} = -U_iU_j(G_{ij}\sin\delta_{ij} - B_{ij}\cos\delta_{ij})$$

(11-62)

当 $i=j$ 时，

$$H_{ii} = U_i^2B_{ii} + Q_i$$
$$N_{ii} = -U_i^2G_{ii} - P_i$$
$$K_{ii} = U_i^2G_{ii} - P_i$$
$$L_{ii} = U_i^2B_{ii} - Q_i$$

(11-63)

计算的步骤和程序框图与直角坐标形式的相似。

**例 11-6**  节点电压用极坐标表示，对例 11-5 的电力系统作牛顿-拉夫逊法潮流计算。网络参数和给定条件同例 11-5。

**解**  节点导纳矩阵与例 11-5 的相同。

（一）给定节点电压初值：

$$\dot{U}_1^{(0)} = \dot{U}_2^{(0)} = 1.0\angle 0°, \quad \dot{U}_3^{(0)} = 1.1\angle 0°$$

（二）利用公式（11-58）和式（11-59）计算节点功率的不平衡量，得

$$\Delta P_1^{(0)} = P_{1s} - P_1^{(0)} = -0.30 - (-0.022693) = -0.277307$$
$$\Delta P_2^{(0)} = P_{2s} - P_2^{(0)} = -0.55 - (-0.024038) = -0.525962$$
$$\Delta P_3^{(0)} = P_{3s} - P_3^{(0)} = 0.5$$
$$\Delta Q_1^{(0)} = Q_{1s} - Q_1^{(0)} = -0.18 - (-0.129034) = -0.050966$$
$$\Delta Q_2^{(0)} = Q_{2s} - Q_2^{(0)} = -0.13 - (-0.149602) = 0.019602$$

（三）用式（11-62）和式（11-63）计算雅可比矩阵各元素，可得

$$\boldsymbol{J}^{(0)} = \begin{bmatrix} -8.371902 & 2.352941 & 4.033333 & -1.019400 & 0.588235 \\ 2.352941 & -4.876980 & 0.000000 & 0.588235 & -1.044966 \\ 4.033333 & 0.000000 & -4.033333 & 0.000000 & 0.000000 \\ 1.064786 & -0.588235 & 0.000000 & -8.113835 & 2.352941 \\ -0.588235 & 1.093043 & 0.000000 & 2.352941 & -4.577775 \end{bmatrix}$$

（四）求解修正方程式（11-60）得节点电压的修正量为

$$\Delta\delta_1^{(0)} = -0.505834°, \quad \Delta\delta_2^{(0)} = -6.177500°, \quad \Delta\delta_3^{(0)} = 6.596945°,$$
$$\Delta U_1^{(0)} = -0.006485, \quad \Delta U_2^{(0)} = -0.023660$$

对节点电压进行修正

$$\delta_1^{(1)} = \delta_1^{(0)} + \Delta\delta_1^{(0)} = -0.505834°, \quad \delta_2^{(1)} = \delta_2^{(0)} + \Delta\delta_2^{(0)} = -6.177500°,$$
$$\delta_3^{(1)} = \delta_3^{(0)} + \Delta\delta_3^{(0)} = 6.596945°, \quad U_1^{(1)} = U_1^{(0)} + \Delta U_1^{(0)} = 0.993515,$$
$$U_2^{(1)} = U_2^{(0)} + \Delta U_2^{(0)} = 0.976340$$

然后返回第二步作下一轮的迭代计算。取 $\varepsilon = 10^{-5}$，经过三次迭代，即满足收敛条件。迭代过程中节点功率不平衡量和电压的变化情况列于表 11-5 和表 11-6。

节点电压的计算结果同例 11-5 的结果是吻合的。迭代的次数相同,也是 3 次。

**表 11-5　节点功率不平衡量变化情况**

| 迭代计数 $k$ | 节点功率不平衡量 | | | | |
|---|---|---|---|---|---|
| | $\Delta P_1$ | $\Delta P_2$ | $\Delta P_3$ | $\Delta Q_1$ | $\Delta Q_2$ |
| 0 | $-2.7731\times10^{-1}$ | $-5.2596\times10^{-1}$ | $5.0\times10^{-1}$ | $-5.0966\times10^{-2}$ | $1.9602\times10^{-2}$ |
| 1 | $-3.8631\times10^{-5}$ | $-2.0471\times10^{-2}$ | $4.5138\times10^{-3}$ | $-4.3798\times10^{-2}$ | $-2.4539\times10^{-2}$ |
| 2 | $9.9542\times10^{-5}$ | $-4.1948\times10^{-4}$ | $7.9285\times10^{-5}$ | $-4.5033\times10^{-3}$ | $-3.1812\times10^{-4}$ |
| 3 | $4.1742\times10^{-8}$ | $-1.1042\times10^{-7}$ | $1.3511\times10^{-8}$ | $-6.6572\times10^{-8}$ | $-6.6585\times10^{-8}$ |

**表 11-6　节点电压的变化情况**

| 迭代计数 $k$ | 节点电压幅值和相角 | | | | |
|---|---|---|---|---|---|
| | $\delta_1$ | $\delta_2$ | $\delta_3$ | $U_1$ | $U_2$ |
| 1 | $-0.505834°$ | $-6.177500°$ | $6.596945°$ | 0.993515 | 0.976340 |
| 2 | $-0.500797°$ | $-6.445191°$ | $6.729830°$ | 0.984775 | 0.964952 |
| 3 | $-0.500171°$ | $-6.450304°$ | $6.732349°$ | 0.984675 | 0.964798 |

(五)按式(11-25)计算平衡节点的功率,得

$$P_4+jQ_4 = 0.367883+j0.264698$$

按式(11-56)计算全部线路功率,结果为

$$S_{12}=0.246244-j0.014651, \quad S_{24}=-0.310010-j0.140627$$
$$S_{13}=-0.500001-j0.029264, \quad S_{31}=0.500000+j0.093409$$
$$S_{14}=-0.046244-j0.136088, \quad S_{41}=0.048216+j0.104522$$
$$S_{21}=-0.239990+j0.010627, \quad S_{42}=0.319666+j0.160176$$

# 11.5　*P-Q* 分解法潮流计算

采用极坐标形式表示节点电压,能够根据电力系统实际运行状态的物理特点,对牛顿法潮流计算的数学模型进行合理的简化。

在交流高压电网中,输电线路的电抗要比电阻大得多,系统中母线有功功率的变化主要受电压相位的影响,无功功率的变化则主要受母线电压幅值变化的影响。在修正方程式的系数矩阵中,偏导数 $\frac{\partial\Delta P}{\partial U}$ 和 $\frac{\partial\Delta Q}{\partial\delta}$ 的数值相对于偏导数 $\frac{\partial\Delta P}{\partial\delta}$ 和 $\frac{\partial\Delta Q}{\partial U}$ 是相当小的。作为简化的第一步,可以将方程式(11-60)中的子块 **N** 和 **K** 略去不计,即认为它们的元素都等于零。这样,$n-1+m$ 阶的方程式(11-60)便分解为一个 $n-1$ 阶和一个 $m$ 阶的方程

$$\Delta P=-H\Delta\delta \tag{11-64}$$
$$\Delta Q=-LU_{D2}^{-1}\Delta U \tag{11-65}$$

这一简化大大地节省了机器内存和解题时间。式(11-64)和式(11-65)表明,节点的有功功率不平衡量只用于修正电压的相位,节点的无功功率不平衡量只用于修正电压的幅值。这

两组方程分别轮流进行迭代，这就是所谓有功-无功功率分解法（P-Q 分解法）。

矩阵 $H$ 和 $L$ 的元素都是节点电压幅值和相角差的函数，其数值在迭代过程中是不断变化的。因此，最关键的一步简化就在于，把系数矩阵 $H$ 和 $L$ 简化成常数矩阵。它的根据是什么呢？在一般情况下，线路两端电压的相角差是不大的（不超过 $10°\sim20°$），因此可以认为

$$\cos\delta_{ij} \approx 1, \quad G_{ij}\sin\delta_{ij} \ll B_{ij}$$

此外，与系统各节点无功功率相适应的导纳 $B_{\mathrm{LD}i}$ 必远小于该节点自导纳的虚部，即

$$B_{\mathrm{LD}i} = \frac{Q_i}{U_i^2} \ll B_{ii} \quad \text{或} \quad Q_i \ll U_i^2 B_{ii}$$

考虑到以上的关系，矩阵 $H$ 和 $L$ 的元素的表达式便被简化成

$$H_{ij} = U_i U_j B_{ij} \qquad (i,j = 1,2,\cdots,n-1) \tag{11-66}$$

$$L_{ij} = U_i U_j B_{ij} \qquad (i,j = 1,2,\cdots,m) \tag{11-67}$$

而系数矩阵 $H$ 和 $L$ 则可以分别写成

$$
H = \begin{bmatrix}
U_1 B_{11} U_1 & U_1 B_{12} U_2 & \cdots & U_1 B_{1,n-1} U_{n-1} \\
U_2 B_{21} U_1 & U_2 B_{22} U_2 & \cdots & U_2 B_{2,n-1} U_{n-1} \\
\vdots & \vdots & & \vdots \\
U_{n-1} B_{n-1,1} U_1 & U_{n-1} B_{n-1,2} U_2 & \cdots & U_{n-1} B_{n-1,n-1} U_{n-1}
\end{bmatrix}
$$

$$
= \begin{bmatrix}
U_1 & & & \\
& U_2 & & \\
& & \ddots & \\
& & & U_{n-1}
\end{bmatrix}
\begin{bmatrix}
B_{11} & B_{12} & \cdots & B_{1,n-1} \\
B_{21} & B_{22} & \cdots & B_{2,n-1} \\
\vdots & \vdots & & \vdots \\
B_{n-1,1} & B_{n-1,2} & \cdots & B_{n-1,n-1}
\end{bmatrix}
$$

$$
\times \begin{bmatrix}
U_1 & & & \\
& U_2 & & \\
& & \ddots & \\
& & & U_{n-1}
\end{bmatrix} = U_{\mathrm{D1}} B' U_{\mathrm{D1}} \tag{11-68}
$$

$$
L = \begin{bmatrix}
U_1 B_{11} U_1 & U_1 B_{12} U_2 & \cdots & U_1 B_{1m} U_m \\
U_2 B_{21} U_1 & U_2 B_{22} U_2 & \cdots & U_2 B_{2m} U_m \\
\vdots & \vdots & & \vdots \\
U_m B_{m1} U_1 & U_m B_{m2} U_2 & \cdots & U_m B_{mm} U_m
\end{bmatrix}
$$

$$
= \begin{bmatrix}
U_1 & & & \\
& U_2 & & \\
& & \ddots & \\
& & & U_m
\end{bmatrix}
\begin{bmatrix}
B_{11} & B_{12} & \cdots & B_{1m} \\
B_{21} & B_{22} & \cdots & B_{2m} \\
\vdots & \vdots & & \vdots \\
B_{m1} & B_{m2} & \cdots & B_{mm}
\end{bmatrix}
\begin{bmatrix}
U_1 & & & \\
& U_2 & & \\
& & \ddots & \\
& & & U_m
\end{bmatrix}
$$

$$
= U_{\mathrm{D2}} B'' U_{\mathrm{D2}} \tag{11-69}
$$

将式（11-68）和式（11-69）分别代入式（11-64）和式（11-65），便得到

$$\Delta P = -U_{\mathrm{D1}} B' U_{\mathrm{D1}} \Delta\delta$$

$$\Delta \boldsymbol{Q} = - \boldsymbol{U}_{\mathrm{D2}} \boldsymbol{B}'' \Delta \boldsymbol{U}$$

用 $\boldsymbol{U}_{\mathrm{D1}}^{-1}$ 和 $\boldsymbol{U}_{\mathrm{D2}}^{-1}$ 分别左乘以上两式便得

$$\boldsymbol{U}_{\mathrm{D1}}^{-1} \Delta \boldsymbol{P} = - \boldsymbol{B}' \boldsymbol{U}_{\mathrm{D1}} \Delta \boldsymbol{\delta} \tag{11-70}$$

$$\boldsymbol{U}_{\mathrm{D2}}^{-1} \Delta \boldsymbol{Q} = - \boldsymbol{B}'' \Delta \boldsymbol{U} \tag{11-71}$$

这就是简化了的修正方程式,它们也可展开写成

$$\begin{pmatrix} \dfrac{\Delta P_1}{U_1} \\ \dfrac{\Delta P_2}{U_2} \\ \vdots \\ \dfrac{\Delta P_{n-1}}{U_{n-1}} \end{pmatrix} = - \begin{pmatrix} B_{11} & B_{12} & \cdots & B_{1,n-1} \\ B_{21} & B_{22} & \cdots & B_{2,n-1} \\ \vdots & \vdots & & \vdots \\ B_{n-1,1} & B_{n-1,2} & \cdots & B_{n-1,n-1} \end{pmatrix} \begin{pmatrix} U_1 \Delta \delta_1 \\ U_2 \Delta \delta_2 \\ \vdots \\ U_{n-1} \Delta \delta_{n-1} \end{pmatrix} \tag{11-72}$$

$$\begin{pmatrix} \dfrac{\Delta Q_1}{U_1} \\ \dfrac{\Delta Q_2}{U_2} \\ \vdots \\ \dfrac{\Delta Q_m}{U_m} \end{pmatrix} = - \begin{pmatrix} B_{11} & B_{12} & \cdots & B_{1m} \\ B_{21} & B_{22} & \cdots & B_{2m} \\ \vdots & \vdots & & \vdots \\ B_{m1} & B_{m2} & \cdots & B_{mm} \end{pmatrix} \begin{pmatrix} \Delta U_1 \\ \Delta U_2 \\ \vdots \\ \Delta U_m \end{pmatrix} \tag{11-73}$$

在这两个修正方程式中,系数矩阵都由节点导纳矩阵的虚部构成,只是阶次不同,矩阵 $\boldsymbol{B}'$ 为 $n-1$ 阶,不含平衡节点对应的行和列,矩阵 $\boldsymbol{B}''$ 为 $m$ 阶,不含平衡节点和 PU 节点所对应的行和列。由于修正方程的系数矩阵为常数矩阵,只要作一次三角分解,即可反复使用,结合采用稀疏技巧,还可进一步的节省机器内存和计算时间。

利用式(11-58)和式(11-59)计算节点功率的不平衡量,用修正方程式(11-72)和式(11-73)解出修正量,并按下述条件

$$\max\{|\Delta P_i^{(k)}|\} < \varepsilon_\mathrm{P}, \quad \max\{|\Delta Q_i^{(k)}|\} < \varepsilon_\mathrm{Q}$$

校验收敛,这就是分解法的主要计算内容。流程如图 11-30 所示。其中 $K_\mathrm{P}$、$K_\mathrm{Q}$ 分别为 $P$、$Q$ 迭代收敛状态的标志,收敛时以 0 赋 $K_\mathrm{P}(K_\mathrm{Q})$,未收敛时以 1 赋 $K_\mathrm{P}(K_\mathrm{Q})$。

需要说明,分解法所作的种种简化只涉及解题过程,而收敛条件的校验仍然是以精确的模型为依据,所以计算结果的精度是不受影响的。但要注意,在各种简化条件中,关键是输电线路的 $r/x$ 比值的大小。110 kV 及以上电压等级的架空线的 $r/x$ 比值较小,一般都符合 $P\text{-}Q$ 分解法的简化条件。在 35 kV 及以下电压等级的电力网中,线路的 $r/x$ 比值较大,在迭代计算中可能出现不收敛的情况。

顺便指出,$P\text{-}Q$ 分解法在实际应用中还有一些改进。最常采用的是,在形成 $P\text{-}\delta$ 迭代用的矩阵 $\boldsymbol{B}'$ 时,将一些对有功功率和电压相位影响较小的因素略去不计,即在计算 $\boldsymbol{B}'$ 的对角线元素时,忽略输电线路和变压器 Π 型等值电路中的对地电纳支路。试验表明,这样处理能加快 $P\text{-}\delta$ 迭代的收敛进程。

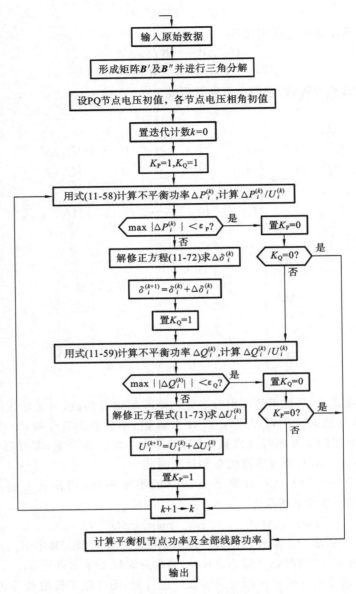

**图 11-30** $P$-$Q$ 分解法潮流计算流程图

**例 11-7** 用 $P$-$Q$ 分解法对例 11-5 的电力系统作潮流计算。网络参数和给定条件与例 11-5 的相同。

**解** （一）形成有功迭代和无功迭代的简化雅可比矩阵 $\boldsymbol{B}'$ 和 $\boldsymbol{B}''$，本例直接取用 $\boldsymbol{Y}$ 矩阵元素的虚部。

$$\boldsymbol{B}' = \begin{pmatrix} -8.242877 & 2.352941 & 3.666667 \\ 2.352941 & -4.727377 & 0.000000 \\ 3.666667 & 0.000000 & -3.333333 \end{pmatrix}, \quad \boldsymbol{B}'' = \begin{bmatrix} -8.242877 & 2.352941 \\ 2.353941 & -4.727377 \end{bmatrix}$$

将 $\boldsymbol{B}'$ 和 $\boldsymbol{B}''$ 进行三角分解，形成因子表并按上三角存放，对角线位置存放 $1/d_{ii}$，非对角线

位置存放 $u_{ij}$，便得

$$\begin{matrix} -0.121317 & -0.285451 & -0.444829 \\ & -0.246565 & -0.258069 \\ & & -0.698235 \end{matrix}$$

和

$$\begin{matrix} -0.121317 & -0.285451 \\ & -0.246565 \end{matrix}$$

（二）给定 PQ 节点初值和各节点电压相角初值：

$$U_1^{(0)} = U_2^{(0)} = 1.0, \quad \delta_1^{(0)} = \delta_2^{(0)} = 0, \quad U_3 = U_{3s} = 1.1, \quad \delta_3^{(0)} = 0,$$

$$\dot{U}_4 = U_{4s} \angle 0° = 1.05 \angle 0°$$

（三）作第一次有功迭代，按式（11-58）计算节点的有功功率不平衡量。

$$\Delta P_1^{(0)} = P_{1s} - P_1^{(0)} = -0.30 - (-0.022693) = -0.277307$$

$$\Delta P_2^{(0)} = P_{2s} - P_2^{(0)} = -0.55 - (-0.024038) = -0.525962$$

$$\Delta P_3^{(0)} = P_{3s} - P_3^{(0)} = 0.5, \quad \Delta P_1^{(0)}/U_1^{(0)} = -0.277307$$

$$\Delta P_2^{(0)}/U_2^{(0)} = -0.525962, \quad \Delta P_3^{(0)}/U_3^{(0)} = 0.454545$$

解修正方程式（11-72）得各节点电压相角修正量为

$$\Delta \delta_1^{(0)} = -0.737156, \quad \Delta \delta_2^{(0)} = -6.741552, \quad \Delta \delta_3^{(0)} = 6.365626$$

于是有

$$\delta_1^{(1)} = \delta_1^{(0)} + \Delta \delta_1^{(0)} = -0.737156, \quad \delta_2^{(1)} = \delta_2^{(0)} + \Delta \delta_2^{(0)} = -6.741552,$$

$$\delta_3^{(1)} = \delta_3^{(0)} + \Delta \delta_3^{(0)} = 6.365626$$

（四）作第一次无功迭代，按式（11-59）计算节点的无功功率不平衡量，计算时电压相角用最新的修正值。

$$\Delta Q_1^{(0)} = Q_{1s} - Q_1^{(0)} = -0.18 - (-0.140406) = -0.039594$$

$$\Delta Q_2^{(0)} = Q_{2s} - Q_2^{(0)} = -0.13 - (0.001550) = -0.131550$$

$$\Delta Q_1^{(0)}/U_1^{(0)} = -0.039594, \quad \Delta Q_2^{(0)}/U_2^{(0)} = -0.131550$$

解修正方程式（11-69），可得各节点电压幅值的修正量为

$$\Delta U_1^{(0)} = -0.014858, \quad \Delta U_2^{(0)} = -0.035222$$

于是有

$$U_1^{(1)} = U_1^{(0)} + \Delta U_1^{(0)} = 0.985142, \quad U_2^{(1)} = U_2^{(0)} + \Delta U_2^{(0)} = 0.964778$$

到这里为止，第一轮的有功迭代和无功迭代便做完了。接着返回第三步继续计算。迭代过程中节点不平衡功率和电压的变化情况分别列于表 11-7 和表 11-8。

**表 11-7　节点不平衡功率的变化情况**

| 迭代计数 $k$ | 节点功率不平衡量 | | | | |
|---|---|---|---|---|---|
| | $\Delta P_1$ | $\Delta P_2$ | $\Delta P_3$ | $\Delta Q_1$ | $\Delta Q_2$ |
| 0 | $-2.77307 \times 10^{-1}$ | $-5.25962 \times 10^{-1}$ | $5.0 \times 10^{-1}$ | $-3.95941 \times 10^{-2}$ | $-1.31550 \times 10^{-1}$ |
| 1 | $-3.36263 \times 10^{-3}$ | $1.44463 \times 10^{-2}$ | $8.68907 \times 10^{-3}$ | $-3.69753 \times 10^{-3}$ | $1.58264 \times 10^{-3}$ |
| 2 | $-3.47263 \times 10^{-4}$ | $-1.39825 \times 10^{-3}$ | $6.55549 \times 10^{-4}$ | $-1.38740 \times 10^{-4}$ | $-4.41963 \times 10^{-4}$ |
| 3 | $2.90953 \times 10^{-6}$ | $7.51808 \times 10^{-5}$ | $3.32111 \times 10^{-5}$ | $-8.66194 \times 10^{-6}$ | $1.34870 \times 10^{-5}$ |
| 4 | $-3.04319 \times 10^{-6}$ | $-7.14078 \times 10^{-6}$ | $2.41368 \times 10^{-6}$ | $8.69475 \times 10^{-8}$ | $3.99482 \times 10^{-7}$ |

表 11-8　节点电压的变化情况

| 迭代计数 $k$ | 节点电压的幅值和相角 | | | | |
|---|---|---|---|---|---|
| | $U_1$ | $\delta_1$ | $U_2$ | $\delta_2$ | $\delta_3$ |
| 1 | 0.985142 | $-0.737156°$ | 0.964778 | $-6.741552°$ | 6.365626° |
| 2 | 0.984727 | $-0.493512°$ | 0.964918 | $-6.429618°$ | 6.729083° |
| 3 | 0.984675 | $-0.501523°$ | 0.964795 | $-6.451888°$ | 6.730507° |
| 4 | 0.984675 | $-0.500088°$ | 0.964798 | $-6.450180°$ | 6.732392° |

经过四轮迭代，节点功率不平衡量也下降到 $10^{-5}$ 以下，迭代到此结束。

与例 11-5 的计算结果相比较，电压幅值和相角都能够满足计算精度的要求。

# 小　结

开式网络一般是指由一个电源点通过树状（辐射状）网络向若干个负荷节点供电的网络。潮流计算的已知条件通常是电源点的电压和负荷点的功率，待求的是电源点以外的各节点电压和网络中的功率分布。可以采用逐步逼近的方法，将每一轮的计算分两个步骤进行，第一步，从负荷点开始，逆着功率传送的方向，计算各支路的功率损耗和功率分布；第二步，从电源点开始，顺着功率传送的方向，计算各支路的电压降落（或电压损耗）。支路计算顺序的确定和两个步骤的迭代计算都可以很方便地用计算机来完成。

不计网络损耗时，两端供电网络中每个电源点送出的功率都由两部分组成：第一部分是负荷功率，可按照类似于力学中的力矩平衡公式算出；第二部分是由两端电压不等而产生的循环功率。利用节点功率平衡条件找出功率分点后，就可在该点将原网络拆开，形成两个开式网络。

简单环网是两端供电网络的特例。带变压器的环网中，当变压器的变比不匹配时将出现环路电势，并产生相应的循环功率，要掌握由于变比不匹配而产生的环路电势的计算方法。

环状网络中功率与阻抗成反比分布，这种分布称为自然分布。当功率的自然分布与期望分布不一致时，可通过引入环路电势产生循环功率，使最终合成的功率分布等于（或接近于）期望分布。

各种附加调压变压器和 FACTS 装置中的静止同步串联补偿器、晶闸管控制串联电容器、晶闸管控制移相器和统一潮流控制器等，都是进行潮流控制的有效手段。

应用计算机进行复杂系统的潮流计算，首先必须建立潮流问题的数学模型。利用导纳型网络节点方程，将节点注入电流用功率和电压表示。在求解之前，要设定一个平衡节点，并根据系统的实际运行条件将其余的节点分为 PQ 给定节点和 PU 给定节点两类。引入定解条件后，便得到潮流计算用的一组非线性方程。

实际电力系统的潮流计算主要采用牛顿-拉夫逊法。按电压的不同表示方法，牛顿-拉夫逊法潮流计算分为直角坐标形式和极坐标形式两种。牛顿-拉夫逊法有很好的收敛性，但要求有合适的初值。

$P$-$Q$ 分解法是极坐标形式牛顿-拉夫逊法潮流计算的一种简化算法。要了解这些简化假设的依据。由于这些简化只涉及修正方程的系数矩阵,并未改变节点功率平衡方程和收敛判据,因而不会降低计算结果的精度。

# 习 题

11-1 输电系统如题 11-1 图所示。已知:每台变压器 $S_N = 100$ MV·A,$\Delta P_0 = 450$ kW,$\Delta Q_0 = 3500$ kvar,$\Delta P_S = 1000$ kW,$U_S = 12.5\%$,工作在 $-5\%$ 的分接头;每回线路长 250 km,$r_1 = 0.08$ Ω/km,$x_1 = 0.4$ Ω/km,$b_1 = 2.8 \times 10^{-6}$ S/km;负荷 $P_{LD} = 150$ MW,$\cos\varphi = 0.85$。线路首端电压 $U_A = 245$ kV,试分别计算:

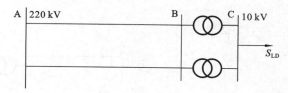

题 11-1 图

(1) 输电线路、变压器以及输电系统的电压降落和电压损耗;

(2) 输电线路首端功率和输电效率;

(3) 线路首端 A、末端 B 及变压器低压侧 C 的电压偏移。

11-2 系统接线示于题 11-2 图。已知:发电机 $S_N = 120$ MV·A,$x_d = 1.5$,隐极;变压器 $S_N = 120$ MV·A,$U_S = 12\%$,$k_T = 10.5/242$;线路长 200 km,$r_1 = 0.08$ Ω/km,$x_1 = 0.41$ Ω/km,$b_1 = 2.85 \times 10^{-6}$ S/km;负荷 $P_{LD} = 100$ MW,$\cos\varphi = 0.9$。发电机运行电压为 10.5 kV,当断路器 B 突然跳闸造成甩负荷时,不计发电机转速升高,试求:

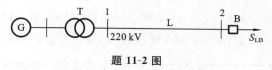

题 11-2 图

(1) 不调发电机励磁时,发电机端和线路末端的稳态电压值、电压偏移及工频过电压倍数;

(2) 调节发电机励磁,使发电机端稳态电压值保持为 10.5 kV 时,线路末端电压及工频过电压倍数。

11-3 开式网络如图 11-2 所示,已知条件同例 11-1。在电压计算中忽略电压降落的横分量,试作潮流计算,并与例 11-1 的计算结果作比较。

11-4 110 kV 简单环网如题 11-4 图所示,导线型号均为 LGJ-95,已知:线路 AB 段长 40 km,AC 段长 30 km,BC 段长 30 km;变电所负荷为 $S_B = (20 + j15)$ MV·A,$S_C = (10 + j10)$ MV·A。

(1) 不计功率损耗,试求网络的功率分布,并计算正常闭环运行和切除一条线路运行时

的最大电压损耗；

(2) 若 $U_A=115$ kV，计及功率损耗，重作(1)的计算内容；

(3) 若将 BC 段导线换为 LGJ-70，重作(1)的计算内容，并比较其结果。

导线参数：LGJ-95　$r_1=0.33$ Ω/km，$x_1=0.429$ Ω/km，$b_1=2.65\times10^{-6}$ S/km；

LGJ-70　$r_1=0.45$ Ω/km，$x_1=0.440$ Ω/km，$b_1=2.58\times10^{-6}$ S/km。

11-5　在题 11-5 图所示电力系统中，已知条件如下。变压器 T：SFT-40000/110，$\Delta P_S=200$ kW，$U_S=10.5\%$，$\Delta P_0=42$ kW，$I_0=0.7\%$，$k_T=k_N$。线路 AC 段：$l=50$ km，$r_1=0.27$ Ω/km，$x_1=0.42$ Ω/km。线路 BC 段：$l=50$ km，$r_1=0.45$ Ω/km，$x_1=0.41$ Ω/km。线路 AB 段：$l=40$ km，$r_1=0.27$ Ω/km，$x_1=0.42$ Ω/km。各段线路的导纳均可略去不计。负荷功率：$S_{LDB}=(25+j18)$ MV·A，$S_{LDD}=(30+j20)$ MV·A。母线 D 额定电压为 10 kV。当 C 点的运行电压 $U_C=108$ kV 时，试求：

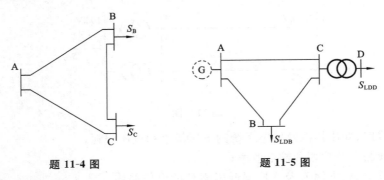

题 11-4 图　　　　　　　　　　　题 11-5 图

(1) 网络的功率分布及功率损耗；

(2) A、B、C 点的电压；

(3) 指出功率分点。

11-6　题 11-6 图所示的网络中，变电所 C 和 D 由电厂 A 和 B 的 110kV 母线供电，已知：

变压器 $T_C$：$2\times SFL_1$-15000/110，$P_S=100$ kW，$P_0=19$ kW，$U_S\%=10.5$，$I_0\%=1.0$；

变压器 $T_D$：$2\times SFL_1$-10000/110，$P_S=72$ kW，$P_0=14$ kW，$U_S\%=10.5$，$I_0\%=1.1$；

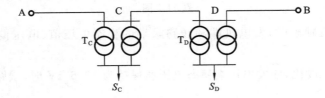

题 11-6 图

线路 AC 段：LGJ-120，30 km，$r_1=0.27$ Ω/km，$x_1=0.423$ Ω/km，$b_1=2.69\times10^{-6}$ S/km；

线路 CD 段：LGJ-95，30 km，参数见题 11-4；

线路 BD 段：LGJ-95，40 km；

负荷功率：$S_C=(23+j14)$ MV·A，$S_D=(14+j11)$ MV·A。

(1) 若 $\dot U_A=\dot U_B=115\angle0°$ kV，不计功率损耗，试求网络功率分布；

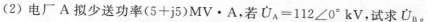

（2）电厂 A 拟少送功率$(5+j5)\text{MV} \cdot \text{A}$,若$\dot{U}_A = 112\angle 0° \text{ kV}$,试求$\dot{U}_B$。

11-7　两台型号相同的降压变压器并联运行。已知每台容量为 5.6 MV · A,额定变比为 35/10.5,归算到 35 kV 侧的阻抗为$(2.22+j16.4)\ \Omega$,10 kV 侧的总负荷为$(8.5+j5.27)\text{MV} \cdot \text{A}$。不计变压器内部损耗,试计算:

（1）两台变压器变比相同时,各变压器输出的功率;

（2）变压器 T-1 工作在$+2.5\%$抽头,变压器 T-2 工作在$-2.5\%$抽头,各变压器的输出功率,此时有问题吗?

（3）若两台变压器均可带负荷调压,试作出两台变压器都调整变比,且调整量超过 5%的操作步骤。

11-8　两台容量不同的降压变压器并联运行,如题 11-8 图所示。
变压器的额定容量及归算到 35 kV 侧的阻抗分别为:$S_{TN1} = 10$
MV · A,$Z_{T1} = (0.8+j9)\ \Omega$;$S_{TN2} = 20$ MV · A,$Z_{T2} = (0.4+j6)\ \Omega$。
负荷$S_{LD} = (22.4+j16.8)\text{MV} \cdot \text{A}$。不计变压器损耗,试作:

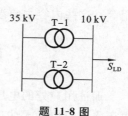

题 11-8 图

（1）两变压器变比相同且为额定变比$k_{TN} = 35/11$时各台变压器输出的视在功率;

（2）两台变压器均有$\pm 4 \times 2.5\%$的分接头,如何调整分接头才能使变压器间的功率分配合理;

（3）分析两变压器分接头不同对有功和无功分布的影响。

11-9　题 11-9 图所示为一多端直流系统,已知线路电阻和节点功率的标幺值如下:$R_{12} = 0.02, R_{23} = 0.04, R_{34} = 0.04, R_{14} = 0.01, S_1 = 0.3, S_2 = -0.2, S_3 = 0.15$。节点 4 为平衡节点,$U_4 = 1.0$。试用牛顿-拉夫逊法作潮流计算。

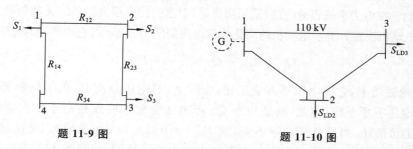

题 11-9 图　　　　　　　　　　　题 11-10 图

11-10　简单电力系统如题 11-10 图所示,已知各段线路阻抗和节点功率为:$Z_{12} = (10+j16)\ \Omega, Z_{13} = (13.5+j21)\ \Omega, Z_{23} = (24+j22)\ \Omega, S_{LD2} = (20+j15)\text{MV} \cdot \text{A}, S_{LD3} = (25+j18)$
MV · A。节点 1 为平衡节点,$U_1 = 115\angle 0° \text{ kV}$,试用牛顿-拉夫逊法计算潮流:

（1）形成节点导纳矩阵;

（2）求第一次迭代用的雅可比矩阵;

（3）求解第一次的修正方程。

11-11　对上题电力系统,按所给条件,取允许误差$\varepsilon = 10^{-4}$,用牛顿-拉夫逊法完成潮流计算。

# 第 12 章　电力系统的无功功率平衡和电压调整

电压是衡量电能质量的一个重要指标。质量合格的电压应该在供电电压偏移,电压波动和闪变,电网谐波和三相不对称程度这四个方面都能满足有关国家标准规定的要求。本章内容为电力系统各元件的无功功率电压特性、无功功率平衡和各种调压手段的原理及应用等。这些内容主要涉及电压质量指标中的电压偏移问题。

## 12.1　电力系统的无功功率平衡

保证用户处的电压接近额定值是电力系统运行调整的基本任务之一。电力系统的运行电压水平取决于无功功率的平衡。系统中各种无功电源的无功功率输出(简称无功出力)应能满足系统负荷和网络损耗在额定电压下对无功功率的需求,否则电压就会偏离额定值。为此,先要对无功负荷、网络损耗和各种无功电源的特点作一些说明(假定系统的频率维持在额定值不变)。

### 12.1.1　无功功率负荷和无功功率损耗

**1. 无功功率负荷**

异步电动机在电力系统负荷(特别是无功负荷)中占的比重很大。系统无功负荷的电压特性主要由异步电动机决定。异步电动机的简化等值电路如图 12-1 所示,它所消耗的无功功率为

$$Q_M = Q_m + Q_\sigma = \frac{U^2}{X_m} + I^2 X_\sigma \tag{12-1}$$

其中,$Q_m$ 为励磁功率,它同电压平方成正比,实际上,当电压较高时,由于饱和影响,励磁电抗 $X_m$ 的数值还有所下降,因此,励磁功率 $Q_m$ 随电压变化的曲线稍高于二次曲线;$Q_\sigma$ 为漏抗 $X_\sigma$ 中的无功损耗,如果负载功率不变,则 $P_M = I^2 R(1-s)/s =$ 常数,当电压降低时,转差将要增大,定子电流随之增大,相应地,在漏抗中的无功损耗 $Q_\sigma$ 也要增大。综合这两部分无功功率的变化特点,可得图 12-2 所示的曲线。其中 $\beta$ 为电动机的实际负荷与它的额定

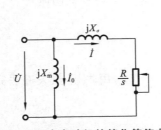

图 12-1　异步电动机的简化等值电路

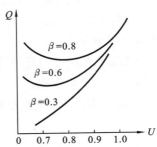

图 12-2　异步电动机的无功功率与端电压的关系

负荷之比,称为电动机的受载系数。由图可见,在额定电压附近,电动机的无功功率随电压的升降而增减。当电压明显地低于额定值时,无功功率主要由漏抗中的无功损耗决定,因此,随电压下降反而具有上升的性质。

### 2. 变压器的无功损耗

变压器的无功损耗 $Q_{LT}$ 包括励磁损耗 $\Delta Q_0$ 和漏抗中的损耗 $\Delta Q_T$。

$$Q_{LT} = \Delta Q_0 + \Delta Q_T = U^2 B_T + \left(\frac{S}{U}\right)^2 X_T \approx \frac{I_0\%}{100}S_N + \frac{U_S\% S^2}{100 S_N}\left(\frac{U_N}{U}\right)^2 \tag{12-2}$$

励磁功率大致与电压平方成正比。当通过变压器的视在功率不变时,漏抗中损耗的无功功率与电压平方成反比。因此,变压器的无功损耗电压特性也与异步电动机的相似。

变压器的无功功率损耗在系统的无功需求中占有相当的比重。假定一台变压器的空载电流 $I_0\% = 1.5$,短路电压 $U_S\% = 10.5$,由式(12-2)可知,在额定满载下运行时,无功功率的消耗将达额定容量的12%。如果从电源到用户需要经过好几级变压,则变压器中无功功率损耗的数值是相当可观的。

### 3. 输电线路的无功损耗

输电线路用 Π 形等值电路表示(见图 12-3),线路串联电抗中的无功功率损耗 $\Delta Q_L$ 与所通过电流的平方成正比,即

$$\Delta Q_L = \frac{P_1^2 + Q_1^2}{U_1^2}X = \frac{P_2^2 + Q_2^2}{U_2^2}X$$

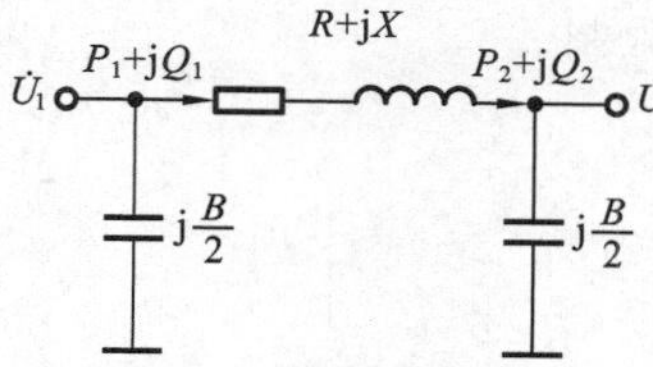

线路电容的充电功率 $\Delta Q_B$ 与电压平方成正比,当作无功损耗时应取负号。

$$\Delta Q_B = -\frac{B}{2}(U_1^2 + U_2^2)$$

图 12-3　输电线路的 Π 型等值电路

$B/2$ 为 Π 型电路中的等值电纳。线路的无功总损耗为

$$\Delta Q_L + \Delta Q_B = \frac{P_1^2 + Q_1^2}{U_1^2}X - \frac{U_1^2 + U_2^2}{2}B \tag{12-3}$$

35 kV 及以下的架空线路的充电功率甚小,一般说,这种线路都是消耗无功功率的。110 kV 及以上的架空线路当传输功率较大时,电抗中消耗的无功功率将大于电纳中产生的无功功率,线路成为无功负载;当传输的功率较小(小于自然功率)时,电纳中产生的无功功率,除了抵偿电抗中的损耗以外,还有多余,这时线路就成为无功电源。

此外,为吸收超高压输电线路充电功率而装设的并联电抗器也属于系统的无功负荷。

## 12.1.2　无功功率电源

电力系统的无功功率电源,除了发电机外,还有同步调相机、静电电容器、静止无功补偿器和近年来发展起来的静止无功发生器,这四种装置又称无功补偿装置。静电电容器只能吸收容性无功功率(即发出感性无功功率),其余几类补偿装置既能吸收容性无功,亦能吸收感性无功。

### 1. 发电机

发电机既是唯一的有功功率电源,又是最基本的无功功率电源。发电机在额定状态下

运行时，可发出无功功率

$$Q_{GN} = S_{GN}\sin\varphi_N = P_{GN}\tan\varphi_N \tag{12-4}$$

式中，$S_{GN}$、$P_{GN}$、$\varphi_N$ 分别为发电机的额定视在功率、额定有功功率和额定功率因数角。

现在讨论发电机在非额定功率因数下运行时可能发出的无功功率。假定隐极发电机联接在恒压母线上，母线电压为 $U_N$。发电机的等值电路和相量图见图 12-4。图 12-4(b) 所示中的点 $C$ 是额定运行点。电压降相量 $\overline{AC}$ 的长度代表 $X_d I_N$，正比于定子额定全电流。也可以说，以一定的比例代表发电机的额定视在功率 $S_{GN}$，它在纵轴上的投影 $\overline{AD}$ 的长度将代表 $P_{GN}$，在横轴上的投影 $\overline{AB}$ 的长度则代表 $Q_{GN}$。相量 $\overline{OC}$ 的长度代表空载电势 $\dot{E}$，它正比于发电机的额定励磁电流。当改变功率因数时，发电机发出的有功功率 $P$ 和无功功率 $Q$ 要受定子电流额定值（额定视在功率）、转子电流额定值（空载电势）、原动机出力（额定有功功率）的限制。在图 12-4(b) 所示中，以点 $A$ 为圆心，以 $\overline{AC}$ 为半径的圆弧表示额定视在功率的限制；以 $O$ 为圆心，以 $\overline{OC}$ 为半径的圆弧表示额定转子电流的限制；而水平线 $\overline{DC}$ 表示原动机出力的限制。这些限制条件在图中用粗线画出，这就是发电机的 $P$-$Q$ 极限曲线。从图中可以看到，发电机只有在额定电压、电流和功率因数（即运行点 $C$）下运行时视在功率才能达到额定值，使其容量得到最充分的利用。发电机降低功率因数运行时，其无功功率输出将受转子电流的限制。

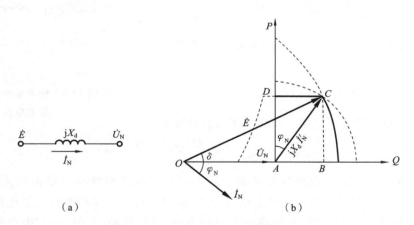

图 12-4　发电机的 $P$-$Q$ 极限曲线

发电机正常运行时以滞后功率因数运行为主，必要时也可以减小励磁电流在超前功率因数下运行，即所谓进相运行，以吸收系统中多余的无功功率。当系统低负荷运行时，输电线路电抗中的无功功率损耗明显减少，线路电容产生的无功功率将有大量剩余，引起系统电压升高。在这种情况下有选择地安排部分发电机进相运行将有助于缓解电压调整的困难。进相运行时，发电机的 $\delta$ 角增大，为保证静态稳定，发电机的有功功率输出应随着电势的下降（即发电机吸收无功功率的增加）逐渐减小。图 12-4(b) 中在 $P$-$Q$ 平面的第 Ⅱ 象限用虚线示意地画出了按静态稳定约束所确定的运行范围。进相运行时，定子端部漏磁增加，定子端部温升是限制发电机功率输出的又一个重要因素。发电机进相运行对定子端部温升的影响随发电机的类型、结构、容量和冷却方式的不同而异，不易精确计算。对于具体的发电机一般要通过现场试验来确定其进相运行的容许范围。

**2. 同步调相机**

同步调相机相当于空载运行的同步电动机。在过励磁运行时,它向系统供给感性无功功率,起无功电源的作用;在欠励磁运行时,它从系统吸取感性无功功率,起无功负荷作用。由于实际运行的需要和对稳定性的要求,欠励磁最大容量只有过励磁容量的50%～65%。装有自动励磁调节装置的同步调相机,能根据装设地点电压的数值平滑改变输出(或吸取)的无功功率,进行电压调节。特别是有强行励磁装置时,在系统故障情况下,还能调整系统的电压,有利于提高系统的稳定性。但是同步调相机是旋转机械,运行维护比较复杂。它的有功功率损耗较大,在满负荷时约为额定容量的1.5%～5%,容量越小,百分值越大。小容量的调相机每千伏安容量的投资费用也较大。故同步调相机宜于大容量集中使用。此外,同步调相机的响应速度较慢,难以适应动态无功控制的要求。20世纪70年代以来已逐渐被静止无功补偿装置所取代。

**3. 静电电容器**

静电电容器供给的无功功率 $Q_C$ 与所在节点的电压 $U$ 的平方成正比,即

$$Q_C = U^2/X_C$$

式中,$X_C = 1/\omega C$ 为静电电容器的容抗。

当节点电压下降时,它供给系统的无功功率将减少。因此,当系统发生故障或由于其他原因电压下降时,电容器无功输出的减少将导致电压继续下降。换言之,电容器的无功功率调节性能比较差。

静电电容器的装设容量可大可小,而且既可集中使用,又可分散装设来就地供应无功功率,以降低网络的电能损耗。电容器每单位容量的投资费用较小且与总容量的大小无关,运行时功率损耗亦较小,为额定容量的0.3%～0.5%。此外由于它没有旋转部件,维护也较方便。为了在运行中调节电容器的功率,可将电容器连接成若干组,根据负荷的变化,分组投入或切除,实现补偿功率的不连续调节。

**4. 静止无功补偿器**

静止无功补偿器(Static Var Compensator,SVC)简称静止补偿器,由静电电容器与电抗器并联组成。电容器可发出无功功率,电抗器可吸收无功功率,两者结合起来,再配以适当的调节装置,就成为能够平滑地改变输出(或吸收)无功功率的静止补偿器。

参与组成静止补偿器的部件主要有饱和电抗器、固定电容器、晶闸管控制电抗器和晶闸管投切电容器。实际上应用的静止补偿器大多是由上述部件组成的混合型静止补偿器。以下将简单介绍较常见的几种。

由饱和电抗器与固定电容器并联组成(带有斜率校正)的静止补偿器的原理和伏安特性如图12-5所示。饱和电抗器 SR 具有这样的特性,当电压大于某值后,随着电压的升高,铁芯急剧饱和。从补偿器的伏安特性可见,在补偿器的工作范围内,电压的少许变化就会引起电流的大幅度变化。与 SR 串联的电容 $C_s$ 是用于斜率校正的,改变 $C_s$ 的大小可以调节补偿器外特性的斜率(见图12-5(b)中的虚线)。

由晶闸管控制电抗器 TCR 与固定电容器并联组成的静止补偿器如图12-6所示。电抗器与反相并联连接的晶闸管相串联,利用晶闸管的触发角控制来改变通过电抗器的电流,就

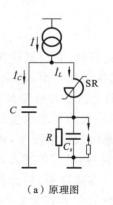 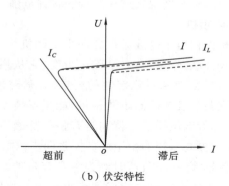

（a）原理图　　　　　　　　（b）伏安特性

**图 12-5　饱和电抗器型静止补偿器**

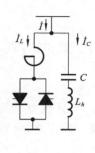 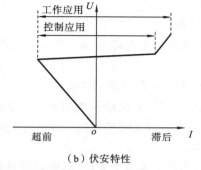

（a）原理图　　　　　　　　（b）伏安特性

**图 12-6　晶闸管控制电抗器型静止补偿器**

可以平滑地调整电抗器吸收的基波无功功率。触发角 $\alpha$ 从 $90°$ 变到 $180°$ 时，可使电抗器的基波无功功率从其额定值变到零。

晶闸管控制电抗器也常与晶闸管投切电容器 TSC 并联组成静止补偿器，其原理接线如图 12-7（a）所示。图中 3 组晶闸管投切电容器和 1 组固定电容器与电抗器并联。固定电容器组串联接入电感 $L_h$，兼起高次谐波滤波器作用。每组晶闸管投切电容器都串联接入一小电感 $L_s$，其作用是降低晶闸管开通时可能产生的电流冲击。这种补偿器的伏安特性如图 12-7（b）所示，图中数字表示电容器投入的组数。

晶闸管投切电容器单独使用时只能作为无功功率电源，发出感性无功，且不能平滑地调节输出的功率，由于晶闸管对控制信号的响应极为迅速，通断次数又不受限制，其运行性能还是明显优于机械开关投切的电容器。

上述各类静止补偿器中，晶闸管投切电容器不会产生谐波，含晶闸管控制电抗器的静止补偿器一般需要装设滤波器以消除高次谐波，图 12-6 和图 12-7 的原理图中与电容 $C$ 串联的电感 $L_h$ 就是高次谐波的调谐电感。饱和电抗器可以利用多铁芯和绕组的特殊排列来消除谐波，一种三三柱式饱和电抗器能够消除 $18k\pm1(k=1,2,3,\cdots)$ 以外的一切奇次电流谐波。

电压变化时，静止补偿器能快速地、平滑地调节无功功率，以满足动态无功补偿的需要。与同步调相机相比较，其运行维护简单，功率损耗较小，响应时间较短，对于冲击负荷有较强的适应性，TCR 型和 TSC 型静止补偿器还能做到分相补偿以适应不平衡的负荷变化。20 世

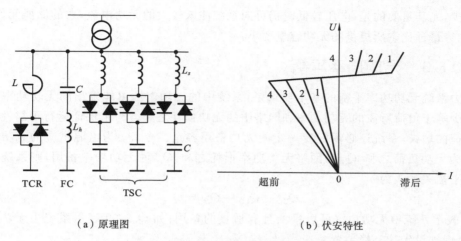

（a）原理图　　　　　　　　　（b）伏安特性

**图 12-7　晶闸管投切电容器型静止补偿器**

纪 70 年代以来，静止补偿器在国外已被大量使用，在我国电力系统中也将得到日益广泛的应用。

**5. 静止无功发生器**

20 世纪 80 年代以来出现了一种更为先进的静止型无功补偿装置，这就是静止无功发生器（Static Var Generator，SVG）。它的主体部分是一个电压源型逆变器，其原理见图12-8。逆变器中六个可关断晶闸管（GTO）分别与六个二极管反向并联，适当控制 GTO 的通断，可以把电容 $C$ 上的直流电压转换成与电力系统电压同步的三相交流电压，逆变器的交流侧通过电抗器或变压器并联接入系统。适当控制逆变器的输出电压，就可以灵活地改变 SVG 的运行工况，使其处于容性负荷、感性负荷或零负荷状态。忽略损耗时，SVG 稳态等值电路和不同工况下的相量图见图 12-9。静止无功发生器也被称为静止同步补偿器（STATCOM）或静止调相机（STATCON）。

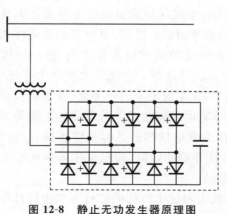

**图 12-8　静止无功发生器原理图**

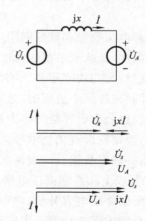

**图 12-9　静止无功发生器的稳态等值电路和相量图**

与静止补偿器相比，静止无功发生器的优点是响应速度更快，运行范围更宽，谐波电流含量更少，尤其重要的是，电压较低时仍可向系统注入较大的无功电流，它的储能元件（如电容器）的容量远比它所提供的无功容量要小。

## 12.1.3　无功功率平衡

电力系统无功功率平衡的基本要求是：系统中的无功电源可能发出的无功功率应该大于或至少等于负荷所需的无功功率和网络中的无功损耗之和。为了保证运行可靠性和适应无功负荷的增长，系统还必须配置一定的无功备用容量。令 $Q_{GC}$ 为电源供应的无功功率之和，$Q_{LD}$ 为无功负荷之和，$Q_L$ 为网络无功功率损耗之和，$Q_{res}$ 为无功功率备用，则系统中无功功率的平衡关系式为

$$Q_{GC} - Q_{LD} - Q_L = Q_{res} \qquad (12\text{-}5)$$

$Q_{res}>0$ 表示系统中无功功率可以平衡且有适量的备用；如 $Q_{res}<0$ 表示系统中无功功率不足，应考虑加设无功补偿装置。

系统无功电源的总出力 $Q_{GC}$ 包括发电机的无功功率 $Q_{G\Sigma}$ 和各种无功补偿设备的无功功率 $Q_{C\Sigma}$，即

$$Q_{GC} = Q_{G\Sigma} + Q_{C\Sigma} \qquad (12\text{-}6)$$

一般要求发电机接近于额定功率因数运行，故可按额定功率因数计算它所发出的无功功率。此时如果系统的无功功率能够平衡，则发电机就保持有一定的无功备用，这是因为发电机的有功功率是留有备用的。调相机和静电电容器等无功补偿装置按额定容量来计算其无功功率。

总无功负荷 $Q_{LD}$ 按负荷的有功功率和功率因数计算。为了减少输送无功功率引起的网损，我国有关技术导则规定，以 35 kV 及以上电压等级直接供电的工业负荷，功率因数要达到 0.90 以上，对其他负荷，功率因数不低于 0.85。

网络的总无功功率损耗 $Q_L$ 包括变压器的无功损耗 $Q_{LT\Sigma}$、线路电抗的无功损耗 $\Delta Q_{L\Sigma}$ 和线路电纳的无功功率 $\Delta Q_{B\Sigma}$（一般只计算 110 kV 及这以上电压线路的充电功率），即

$$Q_L = Q_{LT\Sigma} + \Delta Q_{L\Sigma} + \Delta Q_{B\Sigma} \qquad (12\text{-}7)$$

从改善电压质量和降低网络功率损耗考虑，应该尽量避免通过电网元件大量地传送无功功率。因此，仅从全系统的角度进行无功功率平衡是不够的，更重要的是还应该分地区分电压级地进行无功功率平衡。有时候，某一地区无功功率电源有富余，另一地区则存在缺额，调余补缺往往是不适宜的，这时就应该分别进行处理。在现代大型电力系统中，超高压输电网的线路分布电容能产生大量的无功功率，从系统安全运行考虑，需要装设并联电抗器予以吸收，根据我国有关技术导则，330～500 kV 电网应按无功分层就地平衡的基本要求配置高、低压并联电抗器。一般情况下，高、低压并联电抗器的总容量应达到超高压线路充电功率的 90% 以上。在超高压电网配置并联电抗补偿的同时，较低电压等级的配电网络也许要配置必要的并联电容补偿，这种情况是正常的。

电力系统的无功功率平衡应分别按正常最大和最小负荷的运行方式进行计算。必要时还应校验某些设备检修时或故障后运行方式下的无功功率平衡。

根据无功平衡的需要，增添必要的无功补偿容量，并按无功功率就地平衡的原则进行补偿容量的分配。小容量的、分散的无功补偿可采用静电电容器；大容量的、配置在系统中枢

点的无功补偿则宜采用同步调相机或静止补偿器。

电力系统在不同的运行方式下,可能分别出现无功功率不足和无功功率过剩的情况,在采取补偿措施时应该统筹兼顾,选用既能发出又能吸收无功功率的补偿设备。拥有大量超高压线路的大型电力系统在低谷负荷时,无功功率往往过剩,导致电压升高超出容许范围,如不妥善解决,将危及系统及用户的用电设备的安全运行。为了改善电压质量,除了借助各类补偿装置以外,还应考虑发电机进相(即功率因数超前)运行的可能性。

**例 12-1**　某输电系统的接线图示于图 12-10(a),各元件参数如下:

发电机　　　　　$P_N = 50$ MW,　$\cos\varphi = 0.85$,　$U_N = 10.5$ kV

变压器 T-1　每台 $S_N = 31.5$ MV·A,$\Delta P_0 = 38.5$ kW,$\Delta P_S = 148$ kW,$I_0\% = 0.8$,$U_S\% = 10.5$,$k_T = 121/10.5$

变压器 T-2　变比 $k_T = 110/11$,其余参数同 T-1

线路每回每公里　　　$r_0 = 0.165\Omega$,　$x_0 = 0.409\Omega$,　$b_0 = 2.82 \times 10^{-6}$ S

试根据无功功率平衡的需要确定无功补偿容量。

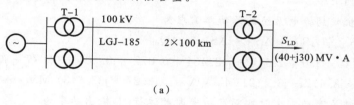

（a）

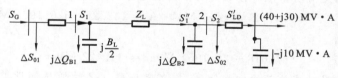

（b）

**图 12-10　例 12-1 的输电系统及其等值电路**

**解**　（一）输电系统参数计算。

变压器 T-1 两台并联时,

$$R_{T1} = \frac{1}{2} \times \frac{148 \times 121^2}{31500^2} \times 10^3\ \Omega = 1.092\ \Omega$$

$$X_{T1} = \frac{1}{2} \times \frac{10.5}{100} \times \frac{121^2}{31500} \times 10^3\ \Omega = 24.402\ \Omega$$

$$\Delta S_{01} = 2 \times \left(\Delta P_0 + j\frac{I_0\%}{100}S_N\right) = 2 \times \left(0.0385 + j\frac{0.8 \times 31.5}{100}\right)\ \text{MV·A}$$

$$= (0.077 + j0.504)\ \text{MV·A}$$

变压器 T-2 两台并联时,

$$R_{T2} = \frac{1}{2} \times \frac{148 \times 110^2}{31500^2} \times 10^3\ \Omega = 0.902\ \Omega$$

$$X_{T2} = \frac{1}{2} \times \frac{10.5}{100} \times \frac{110^2}{31500} \times 10^3\ \Omega = 20.167\ \Omega$$

$$\Delta S_{02} = (0.077 + j0.504) \text{ MV} \cdot \text{A}$$

输电线路

$$Z_{\text{L}} = R_{\text{L}} + jX_{\text{L}} = \frac{1}{2} \times (0.165 + j0.409) \times 100 \ \Omega = (8.25 + j20.45) \ \Omega$$

$$\frac{1}{2} B_{\text{L}} = \frac{1}{2} \times 2 \times 2.82 \times 10^{-6} \times 100 \text{S} = 2.82 \times 10^{-4} \text{S}$$

$$\Delta Q_{\text{B1}} = \Delta Q_{\text{B2}} = -\frac{1}{2} B_{\text{L}} U_{\text{N}}^2 = -2.82 \times 10^{-4} \times 110^2 \text{ Mvar} = -3.412 \text{ Mvar}$$

输电系统等值电路如图 12-10(b) 所示。

（二）无补偿的功率平衡计算。

作为初步估算，先用负荷功率计算变压器绕组损耗和线路损耗。

$$R_{\text{LT}} = R_{\text{T1}} + R_{\text{L}} + R_{\text{T2}} = (1.092 + 8.25 + 0.902) \ \Omega = 10.244 \ \Omega$$

$$X_{\text{LT}} = X_{\text{T1}} + X_{\text{L}} + X_{\text{T2}} = (24.402 + 20.45 + 20.167) \ \Omega = 65.019 \ \Omega$$

$$\Delta S_{\text{LT}} = \frac{40^2 + 30^2}{110^2} \times (10.244 + j65.019) \text{ MV} \cdot \text{A} = (2.116 + j13.434) \text{ MV} \cdot \text{A}$$

累计到发电机端的输电系统的总功率需求为

$$S_{\text{D}} = S_{\text{LD}} + \Delta S_{\text{LT}} + \Delta S_{01} + \Delta S_{02} + j\Delta Q_{\text{B1}} + j\Delta Q_{\text{B2}}$$

$$= (40 + j30 + 2.116 + j13.434 + 0.077 + j0.504 + 0.077 + j0.504$$

$$- j3.412 - j3.412) \text{ MV} \cdot \text{A} = (42.27 + j37.618) \text{ MV} \cdot \text{A}$$

若发电机在满足有功需求时按额定功率因数运行，其输出功率为

$$S_{\text{G}} = (42.27 + j42.27 \times \text{tg}\varphi) \text{ MV} \cdot \text{A} = (42.27 + j26.196) \text{ MV} \cdot \text{A}$$

此时无功缺额达到

$$(37.618 - 26.196) \text{ Mvar} = 11.422 \text{ Mvar}$$

根据以上对无功功率缺额的初步估算，拟在变压器 T-2 的低压侧设置 10 Mvar 补偿容量。补偿前负荷功率因数为 0.8，补偿后可提高到 0.895。计及补偿后线路和变压器绕组损耗还会减少，发电机将能在额定功率因数附近运行。

（三）补偿后的功率平衡计算。

补偿后负荷功率为 $S'_{\text{LD}} = (40 + j20) \text{ MV} \cdot \text{A}$

$$S_2 = \left[ 40 + j20 + \frac{40^2 + 20^2}{110^2} \times (0.902 + j20.167) + 0.077 + j0.504 \right] \text{ MV} \cdot \text{A}$$

$$= (40.226 + j23.837) \text{ MV} \cdot \text{A}$$

$$S''_1 = (40.226 + j23.837 - j3.412) \text{MV} \cdot \text{A} = (40.226 + j20.425) \text{ MV} \cdot \text{A}$$

$$\Delta S_{\text{L}} = \frac{40.226^2 + 20.425^2}{110^2} \times (8.25 + j20.45) \text{ MV} \cdot \text{A} = (1.388 + j3.440) \text{ MV} \cdot \text{A}$$

$$S_1 = (40.226 + j20.425 + 1.388 + j3.440 - j3.412) \text{ MV} \cdot \text{A}$$

$$= (41.614 + j20.453) \text{ MV} \cdot \text{A}$$

$$\Delta S_{\text{T1}} = \frac{41.614^2 + 20.453^2}{110^2} \times (1.092 + j24.402) \text{ MV} \cdot \text{A} = (0.194 + j4.336) \text{ MV} \cdot \text{A}$$

输电系统要求发电机输出的功率为

$$S_G = (41.614 + j20.453 + 0.194 + j4.336 + 0.077 + j0.504) \text{ MV} \cdot \text{A}$$
$$= (41.885 + j25.293) \text{ MV} \cdot \text{A}$$

此时发电机的功率因数 $\cos\varphi = 0.856$。计算结果表明,所选补偿容量是适宜的。

## 12.1.4　无功功率平衡和电压水平的关系

在电力系统运行中,电源的无功出力在任何时刻都同负荷的无功功率和网络的无功损耗之和相等,即

$$Q_{GC} = Q_{LD} + Q_L \tag{12-8}$$

问题在于无功功率平衡是在什么样的电压水平下实现的。现在以一个最简单的网络为例来说明。

隐极发电机经过一段线路向负荷供电,略去各元件电阻,用 $X$ 表示发电机电抗与线路电抗之和,等值电路如图 12-11(a)所示。假定发电机和负荷的有功功率为定值。根据相量图(见图 12-11(b))可以确定发电机送到负荷节点的功率为

$$P = UI\cos\varphi = \frac{EU}{X}\sin\delta$$

$$Q = UI\sin\varphi = \frac{EU}{X}\cos\delta - \frac{U^2}{X}$$

当 $P$ 为一定值时,得

$$Q = \sqrt{\left(\frac{EU}{X}\right)^2 - P^2} - \frac{U^2}{X} \tag{12-9}$$

当电势 $E$ 为一定值时,$Q$ 同 $U$ 的关系如图 12-12 曲线 1 所示,是一条向下开口的抛物线。负荷的主要成分是异步电动机,其无功电压特性如图中曲线 2 所示。这两条曲线的交点 $a$ 确定了负荷节点的电压值 $U_a$,或者说,系统在电压 $U_a$ 下达到了无功功率的平衡。

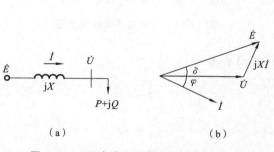

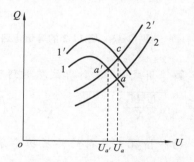

图 12-11　无功功率和电压关系的解释图　　　　图 12-12　按无功功率平衡确定电压

当负荷增加时,其无功电压特性如曲线 2′所示。如果系统的无功电源没有相应增加(发电机励磁电流不变,电势也就不变),电源的无功特性仍然是曲线 1。这时曲线 1 和 2′的交点 $a'$ 就代表了新的无功平衡点,并由此决定了负荷点的电压为 $U_{a'}$。显然 $U_{a'} < U_a$。这说明负荷增加后,系统的无功电源已不能满足在电压 $U_a$ 下无功平衡的需要,因而只好降低电压运行,以取得在较低电压下的无功平衡。如果发电机具有充足的无功备用,通过调节励磁电流,增大发电机的电势 $E$,则发电机的无功特性曲线将上移到曲线 1′的位置,从而使曲线 1′和 2′的交点 $c$ 所确定的负荷节点电压达到或接近原来的数值 $U_a$。由此可见,系统的无功电

源比较充足,能满足较高电压水平下的无功平衡的需要,系统就有较高的运行电压水平;反之,无功不足就反映为运行电压水平偏低。因此,应该力求实现在额定电压下的系统无功功率平衡,并根据这个要求装设必要的无功补偿装置。

电力系统的供电地区幅员宽广,无功功率不宜长距离输送,负荷所需的无功功率应尽量做到就地供应。因此,不仅应实现整个系统的无功功率平衡,还应分别实现各区域的无功功率平衡。

总之,实现无功功率在额定电压附近的平衡是保证电压质量的基本条件。

**例 12-2** 某输电系统的等值电路如图 12-13 所示。已知电压 $U_1 = 115$ kV 维持不变。负荷有功功率 $P_{LD} = 40$ MW 保持恒定,无功功率与电压平方成正比,即 $Q_{LD} = Q_0 \left( \dfrac{U_2}{110} \right)^2$。试就 $Q_0 = 20$ Mvar 和 $Q_0 = 30$ Mvar 两种情况按无功功率平衡的条件确定节点 2 电压 $U_2$。

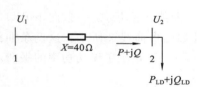

图 12-13  例 12-2 的等值电路图

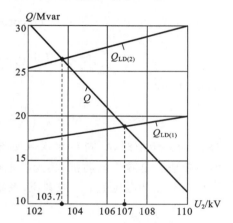

图 12-14  由无功平衡确定电压

**解**  用式(12-9)计算线路送到节点 2 的无功功率为

$$Q = \sqrt{\left( \frac{U_1 U_2}{X} \right)^2 - P^2} - \frac{U_2^2}{X} = \sqrt{\left( \frac{115 U_2}{40} \right)^2 - 40^2} - \frac{U_2^2}{40} = \sqrt{8.2656 U_2^2 - 1600} - 0.025 U_2^2$$

两种情况下负荷的无功功率分别为 $Q_{LD(1)} = 20 \times \left( \dfrac{U_2}{110} \right)^2$ 和 $Q_{LD(2)} = 30 \times \left( \dfrac{U_2}{110} \right)^2$。表 12-1 列出 $U_2$ 为不同值时的 $Q$、$Q_{LD(1)}$ 和 $Q_{LD(2)}$ 的数值。

利用表中数据所作的无功电压特性如图 12-14 所示。由图中特性曲线交点可以确定:当 $Q_0 = 20$ Mvar 时,$U_2 = 107$ kV;当 $Q_0 = 30$ Mvar 时,$U_2 = 103.7$ kV。

表 12-1  无功功率的电压静特性

| $U_2$/kV | 102 | 103 | 104 | 105 | 106 | 107 | 108 | 109 | 110 |
|---|---|---|---|---|---|---|---|---|---|
| $Q$/Mvar | 30.41 | 28.19 | 25.91 | 23.59 | 21.21 | 18.79 | 16.31 | 13.79 | 11.21 |
| $Q_{LD(1)}$/Mvar | 17.20 | 17.54 | 17.88 | 18.22 | 18.57 | 18.92 | 19.28 | 19.64 | 20 |
| $Q_{LD(2)}$/Mvar | 25.80 | 26.30 | 26.82 | 27.33 | 27.86 | 28.39 | 28.92 | 29.46 | 30 |

## 12.2　电压调整的基本概念

### 12.2.1　允许电压偏移

　　各种用电设备都是按额定电压来设计制造的。这些设备在额定电压下运行将能取得最佳的效果。电压过大地偏离额定值将对用户产生不良的影响。

　　电力系统常见的用电设备是异步电动机、各种电热设备、照明灯以及近年来日渐增多的家用电器等。异步电动机的电磁转矩是与其端电压的平方成正比的,当电压降低 10％时,转矩大约要降低 19％(见图 12-15)。如果电动机所拖动的机械负载的阻力矩不变,则电压降低时,电动机的转差增大,定子电流也随之增大,发热增加,绕组温度增高,加速绝缘老化,影响电动机的使用寿命。当端电压太低时,电动机可能由于电磁转矩太小而失速甚至停转;有的会低压脱扣而被切除。电炉等电热设备的出力大致与电压的平方成正比,电压降低就会延长电炉的冶炼时间,降低生产率。电压降低时,电热式照明灯发光不足,影响人的视力和工作效率。电压偏高时,照明设备的寿命将要缩短。

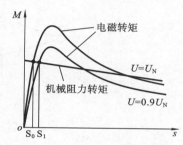

图 12-15　异步电动机的转矩特性

　　电压偏移过大,除了影响用户的正常工作以外,对电力系统本身也有不利影响。电压降低,会使网络中的功率损耗和能量损耗加大,电压过低还可能危及电力系统运行的稳定性;而电压过高时,各种电气设备的绝缘可能受到损害,在超高压网络中还将增加电晕损耗等。

　　在电力系统的正常运行中,随着用电负荷的变化和系统运行方式的改变,网络中的电压损耗也将发生变化。要严格保证所有用户在任何时刻都有额定电压是不可能的,因此,系统运行中各节点出现电压偏移是不可避免的。实际上,大多数用电设备在稍许偏离额定值的电压下运行,仍有良好的技术性能。从技术上和经济上综合考虑,合理地规定供电电压的允许偏移是完全必要的。目前,我国规定的在正常运行情况下供电电压的允许偏移如下:35 kV 及以上供电电压正、负偏移的绝对值之和不超过额定电压的 10％,如供电电压上下偏移同号时,按较大的偏移绝对值作为衡量依据;10 kV 及以下三相供电电压允许偏移为额定电压的 ±7％;220 V 单相供电电压允许偏移为额定电压的 +7％ 和 −10％。

　　要使网络各处的电压都达到规定的标准,必须采取各种调压措施。

### 12.2.2　中枢点的电压管理

　　电力系统调压的目的是保证系统中各负荷点的电压在允许的偏移范围内。但是由于负荷点数目众多又很分散,不可能也没有必要对每一个负荷点的电压进行监视和调整。系统中的负荷点总是通过一些主要的供电点供应电力的,例如:① 区域性水、火电厂的高压母线;② 枢纽变电所的二次母线;③ 有大量地方负荷的发电机电压母线。这些供电点称为中枢点。

　　各个负荷点都允许电压有一定的偏移,计及由中枢点到负荷点的馈电线上的电压损耗,便可确定每个负荷点对中枢点电压的要求。如果能找到中枢点电压的一个允许变化范围，使得由该中枢点供电的所有负荷点的调压要求都能同时得到满足，那么，只要控制中枢点的电压在这个变化范围内就可以了。下面讨论如何确定中枢点电压的允许变化范围。

假定由中枢点 O 向负荷点 A 和 B 供电（见图 12-16(a)），两负荷点电压 $U_A$ 和 $U_B$ 的允许变化范围相同，都是 $(0.95 \sim 1.05)U_N$。当线路参数一定时，线路上电压损耗 $\Delta U_{OA}$ 和 $\Delta U_{OB}$ 分别与点 A 和点 B 的负荷有关。为简单起见，假定两处的日负荷曲线呈两级阶梯形（见图 12-16(b)），相应地，两段线路的电压损耗的变化曲线如图 12-16(c) 所示。

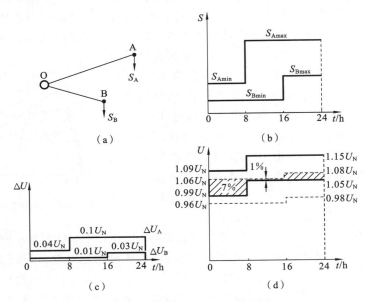

图 12-16　中枢点电压允许变化范围的确定

为了满足负荷节点 A 的调压要求，中枢点电压应该控制的变化范围：

在 0—8 时，$U_{O(A)} = U_A + \Delta U_{OA} = (0.95 \sim 1.05)U_N + 0.04U_N = (0.99 \sim 1.09)U_N$；

在 8—24 时，$U_{O(A)} = U_A + \Delta U_{OA} = (0.95 \sim 1.05)U_N + 0.10U_N = (1.05 \sim 1.15)U_N$。

同理可以算出负荷节点 B 对中枢点电压变化范围的要求：

在 0—16 时，$U_{O(B)} = U_B + \Delta U_{OB} = (0.96 \sim 1.06)U_N$；

在 16—24 时，$U_{O(B)} = U_B + \Delta U_{OB} = (0.98 \sim 1.08)U_N$。

将上述要求表示在同一张图上（见图 12-16(d)）。图中的阴影部分就是同时满足 A、B 两负荷点调压要求的中枢点电压的允许变化范围。由图可见，尽管 A、B 两负荷点的电压有 10% 的变化范围，但是由于两处负荷大小和变化规律不同，故两段线路的电压损耗数值及变化规律亦不相同。为同时满足两负荷点的电压质量要求，中枢点电压的允许变化范围就大大地缩小了，最大时为 7%，最小时仅有 1%。

对于向多个负荷点供电的中枢点，其电压允许变化范围可按两种极端情况确定：在地区负荷最大时，电压最低的负荷点的允许电压下限加上到中枢点的电压损耗等于中枢点的最低电压；在地区负荷最小时，电压最高负荷点的允许电压上限加上到中枢点的电压损耗等于中枢点的最高电压。当中枢点的电压能满足这两个负荷点的要求时，其他各点的电压基本上都能满足。

如果中枢点是发电机电压母线,则除了上述要求外,还应受厂用电设备与发电机的最高允许电压以及为保持系统稳定的最低允许电压的限制。

如果在任何时候,各负荷点所要求的中枢点电压允许变化范围都有公共部分,那么,调整中枢点的电压,使其在公共的允许范围内变动,就可以满足各负荷点的调压要求,而不必在各负荷点再装设调压设备。

可以设想,如果由同一中枢点供电的各用户负荷的变化规律差别很大,调压要求也很不相同,就可能在某些时间段内,各用户的电压质量要求反映到中枢点的电压允许变化范围没有公共部分。这种情况下,仅靠控制中枢点的电压并不能保证所有负荷点的电压偏移都在允许范围内。因此为了满足各负荷点的调压要求,还必须在某些负荷点增设必要的调压设备。

在进行电力系统规划设计时,由系统供电的较低电压等级的电力网往往还未建设,或者尚未完全建成,许多数据及要求未能准确地确定,这就无法按照上述方法作出中枢点的电压曲线。为了进行调压计算,可以根据电力网的性质对中枢点的调压方式提出原则性的要求。为此,一般将中枢点的调压方式分为三类:逆调压、顺调压和常调压。

在大负荷时,线路的电压损耗也大,如果提高中枢点电压,就可以抵偿掉部分电压损耗,使负荷点的电压不致过低。反之,在小负荷时,线路电压损耗也小,适当降低中枢点电压就可使负荷点电压不致过高。这种在大负荷时升高电压,小负荷时降低电压的调压方式称为"逆调压"。一般,采用逆调压方式,在最大负荷时可保持中枢点电压比线路额定电压高 5%,在最小负荷时保持为线路额定电压。供电线路较长、负荷变动较大的中枢点往往要求采用这种调压方式。

中枢点采用逆调压可以改善负荷点的电压质量。但是从发电厂到某些中枢点(例如枢纽变电所)也有电压损耗。若发电机电压一定,则在大负荷时,电压损耗大,中枢点电压自然要低一些;在小负荷时,电压损耗小,中枢点电压要高一些。中枢点电压的这种自然变化规律与逆调压的要求恰好相反,所以从调压的角度来看,逆调压的要求较高,较难实现。实际上也没有必要对所有中枢点都采用逆调压方式。对某些供电距离较近或者负荷变动不大的变电所,可以采用"顺调压"的方式。这就是:在大负荷时允许中枢点电压低一些,但不低于线路额定电压的102.5%;小负荷时允许其电压高一些,但不超过线路额定电压的107.5%。

介于上述两种调压方式之间的调压方式是恒调压(常调压),即在任何负荷下,中枢点电压保持为大约恒定的数值,一般较线路额定电压高2%~5%。

当系统发生事故时,电压损耗比正常情况下的要大,因此对电压质量的要求允许降低一些,通常允许事故时的电压偏移较正常情况下大 5%。

## 12.2.3 电压调整的基本原理

现在以图 12-17 所示的简单电力系统为例,说明常用的各种调压措施所依据的基本原理。

发电机通过升压变压器、线路和降压变压器向用户供电。要求调整负荷节点 b 的电压。为简单起见,略去线路的电容功率、变压器的励磁功率和网络的功率损耗。变压器的参数已

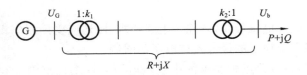

图 12-17  电压调整原理解释图

归算到高压侧。b 点的电压为

$$U_b = (U_G k_1 - \Delta U)/k_2 \approx \left(U_G k_1 - \frac{PR + QX}{U}\right)/k_2 \qquad (12\text{-}10)$$

式中，$k_1$ 和 $k_2$ 分别为升压和降压变压器的变比；$R$ 和 $X$ 分别为变压器和线路的总电阻和总电抗。

由式(12-10)可见，为了调整用户端电压 $U_b$ 可以采取以下的措施：

（1）调节励磁电流以改变发电机端电压 $U_G$；

（2）适当选择变压器的变比；

（3）改变线路的参数；

（4）改变无功功率的分布。

这些措施将在下面分别进行比较详细的讨论。

# 12.3  电压调整的措施

## 12.3.1  发电机调压

现代同步发电机在端电压偏离额定值不超过 $\pm 5\%$ 的范围，能够以额定功率运行。大中型同步发电机都装有自动励磁调节装置，可以根据运行情况调节励磁电流来改变其端电压。对于不同类型的供电网络，发电机调压所起的作用是不同的。

由孤立发电厂不经升压直接供电的小型电力网，因供电线路不长，线路上电压损耗不大，故改变发电机端电压（例如实行逆调压）就可以满足负荷点的电压质量要求，而不必另外再增加调压设备。这是最经济合理的调压方式。

对于线路较长、供电范围较大、有多级变压的供电系统，从发电厂到最远处的负荷点之间，电压损耗的数值和变化幅度都比较大。图 12-18 所示为一多级变压供电系统，其各元件在最大和最小负荷时的电压损耗已注明图中。从发电机端到最远处负荷点之间在最大负荷时的总电压损耗达 $35\%$，最小负荷时为 $15\%$，其变化幅度达 $20\%$。这时调压的困难不仅在于电压损耗的绝对值过大，而且更主要的是不同运行方式下电压损耗之差（即变化幅度）太

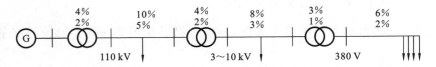

图 12-18  多级变压供电系统的电压损耗分布

大。因而单靠发电机调压是不能解决问题的。在上述情况下,发电机调压主要是为了满足近处地方负荷的电压质量要求,发电机电压在最大负荷时提高 5%,最小负荷时保持为额定电压,采取这种逆调压方式,对于解决多级变压供电系统的调压问题也是有利的。

对于有若干发电厂并列运行的电力系统,利用发电机调压会出现新的问题。前面提到过,节点的无功功率与节点的电压有密切的关系。例如,两个发电厂相距 60 km,由 110 kV 线路相联,如果要把一个电厂的 110 kV 母线的电压提高 5%,大约要该电厂多输出 25 Mvar 的无功功率。因而要求进行电压调整的电厂需有相当充裕的无功容量储备,一般这是不易满足的。此外,在系统内并列运行的发电厂中,调整个别发电厂的母线电压,会引起系统中无功功率的重新分配,这还可能同无功功率的经济分配发生矛盾。所以在大型电力系统中发电机调压一般只作为一种辅助性的调压措施。

## 12.3.2　改变变压器变比调压

改变变压器的变比可以升高或降低次级绕组的电压。为了实现调压,在双绕组变压器的高压绕组上设有若干个分接头以供选择,其中对应额定电压 $U_N$ 的称为主接头。三绕组变压器一般是在高压绕组和中压绕组设置分接头。变压器的低压绕组不设分接头。改变变压器的变比调压实际上就是根据调压要求适当选择分接头。

**1. 降压变压器分接头的选择**

图 12-19 所示为一降压变压器。若通过功率为 $P+jQ$,高压侧实际电压为 $U_1$,归算到高压侧的变压器阻抗为 $R_T+jX_T$,归算到高压侧的变压器电压损耗为 $\Delta U_T$,低压侧要求得到的电压为 $U_2$,则有

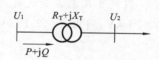

$$\Delta U_T = (PR_T + QX_T)/U_1$$
$$U_2 = (U_1 - \Delta U_T)/k \qquad (12\text{-}11)$$

**图 12-19　降压变压器**

式中,$k = U_{1t}/U_{2N}$ 是变压器的变比,即高压绕组分接头电压 $U_{1t}$ 和低压绕组额定电压 $U_{2N}$ 之比。

将 $k$ 代入式(12-11),便得高压侧分接头电压

$$U_{1t} = \frac{U_1 - \Delta U_T}{U_2} U_{2N} \qquad (12\text{-}12)$$

当变压器通过不同的功率时,高压侧电压 $U_1$、电压损耗 $\Delta U_T$,以及低压侧所要求的电压 $U_2$ 都要发生变化。通过计算可以求出在不同的负荷下为满足低压侧调压要求所应选择的高压侧分接头电压。

普通的双绕组变压器的分接头只能在停电的情况下改变。在正常的运行中无论负荷怎样变化只能使用一个固定的分接头。这时可以分别算出最大负荷和最小负荷下所要求的分接头电压

$$U_{1t max} = (U_{1max} - \Delta U_{Tmax})U_{2N}/U_{2max} \qquad (12\text{-}13)$$

$$U_{1t min} = (U_{1min} - \Delta U_{Tmin})U_{2N}/U_{2min} \qquad (12\text{-}14)$$

然后取它们的算术平均值,即

$$U_{1t \cdot av} = (U_{1t max} + U_{1t min})/2 \qquad (12\text{-}15)$$

根据 $U_{1t \cdot av}$ 值可选择一个与它最接近的分接头。然后根据所选取的分接头校验最大负荷和最小负荷时低压母线上的实际电压是否符合要求。

**例 12-3** 降压变压器及其等值电路如图 12-20 所示。归算至高压侧的阻抗为 $R_T + jX_T = (2.44 + j40)\ \Omega$。已知在最大和最小负荷时通过变压器的功率分别为 $S_{max} = (28 + j14)\ \text{MV} \cdot \text{A}$ 和 $S_{min} = (10 + j6)\ \text{MV} \cdot \text{A}$，高压侧的电压分别为 $U_{1max} = 110\ \text{kV}$ 和 $U_{1min} = 113\ \text{kV}$。要求低压母线的电压变化不超出 $6.0 \sim 6.6\ \text{kV}$ 的范围，试选择分接头。

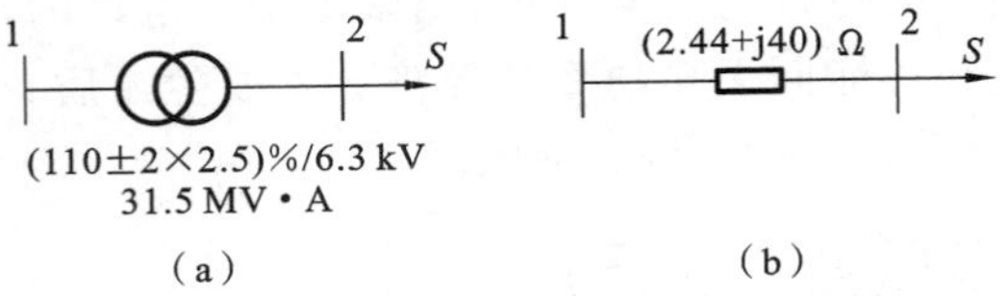

```
1            2   S          1   (2.44+j40) Ω    2   S
 ─┤  ⊙⊙  ├── → S            ─┤──[    ]──├── → S
(110±2×2.5)%/6.3 kV
31.5 MV·A
      (a)                          (b)
```

**图 12-20　例 12-3 的降压变压器及其等值电路**

**解** 先计算最大负荷及最小负荷时变压器的电压损耗

$$\Delta U_{Tmax} = \frac{28 \times 2.44 + 14 \times 40}{110}\ \text{kV} = 5.7\ \text{kV}$$

$$\Delta U_{Tmin} = \frac{10 \times 2.44 + 6 \times 40}{113}\ \text{kV} = 2.34\ \text{kV}$$

假定变压器在最大负荷和最小负荷运行时低压侧的电压分别取为 $U_{2max} = 6\ \text{kV}$ 和 $U_{2min} = 6.6\ \text{kV}$，则由式 (12-13) 和式 (12-14) 可得

$$U_{1tmax} = (110 - 5.7) \times \frac{6.3}{6.0}\ \text{kV} = 109.4\ \text{kV}$$

$$U_{1tmin} = (113 - 2.34) \times \frac{6.3}{6.6}\ \text{kV} = 105.6\ \text{kV}$$

取算术平均值

$$U_{1t \cdot av} = (109.4 + 105.6)\ \text{kV}/2 = 107.5\ \text{kV}$$

选最接近的分接头 $U_{1t} = 107.25\ \text{kV}$。按所选分接头校验低压母线的实际电压。

$$U_{2max} = (110 - 5.7) \times \frac{6.3}{107.25}\ \text{kV} = 6.13\ \text{kV} > 6\ \text{kV}$$

$$U_{2min} = (113 - 2.34) \times \frac{6.3}{107.25}\ \text{kV} = 6.5\ \text{kV} < 6.6\ \text{kV}$$

可见所选分接头是能满足调压要求的。

### 2. 升压变压器分接头的选择

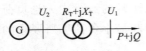

**图 12-21　升压变压器**

选择升压变压器分接头的方法与选择降压变压器的基本相同。由于升压变压器中功率方向是从低压侧送往高压侧的（见图 12-21），故式 (12-12) 中 $\Delta U_T$ 前的符号此时应相反，即应将电压损耗和高压侧电压相加。因而有

$$U_{1t} = \frac{U_1 + \Delta U_T}{U_2} U_{2N} \tag{12-16}$$

式中，$U_2$ 为变压器低压侧的实际电压或给定电压；$U_1$ 为高压侧所要求的电压。

这里要注意升压变压器与降压变压器绕组的额定电压是略有差别的(见表 1-1)。此外,选择发电厂中升压变压器的分接头时,在最大和最小负荷情况下,要求发电机的端电压都不能超过规定的允许范围。如果在发电机电压母线上有地方负荷,则应当满足地方负荷对发电机母线的调压要求,一般可采用逆调压方式调压。

**例 12-4**　升压变压器的容量为 31.5 MV・A,变比为 $(121\pm2\times2.5\%)/6.3$ kV,归算到高压侧的阻抗为 $(3+j48)$ Ω。在最大负荷和最小负荷时通过变压器的功率分别为 $S_{max}=(25+j18)$ MV・A 和 $S_{min}=(14+j10)$ MV・A,高压侧的要求电压分别为 $U_{1max}=120$ kV 和 $U_{1min}=114$ kV。发电机电压的可能调整范围是 $6.0\sim6.6$ kV。试选择分接头。

**解**　先计算变压器的电压损耗:

$$\Delta U_{Tmax}=\frac{25\times3+18\times48}{120}\text{ kV}=7.825\text{ kV}$$

$$\Delta U_{Tmin}=\frac{14\times3+10\times48}{114}\text{ kV}=4.579\text{ kV}$$

然后根据所给发电机电压的可能调整范围,利用式(12-16)可以算出

$$U_{1tmax}=\frac{(120+7.825)\times6.3}{6.0\sim6.6}\text{ kV}=(134.216\sim122.015)\text{ kV}$$

$$U_{1tmin}=\frac{(114+4.579)\times6.3}{6.0\sim6.6}\text{ kV}=(124.508\sim113.189)\text{ kV}$$

取 $U_{1tmax}$ 的下限与 $U_{1tmin}$ 的上限的算术平均值,得

$$U_{1t\cdot av}=(122.015+124.508)\text{ kV}/2=123.262\text{ kV}$$

选出最接近的标准分接头,其电压 $U_{1t}=124.025$ kV。验算对发电机端电压的实际要求

$$U_{2max}=\frac{U_{2N}}{U_{1t}}(U_{1max}+\Delta U_{Tmax})=\frac{6.3}{124.025}\times127.825\text{ kV}=6.493\text{ kV}$$

$$U_{2min}=\frac{U_{2N}}{U_{1t}}(U_{1min}+\Delta U_{Tmin})=\frac{6.3}{124.025}\times118.579\text{ kV}=6.023\text{ kV}$$

计算结果表明所选分接头能满足调压要求。

上述选择双绕组变压器分接头的计算公式也适用于三绕组变压器分接头的选择,但需根据变压器的运行方式分别地或依次地逐个进行。

通过以上的例题可以看到,采用固定分接头的变压器进行调压,不可能改变电压损耗的数值,也不能改变负荷变化时次级电压的变化幅度;通过对变比的适当选择,只能把这一电压变化幅度对于次级额定电压的相对位置进行适当的调整(升高或降低)。如果计及变压器电压损耗在内的总电压损耗,最大负荷和最小负荷时的电压变化幅度(例如 12%)超过了分接头的可能调整范围(例如±5%),或者调压要求的变化趋势与实际的相反(例如逆调压时),则靠选普通变压器的分接头的方法就无法满足调压要求。这时可以装设带负荷调压的变压器或采用其他调压措施。

带负荷调压的变压器通常有两种:一种是本身就具有调压绕组的有载调压变压器;另一种是带有附加调压器的加压调压变压器。

有载调压变压器可以在带负荷的条件下切换分接头,而且调节范围也比较大。采用有

载调压变压器时,可以根据最大负荷算得的 $U_{1tmax}$ 值和最小负荷算得的 $U_{1tmin}$ 来分别选择各自合适的分接头。这样就能缩小次级电压的变化幅度,甚至改变电压变化的趋势。

加压调压变压器在上一章已作过介绍,它和主变压器配合使用,相当于有载调压变压器。

### 12.3.3 利用无功功率补偿调压

无功功率的产生基本上不消耗能源,但是无功功率沿电力网传送却要引起有功功率损耗和电压损耗。合理地配置无功功率补偿容量,以改变电力网的无功潮流分布,可以减少网络中的有功功率损耗和电压损耗,从而改善用户处的电压质量。现在讨论按调压要求选择无功功率补偿容量的问题。

图 12-22 所示为一简单电力网,供电点电压 $U_1$ 和负荷功率 $P+jQ$ 已给定,线路电容和变压器的励磁功率略去不计。在未加补偿装置前若不计电压降落的横分量,便有

$$U_1 = U_2' + \frac{PR + QX}{U_2'}$$

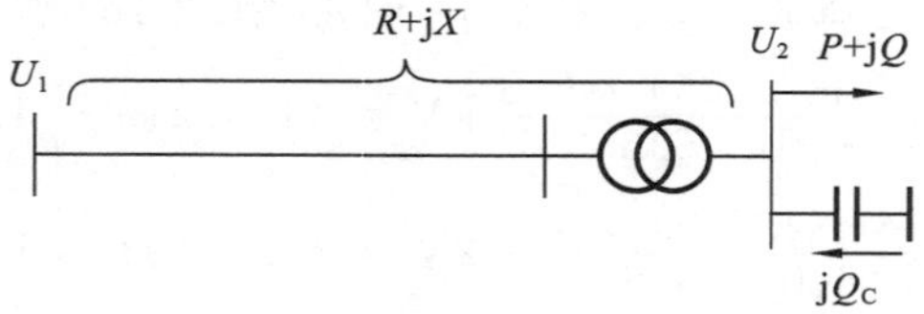

**图12-22 简单电力网的无功功率补偿**

式中,$U_2'$ 为归算到高压侧的变电所低压母线电压。

在变电所低压侧设置容量为 $Q_C$ 的无功补偿设备后,网络传送到负荷点的无功功率将变为 $Q-Q_C$,这时变电所低压母线的归算电压也相应变为 $U_{2c}'$,故有

$$U_1 = U_{2c}' + \frac{PR + (Q-Q_C)X}{U_{2c}'}$$

如果补偿前后 $U_1$ 保持不变,则有

$$U_2' + \frac{PR + QX}{U_2'} = U_{2c}' + \frac{PR + (Q-Q_C)X}{U_{2c}'} \tag{12-17}$$

由此可解得使变电所低压母线的归算电压从 $U_2'$ 改变到 $U_{2c}'$ 时所需要的无功补偿容量为

$$Q_C = \frac{U_{2c}'}{X}\Big[(U_{2c}' - U_2') + \Big(\frac{PR + QX}{U_{2c}'} - \frac{PR + QX}{U_2'}\Big)\Big] \tag{12-18}$$

上式方括号中第二项的数值一般很小,可以略去,于是式(12-18)便简化为

$$Q_C = \frac{U_{2c}'}{X}(U_{2c}' - U_2') \tag{12-19}$$

若变压器的变比选为 $k$,经过补偿后变电所低压侧要求保持的实际电压为 $U_{2c}$,则 $U_{2c}' = kU_{2c}$。将其代入式(12-19),可得

$$Q_C = \frac{kU_{2c}}{X}(kU_{2c} - U_2') = \frac{k^2 U_{2c}}{X}\Big(U_{2c} - \frac{U_2'}{k}\Big) \tag{12-20}$$

由此可见,补偿容量与调压要求和降压变压器的变比选择均有关。变比 $k$ 的选择原则是:在

满足调压的要求下,使无功补偿容量为最小。

由于无功补偿设备的性能不同,选择变比的条件也不相同,现分别阐述如下。

**1. 补偿设备为静电电容器**

通常在大负荷时降压变电所电压偏低,小负荷时电压偏高。电容器只能发出感性无功功率以提高电压,但电压过高时却不能吸收感性无功功率来使电压降低。为了充分利用补偿容量,在最大负荷时电容器应全部投入,在最小负荷时全部退出。计算步骤如下。

首先,根据调压要求,按最小负荷时没有补偿的情况确定变压器的分接头。令 $U'_{2min}$ 和 $U_{2min}$ 分别为最小负荷时低压母线的归算(到高压侧的)电压和要求保持的实际电压,则 $U'_{2min}/U_{2min}=U_t/U_{2N}$,由此可算出变压器的分接头电压应为

$$U_t = \frac{U_{2N}U'_{2min}}{U_{2min}}$$

选定与 $U_t$ 最接近的分接头 $U_{1t}$,并由此确定变比

$$k = U_{1t}/U_{2N}$$

其次,按最大负荷时的调压要求计算补偿容量,即

$$Q_C = \frac{U_{2cmax}}{X}\left(U_{2cmax} - \frac{U'_{2max}}{k}\right)k^2 \tag{12-21}$$

式中,$U'_{2max}$ 和 $U_{2cmax}$ 分别为补偿前变电所低压母线的归算(到高压侧的)电压和补偿后要求保持的实际电压。按式(12-21)算得的补偿容量从产品目录中选择合适的设备。

最后,根据确定的变比和选定的静电电容器容量,校验实际的电压变化。

**2. 补偿设备为同步调相机**

调相机的特点是既能过励磁运行,发出感性无功功率使电压升高,也能欠励磁运行,吸收感性无功功率使电压降低。如果调相机在最大负荷时按额定容量过励磁运行,在最小负荷时按额定容量的 50%~65% 欠励磁运行,那么,调相机的容量将得到最充分的利用。

根据上述条件可确定变比 $k$。最大负荷时,同步调相机容量为

$$Q_C = \frac{U_{2cmax}}{X}\left(U_{2cmax} - \frac{U'_{2max}}{k}\right)k^2 \tag{12-22}$$

用 $\alpha$ 代表数值范围(0.5~0.65),则最小负荷时调相机容量应为

$$-\alpha Q_C = \frac{U_{2cmin}}{X}\left(U_{2cmin} - \frac{U'_{2min}}{k}\right)k^2 \tag{12-23}$$

两式相除,得

$$-\alpha = \frac{U_{2cmin}(kU_{2cmin} - U'_{2min})}{U_{2cmax}(kU_{2cmax} - U'_{2max})} \tag{12-24}$$

由式(12-24)可解出

$$k = \frac{\alpha U_{2cmax}U'_{2max} + U_{2cmin}U'_{2min}}{\alpha U_{2cmax}^2 + U_{2cmin}^2} \tag{12-25}$$

按式(12-25)算出的 $k$ 值选择最接近的分接头电压 $U_{1t}$,并确定实际变比 $k=U_{1t}/U_{2N}$,将其代入式(12-22)即可求出需要的调相机容量。根据产品目录选出与此容量相近的调相机。最后按所选容量进行电压校验。

电压损耗 $\Delta U = \frac{(PR+QX)}{U}$ 中包含两个分量:一个是有功负荷及电阻产生的 $PR/U$ 分

量;另一个是无功负荷及电抗产生的 $QX/U$ 分量。利用无功补偿调压的效果与网络性质及负荷情况有关。在低压电力网中,一般导线截面小,线路的电阻比电抗大,负荷的功率因数也高一些,因此 $\Delta U$ 中有功功率引起的 $PR/U$ 分量所占的比重大;在高压电力网中,导线截面较大,多数情况下,线路电抗比电阻大,再加上变压器的电抗远大于其电阻,这时 $\Delta U$ 中无功功率引起的 $QX/U$ 分量就占很大的比重。例如某系统从水电厂到系统的高压电力网,包括升压和降压变压器在内,其电抗与电阻之比为 8∶1。在这种情况下,减少输送无功功率可以产生比较显著的调压效果。反之,对截面不大的架空线路和所有电缆线路,用这种方法调压就不合适。

**例 12-5** 简单输电系统的接线图和等值电路分别如图 12-23(a)和(b)所示。变压器励磁支路和线路电容被略去。节点 1 归算到高压侧的电压为 118 kV,且维持不变。受端低压母线电压要求保持为 10.5 kV。试配合降压变压器 T-2 的分接头选择,确定受端应装设的如下无功补偿设备:(1)静电容器;(2)同步调相机。

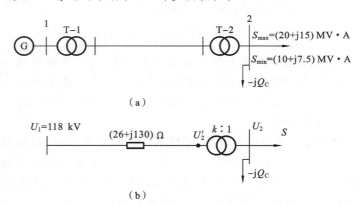

（a）

（b）

**图 12-23　例 12-5 的输电系统及其等值电路图**

**解**　（一）计算补偿前受端低压母线归算到高压侧的电压。

因为首端电压已知,宜用首端功率计算网络的电压损耗。为此,先按额定电压计算输电系统的功率损耗:

$$\Delta S_{\max} = \frac{20^2 + 15^2}{110^2} \times (26 + j130) \text{ MV} \cdot \text{A} = (1.34 + j6.72) \text{ MV} \cdot \text{A}$$

$$\Delta S_{\min} = \frac{10^2 + 7.5^2}{110^2} \times (26 + j130) \text{ MV} \cdot \text{A} = (0.34 + j1.68) \text{ MV} \cdot \text{A}$$

于是

$$S_{1\max} = S_{\max} + \Delta S_{\max} = (20 + j15 + 1.34 + j6.72) \text{ MV} \cdot \text{A} = (21.34 + j21.72) \text{ MV} \cdot \text{A}$$

$$S_{1\min} = S_{\min} + \Delta S_{\min} = (10 + j7.5 + 0.34 + j1.68) \text{ MV} \cdot \text{A} = (10.34 + j9.18) \text{ MV} \cdot \text{A}$$

利用首端功率可以算出:

$$U'_{2\max} = U_1 - \frac{P_{1\max}R + Q_{1\max}X}{U_1} = \left(118 - \frac{21.34 \times 26 + 21.72 \times 130}{118}\right) \text{ kV} = 89.37 \text{ kV}$$

$$U'_{2\min} = U_1 - \frac{P_{1\min}R + Q_{1\min}X}{U_1} = \left(118 - \frac{10.34 \times 26 + 9.18 \times 130}{118}\right) \text{ kV} = 105.61 \text{ kV}$$

（二）选择静电电容器的容量。

（1）按最小负荷时无补偿确定变压器的分接头电压。

$$U_t = \frac{U_{2N}U'_{2min}}{U_{2min}} = \frac{11 \times 105.61}{10.5} \text{ kV} = 110.69 \text{ kV}$$

最接近的抽头电压为 110 kV，由此可得降压变压器的变比为 $k = \frac{110}{11} = 10$。

（2）按式（12-21）求补偿容量。

$$Q_C = \frac{U_{2cmax}}{X}\left(U_{2cmax} - \frac{U'_{2max}}{k}\right)k^2 = \frac{10.5}{130}\left(10.5 - \frac{89.37}{10}\right) \times 10^2 \text{ Mvar} = 12.62 \text{ Mvar}$$

（3）取补偿容量 $Q_C = 12$ Mvar，验算最大负荷时受端低压侧的实际电压。

$$\Delta S_{cmax} = \frac{20^2 + (15-12)^2}{110^2}(26 + j130) \text{ MV} \cdot \text{A} = (0.88 + j4.4) \text{ MV} \cdot \text{A}$$

$$S_{1cmax} = (20 + j(15-12) + 0.88 + j4.4) \text{ MV} \cdot \text{A} = (20.88 + j7.4) \text{ MV} \cdot \text{A}$$

$$U'_{2cmax} = U_1 - \frac{P_{1cmax}R + Q_{1cmax}X}{U_1} = 118 \text{ kV} - \frac{20.88 \times 26 + 7.4 \times 130}{118} \text{ kV} = 105.25 \text{ kV}$$

故

$$U_{2cmax} = U'_{2cmax}/k = \frac{105.25}{10} \text{ kV} = 10.525 \text{ kV}$$

$$U_{2min} = U'_{2min}/k = \frac{105.61}{10} \text{ kV} = 10.561 \text{ kV}$$

（三）选择同步调相机的容量。

（1）按式（12-25）确定降压变压器变比。

$$k = \frac{\alpha U_{2cmax}U'_{2max} + U_{2cmin}U'_{2min}}{\alpha U_{2cmax}^2 + U_{2cmin}^2} = \frac{\alpha \times 10.5 \times 89.37 + 10.5 \times 105.61}{\alpha \times 10.5^2 + 10.5^2}$$

$$= \frac{\alpha \times 89.37 + 105.61}{(1+\alpha) \times 10.5}$$

当 $\alpha$ 分别取为 0.5 和 0.65 时，可相应算出变比 $k$ 分别为 9.54 和 9.45，选取最接近的标准分接头变比 $k = 9.5$。

（2）按式（12-22）确定调相机容量。

$$Q_C = \frac{U_{2cmax}}{X}\left(U_{2cmax} - \frac{U'_{2max}}{k}\right)k^2 = \frac{10.5}{130}\left(10.5 - \frac{89.37}{9.5}\right) \times 9.5^2 \text{ Mvar} = 7.96 \text{ Mvar}$$

选取最接近标准容量的同步调相机，其额定容量为 7.5 MV·A。

（3）验算受端低压侧电压。最大负荷时调相机按额定容量过励磁运行，因而有

$$\Delta S_{cmax} = \frac{20^2 + (15 - 7.5)^2}{110^2}(26 + j130) \text{ MV} \cdot \text{A} = (0.98 + j4.9) \text{ MV} \cdot \text{A}$$

最小负荷时调相机按 50% 额定容量欠励磁运行，$Q_C = -3.75$ MV·A

$$\Delta S_{cmin} = \frac{10^2 + (7.5 + 3.75)^2}{110^2}(26 + j130) \text{ MV} \cdot \text{A} = (0.487 + j2.434) \text{ MV} \cdot \text{A}$$

$$S_{1cmax} = S_{cmax} + \Delta S_{cmax} = (20 + j7.5 + 0.98 + j4.9) \text{ MV} \cdot \text{A} = (20.98 + j12.4) \text{ MV} \cdot \text{A}$$

$$S_{1cmin} = S_{cmin} + \Delta S_{cmin} = (10 + j(7.5 + 3.75) + 0.487 + j2.434) \text{ MV} \cdot \text{A}$$

$$= (10.487 + j13.684) \text{ MV} \cdot \text{A}$$

$$U_{2\max} = \left(U_1 - \frac{P_{1c\max}R + Q_{1c\max}X}{U_1}\right) \Big/ k$$

$$= \left(118 - \frac{20.98 \times 26 + 12.4 \times 130}{118}\right) \text{kV} \Big/ 9.5 = 10.496 \text{ kV}$$

$$U_{2\min} = \left(U_1 - \frac{P_{1c\min}R + Q_{1c\min}X}{U_1}\right) \Big/ k$$

$$= \left(118 - \frac{10.487 \times 26 + 13.684 \times 130}{118}\right) \text{kV} \Big/ 9.5 = 10.59 \text{ kV}$$

在最小负荷时电压略高于 $10.5$ kV，如果调相机按 $60\%$ 额定容量欠励磁运行，便得 $U_{2\min} = 10.48$ kV。

## 12.3.4　线路串联电容补偿调压

在线路上串联接入静电电容器，利用电容器的容抗补偿线路的感抗，使电压损耗中 $QX/U$ 分量减小，从而可提高线路末端电压。对图 12-24 所示的架空输电线路，未加串联电容补偿前有

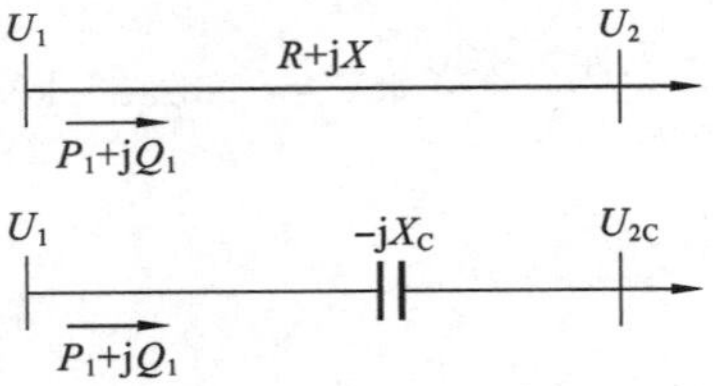

$$\Delta U = \frac{P_1 R + Q_1 X}{U_1}$$

线路上串联了容抗 $X_C$ 后就改变为

$$\Delta U_C = \frac{P_1 R + Q_1 (X - X_C)}{U_1}$$

上述两种情况下电压损耗之差就是线路末端电压提高的

**图 12-24　串联电容补偿**

数值，它与电容器容抗的关系为

即

$$\Delta U - \Delta U_C = Q_1 X_C / U_1$$

$$X_C = \frac{U_1(\Delta U - \Delta U_C)}{Q_1} \tag{12-26}$$

根据线路末端电压需要提高的数值 $(\Delta U - \Delta U_C)$，就可求得需要补偿的电容器的容抗值 $X_C$。

线路上串联接入的电容器是由许多单个电容器串、并联组成（见图 12-25）。如果每台电容器的额定电流为 $I_{NC}$，额定电压为 $U_{NC}$，额定容量为 $Q_{NC} = U_{NC}I_{NC}$，则可根据通过的最大负荷电流 $I_{C\max}$ 和所需的容抗值 $X_C$ 分别计算电容器串、并联的台数 $n, m$ 以及三相电容器的总容量 $Q_C$

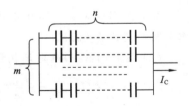

**图 12-25　串联电容器组**

$$mI_{NC} \geqslant I_{C\max} \tag{12-27}$$

$$nU_{NC} \geqslant I_{C\max} X_C \tag{12-28}$$

$$Q_C = 3mnQ_{NC} = 3mnU_{NC}I_{NC} \tag{12-29}$$

三相总共需要的电容器台数为 $3mn$。

串联电容器提升的末端电压的数值 $QX_C/U$（即调压效果）随无功负荷大小而变，负荷大时增大，负荷小时减少，恰与调压的要求一致。这是串联电容器调压的一个显著优点。但对负荷功率因数高 $(\cos\varphi > 0.95)$ 或导线截面小的线路，由于 $PR/U$ 分量的比重大，串联补偿的调压效果就很小。故串联电容器调压一般用在供电电压为 $35$ kV 或 $10$ kV、负荷波动大而

频繁、功率因数又很低的配电线路上。补偿所需的容抗值 $X_C$ 与被补偿线路原来的感抗值 $X_L$ 之比

$$k_C = X_C / X_L$$

称为补偿度。在配电网络中以调压为目的的串联电容补偿,其补偿度常接近于 1 或大于 1。

至于超高压输电线路中的串联电容补偿,其作用在于提高输送容量和提高系统运行的稳定性,这将在以后再作讨论。

**例 12-6**　一条 35 kV 的线路,全线路阻抗为(10+j10) Ω,输送功率为(7+j6) MV·A,线路首端电压为 35 kV。欲使线路末端电压不低于 33 kV,试确定串联补偿容量。

**解**　补偿前线路的电压损耗为

$$\Delta U = \frac{7 \times 10 + 6 \times 10}{35} \text{ kV} = 3.71 \text{ kV}$$

补偿后所要求的电压损耗为

$$\Delta U_C = (35 - 33) \text{ kV} = 2 \text{ kV}$$

补偿所需的容抗为

$$X_C = \frac{35 \times (3.71 - 2)}{6} \text{ Ω} = 9.98 \text{ Ω}$$

线路通过的最大电流为

$$I_{max} = \frac{\sqrt{7^2 + 6^2}}{\sqrt{3} \times 35} \times 1000 \text{ A} = 152.1 \text{ A}$$

选用额定电压为 $U_{NC} = 0.6$ kV、容量为 $Q_{NC} = 20$ kvar 的单相油浸纸质串联电容器。每个电容器的额定电流为

$$I_{NC} = \frac{Q_{NC}}{U_{NC}} = \frac{20}{0.6} \text{ A} = 33.33 \text{ A}$$

每个电容器的电抗为

$$X_{NC} = \frac{U_{NC}}{I_{NC}} = \frac{600}{33.33} \text{ Ω} = 18 \text{ Ω}$$

需要并联的个数

$$m \geqslant \frac{I_{max}}{I_{NC}} = \frac{152.1}{33.33} = 4.56$$

需要串联的个数

$$n \geqslant \frac{I_{max} X_C}{U_{NC}} = \frac{152.1 \times 9.98}{600} = 2.53$$

因此选 $m=5$ 和 $n=3$。

总补偿容量为

$$Q_C = 3mn Q_{NC} = 3 \times 5 \times 3 \times 20 \text{ kvar} = 900 \text{ kvar}$$

实际的补偿容抗为

$$X_C = \frac{3 X_{NC}}{5} = \frac{3 \times 18}{5} \text{ Ω} = 10.8 \text{ Ω}$$

补偿度为
$$k_C = \frac{X_C}{X_L} = \frac{10.8}{10} = 1.08$$

补偿后的线路末端电压为
$$U_{2C} = 35 - \frac{7 \times 10 + 6 \times (10 - 10.8)}{35} \text{ kV} = 33.14 \text{ kV}$$

# 12.4　调压措施的应用

## 12.4.1　各种调压措施的合理应用

电压质量问题，从全局来讲是电力系统的电压水平问题。为了确保运行中的系统具有正常电压水平，系统拥有的无功功率电源必须满足在正常电压水平下的无功需求。

利用发电机调压不需要增加费用，是发电机直接供电的小系统的主要调压手段。在多机系统中，调节发电机的励磁电流要引起发电机间无功功率的重新分配，应该根据发电机与系统的联接方式和承担有功负荷情况，合理地规定各发电机调压装置的整定值。利用发电机调压时，发电机的无功功率输出不应超过允许的限值。

当系统的无功功率供应比较充裕时，各变电所的调压问题可以通过选择变压器的分接头来解决。当最大负荷和最小负荷两种情况下的电压变化幅度不很大又不要求逆调压时，适当调整普通变压器的分接头一般就可满足要求。当电压变化幅度比较大或要求逆调压时，宜采用带负荷调压的变压器。有载调压变压器可以装设在枢纽变电所，也可以装设在大容量的用户处。加压调压变压器还可以串联在线路上，对于辐射形线路，其主要目的是为了调压，对于环网，还能改善功率分布。装设在系统间联络线上的串联加压器，还可起隔离作用，使两个系统的电压调整互不影响。

必须指出，在系统无功不足的条件下，不宜采用调整变压器分接头的办法来提高电压。因为当某一地区的电压由于变压器分接头的改变而升高后，该地区所需的无功功率也增大了，这就可能扩大系统的无功缺额，从而导致整个系统的电压水平更加下降。从全局来看，这样做的效果是不好的。

从调压的角度看，并联电容补偿和串联电容补偿的作用都在于减少电压损耗中的 $QX/U$ 分量，并联补偿能减少 $Q$，串联补偿则能减少 $X$。只有在电压损耗中 $QX/U$ 分量占有较大比重时，其调压效果才明显。对于 35 kV 或 10 kV 的较长线路、导线截面较大（在 70 mm² 以上）、负荷波动大且频繁、功率因数又偏低时，采用串联补偿调压可能比较适宜。这两种调压措施都需要增加设备费用，采用并联补偿时可以从网损节约中得到补偿。

对于 10 kV 及以下电压级的电力网，由于负荷分散、容量不大，常按允许电压损耗来选择导线截面以解决电压质量问题。

上述各种调压措施的具体运用只是一种粗略的概括。对于实际电力系统的调压问题，需要根据具体的情况对可能采用的措施进行技术经济比较后才能找出合理的解决方案。

最后还要指出，在处理电压调整问题时，保证系统在正常运行方式下有合乎标准的电压质量是最基本的要求。此外，还要使系统在某些特殊（例如检修或故障后）运行方式下的电压偏移不超出允许的范围。如果正常状态下的调压措施不能满足这一要求,则还应考虑采取特殊运行方式下的补充调压手段。

## 12.4.2　各种措施调压效果的综合分析

为了合理地使用各种调压措施,必须对各种措施的调整效果进行综合的分析。

在图 12-26 所示的电力系统中,为了调整节点 3 的电压 $U$ 和输电线 L-1 的无功功率 $Q$,可能采取的措施有:调节发电机 G-1 和 G-2 的电势,以改变各发电厂高压母线的电压 $U_1$ 和 $U_2$;调整变压器 T-4 的变比;改变无功补偿装置的输出功率 $q$。我们把电压 $U_1$ 和 $U_2$、变压器 T-4 的变比 $k$ 和补偿设备的无功输出 $q$ 作为控制变量,把线路 L-1 的无功功率 $Q$ 和节点 3 的电压 $U$ 作为状态变量。包含上述各量的系统有关部分的等值电路如图 12-26(b)所示,其中 $R_1+jX_1$ 是线路 L-1 和变压器 T-4 的阻抗;$R_2+jX_2$ 为线路 L-2 的阻抗;$R_3+jX_3$ 为变压器 T-3 的阻抗;变压器的励磁功率和线路电容均略去不计。为了分析各种措施的调节效果,可以只研究上述各参数的变化量之间的相互关系。于是,等值电路图还可以简化成图 12-26 (c),图中只注明各运行参数的增量。采用标幺制时,假定变比未改变前 $k=1$,则变比变化 $\Delta k$ 相当于网络中串入了一个电势增量 $\Delta e = \Delta k$。由于有功功率不变,电压损耗的变化仅由无功潮流的变化而引起,因而电阻也可不引入该电路图中。略去网络功率损耗对调节效果的影响,根据这个简化的等值电路图可以写出

$$\left.\begin{aligned}\Delta U_1 - \Delta U + \Delta k &= X_1 \Delta Q \\ \Delta U - \Delta U_2 &= X_2 (\Delta Q + \Delta q)\end{aligned}\right\} \tag{12-30}$$

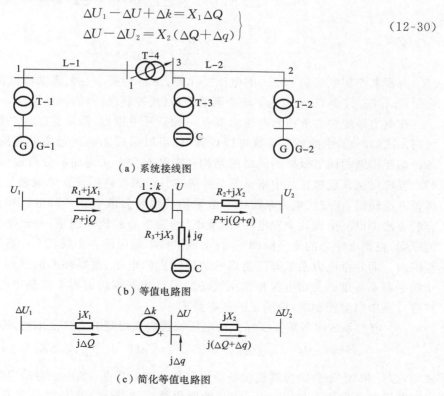

（a）系统接线图

（b）等值电路图

（c）简化等值电路图

图 12-26　综合调压模拟系统

由此可以解出

$$\left.\begin{array}{l} \Delta U = \dfrac{X_2}{X_1+X_2}\Delta U_1 + \dfrac{X_1}{X_1+X_2}\Delta U_2 + \dfrac{X_2}{X_1+X_2}\Delta k + \dfrac{X_1 X_2}{X_1+X_2}\Delta q \\[4mm] \Delta Q = \dfrac{1}{X_1+X_2}\Delta U_1 - \dfrac{1}{X_1+X_2}\Delta U_2 + \dfrac{1}{X_1+X_2}\Delta k - \dfrac{X_2}{X_1+X_2}\Delta q \end{array}\right\} \qquad (12\text{-}31)$$

由式(12-31)可见,改变发电机 G-1 的高压母线电压 $U_1$ 或调整变压器的变比来调整节点 3 的电压,其效果是相同的,而且比值 $X_1/X_2$ 愈小,效果愈显著。调整发电机 G-2 的高压母线电压对节点 3 电压的影响同比值 $X_2/X_1$ 有关,这个比值愈小,影响愈显著。改变补偿设备的无功输出对节点 3 电压的影响,则与补偿点同两个发电厂的距离有关,距离愈大,效果愈好。

改变节点 1 和 2 的电压,对线路 L-1 无功潮流的影响正好相反。当 $\Delta U_1$ 和 $\Delta U_2$ 的数值相等时,线路 L-1 的无功潮流就可维持不变。改变变压器的变比 $k$ 对无功功率的影响与改变节点 1 电压的效果相同。补偿设备的无功功率输出增量按与线路电抗成反比的关系向两侧流动,其结果是减小线路 L-1 的无功潮流,而增加线路 L-2 的无功潮流。

以上就是对图 12-26 所示的简单系统所作的简略分析。对于更复杂的系统,也可以写出类似的关系

$$\left.\begin{array}{l} \Delta U_i = \sum_j A_{Uij}\Delta U_j + \sum_j A_{kij}\Delta k_j + \sum_j A_{qij}\Delta q_j \\[4mm] \Delta Q_{\mathrm L} = \sum_j B_{\mathrm{UL}j}\Delta U_j + \sum_j B_{k\mathrm L j}\Delta k_j + \sum_j B_{q\mathrm L j}\Delta q_j \end{array}\right\} \qquad (12\text{-}32)$$

式中

$$A_{Xij} = \frac{\partial U_i}{\partial X_j}; \quad B_{\mathrm{XL}j} = \frac{\partial Q_{\mathrm L}}{\partial X_j}$$

$\Delta U_i$ 为要求控制电压的节点 $i$ 的电压变化量;$\Delta Q_{\mathrm L}$ 为要求控制无功潮流的线路 L 的无功变化量;$\Delta X_j$($X$ 代表 $U$、$k$、$q$)为第 $j$ 个调节设备(或控制设备)的调整量。

在电力系统中要求控制电压的节点一般只是中枢点,需要控制无功潮流的也只是少数线路。式(12-32)中的各项系数可以计算,也可以通过系统运行中的实测来确定。一般说,各种调压措施的调节效果同网络的结构和参数有关。从前面的分析也可以看到,调压设施的设置地点越靠近被控制中枢点调节效果越好。因此调压设备一般总是分散配置的。为了保证电压质量,在现代电力系统中一般采用各地区分散自动调节电压和集中自动控制相结合的方法。以一个或几个发电厂(或变电所)为中心的地区网络,可根据无功功率就地平衡的原则,在调度中心的统一协调下,自动地维持本地区的一个或几个中枢点的电压在规定的范围内。而对全电力系统有广泛影响的枢纽点的电压、重要环形网络和主干输电线路的无功功率以及各重要无功电源和调压设备的运行状态则均由集中控制中心进行监视和控制。在进行集中自动控制时,应满足的基本要求:

(1)电力系统内各重要枢纽点的电压偏移应在给定的允许范围内,即

$$|\Delta U'_i| = |\Delta U_{i0} + \Delta U_i| = \left|\Delta U_{i0} + \sum_j A_{Xij}\Delta X_j\right| \leqslant \varepsilon_i$$

式中,$\Delta U_{i0}$ 和 $\Delta U'_i$ 分别为调整设备动作前和动作后节点 $i$ 的电压对给定值的偏移量;$\Delta U_i$ 为由调节设备动作所引起的节点 $i$ 电压的变化量;$\varepsilon_i$ 为节点 $i$ 电压对给定值的允许偏移量。

(2)在被控制的系统内线路功率损耗 $P_{\mathrm L}$ 为最小。

（3）调整设备的运行状态在允许范围内，即

$$X_{j\min} \leqslant X_{j0} + \Delta X_j \leqslant X_{j\max}$$

式中，$X_{j0}$、$X_{j\max}$ 和 $X_{j\min}$ 分别为调节设备的运行参数的初值、上限和下限值。

# 小　结

电力系统的运行电压水平同无功功率平衡密切相关。为了确保系统的运行电压具有正常水平，系统拥有的无功功率电源必须满足正常电压水平下的无功需求，并留有必要的备用容量。现代电力系统在不同的运行方式下可能分别出现无功不足和无功过剩的情况，都应有相应的解决措施。

从改善电压质量和减少网损考虑，必须尽量做到无功功率的就地平衡，尽量减少无功功率长距离的和跨电压级的传送。这是实现有效的电压调整的基本条件。

要掌握各种调压手段的基本原理、具体的技术经济性能、适用条件，以及与别种措施的配合应用等问题。

电压质量问题可以分地区解决。将中枢点电压控制在合理的范围内，再辅以各种分散安排的调压措施，就可以将各用户处的电压保持在容许的偏移范围内。

现代电力系统中的电压和无功功率控制应以实现电力系统的安全、优质和经济运行为目标。本章主要是从保证电压质量方面讨论了无功功率平衡和电压调整问题。

必须指出，随着电力系统规模的扩大，系统的运行条件日趋复杂。对电力系统的无功功率平衡和电压质量问题也要有新的认识。

在电力系统稳态工况下，不仅要做好供求关系紧张条件下的无功功率平衡，也要妥善解决无功功率供过于求时的平衡问题。随着超高压输电线路的发展和城市电网中电缆线路的增多，无功功率过剩的问题将会日显突出。

在电力系统的暂态过程中，充分利用无功动态补偿提供电压支持，是改善电力系统稳定性的重要手段。对新型无功补偿装置的合理控制还能阻尼系统的功率振荡。

在改善电压质量方面，无功补偿不能只限于减小系统的电压偏移，还要能更全面地提高电压质量。

近年来，一些性能优良的新型无功补偿装置，如 SVC 和 SVG 等相继研制成功并投入运行。这些新型设备连同传统的静电电容器和同步调相机将为电力系统的无功补偿设备的配置提供更多的选择，以实现无功补偿的多种功能。

# 习　题

12-1　某系统归算到 110 kV 电压级的等值网络如题图 12-1 所示。已知 $Z=\mathrm{j}55\,\Omega$，$S_{\mathrm{LD}}=(80+\mathrm{j}60)$ MV·A，负荷点运行电压 $U=105$ kV，负荷以此电压及无功功率为基准值的无功电压静态特性为 $Q_*(U_*)=10.16-24.487U_*+15.326U_*^2$，负荷的有功功率与电压无关并保持恒定。现在负荷点接入特性相同的无功负荷 12 Mvar，

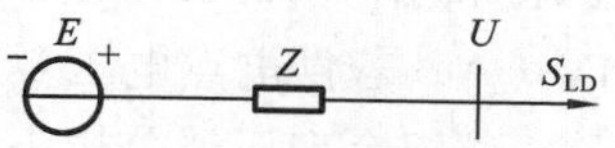

题 12-1 图

试求：

(1) 电源电势不变时的负荷点电压及系统电源增送到负荷点的无功功率；

(2) 若保持负荷点电压不变，系统电源需增送到负荷点的无功功率。

12-2  35 kV 电力网示于题 12-2 图。已知：线路长 25 km，$r_1 = 0.33$ Ω/km，$x_1 = 0.385$ Ω/km；变压器归算到高压侧的阻抗 $Z_T = (1.63 + j12.2)$ Ω；变电所低压母线额定电压为 10 kV；最大负荷 $S_{LDmax} = (4.8 + j3.6)$ MV·A，最小负荷 $S_{LDmin} = (2.4 + j1.8)$ MV·A。调压要求最大负荷时不低于 10.25 kV，最小负荷时不高于 10.75 kV，若线路首端电压维持 36 kV 不变，试选变压器分接头。

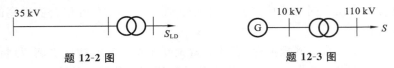

题 12-2 图          题 12-3 图

12-3  题 12-3 图所示为一升压变压器，其额定容量为31.5 MV·A，变比为 10.5/121±2×2.5%，归算到高压侧的阻抗 $Z_T = (3 + j48)$ Ω，通过变压器的功率 $S_{max} = (24 + j16)$ MV·A，$S_{min} = (13 + j10)$ MV·A。高压侧调压要求 $U_{max} = 120$ kV，$U_{min} = 110$ kV，发电机电压的可能调整范围为 10～11 kV，试选变压器分接头。

12-4  三绕组降压变压器的等值电路如题 12-4 图所示。归算到高压侧的阻抗为：$Z_I = (3 + j65)$ Ω，$Z_{II} = (4 - j1)$ Ω，$Z_{III} = (5 + j30)$ Ω。最大和最小负荷时的功率分布为：$S_{I\,max} = (12 + j9)$ MV·A，$S_{I\,min} = (6 + j4)$ Ω；$S_{II\,max} = (6 + j5)$ MV·A，$S_{II\,min} = (4 + j3)$ MV·A；$S_{III\,max} = (6 + j4)$ MV·A，$S_{III\,min} = (2 + j1)$ MV·A。给出的电压偏移范围为：$U_I = 112 \sim 115$ kV，$U_{II} = 35 \sim 38$ kV，$U_{III} = 6 \sim 6.5$ kV。变压器的变比 $110 \pm 2 \times 2.5\% / 38.5 \pm 2 \times 2.5\% / 6.6$，试选高、中压绕组的分接头。

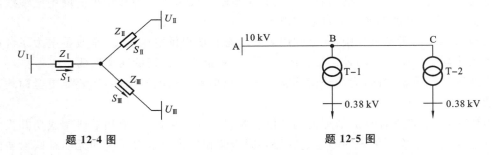

题 12-4 图          题 12-5 图

12-5  10 kV 电力网如题 12-5 图所示，已知网络各元件的最大电压损耗为：$\Delta U_{AB} = 2\%$，$\Delta U_{BC} = 6\%$，$\Delta U_{T1} = 3\%$，$\Delta U_{T2} = 3\%$。若最小负荷为最大负荷的 50%，各变电所大小负荷均同时出现，变电所 0.38 kV 母线的允许电压偏移范围为 +2.5%～+7.5% 试配合变压器分接头的选择决定对 A 点 10 kV 母线的调压要求。

12-6  在题 12-6 图所示网络中，线路和变压器归算到高压侧的阻抗分别为 $Z_L = (17 + j40)$ Ω 和 $Z_T = (2.32 + j40)$ Ω，10 kV 侧负荷为 $S_{LDmax} = (30 + j18)$ MV·A，$S_{LDmin} = (12 + j9)$ MV·A。若供电点电压 $U_S = 117$ kV 保持恒定，变电所低压母线电压要求保持 10.4 kV 不变，试配合变压器分接头（$110 \pm 2 \times 2.5\%$）的选择，确定并联补偿无功设备的容量：(1) 采用静电电容器；(2) 采用同步调相机。

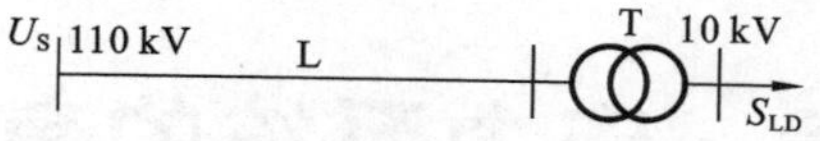

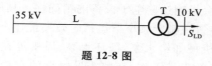

$U_S$ | 110 kV　　L　　　　　　T　10 kV
$S_{LD}$

**题 12-6 图**

12-7　在题 12-6 图所示网络中，$U_S = 115$ kV，$S_{LD} = (30 + j18)$ MV·A。

(1) 当变压器工作在主抽头时，试求低压侧的运行电压；

(2) 若负荷以(1)求得的电压及此时负荷的功率为基准值的电压静特性为：

$$P_{LD*}(U_*) = 1; \quad Q_{LD*}(U_*) = 7 - 21U_* + 15U_*^2$$

当变压器分接头调至 $-2.5\%$ 时，求低压母线的运行电压和负荷的无功功率。

12-8　35 kV 电力网如题 12-8 图所示，线路和变压器归算到 35 kV 侧的阻抗分别为 $Z_L = (9.9 + j12)$ Ω 和 $Z_T = (1.3 + j10)$ Ω，负荷功率 $S_{LD} = (8 + j6)$ MV·A。线路首端电压保持为 37 kV，降压变电所低压母线的调压要求为 10.25 kV，若变压器工作在主抽头不调，试作：

(1) 分别计算采用串联和并联电容补偿调压所需的最小容量；

(2) 若使用 YY6.3-12-1 型电容器(每个 $U_N = 6.3$ kV，无功功率为 12 kvar)，分别确定采用串联和并联补偿所需电容器的实际个数和容量。

35 kV | 　　　L　　　　　　T　10 kV
$S_{LD}$

**题 12-8 图**

# 第 13 章　电力系统的有功功率平衡和频率调整

频率是衡量电能质量的重要指标。本章将介绍电力系统的静态频率特性、频率调整的原理、有功功率平衡以及系统负荷在各类电厂间的合理分配等问题。

## 13.1　频率调整的必要性

衡量电能质量的另一个重要指标是频率,保证电力系统的频率合乎标准也是系统运行调整的一项基本任务。

电力系统中许多用电设备的运行状况都同频率有密切的关系。工业中普遍应用的异步电动机,其转速和输出功率均与频率有关。频率变化时,电动机的转速和输出功率随之变化,因而严重地影响到产品的质量。现代工业、国防和科学研究部门广泛应用各种电子技术设备,如系统频率不稳定,将会影响这些电子设备的精确性。频率变化对电力系统的正常运行也是十分有害的,汽轮发电机在额定频率下运行时效率最佳,频率偏高或偏低对叶片都有不良的影响。电厂用的许多机械如给水泵、循环水泵、风机等在频率降低时都要减小出力,降低效率,因而影响发电设备的正常工作,使整个发电厂的有功出力减小,从而导致系统频率的进一步下降。频率降低时,异步电动机和变压器的励磁电流增大,无功功率损耗增加,这些都会使电力系统无功平衡和电压调整增加困难。

频率同发电机的转速有严格的关系。发电机的转速是由作用在机组转轴上的转矩(或功率)平衡所确定的。原动机输入的功率扣除了励磁损耗和各种机械损耗后,如果能同发电机输出的电磁功率严格地保持平衡,发电机的转速就恒定不变。但是发电机输出的电磁功率是由系统的运行状态决定的,全系统发电机输出的有功功率之总和,在任何时刻都是同系统的有功功率负荷(包括各种用电设备所需的有功功率和网络的有功功率损耗)相等。由于电能不能存储,负荷功率的任何变化都立即引起发电机的输出功率的相应变化。这种变化是瞬时出现的。原动机输入功率由于调节系统的相对迟缓无法适应发电机电磁功率的瞬时变化。因此,发电机转轴上转矩的绝对平衡是不存在的,也就是说,严格地维持发电机转速不变或频率不变是不可能的。但是把频率对额定值的偏移限制在一个相当小的范围内则是必要的,也是能够实现的。我国电力系统的额定频率 $f_N$ 为 50 Hz,频率偏差范围为 $\pm 0.2 \sim \pm 0.5$ Hz,用百分数表示为 $\pm 0.4\% \sim \pm 1\%$。

电力系统的负荷时刻都在变化,图 13-1 为负荷变化

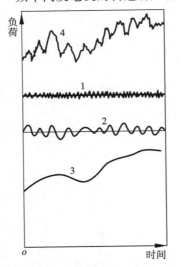

**图 13-1　有功功率负荷的变化**

1—第一种负荷分量；2—第二种负荷分量；
3—第三种负荷分量；4—实际的负荷变化曲线

示意图。对系统实际负荷变化曲线的分析表明,系统负荷可以看作由以下三种具有不同变化规律的变动负荷所组成:第一种是变化幅度很小,变化周期较短(一般为 10 s 以内)的负荷分量;第二种是变化幅度较大,变化周期较长(一般为 10 s 到 3 min)的负荷分量,属于这类负荷的主要有电炉,延压机械,电气机车等;第三种是变化缓慢的持续变动负荷,引起负荷变化的原因主要是工厂的作息制度,人民的生活规律,气象条件的变化等。

负荷的变化将引起频率的相应变化。第一种变化负荷引起的频率偏移将由发电机组的调速器进行调整。这种调整通常称为频率的一次调整。第二种变化负荷引起的频率变动仅靠调速器的作用往往不能将频率偏移限制在容许的范围之内,这时必须有调频器参与频率调整,这种调整通常称为频率的二次调整。

电力系统调度部门预先编制的日负荷曲线大体上反映了第三种负荷的变化规律。这一部分负荷将在有功功率平衡的基础上,按照最优化的原则在各发电厂间进行分配。

## 13.2  电力系统的频率特性

### 13.2.1  系统负荷的有功功率-频率静态特性

当频率变化时,系统中的有功功率负荷也将发生变化。系统处于运行稳态时,系统中有功负荷随频率的变化特性称为负荷的静态频率特性。

根据所需的有功功率与频率的关系可将负荷分成以下几类:

(1)与频率变化无关的负荷,如照明、电弧炉、电阻炉和整流负荷等。

(2)与频率的一次方成正比的负荷,负荷的阻力矩等于常数的属于此类,如球磨机、切削机床、往复式水泵、压缩机和卷扬机等。

(3)与频率的二次方成正比的负荷,如变压器中的涡流损耗。

(4)与频率的三次方成正比的负荷,如通风机、净水头阻力不大的循环水泵等。

(5)与频率的更高次方成正比的负荷,如净水头阻力很大的给水泵。

整个系统的负荷功率与频率的关系可以写成

$$P_D = a_0 P_{DN} + a_1 P_{DN}\left(\frac{f}{f_N}\right) + a_2 P_{DN}\left(\frac{f}{f_N}\right)^2 + a_3 P_{DN}\left(\frac{f}{f_N}\right)^3 + \cdots \tag{13-1}$$

式中,$P_D$ 为频率等于 $f$ 时整个系统的有功负荷;$P_{DN}$ 为频率等于额定值 $f_N$ 时整个系统的有功负荷;$a_i(i=0,1,2,\cdots)$ 为与频率的 $i$ 次方成正比的负荷在 $P_{DN}$ 中所占的份额。显然

$$a_0 + a_1 + a_2 + a_3 + \cdots = 1$$

式(13-1)就是电力系统负荷静态频率特性的数学表达式。若以 $P_{DN}$ 和 $f_N$ 分别作为功率和频率的基准值,以 $P_{DN}$ 去除式(13-1)的各项,便得到用标幺值表示的功率-频率特性

$$P_{D*} = a_0 + a_1 f_* + a_2 f_*^2 + a_3 f_*^3 + \cdots \tag{13-2}$$

多项式(13-2)通常只取到频率的三次方为止,因为与频率的更高次方成正比的负荷所占的比重很小,可以忽略。

当频率偏离额定值不大时,负荷的静态频率特性常用一条直线近似表示(见图 13-2)。当系统频率略有下降时,负荷成比例自动减小。图中直线的斜率

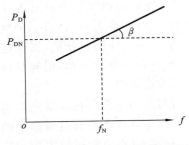

**图 13-2  有功负荷的频率静态特性**

$$K_D = \text{tg}\beta = \frac{\Delta P_D}{\Delta f} \qquad (13-3)$$

或用标幺值表示

$$K_{D*} = \frac{\Delta P_D / P_{DN}}{\Delta f / f_N} = K_D \frac{f_N}{P_{DN}} \qquad (13-4)$$

$K_D$、$K_{D*}$ 称为负荷的频率调节效应系数或简称为负荷的频率调节效应。$K_{D*}$ 的数值取决于全系统各类负荷的比重，不同系统或同一系统不同时刻的 $K_{D*}$ 值都可能不同。

在实际系统中 $K_{D*} = 1 \sim 3$，它表示频率变化 1‰ 时，负荷有功功率相应变化 1‰ $\sim$ 3‰。$K_{D*}$ 的具体数值通常由试验或计算求得。$K_{D*}$ 的数值是调度部门必须掌握的一个数据，因为它是考虑按频率减负荷方案和低频率事故时用一次切除负荷来恢复频率的计算依据。

**例 13-1**  某电力系统中，与频率无关的负荷占 30％，与频率一次方成正比的负荷占 40％，与频率二次方成正比的负荷占 10％，与频率三次方成正比的负荷占 20％。求系统频率由 50 Hz 降到 48 Hz 和 45 Hz 时，相应的负荷变化百分值。

**解**  （一）频率降为 48 Hz 时，$f_* = \dfrac{48}{50} = 0.96$，系统的负荷

$$\begin{aligned}
P_{D*} &= a_0 + a_1 f_* + a_2 f_* + a_3 f_* \\
&= 0.3 + 0.4 \times 0.96 + 0.1 \times 0.96^2 + 0.2 \times 0.96^3 = 0.953
\end{aligned}$$

负荷变化为

$$\Delta P_{D*} = 1 - 0.953 = 0.047$$

若用百分值表示便有 $\Delta P_D\% = 4.7$。

（二）频率降为 45 Hz 时，$f_* = \dfrac{45}{50} = 0.9$，系统的负荷

$$P_{D*} = 0.3 + 0.4 \times 0.9 + 0.1 \times 0.9^2 + 0.2 \times 0.9^3 = 0.887$$

相应地，$\Delta P_{D*} = 1 - 0.887 = 0.113$；$\Delta P_D\% = 11.3$。

## 13.2.2  发电机组的有功功率-频率静态特性

### 1. 调速系统的工作原理

当系统有功功率平衡遭到破坏，引起频率变化时，原动机的调速系统将自动改变原动机的进汽（水）量，相应增加或减少发电机的出力。当调速器的调节过程结束，建立新的稳态时，发电机的有功出力同频率之间的关系称为发电机组调速器的功率-频率静态特性（简称为功频静态特性）。为了说明这种静态特性，必须对调速系统的作用原理作简要的介绍。

原动机调速系统有很多种，根据测量环节的工作原理，可以分为机械液压调速系统和电气液压调速系统两大类。下面介绍离心式的机械液压调速系统。

离心式机械液压调速系统由四个部分组成，其结构原理如图 13-3 所示。

这种调速系统的工作原理如下。

转速测量元件由离心飞摆、弹簧和套筒组成，它与原动机转轴相联接，能直接反映原动

机转速的变化。当原动机有某一恒定转速时,作用到飞摆上的离心力、重力及弹簧力在飞摆处于某一定位置时达到平衡,套筒位于 B 点,杠杆 AOB 和 DEF 处在某种平衡位置,错油门的活塞将两个油孔堵塞,使高压油不能进入油动机(接力器),油动机活塞上、下两侧的油压相等,所以活塞不移动,从而使进汽(水)阀门的开度也固定不变。当负荷增加时,发电机的有功功率输出也随之增加,原动机的转速(频率)降低,因而使飞摆的离心力减小。在弹簧力和重力的作用下,飞摆靠拢到新的位置才能重新达到各力的平衡。于是套筒从 B 点下移到 B' 点。此时油动机还未动作,所以杠杆 AOB 中的 A 点仍在原处不动,整个杠杆便以 A 点为支点转动,使 O 点下降到 O' 点。杠杆 DEF 的 D 点是固定的,于是 F 点下移,错油门 2 的活塞随之向下移动,打开了通向油动机 3 的油孔,压力油便进入油动机活塞的下部,将活塞向上推,增大调节汽门(或导叶)的开

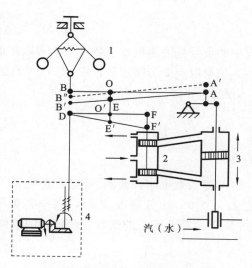

**图 13-3　原动机调速系统示意图**

1 转速测量元件—离心飞摆及其附件;
2 放大元件—错油门(或称配压阀);
3 执行机构—油动机(或称接力器);
4 转速控制机构或称同步器

度,增加进汽(水)量,使原动机的输入功率增加,结果机组的转速(频率)便开始回升。随着转速的上升,套筒从 B' 点开始回升,与此同时油动机活塞上移,使杠杆 AOB 的 A 端也跟着上升,于是整个杠杆 AOB 便向上移动,并带动杠杆 DEF 以 D 点为支点向逆时针方向转动。当点 O 以及 DEF 恢复到原来位置时,错油门活塞重新堵住两个油孔,油动机活塞的上、下两侧油压又互相平衡,它就在一个新的位置稳定下来,调整过程便告结束。这时杠杆 AOB 的 A 端由于汽门已开大而略有上升,到达 A' 点的位置,而 O 点仍保持原来位置,相应地 B 端将略有下降,到达 B" 的位置,与这个位置相对应的转速,将略低于原来的数值。

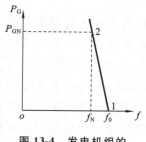

**图 13-4　发电机组的
功频静特性**

　　由此可见,对应着增大了的负荷,发电机组输出功率增加,频率低于初始值;反之,如果负荷减小,则调速器调整的结果使机组输出功率减小,频率高于初始值。这种调整就是频率的一次调整,由调速系统中的 1、2、3 元件按有差特性自动执行。反映调整过程结束后发电机输出功率和频率关系的曲线称为发电机组的功率-频率静态特性,可以近似地表示为一条直线,如图 13-4 所示。

### 2. 发电机组的静态调差系数

　　在发电机组的功频静态特性上任取两点 1 和 2。我们定义机组的静态调差系数

$$\delta = -\frac{f_2 - f_1}{P_2 - P_1} = -\frac{\Delta f}{\Delta P} \qquad (13-5)$$

以额定参数为基准的标幺值表示时,便有

$$\delta_* = -\frac{\Delta f/f_{\mathrm{N}}}{\Delta P/P_{\mathrm{GN}}} = \delta\frac{P_{\mathrm{GN}}}{f_{\mathrm{N}}} \tag{13-6}$$

式中的负号是因为调差系数习惯上常取正值，而频率变化量又恰与功率变化量的符号相反。

如果取点 2 为额定运行点，即 $P_2 = P_{\mathrm{GN}}$ 和 $f_2 = f_{\mathrm{N}}$；点 1 为空载运行点，即 $P_1 = 0$ 和 $f_1 = f_0$，便得

$$\delta = -\frac{f_{\mathrm{N}} - f_0}{P_{\mathrm{GN}}}$$

或

$$\delta_* = \frac{f_0 - f_{\mathrm{N}}}{f_{\mathrm{N}}}$$

调差系数也叫调差率，可定量表明某台机组负荷改变时相应的转速（频率）偏移。例如，当 $\delta_* = 0.05$，如负荷改变 $1\%$，频率将偏移 $0.05\%$；如负荷改变 $20\%$，则频率将偏移 $1\%$（0.5 Hz）。调差系数的倒数就是机组的单位调节功率（或称发电机组功频静特性系数），即

$$K_{\mathrm{G}} = \frac{1}{\delta} = -\frac{\Delta P_{\mathrm{G}}}{\Delta f} \tag{13-7}$$

或用标幺值表示

$$K_{\mathrm{G}*} = \frac{1}{\delta_*} = \frac{1}{\delta}\frac{f_{\mathrm{N}}}{P_{\mathrm{GN}}} = K_{\mathrm{G}}\frac{f_{\mathrm{N}}}{P_{\mathrm{GN}}} \tag{13-8}$$

$K_{\mathrm{G}}$ 的数值表示频率发生单位变化时发电机组输出功率的变化量，式（13-7）中的负号表示频率下降时发电机组的有功出力是增加的。

与负荷的频率调节效应 $K_{\mathrm{D}}$ 不同，发电机组的调差系数 $\delta_*$ 或相应的单位调节功率 $K_{\mathrm{G}*}$ 是可以整定的。调差系数的大小对频率偏移的影响很大，调差系数愈小（即单位调节功率愈大），频率偏移亦愈小。但是因受机组调速机构的限制，调差系数的调整范围是有限的。通常取

汽轮发电机组：　　　　$\delta_* = 0.04 \sim 0.06$，　$K_{\mathrm{G}*} = 25 \sim 16.7$；

水轮发电机组：　　　　$\delta_* = 0.02 \sim 0.04$，　$K_{\mathrm{G}*} = 50 \sim 25$。

### 13.2.3　电力系统的有功功率-频率静态特性

要确定电力系统的负荷变化引起的频率波动，需要同时考虑负荷及发电机组两者的调节效应，为简单起见先只考虑一台机组和一个负荷的情况。负荷和发电机组的静态特性如

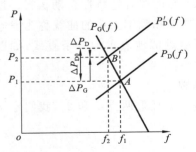

图 13-5　电力系统功率-频率
　　　　　静态特性

图 13-5 所示。在原始运行状态下，负荷的功频特性为 $P_{\mathrm{D}}(f)$，它同发电机组静特性的交点 $A$ 确定了系统的频率为 $f_1$，发电机组的功率（也就是负荷功率）为 $P_1$。这就是说，在频率为 $f_1$ 时达到了发电机组有功输出与系统的有功需求之间的平衡。

假定系统的负荷增加了 $\Delta P_{\mathrm{D}0}$，其特性曲线变为 $P'_{\mathrm{D}}(f)$。发电机组仍是原来的特性。那么新的稳态运行点将由 $P'_{\mathrm{D}}(f)$ 和发电机组的静态特性的交点 $B$ 决定，与此相应的系统频率为 $f_2$，频率的变化量为

$$\Delta f = f_2 - f_1 < 0$$

发电机组功率输出的增量

$$\Delta P_G = -K_G \Delta f$$

由于负荷的频率调节效应所产生的负荷功率变化为

$$\Delta P_D = K_D \Delta f$$

当频率下降时，$\Delta P_D$ 是负的，故负荷功率的实际增量为

$$\Delta P_{D0} + \Delta P_D = \Delta P_{D0} + K_D \Delta f$$

它应同发电机组的功率增量相平衡，即

$$\Delta P_{D0} + \Delta P_D = \Delta P_G \tag{13-9}$$

或

$$\Delta P_{D0} = \Delta P_G - \Delta P_D = -(K_G + K_D)\Delta f = -K\Delta f \tag{13-10}$$

式(13-10)说明，系统负荷增加时，在发电机组功频特性和负荷本身的调节效应共同作用下又达到了新的功率平衡：一方面，负荷增加，频率下降，发电机按有差调节特性增加输出；另一方面负荷实际取用的功率也因频率的下降而有所减小。

在式(13-10)中，

$$K = K_G + K_D = -\Delta P_{D0}/\Delta f \tag{13-11}$$

称为系统的功率-频率静特性系数，或系统的单位调节功率。它表示在计及发电机组和负荷的调节效应时，引起频率单位变化的负荷变化量。根据 $K$ 值的大小，可以确定在允许的频率偏移范围内，系统所能承受的负荷变化量。显然，$K$ 的数值越大，负荷增减引起的频率变化就越小，频率也就越稳定。

采用标幺制时，

$$K_{G*}\frac{P_{GN}}{f_N} + K_{D*}\frac{P_{DN}}{f_N} = -\frac{\Delta P_{D0}}{\Delta f}$$

两端均除以 $P_{DN}/f_N$，便得

$$K_{G*}\frac{P_{GN}}{P_{DN}} + K_{D*} = -\frac{\Delta P_{D0}/P_{DN}}{\Delta f/f_N} = -\frac{\Delta P_{D0*}}{\Delta f_*}$$

或

$$K_* = k_r K_{G*} + K_{D*} = \frac{-\Delta P_{D0*}}{\Delta f_*} \tag{13-12}$$

式中，$k_r = P_{GN}/P_{DN}$ 为备用系数，表示发电机组额定容量与系统额定频率时的总有功负荷之比。在有备用容量的情况下（$k_r > 1$）将相应增大系统的单位调节功率。

如果在初始状态下，发电机组已经满载运行，即运行在图 13-6 所示中的点 $A$。在点 $A$ 以后，发电机组的静态特性将是一条与横轴平行的直线，在这一段 $K_G = 0$。当系统的负荷再增加时，发电机已没有可调节的容量，不能再增加输出了，只有靠频率下降后负荷本身的调节效应的作用来取得新的平衡。这时 $K_* = K_{D*}$。由于 $K_{D*}$ 的数值很小，故负荷增加所引起的频率下降就相当严重了。由此可见，系统中有功功率电源的出力不仅应满足在额定频率下系统对有功功率的需求，并且为了适应负荷的增长，还应该有一定的备用容量。

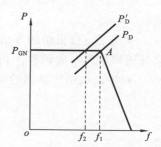

图 13-6　发电机组满载时的功频静态特性

## 13.3　电力系统的频率调整

### 13.3.1　频率的一次调整

当 $n$ 台装有调速器的机组并联运行时,可根据各机组的调差系数和单位调节功率算出其等值调差系数 $\delta(\delta_*)$,或算出等值单位调节功率 $K_G(K_{G*})$。

当系统频率变动 $\Delta f$ 时,第 $i$ 台机组的输出功率增量为

$$\Delta P_{Gi} = -K_{Gi}\Delta f \quad (i = 1,2,\cdots,n)$$

$n$ 台机组输出功率总增量为

$$\Delta P_G = \sum_{i=1}^{n} \Delta P_{Gi} = -\sum_{i=1}^{n} K_{Gi}\Delta f = -K_G\Delta f$$

故 $n$ 台机组的等值单位调节功率为

$$K_G = \sum_{i=1}^{n} K_{Gi} = \sum_{i=1}^{n} K_{Gi*}\frac{P_{GiN}}{f_N} \tag{13-13}$$

由此可见,$n$ 台机组的等值单位调节功率远大于一台机组的单位调节功率。在输出功率变动值 $\Delta P_G$ 相同的条件下,多台机组并列运行时的频率变化比一台机组运行时的要小得多。

若把 $n$ 台机组用一台等值机来代表,利用关系式(13-8),并计及式(13-13),即可求得等值单位调节功率的标幺值为

$$K_{G*} = \frac{\sum\limits_{i=1}^{n} K_{Gi*}P_{GiN}}{P_{GN}} \tag{13-14}$$

其倒数为等值调差系数,即

$$\delta_* = \frac{1}{K_{G*}} = \frac{P_{GN}}{\sum\limits_{i=1}^{n} \dfrac{P_{GiN}}{\delta_{i*}}} \tag{13-15}$$

式中,$P_{GiN}$ 为第 $i$ 台机组的额定功率;$P_{GN} = \sum\limits_{i=1}^{n} P_{GiN}$ 为全系统 $n$ 台机组额定功率之和。

必须注意,在计算 $K_G$ 或 $\delta$ 时,如第 $j$ 台机组已满载运行,当负荷增加时应取 $K_{Gj}=0$ 或 $\delta_j = \infty$。

求出了 $n$ 台机组的等值调差系数 $\delta$ 和等值单位调节功率 $K_G$ 后,就可像一台机组时一样来分析频率的一次调整。利用式(13-11)可算出负荷功率初始变化量 $\Delta P_{D0}$ 引起的频率偏差 $\Delta f$。而各台机组所承担的功率增量则为

$$\Delta P_{Gi} = -K_{Gi}\Delta f = -\frac{1}{\delta_i}\Delta f = -\frac{\Delta f}{\delta_{i*}}\times\frac{P_{GiN}}{f_N}$$

或

$$\frac{\Delta P_{Gi}}{P_{GiN}} = -\frac{\Delta f_*}{\delta_{i*}} \tag{13-16}$$

由上式可见,调差系数越小的机组增加的有功出力(相对于本身的额定值)就越多。

**例 13-2**　某电力系统中,一半机组的容量已完全利用;其余 25％为火电厂,有 10％备用容量,其单位调节功率为 16.6;25％为水电厂,有 20％的备用容量,其单位调节功率为 25;系统有功负荷的频率调节效应系数 $K_{D*}=1.5$。试求:(1) 系统的单位调节功率 $K_*$;(2) 负荷功率增加 5％时的稳态频率 $f$;(3) 如频率容许降低 0.2 Hz,系统能够承担的负荷增量。

**解**　(一)计算系统的单位调节功率。

令系统中发电机组的总额定容量等于1,利用式(13-14)可算出全部发电机组的等值单位调节功率为

$$K_{G*} = 0.5 \times 0 + 0.25 \times 16.6 + 0.25 \times 25 = 10.4$$

系统负荷功率为

$$P_D = 0.5 + 0.25 \times (1-0.1) + 0.25 \times (1-0.2) = 0.925$$

系统备用系数为

$$k_r = 1/0.925 = 1.081$$

于是

$$K_* = k_r K_{G*} + K_{D*} = 1.081 \times 10.4 + 1.5 = 12.742$$

(二)系统负荷增加 5％时的频率偏移为

$$\Delta f_* = -\frac{\Delta P_*}{K_*} = -\frac{0.05}{12.742} = -3.924 \times 10^{-3}$$

一次调整后的稳态频率为

$$f = (50 - 0.003924 \times 50)\,\text{Hz} = 49.804 \text{ Hz}$$

(三)频率降低 0.2 Hz,即 $\Delta f_* = -0.004$,则系统能够承担的负荷增量

$$\Delta P_* = -K_* \Delta f_* = -12.742 \times (-0.004) = 5.097 \times 10^{-2} \quad 或 \quad \Delta P = 5.097\%$$

**例 13-3**　同上例,但火电厂容量已全部利用,水电厂的备用容量已由 20％降至 10％。

**解**　(一)计算系统的单位调节功率。

$$K_{G*} = 0.5 \times 0 + 0.25 \times 0 + 0.25 \times 25 = 6.25$$

$$k_r = \frac{1}{0.5 + 0.25 + 0.25 \times (1-0.1)} = 1.026$$

$$K_* = 1.026 \times 6.25 + 1.5 = 7.912$$

(二)系统负荷增加 5％后,因发电厂的备用容量只有 2.6％,剩下的功率缺额 $\Delta P_* = 0.05 - 0.026 = 0.024$ 只好由负荷的频率调节效应来抵偿,故有

$$\Delta f_* = -\frac{0.024}{1.5} = 0.016$$

$$f = (50 - 0.016 \times 50)\,\text{Hz} = 49.2 \text{ Hz}$$

(三)频率允许降低 0.2 Hz,系统能够承担的负荷增量为

$$\Delta P_* = -K_* \Delta f_* = -7.912 \times (-0.004) = 0.03165 \quad 或 \quad \Delta P_* = 3.165\%$$

此时发电厂承担的部分为 $\Delta P_{G*} = 1.026 \times 6.25 \times 0.004 = 0.02565$。

上述算例说明,系统的单位调节功率愈大,频率就愈稳定。由于系统中发电机组的调差系数不能太小,因此系统的单位调节功率 $K_*$ 的值不可能很大,而且它还随机组运行状态的不同而变化。备用容量较小时,$K_*$ 亦较小。增加备用容量虽可增大 $k_r$ 值以提高 $K_*$,但备用容量过大时发电设备则得不到充分利用。因此,以系统的功频静特性为基础的频率一次调整的作用是有限的,它只能适应变化幅度小、变化周期较短的变化负荷。对于变化幅度较

大，变化周期较长的变化负荷，一次调整不一定能保证频率偏移在允许范围内。在这种情况下，需要由发电机组的转速控制机构（同步器）来进行频率的二次调整。

## 13.3.2 频率的二次调整

**1. 同步器的工作原理**

二次调频由发电机组的转速控制机构——同步器（见图13-3）来实现。同步器由伺服电动机、蜗轮、蜗杆等装置组成。在人工手动操作或自动装置控制下，伺服电动机既可正转也可反转，因而使杠杆的 D 点上升或下降。从上一节的讨论可知，如果 D 点固定，则当负荷增加引起转速下降时，由机组调速器自动进行的一次调整并不能使转速完全恢复。为了恢复初始的转速，可通过伺服电动机令 D 点上移。这时，由于 E 点不动，杠杆 DEF 便以 E 点为支点转动，使 F 点下降，错油门 2 的油门被打开。于是压力油进入油动机 3，使它的活塞向上移动，开大进汽（水）阀门，增加进汽（水）量，因而使原动机输出功率增加，机组转速随之上升。适当控制 D 点的移动，可使转速恢复到初始值。这时套筒位置较 D 点移动以前升高了一些，整个调速系统处于新的平衡状态。调整的结果使原来的功频静特性 2 平行右移为特性 1（见图13-7）。反之，如果机组负荷降低使转速升高，则可通过伺服电动机使 D 点下移来降低机组转速。调整的结果使原来的功频静特性 2 平行左移为特性 3。当机组负荷变动引起频率变化时，利用同步器平行移动机组功频静特性来调节系统频率和分配机组间的有功功率，这就是频率的二次调整，也就是通常所说的频率调整。由手动控制同步器的称为人工调频，由自动调频装置控制的称为自动调频。

**2. 频率的二次调整过程**

假定系统中只有一台发电机组向负荷供电，原始运行点为两条特性曲线 $P_G(f)$ 和 $P_D(f)$ 的交点 $A$，系统的频率为 $f_1$（见图13-8）。系统的负荷增加 $\Delta P_{D0}$ 后，在还未进行二次调整时，运行点将移到点 $B$，系统的频率便下降到 $f_2$。在同步器的作用下，机组的静态特性上移为 $P'_G(f)$，运行点也随之转移到点 $B'$。此时系统的频率为 $f'_2$，频率的偏移值为 $\Delta f = f'_2 - f_1$。由图可见，系统负荷的初始增量 $\Delta P_{D0}$ 由三部分组成：

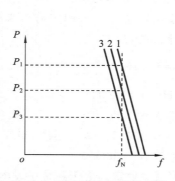

图 13-7　功频静态特性的平移

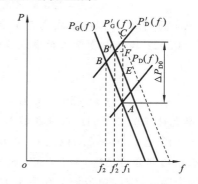

图 13-8　频率的二次调整

$$\Delta P_{D0} = \Delta P_G - K_G \Delta f - K_D \Delta f \tag{13-17}$$

式中，$\Delta P_G$ 是由二次调整而得到的发电机组的功率增量（图中 $\overline{AE}$）；$-K_G \Delta f$ 是由一次调整而得到的发电机组的功率增量（图中 $\overline{EF}$）；$-K_D \Delta f$ 是由负荷本身的调节效应所得到的功率增量(图中 $\overline{FC}$)。

式(13-17)就是有二次调整时的功率平衡方程。该式也可改写成

$$\Delta P_{D0} - \Delta P_G = -(K_G + K_D)\Delta f = -K\Delta f \tag{13-18}$$

或

$$\Delta f = -\frac{\Delta P_{D0} - \Delta P_G}{K} \tag{13-19}$$

由上式可见,进行频率的二次调整并不能改变系统的单位调节功率 $K$ 的数值。由于二次调整增加了发电机的出力,在同样的频率偏移下,系统能承受的负荷变化量增加了,或者说,在相同的负荷变化量下,系统频率的偏移减小了。由图中的虚线可见,当二次调整所得到的发电机组功率增量能完全抵偿负荷的初始增量,即 $\Delta P_{D0} - \Delta P_G = 0$ 时,频率将维持不变(即 $\Delta f = 0$),这样就实现了无差调节。而当二次调整所得到的发电机组功率增量不能满足负荷变化的需要时,不足的部分须由系统的调节效应所产生的功率增量来抵偿,因此系统的频率就不能恢复到原来的数值。

在有许多台机组并联运行的电力系统中,当负荷变化时,配置了调速器的机组,只要还有可调的容量,都毫无例外地按静态特性参加频率的一次调整。频率的二次调整一般只是由一台或少数几台发电机组(一个或几个厂)承担,这些机组(厂)称为主调频机组(厂)。

负荷变化时,如果所有主调频机组(厂)二次调整所得的总发电功率增量足以平衡负荷功率的初始增量 $\Delta P_{D0}$,则系统的频率将恢复到初始值。否则频率将不能保持不变,所出现的功率缺额将根据一次调整的原理部分由所有配置了调速器的机组按静特性承担,部分由负荷的调节效应所产生的功率增量来补偿。

在有多台机组参加调频的情况下,为了提高系统运行的经济性,还要求按等微增率准则(见第 14 章)在各主调频机组之间分配负荷增量,把频率调整和负荷的经济分配一并加以考虑。

### 13.3.3　互联系统的频率调整

大型电力系统的供电地区幅员宽广,电源和负荷的分布情况比较复杂,频率调整难免引起网络中潮流的重新分布。如果把整个电力系统看作是由若干个分系统通过联络线联接而成的互联系统,那么在调整频率时,还必须注意联络线交换功率的控制问题。

图 13-9 表示系统 A 和 B 通过联络线组成互联系统。假定系统 A 和 B 的负荷变化量分别为 $\Delta P_{DA}$ 和 $\Delta P_{DB}$;由二次调整得到的发电功率增量分别为 $\Delta P_{GA}$ 和 $\Delta P_{GB}$;单位调节功率分别为 $K_A$ 和 $K_B$。联络线交换功率增量为 $\Delta P_{AB}$,以由 A 至 B 为正方向。

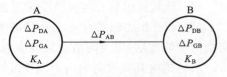

**图 13-9　互联系统的功率交换**

这样,$\Delta P_{AB}$ 对系统 A 相当于负荷增量;对于系统 B 相当于发电功率增量。因此,对于系统 A 有

$$\Delta P_{DA} + \Delta P_{AB} - \Delta P_{GA} = -K_A \Delta f_A$$

对于系统 B 有

$$\Delta P_{DB} - \Delta P_{AB} - \Delta P_{GB} = -K_B \Delta f_B$$

互联系统应有相同的频率,故 $\Delta f_A = \Delta f_B = \Delta f$。于是,由以上两式可解出

$$\Delta f = -\frac{(\Delta P_{DA} + \Delta P_{DB}) - (\Delta P_{GA} + \Delta P_{GB})}{K_A + K_B} = -\frac{\Delta P_D - \Delta P_G}{K} \qquad (13\text{-}20)$$

$$\Delta P_{AB} = \frac{K_A(\Delta P_{DB} - \Delta P_{GB}) - K_B(\Delta P_{DA} - \Delta P_{GA})}{K_A + K_B} \qquad (13\text{-}21)$$

式(13-20)表明,若互联系统发电功率的二次调整增量 $\Delta P_G$ 能同全系统负荷增量 $\Delta P_D$ 相平衡,则可实现无差调节,即 $\Delta f = 0$;否则,将出现频率偏移。

现在讨论联络线交换功率增量。当 A、B 两系统都进行二次调整,而且两系统的功率缺额又恰同其单位调节功率成比例,即满足条件

$$\frac{\Delta P_{DA} - \Delta P_{GA}}{K_A} = \frac{\Delta P_{DB} - \Delta P_{GB}}{K_B} \qquad (13\text{-}22)$$

时,联络线上的交换功率增量 $\Delta P_{AB}$ 便等于零。如果没有功率缺额,则 $\Delta f = 0$。

如果对其中的一个系统(例如系统 B)不进行二次调整,则 $\Delta P_{GB} = 0$,其负荷变化量 $\Delta P_{DB}$ 将由系统 A 的二次调整来承担时,联络线的功率增量

$$\Delta P_{AB} = \frac{K_A \Delta P_{DB} - K_B(\Delta P_{DA} - \Delta P_{GA})}{K_A + K_B} = \Delta P_{DB} - \frac{K_B(\Delta P_D - \Delta P_{GA})}{K_A + K_B} \qquad (13\text{-}23)$$

当互联系统的功率能够平衡时,$\Delta P_D - \Delta P_{GA} = 0$,于是有

$$\Delta P_{AB} = \Delta P_{DB}$$

系统 B 的负荷增量全由联络线的功率增量来平衡,这时联络线的功率增量最大。

在其他情况下,联络线的功率变化量将介于上述两种情况之间。

## 13.3.4 主调频厂的选择

全系统有调整能力的发电机组都参与频率的一次调整,但只有少数厂(机组)承担频率的二次调整。按照是否承担二次调整,可将所有电厂分为主调频厂、辅助调频厂和非调频厂三类。其中,主调频厂(一般是 1～2 个电厂)负责全系统的频率调整(即二次调整);辅助调频厂只在系统频率超过某一规定的偏移范围时才参与频率调整,这样的电厂一般也只有少数几个;非调频厂在系统正常运行情况下则按预先给定的负荷曲线发电。

在选择主调频厂(机组)时,主要满足以下条件:

(1) 拥有足够的调整容量及调整范围;

(2) 调频机组具有与负荷变化速度相适应的调整速度;

(3) 调整出力时符合安全及经济的原则。此外,还应考虑由于调频所引起的联络线上交换功率的波动,以及网络中某些中枢点的电压波动是否超出允许范围。

水轮机组具有较宽的出力调整范围,一般可达额定容量的 50% 以上,负荷的增长速度也较快,一般在一分钟以内即可从空载过渡到满载状态,而且操作方便、安全。

火力发电厂的锅炉和汽轮机都受允许的最小技术负荷的限制,其中锅炉约为 25%(中温中压)至 70%(高温高压)的额定容量,汽轮机为 10%～15% 的额定容量。因此,火力发电厂的出力调整范围不大;而且发电机组的负荷增减速度也受汽轮机各部分热膨胀的限制,不能过快,在 50%～100% 额定负荷范围内,每分钟仅能上升 2%～5%。

所以,从出力调整范围和调整速度来看,水电厂最适宜承担调频任务。但是在安排各类电厂的负荷时,还应考虑整个电力系统运行的经济性。在枯水季节,宜选水电厂作为主调频

厂,火电厂中效率较低的机组则承担辅助调频的任务;在丰水季节,为了充分利用水力资源,避免弃水,水电厂宜带稳定的负荷,而由效率不高的中温中压凝汽式火电厂承担调频任务。

### 13.3.5　频率调整和电压调整的关系

电力系统的有功功率和无功功率需求既同电压有关,也同频率有关。频率或电压的变化都将通过系统的负荷特性同时影响到有功功率和无功功率的平衡。

当系统频率下降时,发电机发出的无功功率将要减少(因为发电机的电势依励磁接线的不同与频率的平方或三次方成正比变化);变压器和异步电动机励磁所需的无功功率将要增加,绕组漏抗的无功功率损耗将要减小;线路电容充电功率和电抗的无功损耗都要减少。总的说来,频率下降时,系统的无功需求略有增加。如果系统的无功电源不足,则在频率下降时,将很难维持电压的正常水平。通常频率下降1%,电压将下降0.8%~2%。如果系统的无功电源充足,则在频率下降时,为满足正常电压下的无功平衡,发电机将输出更多的无功功率。

当系统频率增高时,发电机电势将要增高,系统的无功需求略有减少,因此系统的电压将要上升。为维持电压的正常水平,发电机的无功出力可以略为减少。

当电力网中电压水平提高时,负荷所需的有功功率将要增加,电力网中的损耗略有减少,系统总的有功需求有所增加。如果有功电源不很充裕,将引起频率的下降。当电压水平降低时,系统总的有功需求将要减少,从而导致频率的升高。在事故后的运行方式下,由于某些发电机(或电厂)退出运行,系统的有功和无功功率都感不足时,电压的下降将减少有功的缺额,从而在一定程度上阻止频率的急剧下降。

当系统因有功不足和无功不足而频率和电压都偏低时,应该首先解决有功功率平衡的问题,因为频率的提高能减少无功功率的缺额,这对于调整电压是有利的。如果首先去提高电压,就会扩大有功的缺额,导致频率更加下降,因而无助于改善系统的运行条件。

最后,还须指出,电力系统在额定参数(电压与频率)附近运行时,电压变化对有功平衡的影响和频率变化对无功平衡的影响都是次要的。正因为如此,才有可能分别处理调压和调频的问题。此外,调频和调压也有所区别。全系统的频率是统一的,调频涉及整个系统;而无功功率平衡和电压调整则有可能按地区解决。当线路有功潮流不超出允许范围时,有功电源的任意分布不会妨碍频率的调整,而无功平衡和调压则同无功电源的合理分布有着密切的关系。

# 13.4　有功功率平衡和系统负荷在各类 发电厂间的合理分配

## 13.4.1　有功功率平衡和备用容量

电力系统运行中,所有发电厂发出的有功功率的总和 $P_G$,在任何时刻都是同系统的总负荷 $P_D$ 相平衡的。$P_D$ 包括用户的有功负荷 $P_{LD\Sigma}$、厂用电有功负荷 $P_{s\Sigma}$ 以及网络的有功损

耗 $P_L$，即

$$P_G - P_D = P_G - (P_{LD\Sigma} + P_{s\Sigma} + P_L) = 0 \qquad (13\text{-}24)$$

为保证安全和优质的供电，电力系统的有功功率平衡必须在额定运行参数下确立，而且还应具有一定的备用容量。

备用容量按其作用可分为负荷备用、事故备用、检修备用和国民经济备用，按其存在形式可分为旋转备用（亦称热备用）和冷备用。

为满足一日中计划外的负荷增加和适应系统中的短时负荷波动而留有的备用称为负荷备用。负荷备用容量的大小应根据系统总负荷大小、运行经验以及系统中各类用户的比重来确定，一般为最大负荷的 2%～5%。

当系统的发电机组由于偶然性事故退出运行时，为保证连续供电所需要的备用称为事故备用。事故备用容量的大小可根据系统中机组的台数、机组容量的大小、机组的故障率以及系统的可靠性指标等来确定，一般为最大负荷的 5%～10%，但不应小于运转中最大一台机组的容量。

当系统中发电设备计划检修时，为保证对用户供电而留有的备用称为检修备用。发电设备运转一段时间后必须进行检修。检修分为大修和小修。大修一般安排在系统负荷的季节性低落期间，即年最大负荷曲线的凹下部分（见图 9-3）；小修一般在节假日进行，以尽量减少检修备用容量。

为满足工农业生产的超计划增长对电力的需求而设置的备用则称为国民经济备用。

从另一角度来看，在任何时刻运转中的所有发电机组的最大可能出力之和都应大于该时刻的总负荷，这两者的差值就构成一种备用容量，通常称为旋转备用（或热备用）容量。旋转备用容量的作用在于即时抵偿由于随机事件引起的功率缺额。这些随机事件包括短时间的负荷波动、日负荷曲线的预测误差和发电机组因偶然性事故而退出运行等。因此，旋转备用中包含了负荷备用和事故备用。一般情况下，这两种备用容量可以通用，不必按两者之和来确定旋转备用容量，而将一部分事故备用处于停机状态。全部的旋转备用容量都承担频率调整的任务。如果在高峰负荷期间，某台发电机组因事故退出运行，同时又遇负荷突然增加，为保证系统的安全运行，还可采取按频率自动减负荷或水轮发电机组低频自动启动等措施，以防止系统频率过分降低。

系统中处于停机状态，但可随时待命启动的发电设备可能发出的最大功率称为冷备用容量。它作为检修备用、国民经济备用及一部分事故备用。

电力系统拥有适当的备用容量就为保证其安全、优质和经济运行准备了必要的条件。

## 13.4.2 各类发电厂负荷的合理分配

电力系统中的发电厂主要有火力发电厂、水力发电厂和核能发电厂三类。

各类发电厂由于设备容量，机组规格和使用的动力资源的不同有着不同的技术经济特性。必须结合它们的特点，合理地组织这些发电厂的运行方式，恰当安排它们在电力系统日负荷曲线和年负荷曲线中的位置，以提高系统运行的经济性。

火力发电厂的主要特点如下。

（1）火电厂在运行中需要支付燃料费用，但它的运行不受自然条件的影响。

（2）火力发电设备的效率同蒸汽参数有关,高温高压设备的效率高,中温中压设备效率较低,低温低压设备的效率更低。

（3）受锅炉和汽轮机的最小技术负荷的限制。火电厂有功出力的调整范围比较小,其中高温高压设备可以灵活调节的范围最窄,中温中压设备的略宽。负荷的增减速度也慢。机组的投入和退出运行费时长,消耗能量多,且易损坏设备。

（4）带有热负荷的火电厂称为热电厂,它采用抽汽供热,其总效率要高于一般的凝汽式火电厂。但是与热负荷相适应的那部分发电功率是不可调节的强迫功率。

水力发电厂的特点如下。

（1）不要支付燃料费用,而且水能是可以再生的资源。但水电厂的运行因水库调节性能的不同在不同程度上受自然条件(水文条件)的影响。有调节水库的水电厂按水库的调节周期可分为:日调节、季调节、年调节和多年调节等几种,调节周期越长,水电厂的运行受自然条件影响越小。有调节水库水电厂主要是按调度部门给定的耗水量安排出力。无调节水库的径流式水电厂只能按实际来水流量发电。

（2）水轮发电机的出力调整范围较宽,负荷增减速度相当快,机组的投入和退出运行费时都很少,操作简便安全,无需额外的耗费。

（3）水力枢纽往往兼有防洪、发电、航运、灌溉、养殖、供水和旅游等多方面的效益。水库的发电用水量通常按水库的综合效益来考虑安排,不一定能同电力负荷的需要相一致。因此,只有在火电厂的适当配合下才能充分发挥水力发电的经济效益。

抽水蓄能发电厂是一种特殊的水力发电厂,它有上下两级水库,在日负荷曲线的低谷期间,它作为负荷向系统吸取有功功率,将下级水库的水抽到上级水库;在高峰负荷期间,由上级水库向下级水库放水,作为发电厂运行向系统发出有功功率。抽水蓄能发电厂的主要作用是调节电力系统有功负荷的峰谷差,其调峰作用如图 13-10 所示。在现代电力系统中,核能发电厂、高参数大容量火力发电机组日益增多,系统的调峰容量日显不足,而且随着社会的发展,用电结构的变化,日负荷曲线的峰谷差还有增大的趋势,建设抽水蓄能发电厂对于改善电力系统的运行条件具有很重要的意义。

核能发电厂同火力发电厂相比,一次性投资大,运行费用小,在运行中也不宜带急剧变动的负荷。反应堆和汽轮机组退出运行和再度投入都很费时,且要增加能量消耗。

为了合理地利用国家的动力资源,降低发电成本,必须根据各类发电厂的技术经济特点,恰当地分配它们承担的负荷,安排好它们在日负荷曲线中的位置。径流式水电厂的发电功率,利用防洪、灌溉、航运、供水等其他社会需要的放水量的发电功率,以及在洪水期为避免弃水而满载运行的水电厂的发电功率,都属于水电厂的不可调功率,必须用于承担基本负荷;热电厂应承担与热负荷相适应的电负荷;核电厂应带稳定负荷。它们都必须安排在日负荷曲线的基本部分,然后对凝汽式火电厂按其效率的高低依次由下往上安排。

在夏季丰水期和冬季枯水期各类电厂在日负荷曲线中的安排示例如图 13-11 所示。

在丰水期,因水量充足,为了充分利用水力资源,水电厂功率基本上属于不可调功率。在枯水期,来水较少,水电厂的不可调功率明显减少,仍带基本负荷。水电厂的可调功率应安排在日负荷曲线的尖峰部分,其余各类电厂的安排顺序不变。抽水蓄能电厂的作用主要是削峰填谷,系统中如有这类电厂,其在日负荷曲线中的位置已如图 13-10 所示。

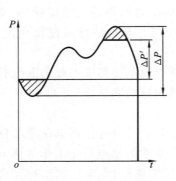

图 13-10  抽水蓄能水电厂
的调峰作用

$\Delta P'$—加抽水蓄能电厂后的峰谷差；
$\Delta P$—原来的峰谷差

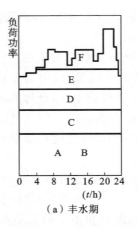
（a）丰水期

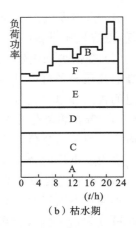
（b）枯水期

图 13-11  各类发电厂在日负荷曲线上的负荷分配示例

A—水电厂的不可调功率；B—水电厂的可调功率；C—热电厂；
D—核电厂；E—高温高压凝汽式火电厂；F—中温中压凝汽式火电厂

# 小    结

频率是衡量电能质量的重要指标。实现电力系统在额定频率下的有功功率平衡，并留有必要的备用容量，是保证频率质量的基本前提。要了解有功功率平衡的基本内容及各种备用容量的作用。

负荷变化将引起频率偏移，系统中凡装有调速器，又尚有可调容量的发电机组都自动参与频率调整，这就是频率的一次调整，只能做到有差调节。频率的二次调整由主调频厂承担，调频机组通过调频器移动机组的功率频率静特性，改变机组的有功输出以承担系统的负荷变化，可以做到无差调节。主调频厂应有足够的调整容量，具有能适应负荷变化的调整速度，调整功率时还应符合安全与经济的原则。

利用负荷和机组的功率频率静态特性可以分析频率的调整过程和调整结果。

全系统的频率是统一的，调频问题涉及整个系统，当线路有功功率不超出容许范围时，有功电源的分布不会妨碍频率的调整。而无功功率平衡和调压问题则宜于按地区解决。

在进行各类电厂的负荷分配时，应根据各类电厂的技术经济特点，力求做到合理利用国家的动力资源，尽量降低发电能耗和发电成本。

# 习    题

13-1  某电力系统的额定频率 $f_N = 50$ Hz，负荷的频率静态特性为 $P_{D*} = 0.2 + 0.4 f_*$ $+ 0.3 f_*^2 + 0.1 f_*^3$。试求：

（1）当系统运行频率为 50 Hz 时，负荷的调节效应系数 $K_{D*}$；

（2）当系统运行频率为 48 Hz 时，负荷功率变化的百分数及此时的调节效应系数 $K_{D*}$。

13-2　某电力系统有 4 台额定功率为 100 MW 的发电机,每台发电机的调速器的调差系数 $\delta=4\%$,额定频率 $f_N=50$ Hz,系统总负荷为 $P_D=320$ MW,负荷的频率调节效应系数 $K_D=0$。在额定频率运行时,若系统增加负荷 60 MW,试计算下列两种情况下系统频率的变化值:

(1) 4 台机组原来平均承担负荷;

(2) 原来 3 台机组满载,1 台带 20 MW 负荷。说明两种情况下频率变化不同的原因。

13-3　系统条件同题 13-2,但负荷的调节效应系数 $K_D=20$ MW/Hz,试作上题同样的计算,并比较分析计算结果。

13-4　系统条件仍如题 13-2,$K_D=20$ MW/Hz,当发电机平均分配负荷,且有两台发电机参加二次调频时,求频率变化值。

13-5　系统的额定频率为 50 Hz,总装机容量为 2000 MW,调差系数 $\delta=5\%$,总负荷 $P_D=1600$ MW,$K_D=50$ MW/Hz,在额定频率下运行时增加负荷 430 MW,计算下列两种情况下的频率变化,并说明为什么?

(1) 所有发电机仅参加一次调频;(2) 所有发电机均参加二次调频。

13-6　互联系统如题 13-6 图所示。已知两系统发电机的单位调节功率和负荷的频率调节效应:$K_{GA}=800$ MW/Hz,$K_{DA}=50$ MW/Hz,$K_{GB}=700$ MW/Hz,$K_{DB}=40$ MW/Hz。两系统的负荷增量为 $\Delta P_{DA}=100$ MW,$\Delta P_{DB}=50$ MW。当两系统的发电机均参加一次调频时,试求频率和联络线的功率变化量。

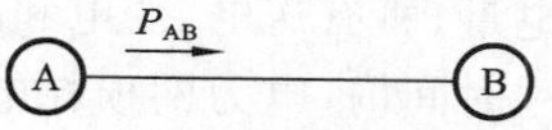

题 13-6 图

13-7　互联系统如题 13-6 图所示,已知两系统的有关参数为:$K_{GA}=270$ MW/Hz,$K_{DA}=21$ MW/Hz,$K_{GB}=480$ MW/Hz,$K_{DB}=39$ MW/Hz。此时联络线功率 $P_{AB}=300$ MW,若系统 B 增加负荷 150 MW,试计算:

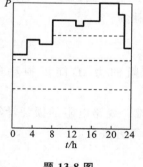

题 13-8 图

(1) 两系统全部发电机仅进行一次调频时的系统频率,联络线功率变化量,A、B 系统发电机及负荷功率的变化量;

(2) 两系统发电机均参加一次调频,但二次调频仅由 A 系统的调频厂承担,且联络线最大允许输送功率为 400 MW,求系统频率的最小变化量。

13-8　洪水季节系统日负荷曲线如题 13-8 图所示。试将下列各类发电厂安排在负荷曲线下的适当位置上(填入相应字母):A 高温高压火电厂,B 燃烧当地劣质煤的火电厂,C 水电厂和热电厂的强迫功率,D 水电厂的可调功率,E 中温中压火电厂,F 核电厂。

# 第14章 电力系统的经济运行

电力系统经济运行的基本要求是,在保证整个系统安全可靠和电能质量符合标准的前提下,努力提高电能生产和输送的效率,尽量降低供电的燃料消耗或供电成本。

本章将简要介绍电力网中能量损耗的计算方法、降低网损的技术措施、发电厂间有功负荷的合理分配、无功功率的合理补偿和分配的方法等。

## 14.1 电力网中的能量损耗

### 14.1.1 电力网的能量损耗和损耗率

在给定的时间(日、月、季或年)内,系统中所有发电厂的总发电量同厂用电量之差,称为供电量;所有送电、变电和配电环节所损耗的电量,称为电力网损耗电量(或损耗能量)。在同一时间内,电力网损耗电量占供电量的百分比称为电力网损耗率,简称网损率或线损率。

$$\text{电力网损耗率} = \frac{\text{电力网损耗电量}}{\text{供电量}} \times 100\% \tag{14-1}$$

网损率是衡量供电企业管理水平的一项重要的综合性的经济技术指标。

在电力网元件的功率损耗和能量损耗中,有一部分同元件通过的电流(或功率)的平方成正比,如变压器绕组和线路导线中的损耗就是这样;另一部分则同施加给元件的电压有关,如变压器铁芯损耗、电缆和电容器绝缘介质中的损耗等。以变压器为例,如忽略电压变化对铁芯损耗的影响,则在给定的运行时间 $T$ 内,变压器的能量损耗为

$$\Delta A_\mathrm{T} = \Delta P_0 T + 3\int_0^T I^2 R_\mathrm{T} \times 10^{-3}\,\mathrm{d}t \tag{14-2}$$

式中各量的单位:功率的为 kW,时间的为 h,电流的为 A,电阻的为 Ω,能量损耗的为kW·h。

式(14-2)右端的第一项计算比较简单,第二项计算则较为困难。线路电阻的损耗计算公式也与式(14-2)右端第二项相似,我们着重讨论这部分损耗的计算方法。

### 14.1.2 线路中能量损耗的计算方法

这里简要介绍两种计算能量损耗的方法:最大负荷损耗时间法和等值功率法。

#### 1. 最大负荷损耗时间法

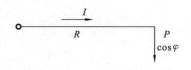

图 14-1 简单供电网

假定线路向一个集中负荷供电(见图 14-1),在时间 $T$ 内线路的电能损耗为

$$\Delta A_\mathrm{L} = \int_0^T \Delta P_\mathrm{L}\,\mathrm{d}t = \int_0^T \frac{S^2}{U^2} R \times 10^{-3}\,\mathrm{d}t \tag{14-3}$$

式中,视在功率的单位为 kV·A,电压的单位为 kV。

　　如果知道负荷曲线和功率因数,就可以作出电流(或视在功率)的变化曲线,并利用式(14-3)计算在时间 $T$ 内的电能损耗。但是这种算法很繁。实际上,在计算电能损耗时,负荷曲线本身就是预计的,又不能确知每一时刻的功率因数,特别是在电网的设计阶段,所能得到的数据就更为粗略。因此,在工程实际中常采用一种简化的方法,即最大负荷损耗时间法来计算能量损耗。

　　如果线路中输送的功率一直保持为最大负荷功率 $S_{\max}$,在 $\tau$ 小时内的能量损耗恰等于线路全年的实际电能损耗,则称 $\tau$ 为最大负荷损耗时间。

$$\Delta A = \int_0^{8760} \frac{S^2}{U^2} R \times 10^{-3}\, \mathrm{d}t = \frac{S_{\max}^2}{U^2} R\tau \times 10^{-3} = \Delta P_{\max}\tau \times 10^{-3} \tag{14-4}$$

若认为电压接近于恒定,则

$$\tau = \frac{\int_0^{8760} S^2\, \mathrm{d}t}{S_{\max}^2} \tag{14-5}$$

　　由上式可见,最大负荷损耗时间 $\tau$ 与用视在功率表示的负荷曲线有关。在一定的功率因数下视在功率与有功功率成正比,而有功功率负荷持续曲线的形状在某种程度上可由最大负荷的利用小时 $T_{\max}$ 反映出来。可以设想,对于给定的功率因数,$\tau$ 同 $T_{\max}$ 之间将存在一定的关系。通过对一些典型负荷曲线的分析,得到的 $\tau$ 和 $T_{\max}$ 的关系列于表 14-1。

**表 14-1　最大负荷损耗小时数 $\tau$ 与最大负荷的利用小时数 $T_{\max}$ 的关系**

| $T_{\max}/\mathrm{h}$ | $\tau/\mathrm{h}$ | | | | |
|---|---|---|---|---|---|
|  | $\cos\varphi=0.80$ | $\cos\varphi=0.85$ | $\cos\varphi=0.90$ | $\cos\varphi=0.95$ | $\cos\varphi=1.00$ |
| 2000 | 1500 | 1200 | 1000 | 800 | 700 |
| 2500 | 1700 | 1500 | 1250 | 1100 | 950 |
| 3000 | 2000 | 1800 | 1600 | 1400 | 1250 |
| 3500 | 2350 | 2150 | 2000 | 1800 | 1600 |
| 4000 | 2750 | 2600 | 2400 | 2200 | 2000 |
| 4500 | 3150 | 3000 | 2900 | 2700 | 2500 |
| 5000 | 3600 | 3500 | 3400 | 3200 | 3000 |
| 5500 | 4100 | 4000 | 3950 | 3750 | 3600 |
| 6000 | 4650 | 4600 | 4500 | 4350 | 4200 |
| 6500 | 5250 | 5200 | 5100 | 5000 | 4850 |
| 7000 | 5950 | 5900 | 5800 | 5700 | 5600 |
| 7500 | 6650 | 6600 | 6550 | 6500 | 6400 |
| 8000 | 7400 | — | 7350 | — | 7250 |

　　在不知道负荷曲线的情况下,根据最大负荷利用小时数 $T_{\max}$ 和功率因数,即可从表 14-1 中找出 $\tau$ 值,用以计算全年的电能损耗。

　　如果一条线路上有几个负荷点,如图 14-2 所示,则线路的总电能损耗就等于各段线路电能损耗之和,即

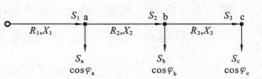

**图 14-2　有几个负荷点的供电线路**

$$\Delta A = \left(\frac{S_1}{U_a}\right)^2 R_1 \tau_1 + \left(\frac{S_2}{U_b}\right)^2 R_2 \tau_2 + \left(\frac{S_3}{U_c}\right)^2 R_3 \tau_3$$

式中，$S_1$、$S_2$、$S_3$ 分别为各段的最大负荷功率；$\tau_1$、$\tau_2$、$\tau_3$ 分别为各段的最大负荷损耗时间。

为了求各线段的 $\tau$，须先算出各线段的 $\cos\varphi$ 和 $T_{\max}$。如果已知各点负荷的最大负荷利用小时数分别为 $T_{\max \cdot a}$、$T_{\max \cdot b}$ 和 $T_{\max \cdot c}$，各点最大负荷同时出现，且分别为 $S_a$、$S_b$ 和 $S_c$，则有

$$\cos\varphi_1 = \frac{S_a \cos\varphi_a + S_b \cos\varphi_b + S_c \cos\varphi_c}{S_a + S_b + S_c}$$

$$\cos\varphi_2 = \frac{S_b \cos\varphi_b + S_c \cos\varphi_c}{S_b + S_c}$$

$$\cos\varphi_3 = \cos\varphi_c$$

$$T_{\max 1} = \frac{P_a T_{\max \cdot a} + P_b T_{\max \cdot b} + P_c T_{\max \cdot c}}{P_a + P_b + P_c}$$

$$T_{\max 2} = \frac{P_b T_{\max \cdot b} + P_c T_{\max \cdot c}}{P_b + P_c}$$

$$T_{\max 3} = T_{\max \cdot c}$$

知道了 $\cos\varphi$ 和 $T_{\max}$，就可从表 14-1 中找出适当的 $\tau$ 值。

变压器绕组中电能损耗的计算与线路的相同；变压器的铁损按全年投入运行的实际小时数来计算。

**例 14-1**　考虑图 14-3 所示的网络，变电所低压母线上的最大负荷为 40 MW，$\cos\varphi = 0.8$，$T_{\max} = 4500$ h。试求线路及变压器中全年的电能损耗。线路和变压器的参数如下：

线路（每回）：$r_0 = 0.165$ Ω/km，$x_0 = 0.409$ Ω/km，$b_0 = 2.82 \times 10^{-6}$ S/km；

变压器（每台）：$\Delta P_0 = 38.5$ kW，$\Delta P_S = 148$ kW，$I_0\% = 0.8$，$U_S\% = 10.5$。

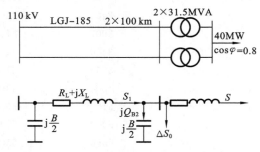

图 14-3　例 14-1 的输电系统及其等值电路

**解**　最大负荷时变压器的绕组功率损耗

$$\Delta S_T = \Delta P_T + jQ_T = 2\left(\Delta P_S + j\frac{U_S\%}{100}S_N\right)\left(\frac{S}{2S_N}\right)^2$$

$$= 2\left(148 + j\frac{10.5}{100} \times 31500\right)\left(\frac{40/0.8}{2 \times 31.5}\right)^2 \text{ kV} \cdot \text{A}$$

$$= (186 + j4167) \text{ kV} \cdot \text{A}$$

变压器的铁芯功率损耗

$$\Delta S_0 = 2\left(\Delta P_0 + j\frac{I_0\%}{100}S_N\right) = 2\left(38.5 + j\frac{0.8}{100}\times31500\right) \text{ kV}\cdot\text{A} = (77+j504) \text{ kV}\cdot\text{A}$$

线路末端充电功率

$$Q_{B2} = -2\frac{b_0 l}{2}U^2 = -2.82\times10^{-6}\times100\times110^2 \text{ Mvar} = -3.412 \text{ Mvar}$$

等值电路中用以计算线路损失的功率

$$S_l = S + \Delta S_T + \Delta S_0 + jQ_{B2} = (40+j30+0.186+j4.167+0.077+j0.504-j3.412) \text{ MV}\cdot\text{A}$$
$$= 40.263+j31.259 \text{ MV}\cdot\text{A}$$

线路上的有功功率损失

$$\Delta P_L = \frac{S_l^2}{U^2}R_L = \frac{40.263^2+31.259^2}{110^2}\times\frac{1}{2}\times0.165\times100 \text{ MW} = 1.7715 \text{ MW}$$

已知 $T_{max}=4500$ h 和 $\cos\varphi=0.8$，从表 14-1 中查得 $\tau=3150$ h，假定变压器全年投入运行，则变压器中全年能量损耗

$$\Delta A_T = 2\Delta P_0\times8760 + \Delta P_T\times3150 = (77\times8760+186\times3150) \text{ kW}\cdot\text{h} = 1260420 \text{ kW}\cdot\text{h}$$

线路中全年能量损耗

$$\Delta A_L = \Delta P_L\times3150 = (1771.5\times3150) \text{ kW}\cdot\text{h} = 5580225 \text{ kW}\cdot\text{h}$$

输电系统全年的总电能损耗

$$\Delta A_T + \Delta A_L = (1260420+5580255) \text{ kW}\cdot\text{h} = 6840645 \text{ kW}\cdot\text{h}$$

用最大负荷损耗时间计算电能损耗，准确度不高，$\Delta P_{max}$ 的计算，尤其是 $\tau$ 值的确定都是近似的，而且还不可能对由此而引起的误差作出有根据的分析。因此，这种方法只适用于电力网的规划设计中的计算。对于已运行电网的能量损耗计算，此方法的误差太大不宜采用。

**2. 等值功率法**

仍以图 14-1 所示的简单网络为例，在给定的时间 $T$ 内的能量损耗

$$\Delta A = 3\int_0^T I^2 R\times10^{-3}\,dt = 3I_{eq}^2RT\times10^{-3} = \frac{P_{eq}^2+Q_{eq}^2}{U^2}RT\times10^{-3} \tag{14-6}$$

式中，$I_{eq}$、$P_{eq}$ 和 $Q_{eq}$ 分别表示电流、有功功率和无功功率的等效值。

$$I_{eq} = \sqrt{\frac{1}{T}\int_0^T I^2\,dt} \tag{14-7}$$

当电网的电压恒定不变时，$P_{eq}$ 与 $Q_{eq}$ 也有与式(14-7)相似的表达式。由此可见，所谓等效值实际上也是一种均方根值。

电流、有功功率和无功功率的等效值可以通过各自的平均值表示为

$$\left.\begin{array}{l} I_{eq} = GI_{av} \\ P_{eq} = KP_{av} \\ Q_{eq} = LQ_{av} \end{array}\right\} \tag{14-8}$$

式中，$G$、$K$ 和 $L$ 分别称为负荷曲线 $I(t)$，$P(t)$ 和 $Q(t)$ 的形状系数。

引入平均负荷后，可将电能损耗公式改写为

$$\Delta A = 3G^2 I_{av}^2 RT\times10^{-3} = \frac{RT}{U^2}(K^2 P_{av}^2 + L^2 Q_{av}^2)\times10^{-3} \tag{14-9}$$

利用式(14-9)计算电能损耗时，平均功率可由给定运行时间 $T$ 内的有功电量 $A_P$ 和无功电量 $A_Q$ 求得

$$P_{av} = \frac{A_P}{T}, \quad Q_{av} = \frac{A_Q}{T}$$

形状系数 $K$ 由负荷曲线的形状决定。对各种典型的持续负荷曲线的分析表明，形状系数的取值范围为

$$1 \leqslant K \leqslant \frac{1+\alpha}{2\sqrt{\alpha}} \tag{14-10}$$

式中，$\alpha$ 是最小负荷率。

取形状系数平均值的平方等于其上、下限值平方的平均值，即

$$K_{av}^2 = \frac{1}{2} + \frac{(1+\alpha)^2}{8\alpha} \tag{14-11}$$

用形状系数的平均值 $K_{av}$ 代替它的实际值进行电能损耗计算，当 $\alpha > 0.4$ 时，其最大可能的相对误差不会超过 10%。当负荷曲线的最小负荷率 $\alpha < 0.4$ 时，可将曲线分段，使对每一段而言的最小负荷率大于 0.4，这样就能保证总的最大误差在 10% 以内。

对于无功负荷曲线的形状系数 $L$ 也可以作类似的分析。当负荷的功率因数不变时，$L$ 与 $K$ 相等。

利用等值功率进行电能损耗计算时，运行周期 $T$ 可以是日、月、季或年。

**例 14-2** 某元件的电阻为 $10\ \Omega$，在 $720\ h$ 内通过的电量为 $A_P = 80200\ kW \cdot h$ 和 $A_Q = 40100\ kvar \cdot h$，最小负荷率 $\alpha = 0.4$，平均运行电压为 $10.3\ kV$，功率因数接近不变。求该元件的电能损耗。

**解** 先计算平均功率：

$$P_{av} = \frac{A_P}{T} = \frac{80200}{720}\ kW = 111.4\ kW$$

$$Q_{av} = \frac{A_Q}{T} = \frac{40100}{720}\ kvar = 55.7\ kvar$$

当 $\alpha = 0.4$ 时，$K_{av} = L_{av} = 1.055$。利用式（14-9），并以 $K_{av}$ 和 $L_{av}$ 分别代替 $K$ 和 $L$，可得电能损耗为

$$\Delta A = \frac{RT}{U^2}(K_{av}^2 P_{av}^2 + L_{av}^2 Q_{av}^2) \times 10^{-3}$$

$$= \frac{10 \times 720}{10.3^2} \times 1.055^2 \times (111.4^2 + 55.7^2) \times 10^{-3}\ kW \cdot h = 1171.77\ kW \cdot h$$

用等值功率法计算电能损耗，原理易懂，方法简单，所要求的原始数据也不多。对于已运行的电网进行网损的理论分析时，可以直接从电度表取得有功电量和无功电量的数据，即使不知道具体的负荷曲线形状，也能对计算结果的最大可能误差作出估计。这种方法的另一个优点是能够推广应用于任意复杂网络的电能损耗计算。

## 14.1.3 降低网损的技术措施

电力网的电能损耗不仅耗费一定的动力资源，而且占用一部分发电设备容量。因此，降低网损是电力企业提高经济效益的一项重要任务。为了降低电力网的能量损耗，可以采取

各种技术措施。例如,改善网络中的功率分布;合理组织运行方式;调整负荷;对原有电网进行升压改造,简化网络结构等。现择要简介如下。

**1. 提高用户的功率因数,减少线路输送的无功功率**

实现无功功率的就地平衡,不仅改善电压质量,对提高电网运行的经济性也有重大作用。在图 14-1 的简单网络中,线路的有功功率损耗为

$$\Delta P_{\mathrm{L}} = \frac{P^2}{U^2 \cos^2 \varphi} R$$

如果将功率因数由原来的 $\cos\varphi_1$ 提高到 $\cos\varphi_2$,则线路中的功率损耗可降低

$$\delta_{P_{\mathrm{L}}}(\%) = \left[ 1 - \left( \frac{\cos\varphi_1}{\cos\varphi_2} \right)^2 \right] \times 100 \tag{14-12}$$

当功率因数由 0.7 提高到 0.9 时,线路中的功率损耗可减少 39.5%。

装设并联无功补偿设备是提高用户功率因数的重要措施。对于一个具体的用户,负荷离电源点越远,补偿前的功率因数越低,安装补偿设备的降损效果也就越大。对于电力网来说,配置无功补偿容量需要综合考虑实现无功功率的分地区平衡、提高电压质量和降低网络功率损耗这三个方面的要求,通过优化计算来确定补偿设备的安装地点和容量分配。

为了减少对无功功率的需求,用户应尽可能避免用电设备在低功率因数下运行。许多工业企业都大量地使用异步电动机。异步电动机所需要的无功功率可用下式表示。

$$Q = Q_0 + (Q_{\mathrm{N}} - Q_0) \left( \frac{P}{P_{\mathrm{N}}} \right)^2 = Q_0 + (Q_{\mathrm{N}} - Q_0) \beta^2 \tag{14-13}$$

式中,$Q_0$ 表示异步电动机空载运行时所需的无功功率;$P_{\mathrm{N}}$ 和 $Q_{\mathrm{N}}$ 分别为额定负载下运行时的有功功率和无功功率;$P$ 为电动机的实际机械负荷;$\beta$ 为受载系数。

式(14-13)中的第一项是电动机的励磁功率,它与负载情况无关,其数值占 $Q_{\mathrm{N}}$ 的 60% ~ 70%。第二项是绕组漏抗中的损耗,与受载系数的平方成正比。受载系数降低时,电动机所需的无功功率只有一小部分按受载系数的平方而减小,而大部分则维持不变。因此受载系数越小,功率因数越低。额定功率因数为 0.85 的电动机,如果 $Q_0 = 0.65 Q_{\mathrm{N}}$,当受载系数为 0.5 时,功率因数将下降到 0.74。

为了提高功率因数,用户所选用的电动机容量应尽量接近它所带动的机械负载,在技术条件许可的情况下,采用同步电动机代替异步机,还可以让已装设的同步电动机运行在过励磁状态等。

**2. 改善网络中的功率分布**

在由非均一线路组成的环网中,功率的自然分布不同于经济分布。电网的不均一程度越大,两者的差别也就越大。为了降低网络的功率损耗,可以在环网中引入环路电势进行潮流控制,使功率分布尽量接近于经济分布。对于环形网络也可以考虑开环运行是否更为合理。为了限制短路电流或满足继电保护动作选择性要求,需将闭式网络开环运行时,开环点的选择要有利于降低网损。

低压配电网络一般采取闭式网络接线,按开式网络运行。为了限制线路故障的影响范围和线路检修时避免大范围停电,在配电网络的适当地点安装有分段开关和联络开关。在不同的运行方式下,对这些开关的通断状态进行优化组合,合理安排用户的供电路径,可以达到平衡支路潮流,消除过载,降低网损和提高电压质量的目的。

### 3. 合理地确定电力网的运行电压水平

变压器铁芯中的功率损耗在额定电压附近大致与电压平方成正比,当网络电压水平提高时,如果变压器的分接头也作相应的调整,则铁损将接近于不变。而线路的导线和变压器绕组中的功率损耗则与电压平方成反比。

必须指出,在电压水平提高后,负荷所取用的功率会略有增加。在额定电压附近,电压提高 1%,负荷的有功功率和无功功率将分别增大 1% 和 2%,这将稍微增加网络中与通过功率有关的损耗。

一般来说,对于变压器的铁损在网络总损耗所占比重小于 50% 的电力网,适当提高运行电压就可以降低网损,电压在 35 kV 及以上的电力网基本上属于这种情况。但是,对于变压器铁损所占比重大于 50% 的电力网,情况则正好相反。大量统计资料表明,在 6~10 kV 的农村配电网中变压器铁损在配电网总损失中所占比重可达 60%~80%,甚至更高。这是因为小容量变压器的空载电流较大,农村电力用户的负荷率又比较低,变压器有许多时间处于轻载状态。对于这类电力网,为了降低功率损耗和能量损耗,宜适当降低运行电压。

无论对于哪一类电力网,为了经济的目的提高或降低运行电压水平时,都应将其限制在电压偏移的容许范围内。当然,更不能影响电力网的安全运行。

### 4. 组织变压器的经济运行

在一个变电所内装有 $n(n \geqslant 2)$ 台容量和型号都相同的变压器时,根据负荷的变化适当改变投入运行的变压器台数,可以减少功率损耗。当总负荷功率为 $S$ 时,并联运行的 $k$ 台变压器的总损耗为

$$\Delta P_{T(k)} = k\Delta P_0 + k\Delta P_s \left(\frac{S}{kS_N}\right)^2$$

式中,$\Delta P_0$ 和 $\Delta P_s$ 分别为一台变压器的空载损耗和短路损耗;$S_N$ 为一台变压器的额定容量。

由上式可见,铁芯损耗与台数成正比,绕组损耗则与台数成反比。当变压器轻载运行时,绕组损耗所占比重相对减小,铁芯损耗的比重相对增大,在某一负荷下,减少变压器台数,就能降低总的功率损耗。为了求得这一临界负荷值,我们先写出负荷功率为 $S$ 时,$k-1$ 台并联运行的变压器的总损耗

$$\Delta P_{T(k-1)} = (k-1)\Delta P_0 + (k-1)\Delta P_s \left(\frac{S}{(k-1)S_N}\right)^2$$

使 $\Delta P_{T(k)} = \Delta P_{T(k-1)}$ 的负荷功率即是临界功率,其表达式为

$$S_{cr} = S_N \sqrt{k(k-1)\frac{\Delta P_0}{\Delta P_s}} \tag{14-14}$$

当负荷功率 $S > S_{cr}$ 时,宜投入 $k$ 台变压器并联运行;当 $S < S_{cr}$ 时,并联运行的变压器可减为 $k-1$ 台。

应该指出,对于季节性变化的负荷,使变压器投入的台数符合损耗最小的原则是有经济意义的,也是切实可行的。但对一昼夜内多次大幅度变化的负荷,为了避免断路器因过多的操作而增加检修次数,变压器则不宜完全按照上述方式运行。此外,当变电所仅有两台变压器而需要切除一台时,应有相应的措施以保证供电的可靠性。

**5. 对原有电网进行技术改造**

随着城市的发展,生产和人民生活用电不断增长,负荷密度明显增大,配电网络的负荷越来越重,不但电能损耗很大,而且也难以保证电压质量。为了满足日益增长的对电力的需求,极有必要适时地对原有配电网络进行改造,例如增设电源点,提升线路电压等级,增大导线截面等,这些措施都有极为明显的降损效果。

在改建旧电网时,将 110 kV 或 220 kV 的高电压直接引入负荷中心、简化网络结构、减少变电层次,不仅能大量地降低网损,而且是扩大供电能力、提高供电可靠性和改善电压质量的有效措施。

此外,通过调整用户的负荷曲线、减小高峰负荷和低谷负荷的差值、提高最小负荷率、使形状系数接近于 1,也可降低能量损耗。

# 14.2 火电厂间有功功率负荷的经济分配

## 14.2.1 耗量特性

反映发电设备(或其组合)单位时间内能量输入和输出关系的曲线,称为该设备(或其组合)的耗量特性。锅炉的输入是燃料(t 标准煤/h),输出是蒸汽(t/h),汽轮发电机组的输入是蒸汽(t/h),输出是电功率(MW)。整个火电厂的耗量特性如图 14-4 所示,其横坐标为电功率(MW),纵坐标为燃料(t 标准煤/h)。水电厂耗量特性曲线的形状也大致如此,但其输入是水($m^3$/h)。为便于分析,假定耗量特性连续可导(实际的特性并不都是这样)。

耗量特性曲线上某点的纵坐标和横坐标之比,即输入与输出之比称为比耗量 $\mu = F/P$,其倒数 $\eta = P/F$,表示发电厂的效率。耗量特性曲线上某点切线的斜率称为该点的耗量微增率 $\lambda = dF/dP$,它表示在该点运行时输入增量对输出增量之比。以输出电功率为横坐标的效率曲线和微增率曲线如图 14-5 所示。

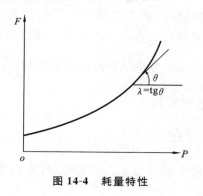

图 14-4　耗量特性

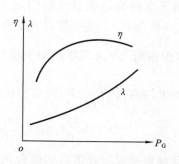

图 14-5　效率曲线和微增率曲线

## 14.2.2 等微增率准则

现以并联运行的两台机组间的负荷分配为例(见图 14-6)说明等微增率准则的基本概念。已知两台机组的耗量特性 $F_1(P_{G1})$、$F_2(P_{G2})$ 和总的负荷功率 $P_{LD}$。假定各台机组燃料

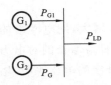

**图 14-6　两台机组并联运行**

消耗量和输出功率都不受限制,要求确定负荷功率在两台机组间的分配,使总的燃料消耗为最小。这就是说,要在满足等式约束

$$P_{G1} + P_{G2} - P_{LD} = 0$$

的条件下,使目标函数

$$F = F_1(P_{G1}) + F_2(P_{G2})$$

为最小。

对于这个简单问题,可以用作图法求解。设图 14-7 所示中线段 $\overline{OO'}$ 的长度等于负荷功率 $P_{LD}$。在线段的上、下两方分别以 $O$ 和 $O'$ 为原点作出机组 1 和 2 的燃料消耗特性曲线 1 和 2,前者的横坐标 $P_{G1}$ 自左向右计算,后者的横坐标 $P_{G2}$ 自右向左计算。显然,在横坐标上任取一点 $A$,都有 $\overline{OA} + \overline{AO'} = \overline{OO'}$,即 $P_{G1} + P_{G2} = P_{LD}$。因此,都表示一种可能的功率分配方案。如过点 $A$ 作垂线分别交于两机组耗量特性曲线的点 $B_1$ 和点 $B_2$,则 $\overline{B_1B_2} = \overline{B_1A} + \overline{AB_2} = F_1(P_{G1}) + F_2(P_{G2}) = F$ 就代表了总的燃料消耗量。由此可见,只要在 $\overline{OO'}$ 上找到一点,通过它所作垂线与两耗量特性曲线的交点间距离为最短,则该点所对应的负荷分配方案就是最优的。图中的点 $A'$ 就是这样的点,通过点 $A'$ 所作垂线与两特性曲线的交点为 $B_1'$ 和 $B_2'$。在耗量特性曲线具有凸性的情况下,曲线 1 在点 $B_1'$ 的切线与曲线 2 在点 $B_2'$ 的切线相互平行。耗量曲线在某点的斜率即是该点的耗量微增率。由此可得结论:负荷在两台机组间分配时,如它们的燃料消耗微增率相等,即

$$dF_1/dP_{G1} = dF_2/dP_{G2}$$

**图 14-7　负荷在两台机组间的经济分配**

则总的燃料消耗量将是最小的。这就是著名的等微增率准则。

等微增率准则的物理意义是明显的。假定两台机组在微增率不等的状态下运行,且 $dF_1/dP_{G1} > dF_2/dP_{G2}$。我们可以在两台机组的总输出功率不变的条件下调整负荷分配,让 1 号机组减少输出 $\Delta P$,2 号机组增加输出 $\Delta P$。于是 1 号机组将减少燃料消耗 $\dfrac{dF_1}{dP_{G1}}\Delta P$,2 号机组将增加燃料消耗 $\dfrac{dF_2}{dP_{G2}}\Delta P$,而总的燃料消耗将可节约

$$\Delta F = \frac{dF_1}{dP_{G1}}\Delta P - \frac{dF_2}{dP_{G2}}\Delta P = \left(\frac{dF_1}{dP_{G1}} - \frac{dF_2}{dP_{G2}}\right)\Delta P > 0$$

这样的负荷调整可以一直进行到两台机组的微增率相等为止。不难理解,等微增率准则也适用于多台机组(或多个发电厂)间的负荷分配。

## 14.2.3　多个发电厂间的负荷经济分配

假定有 $n$ 个火电厂,其燃料消耗特性分别为 $F_1(P_{G1}),F_2(P_{G2}),\cdots,F_n(P_{Gn})$,系统的总负荷为 $P_{LD}$,暂不考虑网络中的功率损耗,假定各个发电厂的输出功率不受限制,则系统负

荷在 $n$ 个发电厂间的经济分配问题可以表述为：在满足

$$\sum_{i=1}^{n} P_{Gi} - P_{LD} = 0 \tag{14-15}$$

的条件下，使目标函数

$$F = \sum_{i=1}^{n} F_i(P_{Gi})$$

为最小。

这是多元函数求条件极值的问题。可以应用拉格朗日乘数法来求解。为此，先构造拉格朗日函数

$$L = F - \lambda \left( \sum_{i=1}^{n} P_{Gi} - P_{LD} \right)$$

其中 $\lambda$ 称为拉格朗日乘数。

拉格朗日函数 $L$ 的无条件极值的必要条件为

$$\frac{\partial L}{\partial P_{Gi}} = \frac{\partial F}{\partial P_{Gi}} - \lambda = 0 \quad (i=1,2,\cdots,n)$$

或

$$\frac{\partial F}{\partial P_{Gi}} = \lambda \tag{14-16}$$

由于每个发电厂的燃料消耗只是该厂输出功率的函数，因此式（14-16）又可写成

$$\frac{dF_i}{dP_{Gi}} = \lambda \quad (i=1,2,\cdots,n) \tag{14-17}$$

这就是多个火电厂间负荷经济分配的等微增率准则。按这个条件决定的负荷分配是最经济的分配。

以上的讨论都没有涉及不等式约束条件。负荷经济分配中的不等式约束条件也与潮流计算的一样：任一发电厂的有功功率和无功功率都不应超出它的上、下限，即

$$P_{Gimin} \leqslant P_{Gi} \leqslant P_{Gimax} \tag{14-18}$$
$$Q_{Gimin} \leqslant Q_{Gi} \leqslant Q_{Gimax} \tag{14-19}$$

各节点的电压也必须维持在如下的变化范围内

$$U_{imin} \leqslant U_i \leqslant U_{imax} \tag{14-20}$$

在计算发电厂间有功功率负荷经济分配时，这些不等式约束条件可以暂不考虑，待算出结果后，再按式（14-18）进行检验。对于有功功率值越限的发电厂，可按其限值（上限或下限）分配负荷。然后，再对其余的发电厂分配剩下的负荷功率。至于约束条件式（14-19）和式（14-20）可留在有功负荷分配已基本确定以后的潮流计算中再行处理。

**例 14-3** 三个火电厂并联运行，各电厂的燃料消耗特性及功率约束条件如下：
$$F_1 = (4 + 0.3P_{G1} + 0.0007P_{G1}^2)\text{t/h}, \quad 100\ \text{MW} \leqslant P_{G1} \leqslant 200\ \text{MW}$$
$$F_2 = (3 + 0.32P_{G2} + 0.0004P_{G2}^2)\text{t/h}, \quad 120\ \text{MW} \leqslant P_{G2} \leqslant 250\ \text{MW}$$
$$F_3 = (3.5 + 0.3P_{G3} + 0.00045P_{G3}^2)\text{t/h}, \quad 150\ \text{MW} \leqslant P_{G3} \leqslant 300\ \text{MW}$$
当总负荷为 700 MW 和 400 MW 时，试分别确定发电厂间功率的经济分配（不计网损的影响）。

**解** （一）按所给耗量特性得各厂的微增耗量特性为
$$\lambda_1 = \frac{dF_1}{dP_{G1}} = 0.3 + 0.0014P_{G1}, \quad \lambda_2 = \frac{dF_2}{dP_{G2}} = 0.32 + 0.0008P_{G2}$$

$$\lambda_3 = \frac{\mathrm{d}F_3}{\mathrm{d}P_{G3}} = 0.3 + 0.0009P_{G3}$$

令 $\lambda_1 = \lambda_2 = \lambda_3$，可解出

$$P_{G1} = 14.29 + 0.572P_{G2} = 0.643P_{G3}, \quad P_{G3} = 22.22 + 0.889P_{G2}$$

（二）总负荷为 700 MW，即 $P_{G1} + P_{G2} + P_{G3} = 700$。

将 $P_{G1}$ 和 $P_{G3}$ 都用 $P_{G2}$ 表示，便得

$$14.29 + 0.572P_{G2} + P_{G2} + 22.22 + 0.889P_{G2} = 700$$

由此可算出 $P_{G2} = 270$ MW，已越出上限值，故应取 $P_{G2} = 250$ MW。剩余的负荷功率 450 MW 再由电厂 1 和电厂 3 进行经济分配。

$$P_{G1} + P_{G3} = 450$$

将 $P_{G1}$ 用 $P_{G3}$ 表示，便得

$$0.643P_{G3} + P_{G3} = 450$$

由此解出：$P_{G3} = 274$ MW 和 $P_{G1} = (450 - 274)$ MW $= 176$ MW，都在限值以内。

（三）总负荷为 400 MW，即 $P_{G1} + P_{G2} + P_{G3} = 400$。

将 $P_{G1}$ 和 $P_{G3}$ 都用 $P_{G2}$ 表示，可得

$$2.461P_{G2} = 363.49$$

于是，$P_{G2} = 147.7$ MW，$P_{G1} = 14.29 + 0.572P_{G2} = (14.29 + 0.572 \times 147.7)$ MW $= 98.77$ MW。

由于 $P_{G1}$ 已低于下限，故应取 $P_{G1} = 100$ MW。剩余的负荷功率 300 MW，应在电厂 2 和电厂 3 之间重新分配。

$$P_{G2} + P_{G3} = 300$$

将 $P_{G3}$ 用 $P_{G2}$ 表示，便得

$$P_{G2} + 22.22 + 0.889P_{G2} = 300$$

由此可解出：$P_{G2} = 147.05$ MW 和 $P_{G3} = (300 - 147.05)$ MW $= 152.95$ MW，都在限值以内。

本例还可用另一种解法。由微增耗率特性解出各厂的有功功率同耗量微增率 $\lambda$ 的关系

$$P_{G1} = \frac{\lambda - 0.3}{0.0014}, \quad P_{G2} = \frac{\lambda - 0.32}{0.0008}, \quad P_{G3} = \frac{\lambda - 0.3}{0.0009}$$

对 $\lambda$ 取不同的值，可算出各厂所发功率及其总和，然后制成表 14-2 和表 14-3（亦可绘成曲线）。

利用表 14-2 可以找出在总负荷功率为不同的数值时，各厂发电功率的最优分配方案。用表中数字绘成的微增率特性示于图 14-8。根据等微增率准则，可以直接在图上分配各厂的负荷功率。

表 14-2　负荷的经济分配方案（一）

| $\lambda$ | 0.43 | 0.44 | 0.45 | 0.46 | 0.47 | 0.48 | 0.49 | 0.50 |
|---|---|---|---|---|---|---|---|---|
| $P_{G1}$/MW | 100.00 | 100.00 | 107.14 | 114.29 | 121.43 | 128.57 | 135.71 | 142.86 |
| $P_{G2}$/MW | 137.50 | 150.00 | 162.50 | 175.00 | 187.50 | 200.00 | 212.50 | 225.00 |
| $P_{G3}$/MW | 150.00 | 155.56 | 166.67 | 177.78 | 188.89 | 200.00 | 211.11 | 222.22 |
| $\Sigma P_{Gi}$/MW | 387.50 | 405.56 | 436.31 | 467.07 | 497.82 | 528.57 | 559.32 | 590.08 |

表 14-3　负荷的经济分配方案(二)

| $\lambda$ | 0.51 | 0.52 | 0.53 | 0.54 | 0.55 | 0.56 | 0.57 | 0.58 |
|---|---|---|---|---|---|---|---|---|
| $P_{G1}$/MW | 150.00 | 157.14 | 164.29 | 171.43 | 178.57 | 185.71 | 192.86 | 200.00 |
| $P_{G2}$/MW | 237.50 | 250.00 | 250.00 | 250.00 | 250.00 | 250.00 | 250.00 | 250.00 |
| $P_{G3}$/MW | 233.33 | 244.44 | 255.56 | 266.67 | 277.78 | 288.89 | 300.00 | 300.00 |
| $\Sigma P_{Gi}$/MW | 620.83 | 651.58 | 669.85 | 688.10 | 706.35 | 724.60 | 742.86 | 750.00 |

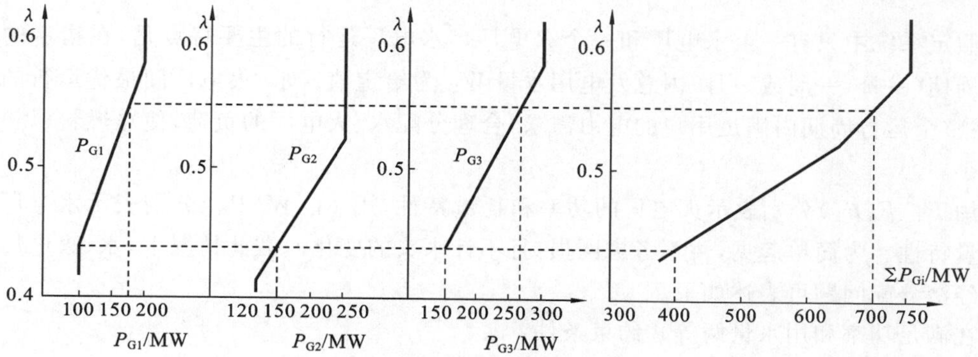

图 14-8　按等微增率分配负荷

## 14.2.4　计及网损的有功负荷经济分配

电力网络中的有功功率损耗是进行发电厂间有功负荷分配时不容忽视的一个因素。假定网络损耗为 $P_L$,则约束条件式(14-15)将改为

$$\sum_{i=1}^{n} P_{Gi} - P_L - P_{LD} = 0 \qquad (14\text{-}21)$$

拉格朗日函数可写成

$$L = \sum_{i=1}^{n} F_i - \lambda \left( \sum_{i=1}^{n} P_{Gi} - P_L - P_{LD} \right)$$

于是函数 $L$ 取极值的必要条件为

$$\frac{\partial L}{\partial P_{Gi}} = \frac{\mathrm{d}F_i}{\mathrm{d}P_{Gi}} - \lambda \left( 1 - \frac{\partial P_L}{\partial P_{Gi}} \right) = 0$$

或

$$\frac{\mathrm{d}F_i}{\mathrm{d}P_{Gi}} \times \frac{1}{\left( 1 - \dfrac{\partial P_L}{\partial P_{Gi}} \right)} = \frac{\mathrm{d}F_i}{\mathrm{d}P_{Gi}} \alpha_i = \lambda \quad (i = 1, 2, \cdots, n) \qquad (14\text{-}22)$$

这就是经过网损修正后的等微增率准则。式(14-22)亦称为 $n$ 个发电厂负荷经济分配的协调方程。式中,$\alpha_i = 1 / \left( 1 - \dfrac{\partial P_L}{\partial P_{Gi}} \right)$ 称为网损修正系数;$\dfrac{\partial P_L}{\partial P_{Gi}}$ 称为网损微增率,表示网络有功损耗对第 $i$ 个发电厂有功出力的微增率。

由于各个发电厂在网络中所处的位置不同,各厂的网损微增率是不一样的。当

$\partial P_L / \partial P_{Gi} > 0$ 时，说明发电厂 $i$ 出力增加会引起网损的增加，这时网损修正系数 $\alpha_i$ 大于 1，发电厂本身的燃料消耗微增率宜取较小的数值。若 $\partial P_L / \partial P_{Gi} < 0$，则表示发电厂 $i$ 出力增加将导致网损的减少，这时 $\alpha_i < 1$，发电厂的燃料消耗微增率宜取较大的数值。

## 14.3  水、火电厂间有功功率负荷的经济分配

### 14.3.1  一个水电厂和一个火电厂间负荷的经济分配

假定系统中只有一个水电厂和一个火电厂。水电厂运行的主要特点是，在指定的较短运行周期（一日、一周或一月）内总发电用水量 $W_\Sigma$ 为给定值。水、火电厂间最优运行的目标是：在整个运行周期内满足用户的电力需求，合理分配水、火电厂的负荷，使总燃料（煤）耗量为最小。

用 $P_T$、$F(P_T)$ 分别表示火电厂的功率和耗量特性；用 $P_H$、$W(P_H)$ 分别表示水电厂功率和耗量特性。为简单起见，暂不考虑网损，且不计水头的变化。在此情况下，水、火电厂间负荷的经济分配问题可表述如下。

在满足功率和用水量两等式约束条件：

$$P_H(t) + P_T(t) - P_{LD}(t) = 0 \tag{14-23}$$

$$\int_0^\tau W[P_H(t)]\mathrm{d}t - W_\Sigma = 0 \tag{14-24}$$

的情况下，使目标函数

$$F_\Sigma = \int_0^\tau F[P_T(t)]\mathrm{d}t$$

为最小。

这是求泛函极值的问题，一般应用变分法来解决。在一定的简化条件下也可以用拉格朗日乘数法进行处理。

把指定的运行周期 $\tau$ 划分为 $s$ 个更短的时段，即

$$\tau = \sum_{k=1}^s \Delta t_k$$

在任一时段 $\Delta t_k$ 内，假定负荷功率、水电厂和火电厂的功率不变，并分别记为 $P_{LD \cdot k}$，$P_{H \cdot k}$ 和 $P_{T \cdot k}$。这样，上述等式约束条件式（14-23）和式（14-24）将变为

$$P_{H \cdot k} + P_{T \cdot k} - P_{LD \cdot k} = 0 \qquad (k = 1, 2, \cdots, s) \tag{14-25}$$

$$\sum_{k=1}^s W(P_{H \cdot k})\Delta t_k - W_\Sigma = \sum_{k=1}^s W_k \Delta t_k - W_\Sigma = 0 \tag{14-26}$$

总共有 $s+1$ 个等式约束条件。目标函数为

$$F_\Sigma = \sum_{k=1}^s F(P_{T \cdot k})\Delta t_k = \sum_{k=1}^s F_k \Delta t_k$$

应用拉格朗日乘数法，为式（14-25）设置乘数 $\lambda_k(k=1,2,\cdots,s)$，为式（14-26）设置乘数 $\gamma$，构成拉格朗日函数

$$L = \sum_{k=1}^{s} F_k \Delta t_k - \sum_{k=1}^{s} \lambda_k (P_{\mathrm{H}\cdot k} + P_{\mathrm{T}\cdot k} - P_{\mathrm{LD}\cdot k}) \Delta t_k + \gamma \left( \sum_{k=1}^{s} W_k \Delta t_k - W_\Sigma \right)$$

上式的右端包含有 $P_{\mathrm{H}\cdot k}$、$P_{\mathrm{T}\cdot k}$、$\lambda_k (k=1,2,\cdots,s)$ 和 $\gamma$ 共 $3s+1$ 个变量。将拉格朗日函数分别对这 $3s+1$ 个变量取偏导数,并令其为零,便得下列 $3s+1$ 个方程。

$$\frac{\partial L}{\partial P_{\mathrm{H}\cdot k}} = \gamma \frac{\mathrm{d}W_k}{\mathrm{d}P_{\mathrm{H}\cdot k}} \Delta t_k - \lambda_k \Delta t_k = 0 \qquad (k=1,2,\cdots,s) \tag{14-27}$$

$$\frac{\partial L}{\partial P_{\mathrm{T}\cdot k}} = \frac{\mathrm{d}F_k}{\mathrm{d}P_{\mathrm{T}\cdot k}} \Delta t_k - \lambda_k \Delta t_k = 0 \qquad (k=1,2,\cdots,s) \tag{14-28}$$

$$\frac{\partial L}{\partial \lambda_k} = -(P_{\mathrm{T}\cdot k} + P_{\mathrm{H}\cdot k} - P_{\mathrm{LD}\cdot k}) \Delta t_k = 0 \qquad (k=1,2,\cdots,s) \tag{14-29}$$

$$\frac{\partial L}{\partial \gamma} = \sum_{k=1}^{s} W_k \Delta t_k - W_\Sigma = 0 \tag{14-30}$$

式(14-29)和式(14-30)就是原来的等式约束条件。式(14-27)和式(14-28)可以合写成

$$\frac{\mathrm{d}F_k}{\mathrm{d}P_{\mathrm{T}\cdot k}} = \gamma \frac{\mathrm{d}W_k}{\mathrm{d}P_{\mathrm{H}\cdot k}} = \lambda_k \qquad (k=1,2,\cdots,s)$$

如果时间段取得足够短,则认为任何瞬间都必须满足

$$\frac{\mathrm{d}F}{\mathrm{d}P_{\mathrm{T}}} = \gamma \frac{\mathrm{d}W}{\mathrm{d}P_{\mathrm{H}}} = \lambda \tag{14-31}$$

式(14-31)表明,在水、火电厂间负荷的经济分配也符合等微增率准则。

下面说明系数 $\gamma$ 的物理意义。当火电厂增加功率 $\Delta P$ 时,煤耗增量为

$$\Delta F = \frac{\mathrm{d}F}{\mathrm{d}P_{\mathrm{T}}} \Delta P$$

当水电厂增加功率 $\Delta P$ 时,耗水增量为

$$\Delta W = \frac{\mathrm{d}W}{\mathrm{d}P_{\mathrm{H}}} \Delta P$$

将两式相除并计及式(14-31)可得

$$\gamma = \frac{\Delta F}{\Delta W}$$

$\Delta F$ 的单位是 t/h,$\Delta W$ 的单位为 $\mathrm{m}^3$/h,因此 $\gamma$ 的单位为 t(煤)/$\mathrm{m}^3$(水)。这就是说,按发出相同数量的电功率进行比较,1 立方米的水相当于 $\gamma$ 吨煤。因此,$\gamma$ 又称为水煤换算系数。

把水电厂的水耗量乘以 $\gamma$,相当于把水换成了煤,水电厂就变成了等值的火电厂。然后直接套用火电厂间负荷分配的等微增率准则,就可得到式(14-31)。

另一方面,若系统的负荷不变,让水电厂增发功率 $\Delta P$,则忽略网损时,火电厂就可以少发功率 $\Delta P$。这意味着用耗水增量 $\Delta W$ 来换取煤耗的节约 $\Delta F$。当在指定的运行周期内总耗水量给定,并且整个运行周期内 $\gamma$ 值都相同时,煤耗的节约为最大。这也是等微增率准则的一种应用。水耗微增率特性可从耗水量特性求出,它与火电厂的微增率特性曲线相似。

按等微增率准则在水、火电厂间进行负荷分配时,需要适当选择 $\gamma$ 的数值。一般情况下,$\gamma$ 值的大小与该水电厂在指定的运行周期内给定的用水量有关。在丰水期给定的用水量较多,水电厂可以多带负荷,$\gamma$ 应取较小的值,因而根据式(14-31),水耗微增率就较大。由于水耗微增率特性曲线是上升曲线,较大的 $\mathrm{d}W/\mathrm{d}P_{\mathrm{H}}$ 对应较大的发电量和用水量。反之,在

枯水期给定的用水量较少，水电厂应少带负荷。此时 $\gamma$ 应取较大的值，使水耗微增率较小，从而对应较小的发电量和用水量。$\gamma$ 值的选取应使给定的水量在指定的运行期间正好全部用完。

对于上述的简单情况，计算步骤大致如下：

(1) 给定初值 $\gamma^{(0)}$，这就相当于把水电厂折算成了等值火电厂。置迭代计数 $k=0$。

(2) 计算全部时段的负荷分配。

(3) 校验总耗水量 $W^{(k)}$ 是否同给定值 $W_\Sigma$ 相等，即判断是否满足

$$|W^{(k)} - W_\Sigma| < \varepsilon$$

若满足则计算结束，打印结果，否则作下一步计算。

(4) 若 $W^{(k)} > W_\Sigma$，则说明 $\gamma^{(k)}$ 之值取得过小，应取 $\gamma^{(k+1)} > \gamma^{(k)}$；若 $W^{(k)} < W_\Sigma$，则说明 $\gamma^{(k)}$ 之值取得偏大，应取 $\gamma^{(k+1)} < \gamma^{(k)}$。然后迭代计数加1，返回第2步，继续计算。

**例 14-4** 一个火电厂和一个水电厂并联运行。火电厂的燃料消耗特性为

$$F = (3 + 0.4P_T + 0.00035P_T^2) \quad t/h$$

水电厂的耗水量特性为

$$W = (2 + 0.8P_H + 1.5 \times 10^{-3} P_H^2) \quad m^3/s$$

水电厂的给定日用水量为 $W_\Sigma = 1.5 \times 10^7 \, m^3$。系统的日负荷变化如下：

0～8 时 负荷为 350 MW，8～18 时 负荷为 700 MW，18～24 时 负荷为 500 MW。火电厂容量为 600 MW，水电厂容量为 450 MW。试确定水、火电厂间的功率经济分配。

**解** （一）由已知的水、火电厂耗量特性可得协调方程式：

$$0.4 + 0.0007P_T = \gamma(0.8 + 0.003P_H)$$

对于每一时段，有功功率平衡方程式为

$$P_T + P_H = P_{LD}$$

由上述两方程可解出

$$P_H = \frac{0.4 - 0.8\gamma + 0.0007P_{LD}}{0.003\gamma + 0.0007}$$

$$P_T = \frac{0.8\gamma - 0.4 + 0.003\gamma P_{LD}}{0.003\gamma + 0.0007}$$

（二）选 $\gamma$ 的初值，例如取 $\gamma^{(0)} = 0.5$，按已知各个时段的负荷功率值 $P_{LD1} = 350$ MW，$P_{LD2} = 700$ MW 和 $P_{LD3} = 500$ MW，即可算出水、火电厂在各时段应分担的负荷为

$$P_{H1}^{(0)} = 111.36 \text{ MW}, \quad P_{T1}^{(0)} = 238.64 \text{ MW}$$
$$P_{H2}^{(0)} = 222.72 \text{ MW}, \quad P_{T2}^{(0)} = 477.28 \text{ MW}$$
$$P_{H3}^{(0)} = 159.09 \text{ MW}, \quad P_{T3}^{(0)} = 340.91 \text{ MW}$$

利用所求出的功率值和水电厂的水耗特性计算全日的发电耗水量，即

$$W_\Sigma^{(0)} = [(2 + 0.8 \times 111.36 + 1.5 \times 10^{-3} \times 111.36^2) \times 8 \times 3600$$
$$+ (2 + 0.8 \times 222.72 + 1.5 \times 10^{-3} \times 222.72^2) \times 10 \times 3600$$
$$+ (2 + 0.8 \times 159.09 + 1.5 \times 10^{-3} \times 159.09^2) \times 6 \times 3600] \, m^3$$
$$= 1.5936858 \times 10^7 \, m^3$$

这个数值大于给定的日用水量,故宜增大 $\gamma$ 值。

(三) 取 $\gamma^{(1)} = 0.52$,重作计算,求得

$$P_{H1}^{(1)} = 101.33 \text{ MW}, \quad P_{H2}^{(1)} = 209.73 \text{ MW}, \quad P_{H3}^{(1)} = 147.79 \text{ MW}$$

相应的日耗水量为

$$W_{\Sigma}^{(1)} = 1.462809 \times 10^7 \text{ m}^3$$

这个数值比给定用水量小,$\gamma$ 的取值应略为减小。若取 $\gamma^{(2)} = 0.514$,可算出

$$P_{H1}^{(2)} = 104.28 \text{ MW}, \quad P_{H2}^{(2)} = 213.56 \text{ MW}, \quad P_{H3}^{(2)} = 151.11 \text{ MW}$$

$$W_{\Sigma}^{(2)} = 1.5009708 \times 10^7 \text{ m}^3$$

继续作迭代,将计算结果列于表 14-4。

**表 14-4　迭代过程中系数 $\gamma$、各厂功率和总耗水量的变化情况**

| $\gamma$ | $P_{H1}/\text{MW}$ | $P_{H2}/\text{MW}$ | $P_{H3}/\text{MW}$ | $W_{\Sigma}/\text{m}^3$ |
|---|---|---|---|---|
| 0.50 | 111.36 | 222.72 | 159.09 | $1.5936858 \times 10^7$ |
| 0.52 | 101.33 | 209.73 | 147.79 | $1.4628090 \times 10^7$ |
| 0.514 | 104.28 | 213.56 | 151.11 | $1.5009708 \times 10^7$ |
| 0.51415 | 104.207 | 213.463 | 151.031 | $1.5000051 \times 10^7$ |

作四次迭代计算后,水电厂的日用水量已很接近给定值,计算到此结束。

## 14.3.2　计及网损时若干个水、火电厂间负荷的经济分配

设系统中有 $m$ 个水电厂和 $n$ 个火电厂,在指定的运行期间 $\tau$ 内系统的负荷 $P_{LD}(t)$ 已知,第 $j$ 个水电厂的发电总用水量也已给定为 $W_{j\Sigma}$。对此,计及有功网络损耗 $P_L(t)$ 时,水、火电厂间负荷经济分配的目标是,在满足约束条件

$$\sum_{j=1}^{m} P_{Hj}(t) + \sum_{i=1}^{n} P_{Ti}(t) - P_L(t) - P_{LD}(t) = 0 \tag{14-32}$$

和

$$\int_0^{\tau} W_j(P_{Hj}) \mathrm{d}t - W_{j\Sigma} = 0 \quad (j = 1, 2, \cdots, m) \tag{14-33}$$

的情况下,使目标函数

$$F_{\Sigma} = \sum_{i=1}^{n} \int_0^{\tau} F_i(P_{Ti}) \mathrm{d}t \tag{14-34}$$

为最小。

仿照上一小节的处理方法,把运行周期划分为 $s$ 个小段,每一个时间小段内假定各电厂的功率和负荷功率都不变,则式(14-32)~(14-34)可以分别改写成

$$\sum_j P_{Hj \cdot k} + \sum_i P_{Ti \cdot k} - P_{L \cdot k} - P_{LD \cdot k} = 0 \quad (k = 1, 2, \cdots, s) \tag{14-35}$$

$$\sum_{k=1}^{s} W_{j \cdot k}(P_{Hj \cdot k}) \Delta t_k - W_{j\Sigma} = 0 \quad (j = 1, 2, \cdots, m) \tag{14-36}$$

$$F_{\Sigma} = \sum_{i=1}^{n} \sum_{k=1}^{s} F_{i \cdot k}(P_{Ti \cdot k}) \Delta t_k \tag{14-37}$$

设置拉格朗日乘数 $\lambda_k(k=1,2,\cdots,s)$ 和 $\gamma_j(j=1,2,\cdots,m)$，构造拉格朗日函数

$$L = \sum_{i=1}^{n} \sum_{k=1}^{s} F_{i\cdot k}(P_{\mathrm{T}i\cdot k}) \Delta t_k - \sum_{k=1}^{s} \lambda_k \Big( \sum_{j=1}^{m} P_{\mathrm{H}j\cdot k} + \sum_{i=1}^{n} P_{\mathrm{T}i\cdot k} - P_{\mathrm{L}\cdot k} - P_{\mathrm{LD}\cdot k} \Big) \Delta t_k$$

$$+ \sum_{j=1}^{m} \gamma_j \Big[ \sum_{k=1}^{s} W_{j\cdot k}(P_{\mathrm{H}j\cdot k}) \Delta t_k - W_{j\Sigma} \Big]$$

将函数 $L$ 对 $P_{\mathrm{H}j\cdot k}$、$P_{\mathrm{T}i\cdot k}$、$\lambda_k$ 和 $\gamma_j$ 分别取偏导数，并令其等于零，便得

$$\frac{\partial L}{\partial P_{\mathrm{H}j\cdot k}} = -\lambda_k \Big( 1 - \frac{\partial P_{\mathrm{L}\cdot k}}{\partial P_{\mathrm{H}j\cdot k}} \Big) \Delta t_k + \gamma_j \frac{\mathrm{d}W_{j\cdot k}(P_{\mathrm{H}j\cdot k})}{\mathrm{d}P_{\mathrm{H}j\cdot k}} \Delta t_k = 0 \tag{14-38}$$

$$(j = 1, 2, \cdots, m; \ k = 1, 2, \cdots, s)$$

$$\frac{\partial L}{\partial P_{\mathrm{T}i\cdot k}} = \frac{\mathrm{d}F_{i\cdot k}(P_{\mathrm{T}i\cdot k})}{\mathrm{d}P_{\mathrm{T}i\cdot k}} \Delta t_k - \lambda_k \Big( 1 - \frac{\partial P_{\mathrm{L}\cdot k}}{\partial P_{\mathrm{T}i\cdot k}} \Big) \Delta t_k = 0 \tag{14-39}$$

$$(i = 1, 2, \cdots, n; \ k = 1, 2, \cdots, s)$$

$$\frac{\partial L}{\partial \lambda_k} = -\Big( \sum_{j=1}^{m} P_{\mathrm{H}j\cdot k} + \sum_{i=1}^{n} P_{\mathrm{T}i\cdot k} - P_{\mathrm{L}\cdot k} - P_{\mathrm{LD}\cdot k} \Big) \Delta t_k = 0 \tag{14-40}$$

$$(k = 1, 2, \cdots, s)$$

$$\frac{\partial L}{\partial \gamma_j} = \sum_{k=1}^{s} W_{j\cdot k}(P_{\mathrm{H}j\cdot k}) \Delta t_k - W_{j\Sigma} = 0 \qquad (j = 1, 2, \cdots, m) \tag{14-41}$$

以上共包含有 $(m+n+1)s+m$ 个方程，从而可以解出所有的 $P_{\mathrm{H}j\cdot k}$、$P_{\mathrm{T}i\cdot k}$、$\lambda_k$ 及 $\gamma_j$。后两个方程即是等式约束条件式（14-35）和式（14-36）。而前两个方程则可以合写成

$$\frac{\mathrm{d}F_{i\cdot k}(P_{\mathrm{T}i\cdot k})}{\mathrm{d}P_{\mathrm{T}i\cdot k}} \times \frac{1}{1 - \dfrac{\partial P_{\mathrm{L}\cdot k}}{\partial P_{\mathrm{T}i\cdot k}}} = \gamma_j \frac{\mathrm{d}W_{j\cdot k}(P_{\mathrm{H}j\cdot k})}{\mathrm{d}P_{\mathrm{H}j\cdot k}} \times \frac{1}{1 - \dfrac{\partial P_{\mathrm{L}\cdot k}}{\partial P_{\mathrm{H}j\cdot k}}} = \lambda_k$$

上式对任一时段均成立，故可写成

$$\frac{\mathrm{d}F_i}{\mathrm{d}P_{\mathrm{T}i}} \times \frac{1}{1 - \dfrac{\partial P_{\mathrm{L}}}{\partial P_{\mathrm{T}i}}} = \gamma_j \frac{\mathrm{d}W_j}{\mathrm{d}P_{\mathrm{H}j}} \times \frac{1}{1 - \dfrac{\partial P_{\mathrm{L}}}{\partial P_{\mathrm{H}j}}} = \lambda \tag{14-42}$$

这就是计及网损时，多个水、火电厂负荷经济分配的条件，亦称为协调方程式。

和式（14-31）比较，式（14-42）除了添进网损修正系数以外，再没有什么差别。只是把等微增率准则推广应用到了更多个发电厂的情况。

# 14.4　无功功率负荷的经济分配

## 14.4.1　等微增率准则的应用

产生无功功率并不消耗能源，但是无功功率在网络中传送则会产生有功功率损耗。电力系统的经济运行，首先是要求在各发电厂（或机组）间进行有功负荷的经济分配。在有功负荷分配已确定的前提下，调整各无功电源之间的负荷分布，使有功网损达到最小，这就是无功功率负荷经济分布的目标。

网络中的有功功率损耗可表示为所有节点注入功率的函数，即

$$P_L = P_L(P_1, P_2, \cdots, P_n, Q_1, Q_2, \cdots, Q_n)$$

进行无功负荷经济分布时，除平衡机以外（因无功分布未定，总有功网损也未定），所有发电机的有功功率都已确定，各节点负荷的无功功率也是已知的，待求的是节点无功电源的功率。无功电源可以是发电机、同步调相机、静电电容器和静止补偿器等。假定这些无功功率电源接于节点 $1, 2, \cdots, m$，其出力和节点电压的变化范围都不受限制，则无功负荷经济分配问题的数学表述为：在满足

$$\sum_{i=1}^{m} Q_{Gi} - Q_L - Q_{LD} = 0$$

的条件下，使 $P_L$ 达到最小。条件式中 $Q_L$ 是网络的无功功率损耗。

应用拉格朗日乘数法，构造拉格朗日函数为

$$L = P_L - \lambda \left( \sum_{i=1}^{m} Q_{Gi} - Q_L - Q_{LD} \right)$$

将 $L$ 分别对 $Q_{Gi}$ 和 $\lambda$ 取偏导数并令其等于零，便得

$$\frac{\partial L}{\partial Q_{Gi}} = \frac{\partial P_L}{\partial Q_{Gi}} - \lambda \left( 1 - \frac{\partial Q_L}{\partial Q_{Gi}} \right) = 0 \quad (i = 1, 2, \cdots, m)$$

$$\frac{\partial L}{\partial \lambda} = -\left( \sum_{i=1}^{m} Q_{Gi} - Q_L - Q_{LD} \right) = 0$$

共 $m+1$ 个方程。于是得到无功功率负荷经济分布的条件为

$$\frac{\partial P_L}{\partial Q_{Gi}} \times \frac{1}{1 - \dfrac{\partial Q_L}{\partial Q_{Gi}}} = \frac{\partial P_L}{\partial Q_{Gi}} \beta_i = \lambda \qquad (14\text{-}43)$$

式中，偏导数 $\partial P_L / \partial Q_{Gi}$ 是网络有功损耗对于第 $i$ 个无功电源功率的微增率；$\partial Q_L / \partial Q_{Gi}$ 是无功网损对于第 $i$ 个无功电源功率的微增率；$\beta_i = 1/(1 - \partial Q_L / \partial Q_{Gi})$ 称为无功网损修正系数。

对比式（14-22）和式（14-43）可以看到，这两个公式完全相似。式（14-43）是等微增率准则在无功功率负荷经济分配问题中的具体应用。式（14-43）说明，当各无功电源点的网损微增率相等时，网损达到最小。

实际上，在按等网损微增率分配无功负荷时，还必须考虑以下的不等式约束条件。

$$Q_{Gimin} \leqslant Q_{Gi} \leqslant Q_{Gimax}$$

$$U_{imin} \leqslant U_i \leqslant U_{imax}$$

在计算过程中，必须逐次检验这些条件，并进行必要的处理。最后的结果可能只有一部分电源点是按等微增率条件式（14-43）进行负荷分配，而另一部分电源点按限值或调压要求分配无功负荷。这样，对于 $Q_i = Q_{imax}$ 的节点，其 $\lambda$ 值必然偏小；对于 $Q_i = Q_{imin}$ 的节点则相反，其 $\lambda$ 值可能偏大。所以，在实际系统中各节点的 $\lambda$ 值往往不会全部相等。

## 14.4.2　无功功率补偿的经济配置

上述无功负荷经济分配的原则也可以应用于无功补偿容量的经济配置。其差别仅在于：在现有无功电源之间分配负荷不要支付费用，而增添补偿装置则要增加支出。设置无功补偿装置一方面能节约网络电能损耗，另一方面又要增加费用，因此无功补偿容量合理配置的目标应该是总的经济效益为最优。

在节点 $i$ 装设补偿容量 $Q_{Ci}$ 每年所能节约的网络能量损耗费以 $C_{ei}(Q_{Ci})$ 表示。由于装设补偿容量 $Q_{Ci}$，每年需要支出的费用以 $C_{di}(Q_{Ci})$ 表示，这部分年支出费用包括补偿设备的折旧维修费、投资的年回收费，以及补偿设备本身的能量损耗费用。折旧维修费和投资回收费一般是按补偿设备投资的一定百分比进行计算，补偿设备的功率损耗一般正比于其容量。如果补偿装置每单位容量的投资同总的装设容量无关，则年支出费用 $C_{di}(Q_{Ci})$ 就同 $Q_{Ci}$ 呈比例关系，即

$$C_{di}(Q_{Ci}) = k_c Q_{Ci}$$

比例系数 $k_c$ 就是每单位无功补偿容量的年费用。在不同的地点安装每单位无功补偿装置所花的费用基本相同；而在同一个系统内各处网络电能损耗的成本也基本一致。所以比例系数 $k_c$ 对于不同的节点都是相同的。

在节点 $i$ 装设补偿设备 $Q_{Ci}$，所取得的费用节约为

$$\Delta C_{ei}(Q_{Ci}) = C_{ei}(Q_{Ci}) - C_{di}(Q_{Ci})$$

不言而喻，无功补偿容量只应配给 $\Delta C_e > 0$ 的节点，而不应配给 $\Delta C_e < 0$ 的节点。而为了取得最大的经济效益，应按

$$\frac{\partial \Delta C_{ei}(Q_{Ci})}{\partial Q_{Ci}} = 0$$

即

$$\frac{\partial C_{ei}(Q_{Ci})}{\partial Q_{Ci}} = \frac{\partial C_{di}(Q_{Ci})}{\partial Q_{Ci}} = k_c \tag{14-44}$$

来确定应该配给的补偿容量。$\partial C_{ei}(Q_{Ci})/\partial Q_{Ci}$ 为网损节约对无功补偿容量的微增率，简称网损节约微增率。式(14-44)的含义是，对各补偿点配置补偿容量，应使每一个补偿点在装设最后一个单位的补偿容量时所得到的年网损节约折价恰好等于单位补偿容量所需的年费用。在这种情况下，将能取得最大的经济效益。

按照式(14-44)所确定的经济补偿容量一般较大。在工程实际中，可能遇到的无功经济补偿的问题是在给定全电网总的补偿容量 $Q_{C\Sigma}$ 的条件下，寻求最经济合理的分配方案。此时，问题将变为：在满足

$$\Sigma Q_{Ci} - Q_{C\Sigma} = 0$$

的约束条件下，使总的费用节约

$$C_{\Sigma} = \sum_i \Delta C_{ei}(Q_{Ci})$$

达到最大。

选择乘数 $\lambda_c$，构造拉格朗日函数

$$L = \sum_i \Delta C_{ei}(Q_{Ci}) - \lambda_c \left( \sum Q_{Ci} - Q_{C\Sigma} \right)$$

然后求函数 $L$ 的极值，可得

$$\frac{\partial \Delta C_{ei}(Q_{Ci})}{\partial Q_{Ci}} = \frac{\partial [C_{ei}(Q_{Ci}) - C_{di}(Q_{Ci})]}{\partial Q_{Ci}} = \lambda_c$$

或

$$\frac{\partial C_{ei}(Q_{Ci})}{\partial Q_{Ci}} = \lambda_c + k_c = \gamma_c \tag{14-45}$$

补偿容量有限时,$\lambda_c$总是正的,因此$\gamma_c > k_c$。式(14-45)表明,补偿容量应按网损节约微增率相等的原则,在各补偿点之间进行分配;分配的结果应当是所有补偿点的网损节约微增率都等于某一常数$\gamma_c$,而一切未配置补偿容量之点的网损节约微增率都应小于$\gamma_c$。

这里还要指出,由于无功补偿容量的经济分配是以年费用节约作为目标函数的,因此上述各式中的无功负荷并不是某一指定运行方式下的数值,而是无功负荷的年平均值。

以上的讨论没有涉及不等式约束条件。实际上,对电力系统进行无功补偿的目的是要在满足电压质量要求的条件下取得最好的经济效益。如果给定无功补偿容量的经济分配不能满足某些节点的调压要求,而经过技术经济分析又认为采用无功补偿是最为合理的调压手段时,则对这部分节点应按调压要求配给补偿容量,而对其余的补偿点仍按等微增率准则分配补偿容量。

在这里,顺便对无功补偿问题作一个简要的概括。前面从无功功率平衡,电压调整和经济运行这三个不同的角度讨论过无功补偿问题。一般说这三个方面的要求是不会相互矛盾的,为满足无功功率平衡而设置的补偿容量必有助于提高电压水平,为减少网络电压损耗而增添的无功补偿也必然会降低网损。应该说,按无功功率在正常电压水平下的平衡所确定的无功补偿容量是必须首先满足的。不论实际能提供的补偿容量为多少,在考虑其配置方案时,都要以调压要求作为约束条件,按经济原则,即按式(14-45)进行分配。

# 小　结

电力系统经济运行的目标是,在保证安全优质供电的条件下,尽量降低供电能耗(或成本)。

网损率是衡量电力企业管理水平的重要指标之一。减少无功功率的传送,合理组织电力网的运行方式,改善网络中的潮流分布等都能降低网络的功率损耗。要了解这些技术措施的降损原理和应用条件。任一种降损措施的采用,都不应降低电能质量和供电的安全性。以提供充足、可靠和优质的电力供应为目的,对原有配电网络进行扩建和改造,也是降低网络损耗的有效措施。

负荷在两台机组间进行分配,当两机组的能耗(或成本)微增率相等时,总的能耗(或成本)将达到最小。这就是等微增率准则,是经典法负荷经济分配的理论依据。

在水、火电厂联合运行的系统中,可以通过水煤换算系数$\gamma$将水电厂折合成等值的火电厂,然后就像火电厂一样进行负荷分配。对每一个水电厂$\gamma$值的选取应使该水电厂在指定运行周期内的给定用水量恰好用完。

在有功负荷分布已确定的前提下,调整各无功电源的负荷分布,使网络有功损耗对各无功电源功率的微增率相等时,网络的有功损耗达到最小。在分配无功补偿容量时,如果各补偿点的网损节约对补偿容量的微增率都相等,则无功补偿的总经济效益为最优。这就是等微增率准则在无功功率的经济调度和无功补偿容量的经济配置中的应用。

要了解在计算过程中各种不等式约束条件的处理方法及其对计算结果的影响。

要了解网损修正系数在电厂间负荷经济分配中的意义和作用。

顺便指出,在电力系统的发电、输电、配电各环节都隶属于一个利益主体实行垄断经营的条件下,电力系统经济调度的目标将按照自上而下的统一安排来实现。

当前世界各国的电力工业正在大力推进市场化改革,我国也不例外。在电力市场条件下,发电厂和电力网将分别属于不同的利益主体,同一电力系统中许多发电厂也可能分别由多个独立核算单位负责经营。由于电能生产的特殊性,电力系统中的发电、输电、配电、用电各环节在运行中仍保持为物理上的统一整体,但在经营方面,参与电能交易的每一方都会追求本身的最大利益,这种情况下已不可能仅靠行政手段来实施电力系统的经济运行。在电力市场环境下,将运用经济杠杆,在有关法律法规的指导下,通过电能交易各方的平等有序的竞争和协调,逐步达到社会动力资源的有效利用和电能生产、输送和消费的优化分配。

# 习　　题

14-1　110 kV 输电线路长 120 km,$r_1=0.17$ Ω/km,$x_1=0.406$ Ω/km,$b_1=2.82\times10^{-6}$ S/km。线路末端最大负荷 $S_{\max}=(32+j22)$ MV·A,$T_{\max}=4500$ h,求线路全年电能损耗。

14-2　若题 14-1 中负荷的功率因数提高到 0.92,电价为 0.20 元/kW·h,求电能损耗节约的费用。

14-3　若对题 14-1 的线路进行升压改造,线路电压升为 220 kV,升压后线路参数为:$r_1=0.17$ Ω/km,$x_1=0.417$ Ω/km,$b_1=2.74\times10^{-6}$ S/km,负荷仍如题 14-1,试求全年电能损耗。若电价为 0.20 元/kW·h,试计算电能损耗的节约费用。

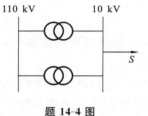

题 14-4 图

14-4　两台型号为 SFL$_1$-40000/110 的变压器并联运行,如题 14-4 图所示。每台参数为:$\Delta P_0=41.5$ kW,$I_0=0.7\%$,$\Delta P_S=203.4$ kW,$U_S=10.5\%$。负荷 $S_{\max}=(50+j36)$ MV·A,$T_{\max}=4000$ h,求全年电能损耗。

14-5　一台联系 110,35 和 10 kV 三个电压级的三相三绕组变压器,型号为 SFSL$_1$-63000/110,容量比为 100/100/100,$\Delta P_0=84$ kW,$I_0=2.5\%$,$\Delta P_{S(1-2)}=410$ kW,$\Delta P_{S(1-3)}=410$ kW,$\Delta P_{S(2-3)}=260$ kW,$U_{S(1-2)}=10.5\%$,$U_{S(1-3)}=18\%$,$U_{S(2-3)}=6.5\%$。35 kV 侧的负荷为 $S_{\mathrm{II\,max}}=(36+j33.75)$ MV·A,$T_{\max}=4500$ h。10 kV 侧的负荷为 $S_{\mathrm{III\,max}}=(10+j6)$ MV·A,$T_{\max}=4000$ h。求变压器的电能损耗。

14-6　若上题负荷的功率因数保持不变,负荷的同时率为 1,最小负荷率均为 $\alpha=0.42$,用等值负荷法计算变压器的电能损耗,并与上题的计算结果比较。

14-7　两台 SJL$_1$-2000/35 型变压器并联运行,每台的数据为 $\Delta P_0=4.2$ kW,$\Delta P_S=24$ kW。试求可以切除一台变压器的临界负荷值。

14-8　变电所装设两台变压器,一台为 SJL$_1$-2000/35 型,$\Delta P_0=4.2$ kW,$\Delta P_S=24$ kW;另一台为 STL$_1$-4000/35 型,$\Delta P_0=6.8$ kW,$\Delta P_S=39$ kW。若两台变压器并联运行时功率分布与变压器容量成正比,为减少损耗,试根据负荷功率的变化合理安排变压器的运行方式。

14-9　两个火电厂并联运行,其燃料耗量特性如下:

$$F_1=(4+0.3P_{G1}+0.0008P_{G1}^2)\text{t/h},\quad 200\leqslant P_{G1}\leqslant300\text{ MW};$$

$$F_2 = (3+0.33P_{G2}+0.0004P_{G2}^2)\text{t/h}, \quad 340 \leqslant P_{G2} \leqslant 560 \text{ MW}.$$

系统总负荷分别为 850 MW 和 550 MW,试确定不计网损时各厂负荷的经济分配。

14-10　一个火电厂和一个水电厂并联运行。火电厂的燃料耗量特性为 $F = (3 + 0.4P_T + 0.0005\,P_T^2)\text{t/h}$。水电厂的耗水量特性为 $W = (2 + 1.5P_H + 1.5 \times 10^{-3}\,P_H^2)\text{m}^3/\text{s}$。水电厂给定的日耗水量为 $W_\Sigma = 2 \times 10^7 \text{ m}^3$。系统的日负荷曲线为:0～8 时,350 MW;8～18 时,700 MW;18～24 时,500 MW。火电厂容量为 600 MW,水电厂容量为 400 MW。试确定系统负荷在两电厂的经济分配。

# 第15章 电力系统运行稳定性 的基本概念

本章叙述了电力系统稳定性的含义和分类,介绍了静态稳定、暂态稳定、负荷稳定及电压稳定等初步概念,导出了适合于电力系统分析计算用的同步电机转子运动方程。

## 15.1 概 述

电力系统正常运行的一个重要标志,乃是系统中的同步电机(主要是发电机)都处于同步运行状态。所谓同步运行状态是指所有并联运行的同步电机都有相同的电角速度。在这种情况下,表征运行状态的参数具有接近于不变的数值,通常称此情况为稳定运行状态。

随着电力系统的发展和扩大,往往会有这样一些情况:水电厂或坑口火电厂通过长距离交流输电线路将大量的电力输送到中心系统,在输送功率大到一定的数值后,电力系统稍微有点小的扰动都有可能出现电流、电压、功率等运行参数剧烈变化和振荡的现象,这表明系统中的发电机之间失去了同步,电力系统不能保持稳定运行状态;当电力系统中个别元件发生故障时,虽然自动保护装置已将故障元件切除,但是,电力系统受到这种大的扰动后,也有可能出现上述运行参数剧烈变化和振荡现象;运行人员的正常操作,如切除输电线路、发电机等,亦有可能导致电力系统稳定运行状态的破坏。

通常,人们把电力系统在运行中受到微小的或大的扰动之后能否继续保持系统中同步电机(最主要的是同步发电机)间同步运行的问题,称为电力系统同步稳定性问题。电力系统同步运行的稳定性是根据受扰后系统中并联运行的同步发电机转子之间的相对位移角(或发电机电势之间的相角差)的变化规律来判断的,因此,这种性质的稳定性又称为功角稳定性。

电力系统中电源的配置与负荷的实际分布总是不一致的,当系统通过输电线路向电源配置不足的负荷中心地区大量传送功率时,随着传送功率的增加,受端系统的电压将会逐渐下降。在有些情况下,可能出现不可逆转的电压持续下降,或者电压长期滞留在安全运行所不能容许的低水平上而不能恢复。这就是说电力系统发生了电压失稳,它将造成局部地区的供电中断,在严重的情况下还可能导致电力系统的功角稳定丧失。

电力系统稳定性的破坏,将造成大量用户供电中断,甚至导致整个系统的瓦解,后果极为严重。因此,保持电力系统运行的稳定性,对于电力系统安全可靠运行,具有非常重要的意义。

## 15.2 功角的概念

图 15-1 所示的简单电力系统,发电机 G 通过升压变压器 T-1、输电线路 L、降压变压器

T-2 接到受端电力系统。假定受端系统容量相对于发电机来说是很大的,则发电机输送任何功率时,受端母线电压的幅值和频率均不变(即所谓无限大容量母线)。当送端发电机为隐极机时,可以作出系统的等值电路如图 15-1 所示。图中受端系统可以看作为内阻抗为零、电压为 $\dot{U}$ 的发电机。各元件的电阻及导纳均略去不计时,系统的总电抗为

$$X_{d\Sigma} = X_d + X_{T1} + \frac{1}{2}X_L + X_{T2} \tag{15-1}$$

由图 15-2 的相量图可知

$$IX_{d\Sigma}\cos\varphi = E_q\sin\delta \tag{15-2}$$

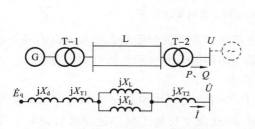

图 15-1 简单电力系统及其等值电路

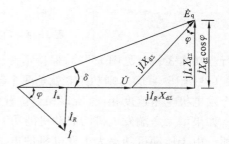

图 15-2 简单电力系统的相量图

两端同时乘以 $U/X_{d\Sigma}$,计及发电机输出功率 $P_e = P = UI\cos\varphi$,便得

$$P_e = \frac{E_q U}{X_{d\Sigma}}\sin\delta \tag{15-3}$$

利用式(10-25),注意到在图 15-1 所示的简单系统中 $|Z_{11}| = |Z_{12}| = X_{d\Sigma}$,$\alpha_{11} = \alpha_{12} = 0$,也可直接得到这个表达式。

当发电机的电势 $E_q$ 和受端电压 $U$ 均为恒定时,传输功率 $P_e$ 是角度 $\delta$ 的正弦函数(见图 15-3)。角度 $\delta$ 为电势 $\dot{E}_q$ 与电压 $\dot{U}$ 之间的相位角。因为传输功率的大小与相位角 $\delta$ 密切相关,因此又称 $\delta$ 为功角或功率角。传输功率与功角的关系 $P_e = f(\delta)$,称为功角特性或功率特性。

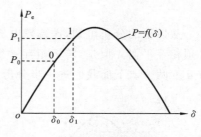

图 15-3 功角特性

功角 $\delta$ 在电力系统稳定问题的研究中占有特别重要的地位。因为它除了表示电势 $\dot{E}_q$ 和电压 $\dot{U}$ 之间的相位差,即表征系统的电磁关系之外,还表明了各发电机转子之间的相对空间位置(故又称为位置角)。$\delta$ 角随时间的变化描述了各发电机转子间的相对运动。而发电机转子间的相对运动性质,恰好是判断各发电机之间是否同步运行的依据。为了说明这个概念,我们把各发电机的转子画出来,如图 15-4 所示。在正常运行时,发电机输出的电磁功率为 $P_e = P_0$。此时,发电机转子上作用着两个转矩(不计摩擦等因素):一个是原动机的转矩 $M_T$(或用功率 $P_T$ 表示),它推动转子旋转;另一个是与发电机输出的电磁功率 $P_e$ 对应的电磁转矩 $M_e$,它制止转子旋转。在正常运行情况下,两者相互平衡,即 $P_T = P_e = P_0$。因而发电机以恒定速度旋转,且与受端系统的发电机的转速(指电角速度)相同(设为同步速度 $\omega_N$),即两者同步

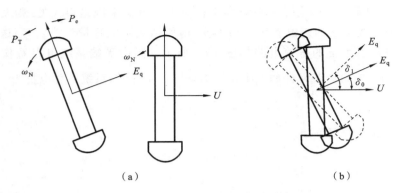

（a）　　　　　　　　　　　　（b）

图 15-4　功角相对空间位置的概念

运行。功角 $\delta = \delta_0$（见图 15-3），保持不变。如果把送端发电机和受端系统发电机的转子移到一起（见图 15-4(b)），则功角 $\delta$ 就是两个转子轴线间用电角度表示的相对空间位置角。因为两个发电机电角速度相同，所以相对位置保持不变。

如果增大送端发电机的原动机的功率，使 $P_{T1} > P_0$，则发电机转子上的转矩平衡便受到破坏。由于原动机功率大于发电机的电磁功率，因此发电机转子便加速使其转速高于受端系统发电机的转速，从而发电机转子间的相对空间位置便要发生变化，功角 $\delta$ 增大。由图 15-3 所示的功率特性可知，当 $\delta$ 增大时，发电机输出的电磁功率也增大，直到 $P_e = P_1 = P_{T1}$ 为止。此时，作用在送端发电机转子上的转矩再次达到平衡，送端发电机的转速又恢复到与受端的相同，保持同步运行，功角也增大到 $\delta_1$ 并保持不变。系统在新情况下稳定地运行。

## 15.3　静态稳定的初步概念

从以上的分析可知，送端发电机要稳定地与系统同步运行，作用在发电机转子上的转矩必须相互平衡。但是，转矩相互平衡是否就一定能稳定地运行呢？从图 15-5 可知，平衡点有 $a$、$b$ 两个。下面我们进一步分析这两个平衡点的运行特性。

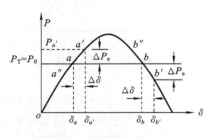

图 15-5　静态稳定的概念

在点 $a$ 运行时，假定系统受到某种微小的扰动，使发电机的功角产生了一个微小的增量 $\Delta\delta$，由原来的运行值 $\delta_a$ 变到 $\delta_{a'}$。于是，电磁功率也相应地增加到 $P_{a'}$。从图中可以看到，正的功角增量 $\Delta\delta = \delta_{a'} - \delta_a$ 产生正的电磁功率增量 $\Delta P_e = P_{a'} - P_0$。至于原动机的功率则与功角无关，仍然保持 $P_T = P_0$ 不变。发电机电磁功率的变化，使转子上的转矩平衡受到破坏。由于此时电磁功率大于原动机的功率，转子上产生了制动性的不平衡转矩。在此不平衡转矩作用下，发电机转速开始下降，因而功角开始减小。经过衰减振荡后，发电机恢复到原来的点 $a$ 运行（见图 15-6(a)）。如果在点 $a$ 运行时受扰动产生一个负值的角度增量 $\Delta\delta = \delta_{a''} - \delta_a$，则电磁功率的增量 $\Delta P_e = P_{a''} - P_0$ 也是负的，发电机将受到加速性的不平衡转矩作用而恢复到点 $a$ 运行。所以在点 $a$ 的运行是稳定的。

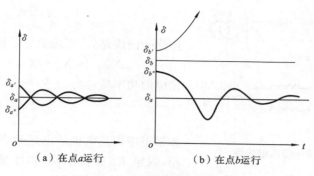

（a）在点 $a$ 运行　　　　　（b）在点 $b$ 运行

**图 15-6　小扰动后功角的变化**

在点 $b$ 运行的特性完全不同。这里,正值的角度增量 $\Delta\delta=\delta_{b'}-\delta_b$,使电磁功率减小而产生负值的电磁功率增量 $\Delta P_e=P_{b'}-P_0$(见图 15-5)。于是,转子在加速性不平衡转矩作用下开始升速,使功角增大。随着功角 $\delta$ 的增大,电磁功率继续减小,发电机转速继续增加。这样送端和受端的发电机便不能继续保持同步运行,即失去了稳定。如果在点 $b$ 运行时受到微小扰动而获得一个负值的角度增量 $\Delta\delta=\delta_{b''}-\delta_b$,则将产生正值的电磁功率增量 $\Delta P_e=P_{b''}-P_0$,发电机的工作点,将由点 $b$ 过渡到点 $a$,其过程如图 15-6(b)所示。由此得出,在点 $b$ 运行是不稳定的。

由以上的分析可以得到静态稳定的初步概念:所谓电力系统静态稳定性,一般是指电力系统在运行中受到微小扰动后,独立地恢复到它原来的运行状态的能力(在精确计算中,可以把调速器、调压器等也放在计算模型中)。我们看到,对于简单电力系统,要具有运行的静态稳定性,必须运行在功率特性的上升部分。在这部分,电磁功率增量 $\Delta P_e$ 和角度增量 $\Delta\delta$ 总是具有相同的符号。而在功率特性下降部分,$\Delta P_e$ 和 $\Delta\delta$ 总是具有相反的符号。因此,可以用比值 $\Delta P_e/\Delta\delta$ 的符号来判别系统在给定的平衡点运行时是否具有静态稳定,即可以用

$$\frac{\Delta P_e}{\Delta\delta}>0 \tag{15-4}$$

作为简单电力系统具有静态稳定的判据。写成极限的形式为

$$\frac{\mathrm{d}P_e}{\mathrm{d}\delta}>0 \tag{15-5}$$

## 15.4　暂态稳定的初步概念

电力系统具有静态稳定性是稳定运行的必要条件。但是不能肯定地说,当电力系统受到大的扰动(各短路、切除输电线路等)时,也能保持系统稳定运行。电力系统受大扰动后能否保持稳定性的问题乃是暂态稳定研究的内容。下面简要介绍它的初步概念。

讨论简单电力系统突然切除一回输电线路的情况。如图 15-7 所示,在正常运行时,系统的总电抗为

$$X_{d\Sigma I}=X_d+X_{T1}+\frac{1}{2}X_L+X_{T2} \tag{15-6}$$

此时的功率特性为

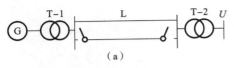

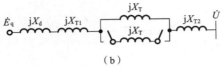

图 15-7　切除一回输电线路

$$P_{\mathrm{I}} = \frac{E_{\mathrm{q}}U}{X_{\mathrm{d\Sigma I}}}\sin\delta \tag{15-7}$$

切除一回线路后，系统的总电抗为

$$X_{\mathrm{d\Sigma II}} = X_{\mathrm{d}} + X_{\mathrm{T1}} + X_{\mathrm{L}} + X_{\mathrm{T2}} \tag{15-8}$$

相应的功率特性为

$$P_{\mathrm{II}} = \frac{E_{\mathrm{q}}U}{X_{\mathrm{d\Sigma II}}}\sin\delta \tag{15-9}$$

如果不考虑发电机的电磁暂态过程和励磁调节作用，假定 $E_{\mathrm{q}}$ 保持不变，则线路电抗增大，$X_{\mathrm{d\Sigma II}} > X_{\mathrm{d\Sigma I}}$，因而 $P_{\mathrm{II}} = f_{\mathrm{II}}(\delta)$ 的幅值比 $P_{\mathrm{I}} = f_{\mathrm{I}}(\delta)$ 的幅值要小（见图 15-8）。

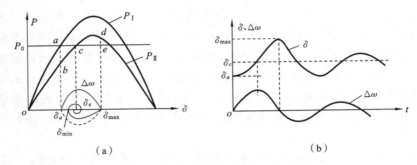

图 15-8　暂态稳定的概念

　　线路切除前瞬间，发电机处于正常运行状态，它输出的电磁功率由 $P_{\mathrm{I}}$ 曲线上的点 $a$ 确定，其值为 $P_0$。原动机的功率，在正常运行时与电磁功率相平衡，即 $P_{\mathrm{T}} = P_e = P_0$。

　　在切除线路瞬间，发电机输出的电磁功率由 $P_{\mathrm{II}}$ 曲线上的点 $b$ 确定。这是由于转子具有惯性，其转速不能瞬时改变，因此线路切除瞬间功角 $\delta$ 保持原值不变。发电机的工作点由 $a$ 点突然变到 $b$ 点时，它输出的电磁功率突然减小。与此同时，原动机的功率 $P_{\mathrm{T}}$ 仍然等于原值 $P_0$。这是由于原动机调速器不可避免的滞迟，加之在暂态过程的初始阶段转速变化不大，调速器的调节量也很小，为简单起见，假定原动机的功率一直保持 $P_0$ 值不变。

　　在切除线路瞬间，原动机功率大于电磁功率，作用在转子上的不平衡转矩（用功率表示为 $\Delta P_a = P_{\mathrm{T}} - P_e$）是加速性的，从而使发电机加速。于是在送、受端发电机之间出现了正的相对速度 $\Delta\omega = \omega_{\mathrm{G}} - \omega_{\mathrm{N}}$，功角开始增大，发电机工作点将沿着 $P_{\mathrm{II}}$ 曲线由点 $b$ 向点 $c$ 变动，发电机输出的电磁功率也随之逐渐增大。在到达点 $c$ 以前，虽然加速性的不平衡转矩逐渐减小，但它一直是加速性的，因此相对速度 $\Delta\omega$ 不断增大（见图 15-8(a)）。

　　在点 $c$ 处，虽然转子上的转矩又相互平衡，但过程并不会到此结束。因为此刻送端发电机的转速已高于受端发电机的转速，由于转子的惯性，功角将继续增大而越过点 $c$。越过点 $c$ 之后，当功角继续增大时，电磁功率将超过原动机的功率，不平衡转矩由加速性变成减速性的了。在此不平衡转矩作用下，发电机开始减速，相对速度 $\Delta\omega$ 也开始减小并在点 $d$ 达到零值。

　　在点 $d$，$\Delta\omega = 0$，送、受端发电机恢复了同步，功角不再增大并抵达它的最大值 $\delta_{\max}$。此刻电磁功率仍大于原动机的功率，发电机仍受减速性的不平衡转矩作用而继续减速。于是发电机的转速开始小于受端发电机的转速,相对速度 $\Delta\omega<0$,功角开始减小,工作点将沿相反方向变动到点 $c$。由于惯性作用它将越过点 $c$ 而在点 $b$ 附近 $\Delta\omega$ 再次等于零,功角不再减小并抵达它的最小值 $\delta_{\min}$。以后功角又开始增大。由于各种损耗,功角变化将是一种减幅振荡(图 15-8(b))。最后在点 $c$ 处,同时达到 $\Delta\omega=0$ 和 $\Delta P_a=0$,建立了新的稳定运行状态。

可是过程也可能有另外一种结局。如图 15-9 所示,从点 $c$ 开始,转子减速,相对速度 $\Delta\omega$ 减小。因为 $\Delta\omega$ 是大于零的,所以功角仍继续增大。如果 $\Delta\omega$ 还未降到零时,功角已达到临界角 $\delta_{\mathrm{cr}}$(对应于 $c'$),则因为 $\Delta\omega>0$,故功角将继续增大而越过点 $c'$,因而转子上的不平衡转矩又变成加速性的了。于是相对速度 $\Delta\omega$ 又开始增加,功角将继续增大,使发电机与受端系统失去同步,破坏了电力系统的稳定运行。

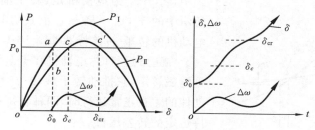

**图 15-9　失去暂态稳定**

由以上分析可以得到暂态稳定的初步概念:电力系统具有暂态稳定性,一般是指电力系统在正常运行时,受到一个大的扰动后,能从原来的运行状态(平衡点),不失去同步地过渡到新的运行状态,并在新运行状态下稳定地运行(以后可以看到,也可能经多个大扰动后回到原来的运行状态)。同静态稳定一样,可以用考虑各种调节器的精确模型。

从以上的讨论中可以看到,功角变化的特性表明了电力系统受大扰动后发电机转子相对运动的情况。若功角 $\delta$ 经过振荡后能稳定在某一个数值,则表明发电机之间重新恢复了同步运行,系统具有暂态稳定性。如果电力系统受大扰动后功角不断增大,则表明发电机之间已不再同步,系统失去了暂态稳定。因此,可以用电力系统受大扰动后功角随时间变化的特性作为暂态稳定的判据。

## 15.5　负荷稳定的概念

在电力系统的负荷中,主要成分是工农业生产用电负荷。在这类用户中,电动机负荷又占主要成分。在电动机负荷中,除一部分同步电动机之外,大部分为异步电动机。

对于同步电动机负荷,也存在受扰动后能否继续保持同步运行的稳定性问题。

异步电动机作为一种旋转电机,同样存在与转矩平衡有关的运行稳定性问题。有这样一些情况:当负荷点的运行电压过低或异步电动机的机械负荷过重时,异步电动机会迅速减速以致停转,从而破坏了负荷的正常运行。停转时,异步电动机吸收的有功功率变得很小,这将使电力系统中发电机输出功率发生变化,从而引起发电机转子间的相对运动,有时还可能导致发电机之间失去同步。因此,负荷稳定问题,也是电力系统稳定性的一个重要方面。

电力系统中某节点的负荷,实际指的是综合负荷,它包含数量众多的各类用电设备以及相关的变配电设备。在稳定分析中不妨以一台等值异步电动机来代表综合负荷。现在以一台异步电动机为例来说明负荷静态稳定的概念。异步电动机的简化等值电路见图 12-1。

异步电动机的电磁转矩为

$$M_e = \frac{2M_{emax}}{\dfrac{s}{s_{cr}} + \dfrac{s_{cr}}{s}} \tag{15-10}$$

式中，$s_{cr}$ 为临界转差；$M_{emax}$ 为最大转矩，即

$$M_{emax} \approx \frac{U_{LD}^2}{2(x_1 + x_2)} \tag{15-11}$$

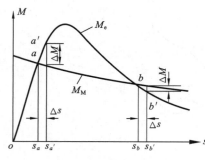

图 15-10　负荷稳定的概念

式中，$x_1 + x_2$ 为电动机定、转子漏抗之和，即图 12-1 所示中的 $x_\sigma$，$s_{cr} = R/x_\sigma$。由式（15-10）可以作出异步电动机的转矩-转差特性如图 15-10 所示。

在正常运行时，电动机转子上作用着两种转矩：一是电磁转矩，它推动转子旋转；一是机械转矩，它是制动性的。在正常运行时，两种转矩相互平衡，电动机保持恒定的转差运行。

如果我们把机械转矩-转差特性 $M_M(s)$ 也画出来（见图 15-10），从图中可以看到有两个平衡点 $a$、$b$。在点 $a$ 运行时，如果受到扰动后转差变为 $s_{a'}$，增加了一个微小的增量 $\Delta s = s_{a'} - s_a$，则电磁转矩将大于机械转矩，转子上产生了加速性的不平衡转矩 $\Delta M = M_e - M_M$（或用功率表示为 $\Delta P = P_e - P_M$），使电动机的转速增大，转差减小，最终恢复到点 $a$ 运行。如果扰动产生负的 $\Delta s$，运行点也将回到点 $a$，所以在点 $a$ 的运行是稳定的。

在点 $b$ 运行时，如果扰动产生正的 $\Delta s$，则从图 15-10 可以看到，此时，电磁转矩将小于机械转矩，转子上产生减速性的不平衡转矩。在此不平衡转矩作用下，电动机转速下降，转差继续增大，如此下去直到电动机停转为止。所以在点 $b$ 的运行是不稳定的。

负荷稳定性就是负荷在正常运行中受到扰动后能保持在某一恒定转差下继续运行的能力。从以上分析可以看到，在点 $a$ 运行时，转差增量 $\Delta s$ 与不平衡转矩具有相同的符号；而在点 $b$ 运行时两者符号则相反。因此，可以用 $\Delta M/\Delta s > 0$ 作为负荷静态稳定的判据。当用功率的形式表示，机械功率与转差无关且恒定时，极限形式的判据为

$$dP_e/ds > 0 \tag{15-12}$$

负荷稳定的破坏，将使负荷无法正常工作并从系统中被切除。大量负荷失去稳定，必将对电力系统稳定运行带来严重影响。

## 15.6　电压稳定性的概念

发电机同步并联运行的稳定性，以发电机转子间相对角的运动规律作为判断依据，因此，也称为功角稳定性。但是，在实际电力系统中还存在另一种性质的稳定性，即负荷节点的电压稳定性。发电厂经过一定距离的输电线向负荷中心地区供电的系统中，当电源电压和网络结构不变时，负荷节点的电压会随着负荷功率的增加而缓慢下降，当负荷功率增加到

一定限值时,节点电压将发生不可控制的急剧下降,这就是所谓的"电压崩溃"现象。

电压失稳主要同负荷的动态特性有关。在图 10-14 所示的简单系统中,一台同步发电机经过一段线路向负荷节点供电,在这样的简单系统中,只有一台发电机,不存在功角稳定性问题,但是电压稳定问题则是确实存在的。

在第 10 章已经导出,负荷点接受的功率为

$$P = \frac{E^2 \cos\varphi / |z_s|}{\frac{z_{LD}}{z_s} + \frac{z_s}{z_{LD}} + 2\cos(\theta - \varphi)}$$

负荷点电压为

$$U^2 = \frac{E^2}{1 + \left|\frac{z_s}{z_{LD}}\right|^2 + 2\left|\frac{z_s}{z_{LD}}\right|\cos(\theta - \varphi)}$$

在分析电压稳定问题时,假定系统频率不变,发电机电势不变,阻抗 $z_s$ 不变,这时的唯一变量是负荷的等值阻抗 $z_{LD}$。给定功率因数下的 $P\text{-}|z_s/z_{LD}|$ 曲线和相应的 $U\text{-}|z_s/z_{LD}|$ 曲线见图 10-15。当负荷运行在 $|z_s/z_{LD}| < 1$ 的区段内,只要减小阻抗,总可以从电网得到更多的功率供应。当 $|z_s/z_{LD}| = 1$ 时,负荷节点可得到最大功率。在 $|z_s/z_{LD}| > 1$ 以后,继续减小负荷阻抗将导致电网送达功率的减小。这种功率传输特性,如同发电机的功角特性一样是电力网络所固有的,它由电路本身的规律所决定。$U\text{-}|z_s/z_{LD}|$ 曲线表明,随着负荷阻抗的减小,负荷节点电压呈单调下降的趋势,这也是电力网络的固有特性。顺便说明,这里讨论的是负荷吸收感性无功功率的情况。当负荷功率因数超前时,在一定的参数配合下,随着负荷阻抗的减小,$U\text{-}|z_s/z_{LD}|$ 曲线可能先上升,然后再单调下降。

用户的用电设备对于电网来说,呈现为某种阻抗,以取得功率,同时又将从电网吸取的电磁功率转化为别种形式的功率,以满足生产和人们生活的各种需要。例如,异步电动机将电磁功率转化为机械功率,以带动旋转机械工作。当机械功率超过电磁功率时,电动机转速下降,转差增大,等值阻抗减小,试图从电网吸收更多的电磁功率来实现新的功率平衡。实际上,不仅电动机如此,系统中其他动态负荷都具有同样特性:当负荷吸取的电磁功率和输出的其他形式的功率失去平衡时,会自动调整其等值阻抗的大小,以求得新的功率平衡。当输入的电磁功率大于输出功率时,等值阻抗将增大,反之则减小。

当系统运行在 $P\text{-}|z_s/z_{LD}|$ 曲线的上升段时,负荷有功功率的暂时供需失衡,依靠网络和负荷本身的固有特性可以恢复平衡,系统是稳定的,只是随着负荷阻抗的减小,节点电压有所下降。当系统运行在 $P\text{-}|z_s/z_{LD}|$ 曲线的下降段时,负荷因需求功率的增加而减小阻抗,电网送达的功率反而减少了,导致功率不平衡的加剧。根据上述负荷动态特性,负荷阻抗将继续减小,负荷节点电压随之迅速下降,于是出现了电压崩溃现象。由此可见,电压失稳是负荷维持功率平衡而调节阻抗的特性与网络的功率传输特性相互作用的结果。

负荷的功率因数(滞后)不同时,$P\text{-}|z_s/z_{LD}|$ 曲线和 $U\text{-}|z_s/z_{LD}|$ 曲线的形状没有变。功率因数变小时,对应于相同 $|z_s/z_{LD}|$ 值的功率 $P$ 和电压 $U$ 都要减小。对于以异步电动机为主要成分的综合负荷,当机械功率增大、电动机转差增大时,功率因数下降很快,因此,实际的 $P\text{-}|z_s/z_{LD}|$ 曲线要比恒功率因数时的曲线要低得多。电压下降过多时,由于负荷的功率因数迅速下降,所需的无功功率剧增,加大了输电线中的电压损耗,从而加剧了电压崩溃的

过程。

为了说明负荷失稳与电压失稳的关系，试考察图 12-1 所示的异步电动机简化等值电路（略去励磁支路），容易看出，它就是图 10-14 所示单端供电系统等值电路中 $z_s = jx_s$ 和 $z_{LD} = R/S$ 的特例。这就不难理解，何以异步电动机的电磁转矩（功率）特性与单端供电系统的功率传输特性具有完全相似的形状。电压失稳与负荷的动态特性密切相关。电压失稳其实就是负荷失稳的一种外在表现。

在实际系统中，电压崩溃主要发生在系统遭受大扰动、发电机保持了暂态稳定性的故障后运行状态下，严格地说，电压崩溃应属静态稳定范畴。1978 年 12 月法国电网的电压崩溃和 1987 年 7 月日本东京电网的电压失稳的电压崩溃都是在大扰动十几分钟后才发生的。法国电网的电压失稳发生在冬季早上 8 点多钟，日本东京电网的电压失稳则发生在夏季特别炎热的中午，都处于负荷迅速增长的时段。故障后的系统由于切除了故障线路，因此网络结构发生了变化，传输能力有所下降。随着故障后稳态的建立，在暂态过程中失去的负荷逐渐恢复，而且还继续大幅度地增长，当负荷功率达到一定限值时，就会诱发电压崩溃的现象。

在实用计算中，可采用如图 10-16 所示的 $P\text{-}U$ 曲线作为分析系统电压稳定性的手段。曲线的右半支相当于 $P\text{-}|z_s/z_{LD}|$ 曲线的上升段，在这段曲线运行时，负荷节点电压的下降总可以换取网络送达功率的增加，系统的运行是稳定的。但是有功功率的增加是有限度的，当功率达到最大值 $P_{max}$ 时，即是电压稳定的临界点。在 $P\text{-}U$ 曲线的左半支，电压的降低将导致功率的减少，由于负荷本身固有的动态特性，将不能稳定运行。

$$\frac{\mathrm{d}P}{\mathrm{d}U} < 0 \qquad\qquad (15\text{-}13)$$

可以用作负荷节点静态电压稳定的一种判据。在系统实际运行中，通过监视各负荷节点 $P\text{-}U$ 曲线的变化和 $\dfrac{\mathrm{d}P}{\mathrm{d}U}$ 判据的计算，可以对系统的电压稳定性有较清楚的认识。严格地讲，采用 $P\text{-}U$ 曲线进行电压稳定性分析，并没有考虑负荷动态特性的影响，只是把网络传送功率的极限点当作电压稳定的临界点。对电压稳定问题进行进一步分析研究，选择适用的负荷模型是至关重要的。

应该着重指出，电力系统供电点接入的负荷代表了多种类型的用电设备和与其相关的配电网络元件的组合，要确定综合负荷的输出功率特性是不容易的。如果用一台等值电动机来代替综合负荷，当供电点电压下降过多时，虽然从综合负荷特性来看仍能保持稳定，但是个别电动机或其他用电设备可能已失去稳定或者因电压过低而退出运行。大负荷（或大量负荷）失去稳定时，系统的有功负荷骤减，使各发电机的有功功率发生大的变化，引起发电机间的相对运动，严重时也可能导致电力系统同步运行稳定性的丧失。

## 15.7 发电机转子运动方程

为了便于对电力系统的稳定性问题进行较准确的分析和计算，必须首先建立描述发电机转子运动的动态方程。本节，将导出适合电力系统稳定计算用的发电机转子运动方程。

## 15.7.1  转子运动方程

发电机转子的旋转运动状态可用下式表示。

$$JA = \Delta M_a \tag{15-14}$$

式中,$J$ 为转动惯量($kg \cdot m \cdot s^2$);$A$ 为角加速度($rad/s^2$);$\Delta M_a = M_T - M_e$ 为净加速转矩($kg \cdot m$),其中 $M_T$ 为原动机的转矩,$M_e$ 为发电机的电磁转矩。

若以 $\Theta$ 表示从某一固定参考轴算起的机械角位移(rad),$\Omega$ 表示机械角速度(rad/s),则有

$$\Omega = \frac{d\Theta}{dt}, \quad A = \frac{d\Omega}{dt}$$

于是可以得到转子运动方程为

$$JA = J\frac{d\Omega}{dt} = J\frac{d^2\Theta}{dt^2} = \Delta M_a = M_T - M_e \tag{15-15}$$

前已指出,发电机的功角 $\delta$ 表示各发电机电势间的相位差,即作为一个电磁参数,它又表示发电机转子间的相对空间位置,即作为一个机械运动参数。通过 $\delta$ 可以把电力系统中的机械运动和电磁运动联系起来。为此,必须把转子运动方程改写成以电气量表示的形式。

如果发电机的极对数为 $p$,则实际空间的几何角、角速度、角加速度与电气角 $\theta$、电气角速度 $\omega$、加速度 $\alpha$ 之间的关系为

$$\left.\begin{array}{l} \theta = p\Theta \\ \omega = p\Omega \\ \alpha = pA \end{array}\right\} \tag{15-16}$$

计算角度和角速度都必须选定参考轴,设参考轴的旋转角速度为 $\omega_{ref}$。通常取 $\omega_{ref} = 0$,即静止轴,或 $\omega_{ref} = \omega_N$,即同步旋转轴为参考轴。相对于这两种参考轴的电气角度表示法如图 15-11 所示。发电机 $i$ 相对于静止轴的电气角度和角速度分别记为 $\theta_i$ 和 $\omega_i$,相对于同步旋转轴的角度和角速度分别记为 $\delta_i$ 和 $\Delta\omega_i$。于是有

$$\delta_i = \theta_i - \theta_N, \quad \Delta\omega_i = \omega_i - \omega_N \tag{15-17}$$

$$\frac{d\delta_i}{dt} = \frac{d\theta_i}{dt} - \frac{d\theta_N}{dt} = \omega_i - \omega_N \tag{15-18}$$

$$\frac{d^2\delta_i}{dt^2} = \frac{d^2\theta_i}{dt^2} = \frac{d\omega_i}{dt} = \alpha_i \tag{15-19}$$

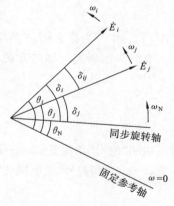

可见角加速度与参考轴的选择无关。

**图 15-11  参考轴与角度**

在多机系统中,通常将发电机 $i,j$ 之间的相对位移角 $\delta_{ij} = \delta_i - \delta_j$ 称为相对角,$\Delta\omega_{ij} = \omega_i - \omega_j$ 称为相对角速度。由图 15-11 可知,相对角和相对角速度与参考轴的选择无关。因此,发电机 $i$ 对于同步旋转轴的位移角 $\delta_i$ 和角速度 $\Delta\omega_i$ 便分别称为"绝对"角和"绝对"角速度。

## 15.7.2  用标幺值表示的转子运动方程

将式(15-15)全式乘以 $p$,计及式(15-16)和式(15-19),便得

$$J\alpha = J\frac{\mathrm{d}\omega}{\mathrm{d}t} = J\frac{\mathrm{d}^2\theta}{\mathrm{d}t^2} = J\frac{\mathrm{d}^2\delta}{\mathrm{d}t^2} = p\Delta M_\mathrm{a} \tag{15-20}$$

选择转矩基准值 $M_\mathrm{B} = S_\mathrm{B}/\Omega_\mathrm{N}$，上式两边除以 $M_\mathrm{B}$ 便得

$$\frac{J\Omega_\mathrm{N}^2}{S_\mathrm{B}} \times \frac{1}{\omega_\mathrm{N}} \times \frac{\mathrm{d}^2\delta}{\mathrm{d}t^2} = \Delta M_{\mathrm{a}*} \tag{15-21}$$

我们定义

$$T_\mathrm{J} \triangleq \frac{J\Omega_\mathrm{N}^2}{S_\mathrm{B}} \tag{15-22}$$

为惯性时间常数，于是转子运动方程为

$$\frac{T_\mathrm{J}}{\omega_\mathrm{N}} \times \frac{\mathrm{d}^2\delta}{\mathrm{d}t^2} = \Delta M_{\mathrm{a}*} = M_{\mathrm{T}*} - M_{\mathrm{e}*} = \frac{1}{\omega_*}(P_{\mathrm{T}*} - P_{\mathrm{e}*}) = \frac{1}{\omega_*}\Delta P_{\mathrm{a}*} \tag{15-23}$$

式中各量的单位为：$\delta$ 为弧度（当 $\omega_\mathrm{N} = 2\pi f_\mathrm{N}$ 时）或度（当 $\omega_\mathrm{N} = 360 f_\mathrm{N}$ 时）；$f_\mathrm{N}$ 为同步频率，即 50 Hz；$\omega_* = \dfrac{\omega}{\omega_\mathrm{N}}$，$\Delta M_{\mathrm{a}*} = \dfrac{\Delta M_\mathrm{a}}{M_\mathrm{B}}$，$\Delta P_{\mathrm{a}*} = \dfrac{P_\mathrm{T} - P_\mathrm{e}}{S_\mathrm{B}} = P_{\mathrm{T}*} - P_{\mathrm{e}*}$ 均为标幺值，无量纲。

在一些文献中，时间也取标幺值。如果把发电机转子以同步速度 $\omega_\mathrm{N}$ 旋转时转过一个电气弧度所需的秒数，作为时间的基准值，即

$$t_\mathrm{B} \triangleq \frac{1}{\omega_\mathrm{N}}$$

则时间的标幺值为

$$t_* = \frac{t}{t_\mathrm{B}} = \omega_\mathrm{N} t$$

于是转子运动方程可以写成

$$T_{\mathrm{J}*} \frac{\mathrm{d}^2\delta}{\mathrm{d}t_*^2} = \Delta M_{\mathrm{a}*} \tag{15-24}$$

式中，$T_{\mathrm{J}*}$ 和 $t_*$ 为标幺值，$\delta$ 的单位为 rad。

有时为了研究问题的方便，也把转子运动方程写成状态方程的形式

$$\left.\begin{aligned}\frac{\mathrm{d}\delta}{\mathrm{d}t} &= \omega - \omega_\mathrm{N} = \Delta\omega \\ \frac{\mathrm{d}\Delta\omega}{\mathrm{d}t} &= \frac{\omega_\mathrm{N}}{T_\mathrm{J}}\Delta M_{\mathrm{a}*}\end{aligned}\right\} \tag{15-25}$$

发电机的"绝对"角速度 $\Delta\omega$ 还可用"绝对"转差率 $s$ 来表示，$s = (\omega_i - \omega_\mathrm{N})/\omega_\mathrm{N}$，因而 $\Delta\omega = s\omega_\mathrm{N}$。要注意，$s$ 与 $\Delta\omega$ 同符号，发电机的转速高于同步速度时取正值。于是，转子运动方程又可写成

$$\left.\begin{aligned}\frac{\mathrm{d}\delta}{\mathrm{d}t} &= s\omega_\mathrm{N} \\ \frac{\mathrm{d}s}{\mathrm{d}t} &= \frac{\Delta M_{\mathrm{a}*}}{T_\mathrm{J}}\end{aligned}\right\} \tag{15-26}$$

### 15.7.3　惯性时间常数的意义

惯性时间常数 $T_\mathrm{J}$ 是反映发电机转子机械惯性的重要参数。由 $T_\mathrm{J}$ 的定义可知，它是转子在额定转速下的动能的两倍除以基准功率。如果定义 $M_\mathrm{N} \triangleq S_\mathrm{N}/\Omega_\mathrm{N}$，并选 $M_\mathrm{B} = M_\mathrm{N}$，将式 (15-15) 适当变换后得

$$T_{JN} \frac{d\Omega_*}{dt} = \Delta M_{a*} \tag{15-27}$$

式中,$\Omega_* = \frac{\Omega}{\Omega_N}$;$T_{JN} = \frac{J\Omega_N^2}{S_N}$ 为以发电机额定容量为基准的惯性时间常数,通常称为额定惯性时间常数。

现在,如果取 $M_{T*} = 1$、$M_{e*} = 0$,则 $\Delta M_{a*} = 1$。将其代入式(15-27)并将 $dt$ 移到右边后两边积分,得

$$T_{JN} \int_0^1 d\Omega_* = \int_0^\tau \Delta M_{a*} \, dt = \int_0^\tau dt \tag{15-28}$$

于是得到 $T_{JN} = \tau$。这个结果说明,当发电机空载时,如原动机将一个数值等于额定转矩 $M_N$ 的恒定转矩($M_{T*} = 1$)加到转子上,则转子从静止状态($\Omega_* = 0$)启动到转速达额定值($\Omega_* = 1$)时所需的时间 $\tau$,就是发电机组的额定惯性时间常数 $T_{JN}$。

一般手册上只给出反映发电机转动部分质量和尺寸的 $GD^2$ 值,这时,$T_{JN}$ 用下式计算

$$T_{JN} = \frac{2.74 GD^2 n^2}{S_N} \times 10^{-3} \tag{15-29}$$

式中,各参数的单位如下:$T_{JN}$ 为 s,$GD^2$ 为 t·m²,$n$ 为 r/min,$S_N$ 为 kV·A。

在电力系统稳定计算中,当已选好全系统统一的基准功率 $S_B$ 时,必须将各发电机的额定惯性时间常数归算为统一基准值的标幺值

$$T_{Ji} = T_{JNi} \frac{S_{Ni}}{S_B} \tag{15-30}$$

有时,须将几台发电机合并成一台等值发电机,合并后等值机的惯性时间常数为

$$T_{J\Sigma} = \frac{T_{JN1} S_{N1} + T_{JN2} S_{N2} + \cdots + T_{JNn} S_{Nn}}{S_B} = \sum_{i=1}^n T_{Ji} \tag{15-31}$$

发电机转子运动方程是电力系统稳定分析计算中最基本的方程。在多机电力系统中,对于第 $i$ 台发电机有(略去表示标幺值的星号)

$$\frac{T_{Ji}}{\omega_N} \frac{d^2\delta_i}{dt^2} = \Delta M_{ai} = M_{Ti} - M_{ei} = \frac{1}{\omega_i}(P_{Ti} - P_{ei}) \quad (i = 1, 2, \cdots, n)$$

电力系统受扰动后发电机之间的相对运动是用这些方程的解 $\delta_i(t) - \delta_j(t)$ 来描述的,这些解也是用来判断系统稳定性的最直接的判据。

方程式初看似乎简单,但它的右函数,即不平衡转矩(或功率)却是很复杂的非线性函数。右函数的第一项 $M_{Ti}$ 是第 $i$ 台发电机的原动机的转矩(或功率 $P_{Ti}$),它主要取决于本台发电机的原动机及其调速系统的特性。右函数的第二项 $M_{ei}$ 是第 $i$ 台发电机的电磁转矩(或功率 $P_{ei}$),它不单与本台发电机的电磁特性、励磁调节系统特性等有关,而且还与其他发电机的电磁特性、负荷特性、网络结构等有关,它是电力系统稳定分析计算中最复杂的部分。可以这样说,电力系统稳定计算的复杂性和工作量,取决于发电机电磁转矩(或功率)的描述和计算。

# 小　　结

电力系统是众多同步发电机并联在一起运行的,电力系统正常运行的必要条件是所有同步电机必须同步地运转,即具有相同的电角速度。电力系统稳定性,通常是指电力系统受

到微小的或大的扰动后，所有的同步电机能否继续保持同步运行的问题。

功角 $\delta$ 在电力系统稳定性的分析中具有十分重要的意义。它既是两个发电机电势间的相位差，又是用电角度表示的两发电机转子间的相对位移角。$\delta$ 角随时间变化的规律反映了同步发电机转子间相对运动的特征，是判断电力系统同步运行稳定性的依据。

静态稳定性，是指电力系统在运行中受到微小扰动后，独立地恢复到它原来运行状态的能力。对于简单电力系统，可以用 $dP/d\delta > 0$ 作为此运行状态具有静态稳定的判据。

暂态稳定性，是指电力系统受到大扰动时，能从初始状态不失去同步地过渡到新的运行状态，并在新状态下稳定运行的能力。

对于异步电动机负荷，也存在与转轴上转矩失去平衡有关的运行稳定性问题。

电力系统的电压稳定也是电力系统安全运行的重要问题。15.6 节依据网络的功率传输特性，以及负荷为维持功率平衡能自动调整其等值阻抗的特性，对电压稳定性的基本概念作了阐述。

发电机转子运动方程是研究电力系统稳定性的一个基本方程，应熟悉该方程式的各种书写形式及各有关变量的单位。

# 习　　题

15-1　对图 15-6 所示的 $\delta(t)$ 曲线，定性地画出相对速度随时间变化的曲线 $\Delta\omega(t)$。

15-2　简单电力系统在正常运行时受到小扰动后，获得一个初始相对速度 $\Delta\omega_0 < 0$，系统能保持静态稳定，试定性地画出 $\Delta\omega(t)$ 和 $\delta(t)$ 曲线。

15-3　有两台汽轮发电机组，额定转速均为 $n_N = 3000$ r/min。其中一台 $P_{N1} = 100$ MW，$\cos\varphi_{N1} = 0.85$，$GD^2 = 34.4$ t·m$^2$；另一台 $P_{N2} = 125$ MW，$\cos\varphi_{N2} = 0.85$，$GD^2 = 43.6$ t·m$^2$。试求：

（1）每一台机组的额定惯性时间常数 $T_{JN1}$ 和 $T_{JN2}$；

（2）两台机组合并成一台等值机组，且基准功率为 $S_B = 100$ MV·A 时等值机的惯性时间常数 $T_J$。

15-4　在单机-无限大系统中，系统额定频率为 $f_N = 50$ Hz，归算到基准功率 $S_B$ 的发电机惯性时间常数 $T_J = 10.7$ s，$\Delta M_a$ 为标幺值，转子运动方程及有关变量的单位列如下表。

| 转子运动方程 | 变量的单位 | | | |
| --- | --- | --- | --- | --- |
| | 转子角 $\delta$ | 角速度 $\omega$ | 转差率 $s$ | 时间 $t$ |
| $c_1 \dfrac{d^2\delta}{dt^2} = \Delta M_a$ | rad | | | rad |
| $\dfrac{d\delta}{dt} = c_2\Delta\omega,\ \dfrac{d\Delta\omega}{dt} = c_3\Delta M_a$ | el·(°) | el·(°)/s | | s |
| $\dfrac{d\delta}{dt} = c_4 s,\ \dfrac{ds}{dt} = c_5\Delta M_a$ | el·(°) | | p.u. | s |

试求表列运动方程中的各系数值。

# 第16章 电力系统的电磁功率特性

对发电机转子运动方程的右函数中的电磁功率的描述和计算,是电力系统分析计算中最为复杂和困难的任务。本章将分不同情况,由简到繁逐步加以讨论。在以后的分析讨论中,如不加说明,均以标幺值表示各量,不再区别相电压和线电压、单相功率和三相功率。

## 16.1 简单电力系统的功率特性

所谓简单电力系统,一般是指发电机通过变压器、输电线路与无限大容量母线联接的输电系统,亦称单机-无限大系统。为了方便分析,有时还略去各元件的电阻和导纳(见图16-1)。在分析计算电力系统稳定性时,通常是从某一运行状态出发,即必须给定运行条件。例如,对于上述简单电力系统,可以给定系统电压 $U$ 以及发电机输送到系统的功率 $P_U$、$Q_U$(或 $I$、$\cos\varphi$)等。

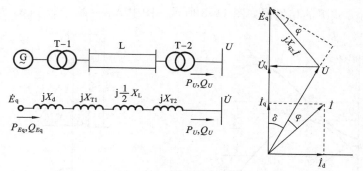

**图16-1 简单电力系统的等值电路及相量图**

## 16.1.1 隐极式发电机的功率特性

对于隐极式发电机有 $X_d = X_q$。系统的等值电路如图16-1所示。系统总电抗为

$$X_{d\Sigma} = X_d + X_{T1} + \frac{1}{2}X_L + X_{T2} = X_d + X_{TL} \tag{16-1}$$

式中,$X_{TL} = X_{T1} + \frac{1}{2}X_L + X_{T2}$ 为变压器、线路等输电网的总电抗。

给定运行条件下的相量图如图16-1所示。单机-无限大系统是两机系统的特例,利用式(10-25)和式(10-26),用 $E_q$ 代替 $E_1$、用 $U$ 代替 $E_2$,并注意到 $|Z_{11}| = |Z_{12}| = |Z_{22}| = X_{d\Sigma}$,且 $\alpha_{11} = \alpha_{12} = \alpha_{22} = 0$,便可得到发电机电势 $E_q$ 点的功率为

$$\left.\begin{array}{l} P_{Eq} = \dfrac{E_q U}{X_{d\Sigma}}\sin\delta \\[3mm] Q_{Eq} = \dfrac{E_q^2}{X_{d\Sigma}} - \dfrac{E_q U}{X_{d\Sigma}}\cos\delta \end{array}\right\} \tag{16-2}$$

发电机输送到系统的功率为

$$P_U = \frac{E_q U}{X_{d\Sigma}}\sin\delta \left.\begin{array}{c} \\ \\ \end{array}\right\}$$
$$Q_U = \frac{E_q U}{X_{d\Sigma}}\cos\delta - \frac{U^2}{X_{d\Sigma}}$$

(16-3)

当电势 $E_q$ 及电压 $U$ 恒定时,可以作出包含隐极式发电机的简单电力系统的功率特性曲线（见图 16-2）。

发电机无励磁调节时,电势 $E_q$＝常数。从功率公式可见,功率极限为

$$P_{Eqm} = \frac{E_q U}{X_{d\Sigma}}$$

与此对应的功角 $\delta_{Eqm}$＝90°。

在一般情况下,当 $\delta$ 为功率表达式中的唯一变量时,可按 $\frac{\mathrm{d}P}{\mathrm{d}\delta}=0$ 的条件确定功率极限所对应的功角,并由此算出功率极限值。

## 16.1.2　凸极式发电机的功率特性

由于凸极式发电机转子的纵轴与横轴不对称,其电抗 $X_d \neq X_q$。含凸极式发电机的简单系统在给定运行方式下的相量图如图 16-3 所示。图中 $X_{d\Sigma}=X_d+X_{TL}$；$X_{q\Sigma}=X_q+X_{TL}$。

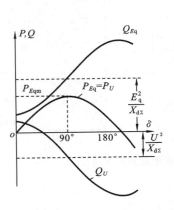

图 16-2　隐极式发电机的功率特性

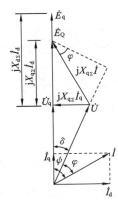

图 16-3　凸极式发电机的相量图

如果采用等值隐极机法,引用一个计算用的电势 $\dot{E}_Q$ 和 $X_q$ 表示凸极发电机的等值电路,利用式(16-2)和式(16-3),将 $E_q$ 换成 $E_Q$、将 $X_{d\Sigma}$ 换成 $X_{q\Sigma}$,便可得到含凸极机的简单系统的功率公式为

$$P_{Eq} = \frac{E_Q U}{X_{q\Sigma}}\sin\delta$$

(16-4)

给定系统的运行初态时,可由已知的 $P_U$ 和 $Q_U$,按下式算出 $E_Q$ 和 $\delta$。

$$E_Q = \sqrt{\left(U+\frac{Q_U X_{q\Sigma}}{U}\right)^2 + \left(\frac{P_U X_{q\Sigma}}{U}\right)^2} \left.\begin{array}{c} \\ \\ \\ \\ \end{array}\right\}$$
$$\delta = \mathrm{arctg}\,\frac{P_U X_{q\Sigma}/U}{U+Q_U X_{q\Sigma}/U}$$

(16-5)

在相量图中, $\dot{E}_Q$ 和 $\dot{E}_q$ 同相位,但 $E_Q$ 的数值将随运行状态变化而变化,用它计算功率并不方便。从相量图 16-3 可知

$$I_d = \frac{E_q - U\cos\delta}{X_{d\Sigma}} = \frac{E_Q - U\cos\delta}{X_{q\Sigma}} \tag{16-6}$$

据此可得

$$E_Q = \frac{X_{q\Sigma}}{X_{d\Sigma}}E_q + \left(1 - \frac{X_{q\Sigma}}{X_{d\Sigma}}\right)U\cos\delta \tag{16-7}$$

将式(16-7)代入式(16-4),整理后可得

$$P_{Eq} = \frac{E_q U}{X_{d\Sigma}}\sin\delta + \frac{U^2}{2} \times \frac{X_{d\Sigma} - X_{q\Sigma}}{X_{d\Sigma}X_{q\Sigma}}\sin2\delta \quad (16\text{-}8)$$

当电势 $E_q$ 恒定时,可以作出包含凸极发电机的简单电力系统的功率特性曲线如图 16-4 所示。我们看到,凸极发电机的功率特性与隐极发电机的不同,它多了一项与发电机电势 $E_q$,即与励磁无关的两倍功角的正弦项。该项是由于发电机纵、横轴磁阻不同而引起的,故又称为磁阻功率。磁阻功率的出现,使功率与功角 $\delta$ 成非正弦的关系。由 $dP/d\delta = 0$ 的条件求出功率极限对应的角度 $\delta_{Eqm}$。将 $\delta_{Eqm}$ 代入式(16-8)即可求出功率极限 $P_{Eqm}$。

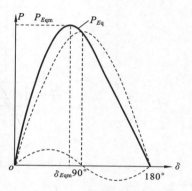

图 16-4　凸极发电机的功率特性

## 16.2　网络接线及参数对功率特性的影响

了解输电网络的接线情况及其参数对功率特性的影响,对于定性分析和估计电力系统稳定性是很有用的。为简化起见,以简单系统为例来说明其基本概念及特点。

### 16.2.1　串联电阻的影响

输电系统的接线情况、计及输电回路电阻时的等值电路如图 16-5 所示。假定发电机为无励磁调节的隐极机。由等值电路可知

$$Z_{11} = Z_{12} = Z_{22} = Z$$
$$\alpha_{11} = \alpha_{12} = \alpha_{22} = \alpha$$

并且 $\alpha = 90° - \mathrm{arctg}\dfrac{X_{d\Sigma}}{R_{\Sigma}} > 0$。于是,由式(10-25)可以得到发电机的功率特性为

$$P_{Eq} = \frac{E_q^2}{|Z|}\sin\alpha + \frac{E_q U}{|Z|}\sin(\delta - \alpha) \tag{16-9}$$

计及图 16-5 所示中规定的正方向,发电机送到系统中去的功率为

$$P_U = -\frac{U^2}{|Z|}\sin\alpha + \frac{E_q U}{|Z|}\sin(\delta + \alpha) \tag{16-10}$$

功率特性曲线如图 16-5 所示。可以看到,由于串联电阻的存在,发电机的功率特性 $P_{Eq}(\delta)$ 与无电阻时的相比向上移动了 $\dfrac{E_q^2}{|Z|}\sin\alpha$,向右移动了 $\alpha$ 角。而系统的功率特性 $P_U(\delta)$

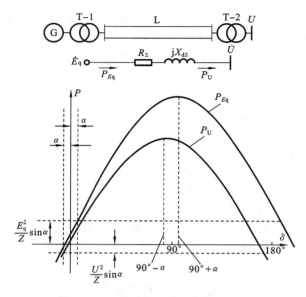

图 16-5　串联电阻对功率特性的影响

正好相反，向下移动了 $\dfrac{U^2}{|Z|}\sin\alpha$，向左移动了 $\alpha$ 角。$P_{Eq}(\delta)$ 和 $P_U(\delta)$ 的差就是串联电阻上的有功功率损耗，即

$$P_{Eq} - P_U = \left[E_q^2 + U^2 - 2E_qU\cos\delta\right]\frac{\sin\alpha}{|Z|} = I^2R_\Sigma \tag{16-11}$$

我们看到，在 $0°\sim180°$ 范围内，随着 $\dot{E}_q$ 和 $\dot{U}$ 之间的角度的增大，通过线路的电流也增大，因而电阻上的有功损耗也增大（见图 16-5）。

发电机的功率极限由 $\dfrac{\mathrm{d}P_{Eq}}{\mathrm{d}\delta}=0$ 的条件确定。由 $\delta-\alpha=90°$，可得 $\delta_{Eqm}=90°+\alpha$。功率极限值为

$$P_{Eqm} = \frac{E_q^2}{|Z|}\sin\alpha + \frac{E_qU}{|Z|} \tag{16-12}$$

它一般比不计电阻时的功率极限 $P_{Eqm}=\dfrac{E_qU}{X_{d\Sigma}}$ 大。这是因为在一般情况下，$R_\Sigma \ll X_{d\Sigma}$，因而 $Z\approx X_{d\Sigma}$，而计及电阻后，增加了与功角无关的 $\dfrac{E_q^2}{|Z|}\sin\alpha$（通常称为固有功率）项，使功率极限增大了。与功率极限相对应的功角也略大于 90°。

## 16.2.2　并联电阻的影响

输电系统接入并联电阻的情况如图 16-6 所示。接入并联电阻后，有

$$Z_{11} = jX_1 + R_k \mathbin{/\mkern-5mu/} jX_2 = R_{11} + jX_{11} = |Z_{11}| \angle \psi_{11}$$

$$Z_{22} = jX_2 + R_k \mathbin{/\mkern-5mu/} jX_1 = R_{22} + jX_{22} = |Z_{22}| \angle \psi_{22}$$

且有 $\alpha_{11}=90°-\psi_{11}>0$，$\alpha_{22}=90°-\psi_{22}>0$。

$$Z_{12} = jX_1 + jX_2 + \frac{jX_1 jX_2}{R_k} = -\frac{X_1 X_2}{R_k} + jX_{d\Sigma} = R_{12} + jX_{12} = \mid Z_{12} \mid \angle \psi_{12}$$

因为 $R_{12} = -X_1 X_2/R_k < 0$,故 $\psi_{12} > 90°$,$\alpha_{12} = 90° - \psi_{12} < 0$。$R_{12}$ 小于零并不意味着网络中存在负电阻,因为转移阻抗仅代表某一支路的电势单独作用时,与其在另一支路所产生电流的比值,只反映它们之间的大小和相位关系。

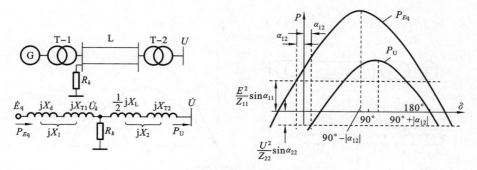

**图 16-6  并联电阻对功率特性的影响**

系统的功率特性为

$$P_{Eq} = \frac{E_q^2}{\mid Z_{11} \mid} \sin\alpha_{11} + \frac{E_q U}{\mid Z_{12} \mid} \sin(\delta - \alpha_{12}) \tag{16-13}$$

$$P_U = -\frac{U^2}{\mid Z_{22} \mid} \sin\alpha_{22} + \frac{E_q U}{\mid Z_{12} \mid} \sin(\delta + \alpha_{12}) \tag{16-14}$$

功率特性曲线如图 16-6 所示。与串联电阻的影响不同,由于 $\alpha_{12} < 0$,发电机的功率特性 $P_{Eq}$ 向上移动了 $\frac{E_q^2}{\mid Z_{11} \mid} \sin\alpha_{11}$,但向左移动了 $\mid \alpha_{12} \mid$ 角;而 $P_U$ 则向下移动 $\frac{U^2}{\mid Z_{22} \mid} \sin\alpha_{22}$,向右移动了 $\mid \alpha_{12} \mid$ 角。

$P_{Eq}$ 与 $P_U$ 之差为并联电阻上所消耗的功率。从图 16-6 可以看到,与串联电阻时的情况相反,在 $0° \sim 180°$ 范围内,并联电阻所消耗的功率是随功角增大而减小的。这可以从

$$P_{Eq} - P_U = \frac{E_q^2}{\mid Z_{11} \mid} \sin\alpha_{11} + \frac{U^2}{\mid Z_{22} \mid} \sin\alpha_{22} - \frac{2E_q U}{\mid Z_{12} \mid} \sin\alpha_{12} \cos\delta \tag{16-15}$$

中看到,因为 $\alpha_{12} < 0$,所以 $P_{Eq} - P_U$ 的值将随功角增大而减小。事实上,并联电阻上所消耗的功率与电阻接入点的电压 $U_k$ 的平方成比例。随着功角的增大(在 $0° \sim 180°$ 内),电阻接入点的电压 $U_k$ 将减小,所以并联电阻消耗的功率也减小。

接入并联电阻后发电机的功率极限为

$$P_{Eqm} = \frac{E_q^2}{\mid Z_{11} \mid} \sin\alpha_{11} + \frac{E_q U}{\mid Z_{12} \mid} \tag{16-16}$$

对应的角度 $\delta_{Eqm} = 90° + \alpha_{12}$。因 $\alpha_{12} < 0$,故 $\delta_{Eqm} < 90°$,缩小了稳定区域。应该指出,固有功率 $\frac{E_q^2}{\mid Z_{11} \mid} \sin\alpha_{11}$ 的值与 $R_k$ 的大小(这相当于接入负荷)及接入点与发电机的电气距离等密切相关。有时(例如,发电机主要负担地方负荷时),固有功率项可以远大于 $\frac{E_q U}{\mid Z_{12} \mid}$ 项。

### 16.2.3 并联电抗的影响

如果并联接入的是电抗,如图 16-7 所示,则接入电抗后

$$Z_{11} = jX_1 + jX_k \mathbin{/\mkern-5mu/} jX_2 = jX_{11}, \quad \psi_{11} = 90°, \quad \alpha_{11} = 0°$$

$$Z_{22} = jX_2 + jX_k \mathbin{/\mkern-5mu/} jX_1 = jX_{22}, \quad \psi_{22} = 90°, \quad \alpha_{22} = 0°$$

$$Z_{12} = jX_1 + jX_2 + \frac{jX_1 jX_2}{jX_k} = jX_{d\Sigma} + j\frac{X_1 X_2}{X_k} = jX_{12}, \quad \psi_{12} = 90°, \quad \alpha_{12} = 0°$$

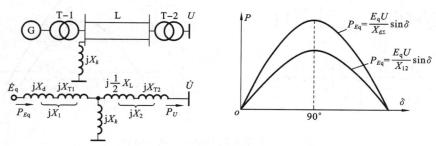

**图 16-7　并联电抗对功率特性的影响**

发电机的功率特性为

$$P_{Eq} = \frac{E_q U}{X_{12}} \sin\delta = P_U \tag{16-17}$$

功率与功角 $\delta$ 仍为正弦关系。功率极限为

$$P_{Eqm} = \frac{E_q U}{X_{12}} \tag{16-18}$$

与未接电抗器时的极限 $P_{Eqm} = \dfrac{E_q U}{X_{d\Sigma}}$ 相比,由于 $X_{12} > X_{d\Sigma}$,所以在电势 $E_q$ 和电压 $U$ 与并联电抗接入前相同时,接入并联电抗将使功率极限减小。减小的程度与转移电抗增大的程度成比例。转移电抗增加部分为 $\dfrac{X_1 X_2}{X_k}$,$X_k$ 愈小,$X_{12}$ 增加愈多,功率极限也就愈小。极限情况 $X_k = 0$,这相当于三相短路时,$X_{12} = \infty$,发电机输出功率为零,因而发电机转子上将产生很大的不平衡转矩,这就是短路之所以是引起系统稳定破坏的主要原因。

### 16.2.4 发电机与无限大系统复合联接时的功率特性

发电机与无限大系统复合联接时的结线方式见图 16-8(a)。

发电机必须用全电流的等值电路。当忽略发电机定子电阻时,发电机用 $E_Q$ 和 $x_q$ 的等值电路见图 16-8(b)。

把 $x_q$ 合并到无源网络中,便可得系统等值电路及其参数的表达方式,见图 16-8(c)。

其中,
$$z_{11} = r_{11} + jx_{11} = Z_{11} \angle \psi_{11}, \quad \alpha_{11} = 90° - \psi_{11}$$

$$z_{12} = r_{12} + jx_{12} = Z_{12} \angle \psi_{12}, \quad \alpha_{12} = 90° - \psi_{12}$$

$$y_{11} = g_{11} + jb_{11} = Y_{11} \angle \psi_{11}$$

$$y_{12} = g_{12} + jb_{12} = Y_{12} \angle \psi_{12}$$

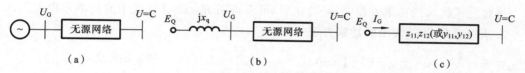

（a）　　　　　　　　　　　　　（b）　　　　　　　　　　　　（c）

**图 16-8　发电机与无限系统复合联接时的等值电路**

## 1. 发电机的电磁功率方程

$$P_e = \frac{E_Q^2}{Z_{11}}\sin\alpha_{11} + \frac{E_Q U}{Z_{12}}\sin(\delta_{12}-\alpha_{12}) = E_Q^2 Y_{11}\sin\alpha_{11} + E_Q U Y_{12}\sin(\delta_{12}-\alpha_{12})$$

q 轴各电势之间的关系见图 16-9。由系统等值
电路及相量图，应用重叠原理可得：

$$\dot{I}_G = \dot{I}_{11} - \dot{I}_{12} = \dot{I}_{11} + (-\dot{I}_{12})$$

$$\dot{I}_{11} = \frac{\dot{E}_Q}{Z_{11}}, \quad \dot{I}_{12} = \frac{\dot{U}}{Z_{12}}$$

由相图：

$$I_{Gd} = I_{11}\cos\alpha_{11} - I_{12}\cos(\delta_{12}-\alpha_{12})$$

$$I_{Gd} = \frac{E_Q}{Z_{11}}\cos\alpha_{11} - \frac{U}{Z_{12}}\cos(\delta_{12}-\alpha_{12})$$

$$= E_Q Y_{11}\cos\alpha_{11} - U Y_{12}\cos(\delta_{12}-\alpha_{12})$$

因为：

$$E_Q = E_q - I_{Gd}(x_d - x_q) = E_q + I_{Gd}(x_q - x_d)$$

$$E_Q = E_q' + I_{Gd}(x_q - x_d')$$

$$E_Q = U_{Gd} + I_{Gd}(x_q - 0)$$

将三个 $E_Q$ 值代入可得

$$E_Q = \frac{E_q - \dfrac{(x_q - x_d)}{Z_{12}}U\cos(\delta_{12}-\alpha_{12})}{1 - \dfrac{x_q - x_d'}{Z_{11}}\cos\alpha_{11}}$$

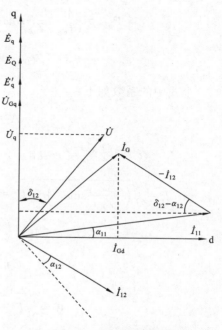

**图 16-9　复合系统的相量图**

$$E_q = \left(1 - \frac{x_q - x_d}{Z_{11}}\cos\alpha_{11}\right)E_Q + \frac{x_q - x_d}{Z_{12}}U\cos(\delta_{12}-\alpha_{12})$$

$$E_Q = \frac{E_q' - \dfrac{x_q - x_d'}{Z_{12}}\cdot U\cos(\delta_{12}-\alpha_{12})}{1 - \dfrac{x_q - x_d'}{Z_{11}}\cos\alpha_{11}}$$

$$E_q' = \left(1 - \frac{x_q - x_d'}{Z_{11}}\cos\alpha_{11}\right)\cdot E_Q + \frac{x_q - x_d'}{Z_{12}}U\cos(\delta_{12}-\alpha_{12})$$

$$E_Q = \frac{U_{Gq} - \dfrac{x_q - 0}{Z_{12}}\cdot U\cos(\delta_{12}-\alpha_{12})}{1 - \dfrac{x_q - 0}{Z_{11}}\cos\alpha_{11}}; \quad U_{Gq} = \left(1 - \frac{x_q - 0}{Z_{11}\cos\alpha_{11}}\right)\cdot E_Q + \frac{x_q - 0}{Z_{12}}\cdot U\cos(\delta_{12}-\alpha_{12})$$

从以上的各公式都具有相似的形式，不同之处在于公式中的因子 $(x_q - x)$。对于 $E_q$ 而
言，用 $x = x_d$；对于 $E_q'$ 而言，用 $x = x_d'$；对于 $U_{Gq}$ 而言，用 $x = 0$。

将此公式代入到功率方程中，经简化后，可求得用 $E_q$、$E'_q$、$U_{Gq}$ 表示的功率方程式。

**2. 用 $E_q$、$E'_q$、$U_{Gq}$ 表示的功率方程**

$$P_{Eq}=\frac{1}{C_{Eq}^2}\left\{\frac{E_q^2}{Z_{11}}\sin\alpha_{11}+\frac{D_{Eq}}{Z_{12}}E_q\cdot U\sin(\delta_{12}-\alpha_{11}+\varphi_{Eq})+U^2\left[F_{Eq}-W_{Eq}\sin(2\delta_{12}-2\alpha_{12})-\phi_{Eq}\right]\right\}$$

$$P_{E'q}=\frac{1}{C_{E'q}^2}\left\{\frac{E_q'^2}{Z_{11}}\sin\alpha_{11}+\frac{D_{E'q}}{Z_{12}}\cdot E'_q\cdot U\sin(\delta_{12}-\alpha_{12}+\varphi_{E'q})\right.$$

$$\left.+U^2\left[F_{E'q}-W_{E'q}\sin(2\delta_{12}-2\alpha_{12})-\phi_{E'q}\right]\right\}$$

$$P_{UGq}=\frac{1}{C_{UGq}^2}\left\{\frac{U_{Gq}^2}{Z_{11}}\sin\alpha_{11}+\frac{D_{UGq}}{Z_{12}}\cdot U_{Gq}\cdot U\sin(\delta_{12}-\alpha_{12}+\varphi_{UGq})\right.$$

$$\left.+U^2\left[F_{UGq}-W_{UGq}\cdot\sin(2\delta_{12}-2\alpha_{12})-\phi_{UGq}\right]\right\}$$

上式中的系数如下：

$$A=\frac{x_q-x}{Z_{12}}=(x_q-x)Y_{12}$$

$$C=1-\frac{x_q-x}{Z_{11}}\cos\alpha_{11}=1-(x_q-x)b_{11};\quad b_{11}=\frac{1}{Z_{11}}\cos\alpha_{11}=Y_{11}\cos\alpha_{11}$$

$$D=\sqrt{\left(\frac{2AZ_{12}}{Z_{11}}\sin\alpha_{11}\right)^2+C^2}=\sqrt{\left(\frac{2Ag_{11}}{Y_{12}}\right)^2+C^2};\quad g_{11}=\frac{1}{Z_{11}}\sin\alpha_{11}=Y_{11}\sin\alpha_{11}$$

$$\varphi=\text{tg}^{-1}\left(\frac{2AZ_{12}\sin\alpha_{11}}{CZ_{11}}\right)=\text{tg}^{-1}\left(\frac{2Ag_{11}}{CY_{11}}\right)$$

$$F=\frac{A^2\sin\alpha_{11}}{2Z_{11}}=\frac{1}{2}Ag_{11}$$

$$W=\sqrt{F^2+\left(\frac{AC}{2Z_{12}}\right)^2}=\sqrt{F^2+\left(\frac{ACY_{12}}{2}\right)^2}$$

$$\phi=\text{tg}^{-1}\left(\frac{2FZ_{12}}{AC}\right)=\text{tg}^{-1}\left(\frac{2F}{ACY_{12}}\right)=\text{tg}^{-1}\left(\frac{Ag_{11}}{CY_{12}}\right)$$

对于不同电势的功率方程，只须将上式中的 $x$ 用相应的电抗代入即可，即对于 $E_q$ 而言，用 $x=x_d$；对于 $E'_q$ 而言，用 $x=x'_d$；对于 $U_{Gq}$ 而言，用 $x=0$。

**3. 各电势表示的功率方程的偏导数**

$$S_{Eq}=\frac{\partial P_{Eq}}{\partial\delta_{12}}=\frac{D_{Eq}}{C_{Eq}^2}\times\frac{E_qU}{Z_{12}}\cos(\delta_{12}-\alpha_{12}+\varphi_{Eq})-\frac{2W_{Eq}}{C_{Eq}^2}U^2\cos(2\delta_{12}-2\alpha_{12}-\phi_{Eq})$$

写成通式：

$$S=\frac{\partial P}{\partial\delta_{12}}=\frac{D}{C^2}\times\frac{EU}{Z_{12}}\cos(\delta_{12}-\alpha_{12}+\varphi)-\frac{2W}{C^2}\cdot U^2\cos(2\delta_{12}-2\alpha_{12}-\phi)$$

$$R=\frac{\partial P}{\partial E}=\frac{2E}{C^2Z_{11}}\sin\alpha_{11}+\frac{DU}{C^2Z_{12}}\sin(\delta_{12}-\alpha_{12}+\varphi)$$

不同电势的功率方程，用相应的下标代入即可。

**例 16-1** 如图 16-10 所示电力系统，各元件参数如下。

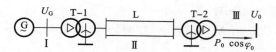

图 16-10　输电系统

发电机：$S_{GN}=352.5\ \text{MV·A}$，$P_{GN}=300\ \text{MW}$，$U_{GN}=10.5\ \text{kV}$，$x_d=1.7$，$x_q=1.7$；

变压器：T-1 $S_{TN1}=360\ \text{MV·A}$，$U_{ST1}=0.14$，$k_{T1}=10.5/242$，T-2 $S_{TN2}=360$ $\text{MV·A}$，$U_{ST2}=0.14$，$k_{T2}=220/110$；

线路：$l=250\ \text{km}$，$U_N=220\ \text{kV}$，$x_L=0.41\ \Omega/\text{km}$；

运行条件：$U_0=115\ \text{kV}$，$P_0=250\ \text{MW}$，$\cos\varphi_0=0.95$。

试比较下列四种情况下发电机的功率特性和功率极限。

（1）仅考虑输电系统的电抗；（2）计及输电线路的电阻，设 $r_0=0.07\ \Omega/\text{km}$，(3)不计输电系统电阻，在送端高压母线接入并联电阻 $1000\ \Omega$；（4）同（3），但接入并联电抗 $500\ \Omega$。计算中，发电机均以 $E_q=E_{q0}=$ 常数为条件。

**解**　网络参数及运行参数计算。

取 $S_B=250\ \text{MV·A}$，$U_{B(\text{III})}=115\ \text{kV}$。为使变压器不出现非基准变比，各段基准电压为

$$U_{B(\text{II})}=U_{B(\text{III})}\times k_{T2}=115\times\frac{220}{121}\ \text{kV}=209.1\ \text{kV}$$

$$U_{B(\text{I})}=U_{B(\text{II})}\times k_{T1}=209.1\times\frac{10.5}{242}\ \text{kV}=9.07\ \text{kV}$$

各元件参数归算后的标幺值为

$$X_d=X_q=x_d\times\frac{S_B}{S_{GN}}\times\frac{U_{GN}^2}{U_{B(\text{I})}^2}=1.7\times\frac{250}{352.5}\times\frac{10.5^2}{9.07^2}=1.615$$

$$R_L=r_0 l=\frac{S_B}{U_{B(\text{II})}^2}=0.07\times250\times\frac{250}{209.1^2}=0.1$$

$$R_k=1000\times\frac{250}{209.1^2}=5.718$$

$$X_k=500\times\frac{250}{209.1^2}=2.859$$

$$X_{T1}=U_{ST1}\times\frac{S_B}{S_{TN1}}\times\frac{U_{TN1}^2}{U_{B(\text{II})}^2}=0.14\times\frac{250}{360}\times\frac{242^2}{209.1^2}=0.13$$

$$X_{T2}=U_{ST2}\times\frac{S_B}{S_{TN2}}\times\frac{U_{TN2}^2}{U_{B(\text{II})}^2}=0.14\times\frac{250}{360}\times\frac{220^2}{209.1^2}=0.108$$

$$X_L=x_L\cdot l\frac{S_B}{U_{B(\text{II})}^2}=0.41\times250\times\frac{250}{209.1^2}=0.586$$

$$X_{TL}=X_{T1}+\frac{1}{2}X_L+X_{T2}=0.13+\frac{1}{2}\times0.586+0.108=0.531$$

运行参数计算。

$$U_0=\frac{U_0}{U_{B(\text{III})}}=\frac{115}{115}=1.0;\quad\varphi_0=\arccos0.95=18.19°$$

$$P_0=\frac{P_0}{S_B}=\frac{250}{250}=1.0;\quad Q_0=P_0\text{tg}\varphi_0=1\times\text{tg}18.19=0.329$$

（一）仅考虑输电系统电抗时，有

$$X_{d\Sigma} = X_d + X_{TL} = 1.615 + 0.531 = 2.146$$

$$E_{q0} = \sqrt{\left(U_0 + \frac{Q_0 X_{d\Sigma}}{U_0}\right)^2 + \left(\frac{P_0 X_{d\Sigma}}{U_0}\right)^2} = \sqrt{(1 + 0.329 \times 2.146)^2 + (1 \times 2.146)^2} = 2.742$$

$$\delta_0 = \text{arctg} \frac{2.146}{1 + 0.329 \times 2.146} = 51.52°$$

$$P_{Eq} = \frac{E_{q0} U_0}{X_{d\Sigma}} \sin\delta = \frac{2.742}{2.146} \sin\delta = 1.278\sin\delta$$

$$P_{Eqm} = 1.278, \quad \delta_{Eqm} = 90°$$

（二）计及线路电阻时，有

$$Z_{11} = Z_{12} = Z_{22} = Z = \frac{1}{2}R_L + jX_{d\Sigma} = 0.05 + j2.146 = 2.147\angle 88.67°$$

$$\alpha_{11} = \alpha_{12} = \alpha_{22} = \alpha = 90° - 88.67° = 1.33°$$

$$E_{q0} = \sqrt{\left(U_0 + \frac{P_0 \frac{1}{2}R_L + Q_0 X_{d\Sigma}}{U_0}\right)^2 + \left(\frac{P_0 X_{d\Sigma} - Q_0 \frac{1}{2}R_L}{U_0}\right)^2}$$

$$= \sqrt{(1 + 1 \times 0.05 + 0.329 \times 2.146)^2 + (1 \times 2.146 - 0.05 \times 0.329)^2} = 2.76$$

$$\delta_0 = \text{arctg} \frac{1 \times 2.146 - 0.329 \times 0.05}{1 + 1 \times 0.05 + 0.329 \times 2.146} = 50.49°$$

$$P_{Eq} = \frac{E_{q0}^2}{Z}\sin\alpha + \frac{E_{q0}U_0}{Z}\sin(\delta - \alpha) = \frac{2.76^2}{2.146}\sin1.33° + \frac{2.76 \times 1}{2.146}\sin(\delta - 1.33°)$$

$$= 0.082 + 1.286\sin(\delta - 1.33°)$$

$$P_{Eqm} = 0.082 + 1.286 = 1.368, \quad \delta_{Eqm} = 90° + 1.33° = 91.33°$$

（三）接入并联电阻后的等值电路如图 16-11 所示。

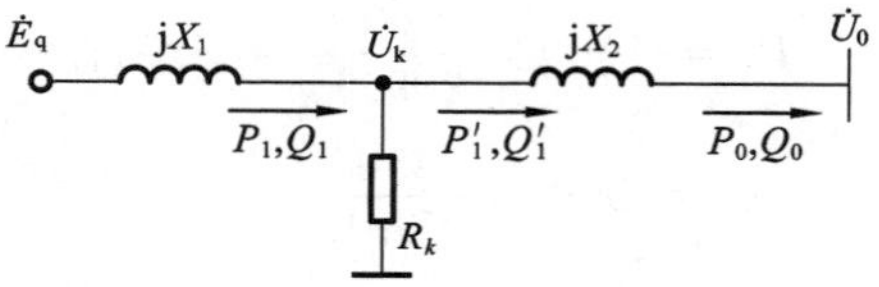

图 16-11 接入并联电阻时的等值电路

$$X_1 = X_d + X_{T1} = 1.615 + 0.13 = 1.745$$

$$X_2 = \frac{1}{2}X_L + X_{T2} = 0.293 + 0.108 = 0.401$$

$$Z_{11} = jX_1 + R_k // jX_2 = j1.745 + \frac{5.718 \times j0.401}{5.718 + j0.401} = 2.144\angle 89.25°$$

$$\alpha_{11} = 90° - 89.25° = 0.75°$$

$$Z_{12} = jX_1 + jX_2 + \frac{jX_1 jX_2}{R_k} = j1.745 + j0.401 + \frac{j1.745 \times j0.401}{5.718} = 2.149\angle 93.25°$$

$$\alpha_{12} = 90° - 93.25° = -3.25°$$

正常潮流计算。

电阻接入点的电压为

$$U_{k0} = \sqrt{\left(U_0 + \frac{Q_0 X_2}{U_0}\right)^2 + \left(\frac{P_0 X_2}{U_0}\right)^2}$$

$$= \sqrt{(1 + 0.329 \times 0.401)^2 + 0.401^2} = 1.2$$

$$\delta_{k0} = \text{arctg} \frac{0.401}{1 + 0.329 \times 0.401} = 19.5°$$

并联电阻消耗的功率

$$P_{R0} = \frac{U_k^2}{R_k} = \frac{1.2^2}{5.718} = 0.252$$

$$P_1 = P_0 + P_{R0} = 1.252$$

$$Q_1 = Q_0 + \frac{P_0^2 + Q_0^2}{U_0^2} X_2 = 0.329 + \frac{1^2 + 0.329^2}{1^2} \times 0.401 = 0.773$$

$$E_{q0} = \sqrt{\left(U_k + \frac{Q_1 X_1}{U_k}\right)^2 + \left(\frac{P_1 X_1}{U_k}\right)^2}$$

$$= \sqrt{\left(1.2 + \frac{0.773 \times 1.745}{1.2}\right)^2 + \left(\frac{1.252 \times 1.745}{1.2}\right)^2} = 2.952$$

$$\delta_{1k} = \text{arctg} \frac{1.821}{2.324} = 38.07°, \quad \delta_0 = \delta_{k0} + \delta_{1k} = 19.5° + 38.07° = 57.57°$$

$$P_{Eq} = \frac{E_{q0}^2}{|Z_{11}|} \sin\alpha_{11} + \frac{E_{q0} U_0}{|Z_{12}|} \sin(\delta - \alpha_{12}) = \frac{2.952^2}{2.144} \sin 0.75° + \frac{2.952}{2.149} \sin(\delta + 3.25°)$$

$$= 0.053 + 1.374 \sin(\delta + 3.25°)$$

$$P_{Eqm} = 0.053 + 1.374 = 1.427, \quad \delta_{Eqm} = 90° - 3.25° = 86.75°$$

（四）接入并联电抗时，由（三）已算得 $U_{k0} = 1.2, Q_1 = 0.773$，故有

$$Q_k = \frac{U_k^2}{X_k} = \frac{1.2^2}{2.859} = 0.504, \quad Q_1 = 0.773 + 0.504 = 1.277$$

$$E_{q0} = \sqrt{\left(U_k + \frac{Q_1 X_1}{U_k}\right)^2 + \left(\frac{P_1 X_1}{U_k}\right)^2}$$

$$= \sqrt{\left(1.2 + \frac{1.277 \times 1.745}{1.2}\right)^2 + \left(\frac{1 \times 1.745}{1.2}\right)^2} = 3.385$$

$$X_{12} = X_1 + X_2 + \frac{X_1 X_2}{X_k} = 2.146 + \frac{1.745 \times 0.401}{2.859} = 2.391$$

$$P_{Eq} = \frac{E_{q0} U_0}{X_{12}} \sin\delta = \frac{3.385 \times 1}{2.391} = 1.416 \sin\delta$$

$$P_{Eqm} = 1.416, \quad \delta_{Eqm} = 90°$$

如果是在（一）的运行条件下，并联接入电抗后不改变原来的电势值，即 $E_{q0} = 2.742$，则

$$P_{Eqm} = \frac{2.742}{2.391} = 1.147$$

它比在（一）算出的 $P_{Eqm} = 1.278$ 小，因为接入 $X_k$ 之后，$X_{12}$ 已大于（一）中的 $X_{d\Sigma}$。在本算例中，接入并联电抗 $X_k$ 之后，仍按送到系统去的功率 $P_0$、$Q_0$ 不变，使发电机比不接并联电抗时多发无功，电势 $E_{q0}$ 提高很多，电势提高增大功率极限的作用超过了并联电抗接入后转移

电抗增大使功率极限减小的作用，从而使功率极限比不接并联电抗时要大，所以，在靠近发电机处接入适当的并联电抗器，是提高功率极限的一个措施。

# 16.3　自动励磁调节器对功率特性的影响

现代电力系统中的发电机都装设有灵敏的自动励磁调节器，它可以在运行情况变化时增加或减少发电机的励磁电流，用以稳定发电机的电压。

## 16.3.1　无调节励磁时发电机端电压的变化

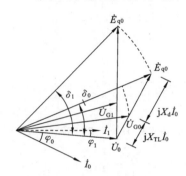

图 16-12　功角增加时发电机端电压的变化

当不调节励磁而保持电势 $E_q$ 不变时，随着发电机输出功率的缓慢增加，功角 $\delta$ 也增大，发电机端电压 $U_G$ 便要减小，如图 16-12 所示。在给定运行条件下，发电机端电压 $\dot{U}_{G0}$ 的端点位于电压降 $jX_{d\Sigma}\dot{I}_0$ 上，位置按 $X_{TL}$ 与 $X_d$ 的比例确定。当输送功率增大，$\delta$ 由 $\delta_0$ 增到 $\delta_1$ 时，相量 $\dot{U}_{G1}$ 的端点应位于电压降 $jX_{d\Sigma}\dot{I}_1$ 上，其位置仍按 $X_{TL}$ 与 $X_d$ 的比例确定。由于 $E_q = E_{q0} =$ 常数，随着 $\dot{E}_{q0}$ 向功角增大方向转动，$\dot{U}_G$ 也随着转动，而且数值减小了。很明显，上述结论也适用于系统中任一中间节点的电压。这就是说，直接联接两个不变电势（或电压）节点间的输电系统中任一点的电压，随着两个电势间的相角增大（0°～180°），其值均要减小，减小的程度取决于该点与两个电势间的电气距离。当两个不变电势大小相等时，两电势间的电气距离的中点，其电压减小最多。当两个不变电势代表两个相互失步（或大幅度振荡）的等值发电机时，两电势间的相角将随时间由小到大不断变化，电气中点的电压则将由大到小不断变化。两个电势间的相角为 0°或 360°时，电气中点的电压最高；两电势间的相角为 180°时，电气中点的电压最低。沿线各点电压也按此规律变化。两个不变电势间的相角为 180°时电压最低的点称为振荡中心。

## 16.3.2　自动励磁调节器对功率特性的影响

发电机装设自动励磁调节器后，当功角增大、$U_G$ 下降时，调节器将增大励磁电流，使发电机电势 $E_q$ 增大，直到端电压恢复（或接近）整定值 $U_{G0}$ 为止。由功率特性为

$$P_{Eq} = \frac{E_q U}{X_{d\Sigma}}\sin\delta$$

可以看出，调节器使 $E_q$ 随功角 $\delta$ 增大而增大，故功率特性与功角 $\delta$ 不再是正弦关系了。为了定性分析调节器对功率特性的影响，我们用不同的 $E_q$ 值作出一组正弦功率特性曲线簇，它们的幅值与 $E_q$ 成正比，如图 16-13 所示。当发电机由某一给定的运行初态（对应 $P_0$、$\delta_0$、$U_0$、$E_{q0}$、$U_{G0}$ 等）开始增加输送功率时，若调节器能保持 $U_G = U_{G0} =$ 常数，则随着 $\delta$ 增大，电势 $E_q$ 也增大，发电机的工作点将从 $E_q$ 较小的正弦曲线上过渡到 $E_q$ 较大的正弦曲线上，如图 16-13所示。于是我们便得到一条保持 $U_G = U_{G0} =$ 常数的功率特性曲线。我们看到，它在 $\delta$

>90°的某一范围内,仍然具有上升的性质。这是因为在 $\delta>90°$ 附近,当 $\delta$ 增大时,$E_q$ 的增大要超过 $\sin\delta$ 的减小。同时,保持 $U_G=U_{G0}$=常数时的功率极限 $P_{UGm}$,也比无励磁调节器时的 $P_{Eqm}$ 大得多;功率极限对应的角度 $\delta_{UGm}$ 也将大于 90°。还应指出,当发电机从给定的初始运行条件减小输送功率时,随着功角的减小,为保持 $U_G=U_{G0}$ 不变,调节器将减小 $E_q$,因而发电机的工作点将向 $E_q$ 较小的正弦曲线过渡。

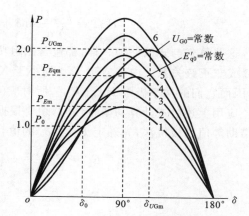

图 16-13 自动励磁调节器对功率特性的影响
1—$E_{q0}=100\%$;2—$E_q=120\%$;3—$E_q=140\%$;
4—$E_q=160\%$;5—$E_q=180\%$;6—$E_q=200\%$=常数

实际上,一般的励磁调节器并不能完全保持 $U_G$ 不变,因而 $U_G$ 将随功率 $P$ 及功角 $\delta$ 的增大而有所下降。但 $E_q$ 则将随 $P$ 及 $\delta$ 的增大而增大。在实际计算中,可以根据调节器的性能,认为它能保持发电机内某一个电势(如 $E'_q$、$E'$ 等)为恒定,并以此作为计算功率特性的条件(通常称为发电机的计算条件或维持电压的能力)。$E'_q=E'_{q0}$=常数的功率特性,介于保持 $U_G$ 不变和 $E_q$ 不变的功率特性之间(见图 16-13)。

## 16.3.3 用各种电势表示的功率特性

由于分析上的需要,电力系统功率特性计算公式中的发电机电势,要用某一指定的电势。为简化计算,人们还希望该电势是恒定的。下面我们来导出用不同电势表示的功率特性。为不失一般性,以凸极发电机为例。

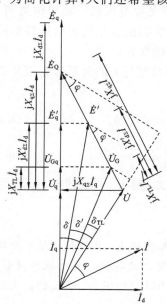

图 16-14 凸极发电机供电的简单
电力系统相量图

**1. 用 q 轴电势 $E_q$、$E'_q$、$U_{Gq}$ 表示功率特性**

由凸极发电机供电的简单电力系统的相量图如图 16-14 所示。应用相量图可求出用电势和功角表示的 $I_d$,即

$$I_d=\frac{E'_q-U\cos\delta}{X'_{d\Sigma}}=\frac{U_{Gq}-U\cos\delta}{X_{TL}}=\frac{E_Q-U\cos\delta}{X_{q\Sigma}}$$

(16-19)

式中,$X'_{d\Sigma}=X'_d+X_{TL}$。

由此可以求出电势 $E_Q$ 用各 q 轴电势表示的公式,即

$$\left.\begin{array}{l}E_Q=E'_q\dfrac{X_{q\Sigma}}{X'_{d\Sigma}}+\left(1-\dfrac{X_{q\Sigma}}{X'_{d\Sigma}}\right)U\cos\delta\\[3mm]E_Q=U_{Gq}\dfrac{X_{q\Sigma}}{X_{TL}}+\left(1-\dfrac{X_{q\Sigma}}{X_{TL}}\right)U\cos\delta\end{array}\right\}$$

(16-20)

将式(16-20)代入到式(16-4)即可求得

$$P_{E'_q}=\frac{E'_q U}{X'_{d\Sigma}}\sin\delta+\frac{U^2}{2}\times\frac{X'_{d\Sigma}-X_{q\Sigma}}{X'_{d\Sigma}\cdot X_{q\Sigma}}\sin2\delta$$

(16-21)

$$P_{UGq} = \frac{U_{Gq}U}{X_{TL}}\sin\delta + \frac{U^2}{2} \times \frac{X_{TL} - X_{q\Sigma}}{X_{TL} \cdot X_{q\Sigma}}\sin2\delta \qquad (16\text{-}22)$$

这些算式与式(16-8)一样，都包含磁阻功率项，而且当电势、电压均为常数时，功率与功角 $\delta$ 成非正弦关系。由于 $X'_{d\Sigma}$、$X_{TL}$ 均小于 $X_{q\Sigma}$，所以 $P_{E'q}$、$P_{UGq}$ 的磁阻功率项的系数均为负值，因而它们的功率极限 $P_{E'qm}$、$P_{UGqm}$ 所对应的角度 $\delta_{E'qm}$、$\delta_{UGqm}$ 均大于 90°。

应用上述公式计算功率特性时，须要根据给定的运行条件确定 $E'_{q0}$、$U_{Gq0}$ 的值。为此，仍要借助等值隐极机法，先确定 $E_{Q0}$ 和 $\delta_0$ 的值，然后应用下列公式求出 q 轴任意电势。

$$\left.\begin{array}{l} E_q = E_Q \dfrac{X_{d\Sigma}}{X_{q\Sigma}} + \left(1 - \dfrac{X_{d\Sigma}}{X_{q\Sigma}}\right)U\cos\delta \\[4mm] E'_q = E_Q \dfrac{X'_{d\Sigma}}{X_{q\Sigma}} + \left(1 - \dfrac{X'_{d\Sigma}}{X_{q\Sigma}}\right)U\cos\delta \\[4mm] U_{Gq} = E_Q \dfrac{X_{TL}}{X_{q\Sigma}} + \left(1 - \dfrac{X_{TL}}{X_{q\Sigma}}\right)U\cos\delta \end{array}\right\} \qquad (16\text{-}23)$$

**2. 用发电机某一电抗后的电势 $E'$、$U_G$ 表示功率特性**

当发电机用某一电抗及其后面的电势作等值电路时，功率特性的公式最为简洁。以下两式分别为发电机用 $X'_d$ 和 $E'$，零电抗和 $U_G$ 表示的功率特性。

$$P_{E'} = \frac{E'U}{X'_{d\Sigma}}\sin\delta' \qquad (16\text{-}24)$$

$$P_{UG} = \frac{U_GU}{X_{TL}}\sin\delta_{TL} \qquad (16\text{-}25)$$

给定系统运行初态时，根据已知的 $P_U$、$Q_U$ 和 $U$，套用式(16-5)，用 $X'_{d\Sigma}$ 代替 $X_{q\Sigma}$，可以算出 $E'$ 和 $\delta'$，用 $X_{TL}$ 代替 $X_{q\Sigma}$，便可算出 $U_G$ 和 $\delta_{TL}$。

应该着重指出，式(16-24)、式(16-25)中的 $\delta'$ 和 $\delta_{TL}$，已不是发电机转子相对位置角，它们仅是反映电磁关系的参数而没有机械运动参数的意义。但它们的变化仍可以近似地反映发电机转子相对运动的性质。在稳定性计算中它们也是常用的参数。

虽然 $E'$ 及 $U_G$ 不变时，$P_{E'}$ 与 $\delta'$、$P_{UG}$ 与 $\delta_{TL}$ 有正弦关系，但功率与 $\delta$ 的关系却是很复杂的非正弦关系。利用相量图 16-14 可以导出

$$P_{E'}(\delta) = \frac{E'U}{X'_{d\Sigma}}\sin\left\{\arcsin\left[\frac{U}{E'}\left(\frac{X'_{d\Sigma}}{X_{q\Sigma}} - 1\right)\sin\delta\right] + \delta\right\} \qquad (16\text{-}26)$$

$$P_{UG}(\delta) = \frac{U_GU}{X_{TL}}\sin\left\{\arcsin\left[\frac{U}{U_G}\left(\frac{X_{TL}}{X_{q\Sigma}} - 1\right)\sin\delta\right] + \delta\right\} \qquad (16\text{-}27)$$

对于隐极式发电机，因 $X_d = X_q$，故只要把上述公式中的 $X_{q\Sigma}$ 用 $X_{d\Sigma}$ 代替即可。无功功率特性可按相似的原理导出，这里不再赘述。

**例 16-2** 电力系统如图 16-10 所示。试分别计算发电机保持 $E_q$、$E'_q$、$E'$、$U_G$ 不变时的功率特性和功率极限，并相应地计算 $E_q$、$E'_q$、$E'$ 和 $U_G$ 随功角变化的特性。发电机参数如下：$S_{GN} = 352.5$ MV·A，$P_{GN} = 300$ MW，$U_{GN} = 10.5$ kV，$x_d = 1.0$，$x_q = 0.6$，$x'_d = 0.25$。变压器和线路参数及系统运行初态同例 16-1。

**解** （一）网络参数及运行参数计算。

各元件参数标幺值和运行参数计算可利用例 16-1 的部分结果，再作以下补充计算

$$X_{\mathrm{d}} = x_{\mathrm{d}} \times \frac{S_{\mathrm{B}}}{S_{\mathrm{GN}}} \times \frac{U_{\mathrm{GN}}^2}{U_{\mathrm{B(I)}}^2} = 1 \times \frac{250}{352.5} \times \frac{10.5^2}{9.07^2} = 0.95$$

$$X_{\mathrm{q}} = X_{\mathrm{d}} \times \frac{x_{\mathrm{q}}}{x_{\mathrm{d}}} = 0.95 \times \frac{0.6}{1.0} = 0.57$$

$$X_{\mathrm{d}}' = X_{\mathrm{d}} \times \frac{x_{\mathrm{d}}'}{x_{\mathrm{d}}} = 0.95 \times \frac{0.25}{1.0} = 0.238, \quad X_{\mathrm{d}\Sigma} = X_{\mathrm{d}} + X_{\mathrm{TL}} = 0.95 + 0.531 = 1.481$$

$$X_{\mathrm{q}\Sigma} = X_{\mathrm{q}} + X_{\mathrm{TL}} = 0.57 + 0.531 = 1.101, \quad X_{\mathrm{d}\Sigma}' = X_{\mathrm{d}}' + X_{\mathrm{TL}} = 0.238 + 0.531 = 0.769$$

$$E_{\mathrm{Q0}} = \sqrt{\left(U_0 + \frac{Q_0 X_{\mathrm{q}\Sigma}}{U_0}\right)^2 + \left(\frac{P_0 X_{\mathrm{q}\Sigma}}{U_0}\right)^2}$$

$$= \sqrt{(1 + 0.329 \times 1.101)^2 + (1 \times 1.101)^2} = 1.752$$

$$\delta_0 = \mathrm{arctg} \frac{1 \times 1.101}{1 + 0.329 \times 1.101} = 38.95°$$

$$E_{\mathrm{q0}} = E_{\mathrm{Q0}} \frac{X_{\mathrm{d}\Sigma}}{X_{\mathrm{q}\Sigma}} + \left(1 - \frac{X_{\mathrm{d}\Sigma}}{X_{\mathrm{q}\Sigma}}\right) U_0 \cos\delta_0$$

$$= 1.752 \times \frac{1.481}{1.101} + \left(1 - \frac{1.481}{1.101}\right) \times 1 \times \cos 38.95° = 2.088$$

$$E_{\mathrm{q0}}' = E_{\mathrm{Q0}} \frac{X_{\mathrm{d}\Sigma}'}{X_{\mathrm{q}\Sigma}} + \left(1 - \frac{X_{\mathrm{d}\Sigma}'}{X_{\mathrm{q}\Sigma}}\right) U_0 \cos\delta_0$$

$$= 1.752 \times \frac{0.769}{1.101} + \left(1 - \frac{0.769}{1.101}\right) \times 1 \times \cos 38.95° = 1.458$$

$$E_0' = \sqrt{\left(U_0 + \frac{Q_0 X_{\mathrm{d}\Sigma}'}{U_0}\right)^2 + \left(\frac{P_0 X_{\mathrm{d}\Sigma}'}{U_0}\right)^2} = \sqrt{(1 + 0.329 \times 0.769)^2 + (1 \times 0.769)^2} = 1.47$$

$$\delta_0' = \mathrm{arctg} \frac{1 \times 0.769}{1 + 0.329 \times 0.769} = 31.54°$$

$$U_{\mathrm{G0}} = \sqrt{\left(U_0 + \frac{Q_0 X_{\mathrm{TL}}}{U_0}\right)^2 + \left(\frac{P_0 X_{\mathrm{TL}}}{U_0}\right)^2} = \sqrt{(1 + 0.329 \times 0.531)^2 + (1 \times 0.531)^2} = 1.29$$

$$\delta_{\mathrm{TL0}} = \mathrm{arctg} \frac{1 \times 0.531}{1 + 0.329 \times 0.531} = 24.32°$$

（二）当保持 $E_{\mathrm{q}} = E_{\mathrm{q0}} =$ 常数时,有

$$P_{E\mathrm{q}} = \frac{E_{\mathrm{q0}} U_0}{X_{\mathrm{d}\Sigma}} \sin\delta + \frac{U_0^2}{2}\left(\frac{X_{\mathrm{d}\Sigma} - X_{\mathrm{q}\Sigma}}{X_{\mathrm{d}\Sigma} X_{\mathrm{q}\Sigma}}\right) \sin 2\delta = \frac{2.088}{1.481} \sin\delta + \frac{1}{2}\left(\frac{1.481 - 1.101}{1.481 \times 1.101}\right) \sin 2\delta$$

$$= 1.41 \sin\delta + 0.117 \sin 2\delta$$

$$\frac{\mathrm{d}P_{E\mathrm{q}}}{\mathrm{d}\delta} = 1.41 \cos\delta + 2 \times 0.117 \cos 2\delta = 0$$

$$1.41 \cos\delta + 0.234(2\cos^2\delta - 1) = 0.468\cos^2\delta + 1.41\cos\delta - 0.234 = 0$$

$$\cos\delta = \frac{-1.41 \pm \sqrt{1.41^2 + 4 \times 0.468 \times 0.234}}{2 \times 0.468}$$

取正号得 $\delta_{E\mathrm{qm}} = 80.93°$。

$$P_{E\mathrm{qm}} = 1.41 \sin\delta_{E\mathrm{qm}} + 0.117 \sin 2\delta_{E\mathrm{qm}} = 1.41 \sin 80.93° + 0.117 \sin(2 \times 80.93°) = 1.429$$

$$Q_U = \frac{E_{\mathrm{q0}} U_0}{X_{\mathrm{d}\Sigma}} \cos\delta + \frac{U_0^2}{2}\left(\frac{X_{\mathrm{d}\Sigma} - X_{\mathrm{q}\Sigma}}{X_{\mathrm{d}\Sigma} X_{\mathrm{q}\Sigma}}\right) \cos 2\delta - \frac{U_0^2}{2}\left(\frac{X_{\mathrm{d}\Sigma} + X_{\mathrm{q}\Sigma}}{X_{\mathrm{d}\Sigma} X_{\mathrm{q}\Sigma}}\right)$$

$$= \frac{2.088}{1.481}\cos\delta + \frac{1}{2}\left(\frac{1.481-1.101}{1.481\times1.101}\right)\cos2\delta - \frac{1}{2}\left(\frac{1.481+1.101}{1.481\times1.101}\right)$$

$$= 1.41\cos\delta + 0.117\cos2\delta - 0.792$$

$$E'_q = E_{q0}\frac{X'_{d\Sigma}}{X_{d\Sigma}} + \left(1 - \frac{X'_{d\Sigma}}{X_{d\Sigma}}\right)U_0\cos\delta$$

$$= 2.088\times\frac{0.769}{1.481} + \left(1 - \frac{0.769}{1.481}\right)\cos\delta = 1.084 + 0.481\cos\delta$$

$$E' = \sqrt{\left(U_0 + \frac{Q_U X'_{d\Sigma}}{U_0}\right)^2 + \left(\frac{P_U X'_{d\Sigma}}{U_0}\right)^2}$$

$$= \sqrt{A_1^2 + B_1^2 + C_1^2 + 2B_1(A_1+C_1)\cos\delta + 2A_1C_1\cos2\delta}$$

$$A_1 = U_0\left[1 - X'_{d\Sigma}\frac{1}{2}\left(\frac{X_{d\Sigma}+X_{q\Sigma}}{X_{d\Sigma}X_{q\Sigma}}\right)\right] = 0.391$$

$$B_1 = X'_{d\Sigma}\frac{E_{q0}}{X_{d\Sigma}} = 1.084$$

$$C_1 = U_0 X'_{d\Sigma}\times\frac{1}{2}\times\left(\frac{X_{d\Sigma}-X_{q\Sigma}}{X_{d\Sigma}X_{q\Sigma}}\right) = 0.09$$

$$U_G = \sqrt{\left(U_0 + \frac{Q_U X_{TL}}{U_0}\right)^2 + \left(\frac{P_U X_{TL}}{U_0}\right)^2}$$

$$= \sqrt{A_2^2 + B_2^2 + C_2^2 + 2B_2(A_2+C_2)\cos\delta + 2A_2C_2\cos2\delta}$$

$$A_2 = U_0\left[1 - X_{TL}\frac{1}{2}\left(\frac{X_{d\Sigma}+X_{q\Sigma}}{X_{d\Sigma}X_{q\Sigma}}\right)\right] = 0.579$$

$$B_2 = X_{TL}\frac{E_{q0}}{X_{d\Sigma}} = 0.749$$

$$C_2 = U_0 X_{TL}\times\frac{1}{2}\times\left(\frac{X_{d\Sigma}-X_{q\Sigma}}{X_{d\Sigma}X_{q\Sigma}}\right) = 0.062$$

计算结果列于表 16-1。

表 16-1　$E_q = E_{q0} =$ 常数时的计算结果

| $\delta$ | $0°$ | $30°$ | $38.95°$ | $60°$ | $80.93°$ | $90°$ | $120°$ | $150°$ | $180°$ |
|---|---|---|---|---|---|---|---|---|---|
| $P_{Eq}$ | 0.000 | 0.806 | 1.000 | 1.322 | 1.429 | 1.410 | 1.120 | 0.604 | 0.000 |
| $Q_U$ | 0.735 | 0.488 | 0.329 | −0.146 | −0.680 | −0.909 | −1.550 | −1.955 | −2.085 |
| $E'_q$ | 1.565 | 1.500 | 1.458 | 1.325 | 1.160 | 1.084 | 0.844 | 0.667 | 0.603 |
| $E'$ | 1.565 | 1.508 | 1.470 | 1.350 | 1.198 | 1.125 | 0.883 | 0.684 | 0.603 |
| $U_G$ | 1.390 | 1.330 | 1.290 | 1.159 | 0.992 | 0.910 | 0.620 | 0.323 | 0.110 |

（三）当保持 $E'_q = E'_{q0} =$ 常数时，有

$$P_{E'q} = \frac{E'_{q0}U_0}{X'_{d\Sigma}}\sin\delta + \frac{U_0^2}{2}\left(\frac{X'_{d\Sigma}-X_{q\Sigma}}{X'_{d\Sigma}X_{q\Sigma}}\right)\sin2\delta$$

$$= \frac{1.458}{0.769}\sin\delta + \frac{1}{2}\left(\frac{0.769-1.101}{0.769\times1.101}\right)\sin2\delta = 1.896\sin\delta - 0.196\sin2\delta$$

$$\frac{dP_{E'q}}{d\delta} = 1.896\cos\delta - 2\times0.196\cos2\delta = 0, \quad \delta_{E'qm} = 101.05°$$

$$P_{E'_q m} = 1.896\sin101.05° - 0.196\sin(2\times101.05°) = 1.935$$

$$E_q = E'_{q0}\frac{X_{d\Sigma}}{X'_{d\Sigma}} + \left(1 - \frac{X_{d\Sigma}}{X'_{d\Sigma}}\right)U_0\cos\delta$$

$$= 1.458\times\frac{1.481}{0.769} + \left(1 - \frac{1.481}{0.769}\right)\cos\delta = 2.808 - 0.925\cos\delta$$

$$E' = \sqrt{A_3^2 + B_3^2 + C_3^2 + 2B_3(A_3+C_3)\cos\delta + 2A_3C_3\cos2\delta}$$

$$A_3 = U_0\left[1 - X'_{d\Sigma}\frac{1}{2}\left(\frac{X'_{d\Sigma}+X_{q\Sigma}}{X_{d\Sigma}X_{q\Sigma}}\right)\right] = 0.151$$

$$B_3 = X'_{d\Sigma}\frac{E'_{q0}}{X'_{d\Sigma}} = 1.458$$

$$C_3 = U_0X'_{d\Sigma}\times\frac{1}{2}\times\left(\frac{X'_{d\Sigma}-X_{q\Sigma}}{X'_{d\Sigma}X_{q\Sigma}}\right) = -0.151$$

$$U_G = \sqrt{A_4^2 + B_4^2 + C_4^2 + 2B_4(A_4+C_4)\cos\delta + 2A_4C_4\cos2\delta}$$

$$A_4 = U_0\left[1 - X_{TL}\times\frac{1}{2}\times\left(\frac{X'_{d\Sigma}+X_{q\Sigma}}{X'_{d\Sigma}X_{q\Sigma}}\right)\right] = 0.414$$

$$B_4 = X_{TL}\frac{E'_{q0}}{X'_{d\Sigma}} = 1.007$$

$$C_4 = U_0X_{TL}\times\frac{1}{2}\times\left(\frac{X'_{d\Sigma}-X_{q\Sigma}}{X'_{d\Sigma}X_{q\Sigma}}\right) = -0.104$$

计算结果示于表 16-2。

表 16-2　$E'_q = E'_{q0} =$ 常数的计算结果

| $\delta$ | 0° | 30° | 38.95° | 60° | 90° | 101.05° | 120° | 150° | 180° |
|---|---|---|---|---|---|---|---|---|---|
| $P_{E'_q}$ | 0.000 | 0.778 | 1.000 | 1.472 | 1.896 | 1.935 | 1.812 | 1.118 | 0.000 |
| $E_q$ | 1.883 | 2.007 | 2.088 | 2.346 | 2.808 | 2.984 | 3.271 | 3.609 | 3.733 |
| $E'$ | 1.458 | 1.466 | 1.470 | 1.481 | 1.489 | 1.488 | 1.481 | 1.466 | 1.458 |
| $U_G$ | 1.317 | 1.301 | 1.290 | 1.245 | 1.132 | 1.075 | 0.963 | 0.783 | 0.697 |

（四）当保持 $E' = E'_0 =$ 常数时，有

$$P_{E'} = \frac{E'_0 U_0}{X'_{d\Sigma}}\sin\left\{\arcsin\left[\frac{U_0}{E'_0}\left(\frac{X'_{d\Sigma}}{X_{q\Sigma}}-1\right)\sin\delta\right]+\delta\right\} = 1.912\sin\{\arcsin(-0.205\sin\delta)+\delta\}$$

$$\frac{dP_{E'}}{d\delta} = 0, \quad \arcsin(-0.205\sin\delta)+\delta = 90°, \quad \delta_{E'm} = 101.5°$$

$$P_{E'm} = 1.912\sin90° = 1.912$$

$$E_q = E'_0\cos\left\{-\arcsin\left[\frac{U_0}{E'_0}\left(\frac{X'_{d\Sigma}}{X_{q\Sigma}}-1\right)\sin\delta\right]\right\}\frac{X_{d\Sigma}}{X'_{d\Sigma}} + \left(1-\frac{X_{d\Sigma}}{X'_{d\Sigma}}\right)U_0\cos\delta$$

$$= 2.831\cos[\arcsin(0.205\sin\delta)] - 0.926\cos\delta$$

$$E'_q = E'_0\cos\left\{-\arcsin\left[\frac{U_0}{E'_0}\left(\frac{X'_{d\Sigma}}{X_{q\Sigma}}-1\right)\sin\delta\right]\right\} = 1.47\cos[\arcsin(0.205\sin\delta)]$$

$$\delta' = \arcsin\left[\frac{U_0}{E'_0}\left(\frac{X'_{d\Sigma}}{X_{q\Sigma}}-1\right)\sin\delta\right]+\delta = \arcsin(-0.205\sin\delta)+\delta$$

$$U_G = \sqrt{A_5^2 + B_5^2 + 2A_5 B_5 \cos\left\{\arcsin\left[\frac{U_0}{E'_0}\left(\frac{X'_{d\Sigma}}{X_{q\Sigma}} - 1\right)\sin\delta\right] + \delta\right\}}$$

$$A_5 = U_0\left(1 - X_{TL}\frac{1}{X'_{d\Sigma}}\right) = 0.309, \quad B_5 = X_{TL}\frac{E'_0}{X'_{d\Sigma}} = 1.015$$

计算结果示于表 16-3。

**表 16-3　$E' = E'_0 =$ 常数的计算结果**

| $\delta$ | 0° | 30° | 38.95° | 60° | 90° | 101.5° | 120° | 150° | 180° |
|---|---|---|---|---|---|---|---|---|---|
| $P_{E'}$ | 0.000 | 0.781 | 1.000 | 1.460 | 1.871 | 1.912 | 1.779 | 1.121 | 0.000 |
| $E_q$ | 1.905 | 2.014 | 2.088 | 2.323 | 2.770 | 2.958 | 3.249 | 3.618 | 3.756 |
| $E'_q$ | 1.470 | 1.462 | 1.458 | 1.447 | 1.439 | 1.440 | 1.447 | 1.462 | 1.470 |
| $U_G$ | 1.324 | 1.303 | 1.288 | 1.237 | 1.120 | 1.062 | 0.956 | 0.786 | 0.706 |
| $\delta'$ | 0.00 | 24.12 | 31.55 | 49.77 | 78.17 | 90 | 109.77 | 144.12 | 180 |

（五）当保持 $U_G = U_{G0} =$ 常数时，有

$$P_{UG} = \frac{U_{G0}U_0}{X_{TL}}\sin\left\{\arcsin\left[\frac{U_0}{U_{G0}}\left(\frac{X_{TL}}{X_{q\Sigma}} - 1\right)\sin\delta\right] + \delta\right\}$$
$$= 2.427\sin[\arcsin(-0.402\sin\delta) + \delta]$$

$$\frac{dP_{UG}}{d\delta} = 0, \quad \arcsin(-0.402\sin\delta) + \delta = 90°, \quad \delta_{UGm} = 112°, \quad P_{UGm} = 2.427$$

$$E_q = U_{G0}\cos\left\{-\arcsin\left[\frac{U_0}{U_{G0}}\left(\frac{X_{TL}}{X_{q\Sigma}} - 1\right)\sin\delta\right]\right\}\frac{X_{d\Sigma}}{X_{TL}} + \left(1 - \frac{X_{d\Sigma}}{X_{TL}}\right)U_0\cos\delta$$
$$= 3.595\cos[\arcsin(0.402\sin\delta)] - 1.789\cos\delta$$

$$E'_q = U_{G0}\cos\left\{-\arcsin\left[\frac{U_0}{U_{G0}}\left(\frac{X_{TL}}{X_{q\Sigma}} - 1\right)\sin\delta\right]\right\}\frac{X'_{d\Sigma}}{X_{TL}} + \left(1 - \frac{X'_{d\Sigma}}{X_{TL}}\right)U_0\cos\delta$$
$$= 1.867\cos[\arcsin(0.402\sin\delta)] - 0.448\cos\delta$$

$$E' = \sqrt{A_6^2 + B_6^2 + 2A_6 B_6 \cos\left\{\arcsin\left[\frac{U_0}{U_{G0}}\left(\frac{X_{TL}}{X_{q\Sigma}} - 1\right)\sin\delta\right] + \delta\right\}}$$

$$A_6 = U_0\left(1 - X'_{d\Sigma}\frac{1}{X_{TL}}\right) = -0.448$$

$$B_6 = X'_{d\Sigma}\frac{U_{G0}}{X_{TL}} = 1.868$$

计算结果示于表 16-4。

**表 16-4　$U_G = U_{G0} =$ 常数时的计算结果**

| $\delta$ | 0° | 30° | 38.95° | 60° | 90° | 112° | 120° | 150° | 180° |
|---|---|---|---|---|---|---|---|---|---|
| $P_{UG}$ | 0.000 | 0.760 | 1.000 | 1.548 | 2.221 | 2.427 | 2.393 | 1.611 | 0.000 |
| $E_q$ | 1.806 | 1.972 | 2.088 | 2.476 | 3.291 | 4.006 | 4.265 | 5.071 | 5.384 |
| $E'_q$ | 1.419 | 1.441 | 1.458 | 1.526 | 1.709 | 1.900 | 1.974 | 2.217 | 2.315 |
| $E'$ | 1.419 | 1.446 | 1.470 | 1.548 | 1.735 | 1.919 | 1.991 | 2.221 | 2.315 |

由上述计算结果可以作出图 16-15 所示的功率特性曲线和图 16-16 所示的电势变化特性曲线。

计算结果除证实上两节所阐述的概念外，还说明 $P_{E'}$ 和 $P_{E'_q}$ 的差别是很小的。同时，$E'$ 和 $E'_q$ 在各种计算条件下的差别也是很小的。从 $E_q$ 的变化可以看到，保持常数的电势不同，调节器的放大系数也不同。

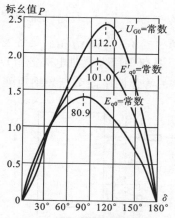

图 16-15　功率特性曲线

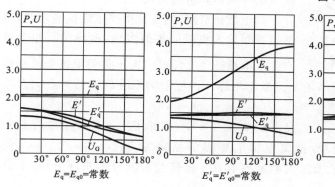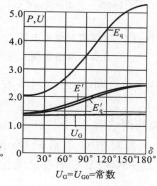

图 16-16　各电势变化特性曲线

## 16.4　复杂电力系统的功率特性

现代电力系统是由许多发电厂、输电线路和各种型式的负荷组成的。由于元件数量大、接线复杂，因而大大地增加了分析计算的复杂性。为了对复杂系统的功率特性建立明晰的概念，我们将从较简单的情况出发进行分析。

发电机用一个电势和阻抗来表示。至于用何种电势和阻抗作等值电路，则视发电机的类型、励磁调节器的性能以及给定的计算条件而定。

负荷用阻抗表示。当负荷点的运行电压为 $U_{LD}$，吸收功率为 $P_{LD}$、$Q_{LD}$ 时，负荷阻抗按下式计算。

$$Z_{LD} = R_{LD} \pm jX_{LD} = \frac{U_{LD}^2}{S_{LD}}(\cos\varphi_{LD} \pm j\sin\varphi_{LD}) = \frac{U_{LD}^2}{P_{LD}^2 + Q_{LD}^2}(P_{LD} \pm jQ_{LD}) \quad (16\text{-}28)$$

感性负荷时式中取正号。

采取了上述简化处理后，便可作出全系统的等值电路，这将是一个多电势源的线性网络。此线性网络的导纳型节点方程为

$$\boldsymbol{I}_G = \boldsymbol{Y}_G \boldsymbol{E}_G \qquad\qquad (16\text{-}29)$$

式中，$\boldsymbol{I}_G = [\dot{I}_{G1} \ \dot{I}_{G2} \cdots \dot{I}_{Gn}]^T$ 是各发电机输出电流的列向量；

$\boldsymbol{E}_G = [\dot{E}_{G1} \ \dot{E}_{G2} \cdots \dot{E}_{Gn}]^T$ 是各发电机电势的列向量；

$\boldsymbol{Y}_G$ 是仅保留发电机电势源节点和参考节点（零电位点），而其他节点经过网络变换全部消去后的等值网络的节点导纳矩阵。$\boldsymbol{Y}_G$ 可由潮流计算用的节点导纳矩阵修改后得到。

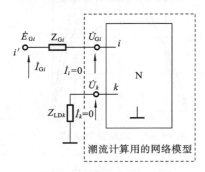

**图 16-17 仅保留发电机电势节点的网络模型**

在潮流计算中是以发电机端点作为发电机节点的。现在应在每一发电机节点 $i$ 后面，通过发电机内阻抗 $Z_{Gi}$ 支路增加一个电势源节点 $i'$，其注入电流 $\dot{I}_{Gi}$ 等于原来发电机节点的注入电流，而原发电机节点 $i$ 的注入电流则等于零，如图 16-17 所示。接入 $Z_{Gi}$ 和增加节点 $i'$ 后，应对原潮流计算用的导纳矩阵进行修改，发电机有几个，修改后的导纳矩阵将增加几阶。

对于负荷节点，当负荷用恒定阻抗表示时，可在负荷节点并联接入负荷的等值阻抗（或导纳），并令原负荷节点注入电流 $\dot{I}_k = 0$ 即可。由于负荷阻抗是并联接在负荷节点与参考点之间的，所以网络的节点数不增加。但原导纳矩阵的负荷节点的自导纳应变为 $Y'_{kk} = Y_{kk} + Y_{LDk}$。

如果原网络有 $N$ 个节点，其中发电机节点有 $n$ 个，则作了上述修改后的导纳矩阵将有 $N+n$ 阶。若对节点重新编号，把发电机电势源节点编为 $1, 2, \cdots, n$ 号，则其余 $n+1$，$n+2, \cdots, n+N$ 号节点都成了无注入电流的节点。将修改后的导纳矩阵分块，节点方程可写成：

$$\begin{bmatrix} \boldsymbol{I}_G \\ \boldsymbol{0} \end{bmatrix} = \begin{bmatrix} \boldsymbol{Y}_{GG} & \boldsymbol{Y}_{GN} \\ \boldsymbol{Y}_{NG} & \boldsymbol{Y}_{NN} \end{bmatrix} \begin{bmatrix} \boldsymbol{E}_G \\ \boldsymbol{U}_N \end{bmatrix} \tag{16-30}$$

根据方程式消元的方法，展开上式，消去 $\boldsymbol{U}_N$，即可求得式（16-29），其中

$$\boldsymbol{Y}_G = \boldsymbol{Y}_{GG} - \boldsymbol{Y}_{GN} \boldsymbol{Y}_{NN}^{-1} \boldsymbol{Y}_{NG} \tag{16-31}$$

展开式（16-29），可以求得发电机电流

$$\dot{I}_{Gi} = \sum_{j=1}^{n} Y_{ij} \dot{E}_{Gj} \quad (i = 1, 2, \cdots, n) \tag{16-32}$$

将电流代入到发电机功率算式 $S_{Gi} = P_{Gi} + jQ_{Gi} = \dot{E}_{Gi} \overset{*}{I}_{Gi}$ 中，经整理后得

$$\left. \begin{aligned} P_{Gi} &= E_{Gi}^2 \mid Y_{ii} \mid \sin\alpha_{ii} + \sum_{j=1, j \neq i}^{n} E_{Gi} E_{Gj} \mid Y_{ij} \mid \sin(\delta_{ij} - \alpha_{ij}) \\ Q_{Gi} &= E_{Gi}^2 \mid Y_{ii} \mid \cos\alpha_{ii} - \sum_{j=1, j \neq i}^{n} E_{Gi} E_{Gj} \mid Y_{ij} \mid \cos(\delta_{ij} - \alpha_{ij}) \end{aligned} \right\} \tag{16-33}$$

式中

$$\left. \begin{aligned} \alpha_{ii} &= 90° - \arctan \frac{-B_{ii}}{G_{ii}} \\ \alpha_{ij} &= 90° - \arctan \frac{B_{ij}}{-G_{ij}} \end{aligned} \right\} \tag{16-34}$$

应该指出,节点导纳矩阵中的自导纳 $Y_{ii}$ 的倒数就是通常所谓的输入阻抗 $Z_{ii}$;而互导纳 $Y_{ij}$ 的负倒数就是通常所谓的转移阻抗 $Z_{ij}$。这样,复杂电力系统的功率特性也可表示为

$$\left.\begin{aligned} P_{Gi} &= \frac{E_{Gi}^2}{|Z_{ii}|}\sin\alpha_{ii} + \sum_{j=1,j\neq i}^{n} \frac{E_{Gi}E_{Gj}}{|Z_{ij}|}\sin(\delta_{ij}-\alpha_{ij}) \\ Q_{Gi} &= \frac{E_{Gi}^2}{|Z_{ii}|}\cos\alpha_{ii} - \sum_{j=1,j\neq i}^{n} \frac{E_{Gi}E_{Gj}}{|Z_{ij}|}\cos(\delta_{ij}-\alpha_{ij}) \end{aligned}\right\} \tag{16-35}$$

式中,$\alpha_{ii}$、$\alpha_{ij}$ 为相应阻抗角的余角,即

$$\left.\begin{aligned} a_{ii} &= 90° - \text{arctg}\frac{X_{ii}}{R_{ii}} \\ a_{ij} &= 90° - \text{arctg}\frac{X_{ij}}{R_{ij}} \end{aligned}\right\} \tag{16-36}$$

式(16-35)也是电力系统稳定分析计算中常用的公式。

由式(16-33)或式(16-35)可以看出复杂电力系统功率特性有以下特点:

(1) 任一发电机输出的电磁功率都与所有发电机的电势及电势间的相对角有关,因而任何一台发电机运行状态的变化都要影响到所有其余发电机的运行状态。

(2) 任一台发电机的功角特性是它与其余所有发电机的转子间相对角(共 $n-1$ 个)的函数,是多变量函数,因而不能在 $P$-$\delta$ 平面上画出功角特性。同时,功率极限的概念也不明确,一般也不能确定其功率极限。

# 小　结

为适应电力系统分析计算的不同要求(例如计及励磁调节作用、要求较精细的发电机数学模型等)以及建立一些重要的基本概念,本章较详细地导出了简单电力系统用不同电势表示的功率特性。虽然公式很多,运用概念是不难写出的,而且也有很强的规律性。

对于用某一电抗后电势表示的功率特性,可以写成

$$P_X = \frac{E_X U}{X_{X\Sigma}}\sin\delta_X$$

其中电势、电抗及角度的对应关系是很明确的,$E' \rightarrow X'_{d\Sigma} \rightarrow \delta'$;$U_G \rightarrow X_{TL} \rightarrow \delta_{TL}$。

对于用 q 轴电势表示的功率特性及各电势间的关系,可以概括为

$$P_X = \frac{E_X U}{X_{X\Sigma}}\sin\delta + \frac{U^2}{2} \times \frac{X_{X\Sigma}-X_{q\Sigma}}{X_{X\Sigma}X_{q\Sigma}}\sin 2\delta$$

$$E_X = E_Y \frac{X_{X\Sigma}}{X_{Y\Sigma}} + \left(1 - \frac{X_{X\Sigma}}{X_{Y\Sigma}}\right)U\cos\delta$$

各电势与电抗的对应关系为

$$E_q \rightarrow X_{d\Sigma}; \quad E_Q \rightarrow X_{q\Sigma}; \quad E'_q \rightarrow X'_{d\Sigma}; \quad U_{Gq} \rightarrow X_{TL}。$$

振荡中心的概念对继电保护是很有用的。但应该明确,若系统振荡中电势源的电势也不断变化,或者在复杂电力系统中,则振荡中心是不固定的(或者说无所谓振荡中心)。

复杂电力系统功率特性的计算本质上是多电源交流网络的计算,因此,发电机只能用一个阻抗及其后一个电势的全电流等值电路表示,当从某一运行状态出发改变运行状态时,该

电势应按其变化规律求出其新值后，再代入到式(16-33)或式(16-35)求出发电机的功率值。

功率极限是功率特性的最大值，一般说来功率极限较大时，系统的稳定性也高些。应该特别注意，复杂电力系统（三机以上）不能从理论上确定功率极限，然而，在实际工作中，常附加一些假设条件，将复杂电力系统简化成简单的两机系统，利用功率极限来定性地估价系统的稳定性，或研究各种提高稳定性措施的作用。

# 习　题

16-1　简单电力系统如题16-1图所示，各元件参数如下。

发电机 G：$P_N=250$ MW，$\cos\varphi_N=0.85$，$U_N=10.5$ kV，$x_d=x_q=1.7$，$x'_d=0.25$，$T_J=8$ s；

变压器 T-1：$S_N=300$ MV·A，$U_S=15\%$，$K_T=10.5/242$；

变压器 T-2：$S_N=300$ MV·A，$U_S=15\%$，$K_T=220/121$；

线路 L：$l=250$ km，$U_N=220$ kV，$x_1=0.42$ Ω/km。

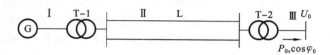

**题 16-1 图**

运行初始状态：$U_0=115$ kV，$P_0=220$ MW，$\cos\varphi_0=0.98$。发电机无励磁调节，$E_q=E_{q0}=$常数，试求功率特性$P_{Eq}(\delta)$，功率极限$P_{Eqm}$，以及$E'_q$、$E'$和$U_G$随功角$\delta$变化的曲线，并指出振荡中心的位置。

16-2　简单电力系统及参数同上题，发电机有励磁调节器，能保持$E'_q=E'_{q0}=$常数，试求功率特性$P_{E'q}(\delta)1$，功率极限$P_{E'qm}$，$\delta_{E'qm}$，以及$E_q$、$E'$和$U_G$随功角$\delta$变化的曲线，并指出振荡中心的位置。

16-3　在题16-1的系统中，若发电机为凸极机，$x_d=1.0$，$x_q=0.65$，$x'_d=0.23$，其他参数与条件与题16-1相同，试作同样内容的计算，并对其结果进行比较分析。此时如何确定振荡中心？

16-4　简单电力系统的元件参数及运行条件与题16-1相同，但须计及输电线路的电阻，$r_1=0.07$ Ω/km。试计算功率特性$P_{Eq}(\delta)$，功率极限$P_{Eqm}$和$\delta_{Eqm}$，并确定振荡中心的位置。

16-5　综合以上4题的计算结果，分析各种因素对振荡中心位置的影响。

16-6　电力系统如题16-6图所示，已知各元件参数的标幺值如下。

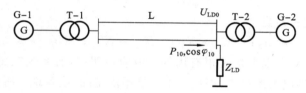

**题 16-6 图**

发电机 G-1：$X'_d = 0.25$；发电机 G-2：$X'_d = 0.15$；变压器 T-1：$X_T = 0.15$；变压器 T-2：$X_T = 0.1$；线路 L：每回 $X_L = 0.6$；负荷阻抗：$Z_{LD} = 0.28 + j0.15$。发电机采用电抗 $X'_d$ 及其后电势 $E' = $ 常数模型。试用矩阵消元法和网络变换法求各发电机的输入阻抗和转移阻抗。

16-7　在题 16-6 图所示的系统中，$U_{LD0} = 1.0$，发电机 G-1 送到负荷点的功率为 $P_{10} = 1.0$，$\cos\varphi_{10} = 0.95$，其余部分由发电机 G-2 负担，求两发电机的功率特性，各发电机的固有功率及功率极限，并分析固有功率在功率极限中所占的比重。

16-8　简单电力系统如题 16-8 图所示，已知凸极发电机的电抗 $X_d, X'_d, X_q$ 及外接阻抗 $Z_{TL} = R_{TL} + jX_{TL}$。试导出 q 轴各电势 $E_q, E'_q$ 和 $U_{Gq}$ 之间关系的表达式。

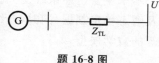

题 16-8 图

# 第17章  电力系统暂态稳定性

本章主要论述系统受大扰动后发电机转子相对运动的物理过程,暂态稳定的基本算法以及暂态稳定判据,同时,介绍了暂态稳定计算中的发电机自动励磁调节器、调速器以及负荷等的数学模型。

## 17.1  暂态稳定分析计算的基本假设

### 17.1.1  电力系统机电暂态过程的特点

电力系统暂态稳定问题是指电力系统受到较大的扰动之后各发电机是否能继续保持同步运行的问题。引起电力系统大扰动的原因主要有下列几种:

(1) 负荷的突然变化,如投入或切除大容量的用户等;

(2) 切除或投入系统的主要元件,如发电机、变压器及线路等;

(3) 发生短路故障。

其中短路故障的扰动最为严重,常以此作为检验系统是否具有暂态稳定的条件。

当电力系统受到大的扰动时,表征系统运行状态的各种电磁参数都要发生急剧的变化。但是,由于原动机调速器具有较大的惯性,它必须经过一定时间后才能改变原动机的功率。这样,发电机的电磁功率与原动机的机械功率之间便失去了平衡,于是产生了不平衡转矩。在不平衡转矩作用下,发电机开始改变转速,使各发电机转子间的相对位置发生变化(机械运动)。发电机转子相对位置,即相对角的变化,反过来又将影响到电力系统中电流、电压和发电机电磁功率的变化。所以,由大扰动引起的电力系统暂态过程,是一个电磁暂态过程和发电机转子间机械运动暂态过程交织在一起的复杂过程。如果计及原动机调速器、发电机励磁调节器等调节设备的暂态过程,则过程将更加复杂。

精确地确定所有电磁参数和机械运动参数在暂态过程中的变化是困难的,对于解决一般的工程实际问题往往也是不必要的。通常,暂态稳定分析计算的目的在于确定系统在给定的大扰动下发电机能否继续保持同步运行。因此,只需研究表征发电机是否同步的转子运动特性,即功角 $\delta$ 随时间变化特性便可以了。据此,我们找出暂态过程中对转子机械运动起主要影响的因素,在分析计算中加以考虑,而对于影响不大的因素,则予以忽略或作近似考虑。

### 17.1.2  基本假设

**1. 忽略发电机定子电流的非周期分量和与它相对应的转子电流的周期分量**

我们知道,在大扰动,特别是发生短路故障时,定子非周期分量电流将在定子回路电阻中产生有功损耗,增加发电机转轴上的电磁功率。在某些情况下(在发电机空载或轻载时),

附加了非周期分量电流的损耗后,可能使发电机的电磁功率大于原动机的功率,从而使发电机产生减速运动。然而,一方面,由于定子非周期分量电流衰减时间常数很小,通常只有百分之几秒;另一方面,定子非周期分量电流产生的磁场在空间是静止不动的,它与转子绕组直流(包括自由电流)所产生的转矩以同步频率作周期变化,其平均值很小,由于转子机械惯性较大,因而对转子整体相对运动影响很小。

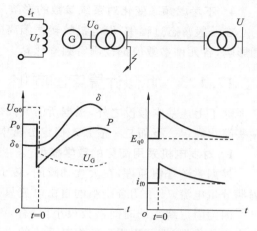

图 17-1　运行情况突变(短路)时
各量的变化

采用这个假设之后,发电机定、转子绕组的电流、系统的电压及发电机的电磁功率等,在大扰动的瞬间均可以突变(见图 17-1)。同时,这一假定也意味着忽略电力网络中各元件的电磁暂态过程。

**2. 发生不对称故障时,不计零序和负序电流对转子运动的影响**

对于零序电流来说,一方面,由于联接发电机的升压变压器绝大多数采用三角形-星形接法,发电机都接在三角形侧,如果故障发生在高压网络中(大多数是这样),则零序电流并不通过发电机;另一方面,即使发电机流通零序电流,由于定子三相绕组在空间对称分布,零序电流所产生的合成气隙磁场为零,对转子运动也没有影响。

负序电流在气隙中产生的合成电枢反应磁场,其旋转方向与转子旋转方向相反。它与转子绕组直流电流相互作用所产生的转矩,是以近两倍同步频率交变的转矩,其平均值接近于零,对转子运动的总趋势影响很小。加之转子机械惯性较大,所以,对转子运动的瞬时速度的影响也不大。

不计零序和负序电流的影响,就大大地简化了不对称故障时暂态稳定的计算。此时,发电机输出的电磁功率,仅由正序分量确定。不对称故障时网络中正序分量的计算,可以应用正序等效定则和复合序网。故障时确定正序分量的等值电路与正常运行时确定等值电路的不同之处,仅在于故障处接入由故障类型确定的故障附加阻抗 $Z_\Delta$(见图 17-2)。

应该指出,由于 $Z_\Delta$ 与负序及零序参数有关,故障时正序电流、电压及功率,除与正序参数有关外,也与负序及零序参数有关。所以,网络的负序及零序参数也影响系统的暂态稳定性。

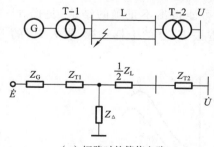

（a）短路时的等值电路

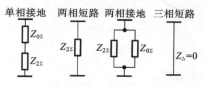

（b）不同短路时的附加阻抗 $Z_\Delta$

图 17-2　短路时系统的等值电路

**3. 忽略暂态过程中发电机的附加损耗**

这些附加损耗对转子的加速运动有一定的制动作用,但其数值不大。忽略它们使计算结果略偏保守。

**4. 不考虑频率变化对系统参数的影响**

在一般暂态过程中，发电机的转速偏离同步转速不多，可以不考虑频率变化对系统参数的影响，各元件参数值都按额定频率计算。

## 17.1.3 近似计算中的简化

除了上述基本假设之外，根据所研究问题的性质和对计算精度要求的不同，有时还可作一些简化规定。下面是一般暂态稳定分析中常作的简化。

**1. 对发电机采用简化的数学模型**

根据磁链守恒原理，在大扰动瞬间，转子闭合绕组将产生自由电流。由于忽略了定子非周期分量电流，转子闭合绕组的自由电流只有直流分量。

因为阻尼绕组的时间常数很小，只有百分之几秒，自由电流迅速衰减，所以可以不计阻尼绕组的作用，即假定阻尼绕组是开路的。

在大扰动瞬间，励磁绕组总磁链守恒，与此磁链成比例的计算用电势 $E'_q$ 也不变。在暂态过程中，随着励磁绕组自由直流的衰减，$E'_q$ 也将减小。但是，励磁绕组自由直流电流的衰减时间常数 $T'_d$ 较大，为秒数量级；而且，发电机的自动励磁调节系统在发生短路后要实现强行励磁，因此，励磁绕组中自由直流电流的衰减，将为强励所致的电流增量所补偿。这样，可以近似地认为在暂态过程中 $E'_q$ 一直保持恒定不变。

发电机纵轴等值电路用 $E'_q$、$X'_d$ 表示，横轴用 $X_q$ 表示。对于简单电力系统，发电机的电磁功率由式(16-21)确定。

由于 $E'$ 与 $E'_q$ 差别不大，因此在实用计算中进一步假定 $E'$ 恒定不变。发电机的模型将简化为用 $E'$ 和 $X'_d$ 表示。对于简单系统，发电机的电磁功率用式(16-24)计算。必须注意，$E'$、$\delta'$ 与 $E'_q$、$\delta$ 是有区别的，特别是 $\delta'$，它已不代表发电机转子间的相对空间位置了。但暂态过程中，$E'$ 和 $E'_q$、$\delta'$ 和 $\delta$ 的变化规律相似(见图 17-3)。多数情况下，近似计算能获得与实验(图中虚线)很相近的结果，它可以正确判断系统是否稳定。只是当系统处于稳定性边界附近时，不管是用 $E'_q$ = 常数或 $E'$ = 常数的近似计算，都可能得出不正确的结论(见图 17-3(c))。为书写简化，今后在采用 $E'$ 和 $X'_d$ 的模型时，将省去 $E'$、$\delta'$ 的上标一撇，省去 $P_E$ 的下标 $E'$，仅用 $E$、$\delta$、$P$ 表示，但注意不要忘记它们的含义。

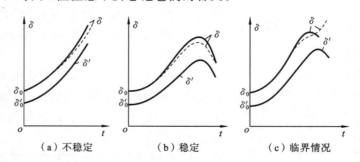

（a）不稳定　　　　　（b）稳定　　　　　（c）临界情况

**图 17-3 不同假设条件计算的结果**

**2. 不考虑原动机调速器的作用**

由于原动机调速器一般要在发电机转速变化之后才能起调节作用，加上其本身惯性较大,因此,在一般短过程的暂态稳定计算中假定原动机输入功率恒定。

## 17.2 简单电力系统暂态稳定的分析计算

假定图 17.2 所示简单电力系统在输电线路的始端发生短路,下面分析其暂态稳定性。

### 17.2.1 各种运行情况下的功率特性

系统正常运行情况下的等值电路如图 17-4(a)所示(接线图见图 17-2)。系统总电抗

$$X_{\text{I}} = X'_{\text{d}} + X_{\text{T1}} + \frac{1}{2} X_{\text{L}} + X_{\text{T2}}$$

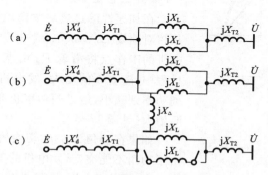

**图 17-4 各种运行情况下的等值电路**

根据给定的运行条件,可以算出短路前暂态电抗 $X'_{\text{d}}$ 后的电势值 $E_0$。正常运行时的功率特性为

$$P_{\text{I}} = \frac{E_0 U_0}{X_{\text{I}}} \sin\delta = P_{\text{mI}} \sin\delta \tag{17-1}$$

发生短路时根据正序等效定则,应在正常等值电路中的短路点接入短路附加电抗 $X_{\Delta}$ (见图 17-4(b))。此时,发电机与系统间的转移电抗为

$$X_{\text{II}} = X_{\text{I}} + \frac{(X'_{\text{d}} + X_{\text{T1}})\left(\frac{1}{2} X_{\text{L}} + X_{\text{T2}}\right)}{X_{\Delta}}$$

发电机的功率特性为

$$P_{\text{II}} = \frac{E_0 U_0}{X_{\text{II}}} \sin\delta = P_{\text{mII}} \sin\delta \tag{17-2}$$

由于 $X_{\text{II}} > X_{\text{I}}$,因此短路时的功率特性比正常运行时的要低(见图 17-5)。

故障线路被切除后,系统总电抗

$$X_{\text{III}} = X'_{\text{d}} + X_{\text{T1}} + X_{\text{L}} + X_{\text{T2}}$$

此时的功率特性为

$$P_{\text{III}} = \frac{E_0 U_0}{X_{\text{III}}} \sin\delta = P_{\text{mIII}} \sin\delta \tag{17-3}$$

一般情况下,$X_{\text{I}} < X_{\text{III}} < X_{\text{II}}$,$P_{\text{III}}$ 也介于 $P_{\text{I}}$ 和 $P_{\text{II}}$ 之间(见图 17-5)。

## 17.2.2 大扰动后发电机转子的相对运动

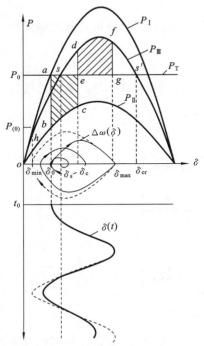

**图 17-5 转子相对运动及面积定则**

在正常运行情况下,若原动机输入功率为 $P_T=P_0$(在图 17-5 中用一横线表示),发电机的工作点为点 $a$,与此对应的功角为 $\delta_0$。

短路瞬间,发电机的工作点应在短路时的功率特性曲线 $P_{II}$ 上。由于转子具有惯性,功角不能突变,发电机输出的电磁功率(即工作点)应由 $P_{II}$ 上对应于 $\delta_0$ 的点 $b$ 确定,设其值为 $P_{(0)}$。这时原动机的功率 $P_T$ 仍保持不变,于是出现了过剩功率 $\Delta P_{(0)}=P_T-P_e=P_0-P_{(0)}>0$,它是加速性的。

在加速性的过剩功率作用下,发电机获得加速,使其相对速度 $\Delta\omega=\omega-\omega_N>0$,于是功角 $\delta$ 开始增大。发电机的工作点将沿着 $P_{II}$ 由点 $b$ 向点 $c$ 移动。在变动过程中,随着 $\delta$ 的增大,发电机的电磁功率也增大,过剩功率则减小,但过剩功率仍是加速性的,所以,$\Delta\omega$ 不断增大(见图 17-5)。

如果在功角为 $\delta_c$ 时切除故障线路,则在切除瞬间,由于功角不能突变,发电机的工作点便转移到 $P_{III}$ 上对应于 $\delta_c$ 的点 $d$。此时,发电机的电磁功率大于原动机的功率,过剩功率 $\Delta P_a=P_T-P_e<0$,变成减速性的了。在此过剩功率作用下,发电机转速开始降低,虽然相对速度 $\Delta\omega$ 开始减小,但它仍大于零,因此功角继续增大,工作点将沿 $P_{III}$ 由点 $d$ 向点 $f$ 变动。发电机则一直受到减速作用而不断减速。

如果到达点 $f$,发电机恢复到同步速度,即 $\Delta\omega=0$,则功角 $\delta$ 抵达它的最大值 $\delta_{max}$。虽然此时发电机恢复了同步,但由于功率平衡尚未恢复,因此不能在点 $f$ 确立同步运行的稳态。发电机在减速性不平衡转矩的作用下,转速继续下降而低于同步速度,相对速度改变符号,即 $\Delta\omega<0$,于是功角 $\delta$ 开始减小,发电机工作点将沿 $P_{III}$ 由点 $f$ 向点 $d$、$s$ 变动。

以后的过程将像 15.4 小节所分析的那样,如果不计能量损失,工作点将沿 $P_{III}$ 曲线在点 $f$ 和点 $h$ 之间来回变动。与此相对应,功角将在 $\delta_{max}$ 和 $\delta_{min}$ 之间变动(见图 17-5 虚线)。考虑到过程中的能量损失,振荡将逐渐衰减,最后将在点 $s$ 上稳定地运行。也就是说,系统在上述大扰动下保持了暂态稳定。

## 17.2.3 等面积定则

当不考虑振荡中的能量损耗时,可以在功角特性上,根据等面积定则简便地确定最大摇摆角 $\delta_{max}$,并判断系统稳定性。从前面的分析可知,在功角由 $\delta_0$ 变到 $\delta_c$ 的过程中,原动机输入的能量大于发电机输出的能量,多余的能量将使发电机转速升高并转化为转子的动能而储存在转子中;而当功角由 $\delta_c$ 变到 $\delta_{max}$ 时,原动机输入的能量小于发电机输出的能量,不足部分由发电机转速降低而释放的动能转化为电磁能来补充。

转子由 $\delta_0$ 到 $\delta_c$ 移动时,过剩转矩所作的功为

$$W_a = \int_{\delta_0}^{\delta_c} \Delta M_a d\delta = \int_{\delta_0}^{\delta_c} \frac{\Delta P_a}{\omega} d\delta$$

用标幺值计算时,因发电机转速偏离同步速度不大,$\omega \approx 1$,于是

$$W_a \approx \int_{\delta_0}^{\delta_c} \Delta P_a d\delta = \int_{\delta_0}^{\delta_c} (P_T - P_{\mathrm{II}}) d\delta$$

上式右边的积分,代表 $P$-$\delta$ 平面上的面积,对于图 17-5 所示的情况为画着阴影的面积 $A_{abce}$。在不计能量损失时,加速期间过剩转矩所作的功,将全部转化为转子动能。在标幺值计算中,可以认为转子在加速过程中获得的动能增量就等于面积 $A_{abce}$。这块面积称为加速面积。当转子由 $\delta_c$ 变动到 $\delta_{\max}$ 时,转子动能增量为

$$W_b = \int_{\delta_c}^{\delta_{\max}} \Delta M_a d\delta \approx \int_{\delta_c}^{\delta_{\max}} \Delta P_a d\delta = \int_{\delta_c}^{\delta_{\max}} (P_T - P_{\mathrm{III}}) d\delta$$

由于 $\Delta P_a < 0$,故上式积分为负值。也就是说,动能增量为负值,这意味着转子储存的动能减小了,即转速下降了,减速过程中动能增量所对应的面积称为减速面积,$A_{edfg}$ 就是减速面积。

显然,当满足

$$W_a + W_b = \int_{\delta_0}^{\delta_c} (P_T - P_{\mathrm{II}}) d\delta + \int_{\delta_c}^{\delta_{\max}} (P_T - P_{\mathrm{III}}) d\delta = 0 \qquad (17-4)$$

的条件时,动能增量为零,即短路后得到加速使其转速高于同步速的发电机重新恢复了同步。应用这个条件,并将本例 $P_T = P_0$,以及 $P_{\mathrm{II}}$ 和 $P_{\mathrm{III}}$ 的表达式(17-2)、式(17-3)代入,便可求得 $\delta_{\max}$。式(17-4)也可写成

$$| A_{abce} | = | A_{edfg} | \qquad (17-5)$$

即加速面积和减速面积大小相等,这就是等面积定则。同理,根据等面积定则,可以确定摇摆的最小角度 $\delta_{\min}$,即

$$\int_{\delta_{\max}}^{\delta_s} (P_T - P_{\mathrm{III}}) d\delta + \int_{\delta_s}^{\delta_{\min}} (P_T - P_{\mathrm{III}}) d\delta = 0$$

由图 17-5 可以看出,在给定的计算条件下,当切除角 $\delta_c$ 一定时,有一个最大可能的减速面积 $A_{dfs'e}$。如果这块面积的数值比加速面积 $A_{abce}$ 小,则发电机将失去同步。因为在这种情况下,当功角增至临界角 $\delta_{cr}$ 时,转子在加速过程中所增加的动能未完全耗尽,发电机转速仍高于同步速度,功角继续增大而越过点 $s'$,过剩功率变成加速性的了,使发电机继续加速而失去同步。显然,最大可能的减速面积大于加速面积,是保持暂态稳定的条件。

## 17.2.4　极限切除角

当最大可能的减速面积小于加速面积时,由图 17-6 可知,如果减小切除角 $\delta_c$,则既减小了加速面积,又增大了最大可能减速面积。这就有可能使原

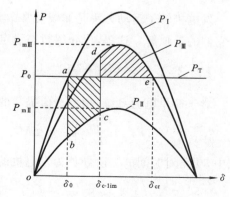

**图 17-6　极限切除角**

来不能保持暂态稳定的系统变成能保持暂态稳定了。如果在某一切除角时，最大可能的减速面积与加速面积大小相等，则系统将处于稳定的极限情况，大于这个角度切除故障，系统将失去稳定。这个角度称为极限切除角 $\delta_{c \cdot lim}$。

应用等面积定则可以方便地确定 $\delta_{c \cdot lim}$。由图 17-6 可得

$$\int_{\delta_0}^{\delta_{c \cdot lim}} (P_0 - P_{m\mathrm{II}} \sin\delta) \mathrm{d}\delta + \int_{\delta_{c \cdot lim}}^{\delta_{cr}} (P_0 - P_{m\mathrm{III}} \sin\delta) \mathrm{d}\delta = 0$$

求出上式的积分并经整理后可得

$$\delta_{c \cdot lim} = \arccos \frac{P_0(\delta_{cr} - \delta_0) + P_{m\mathrm{III}} \cos\delta_{cr} - P_{m\mathrm{II}} \cos\delta_0}{P_{m\mathrm{III}} - P_{m\mathrm{II}}} \tag{17-6}$$

式中所有的角度都是用弧度表示的。临界角

$$\delta_{cr} = \pi - \arcsin \frac{P_0}{P_{m\mathrm{III}}}$$

## 17.2.5 简单电力系统暂态稳定判断的极值比较法

为了判断系统的暂态稳定性，还必须知道转子抵达极限切除角所用的时间，即所谓切除

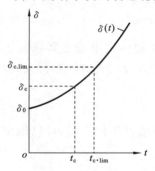

图 17-7 极限切除时间的确定

故障的极限允许时间（简称为极限切除时间 $t_{c \cdot lim}$）。为此，可以通过求解故障时的发电机转子运动方程来确定功角随时间变化的特性 $\delta(t)$，如图 17-7 所示。当已知继电保护和断路器切除故障的时间 $t_c$ 时，可以由 $\delta(t)$ 曲线上找出对应的切除角 $\delta_c$。比较 $\delta_c$ 与由等面积定则确定的极限切除角 $\delta_{c \cdot lim}$，若 $\delta_c < \delta_{c \cdot lim}$，则系统是暂态稳定的，反之则不稳定。也可以先由等面积定则确定 $\delta_{c \cdot lim}$，再在 $\delta(t)$ 上求出对应的极限切除时间 $t_{c \cdot lim}$，若实际切除时间 $t_c < t_{c \cdot lim}$，则系统是暂态稳定的，反之则是不稳定的。

# 17.3 发电机转子运动方程的数值解法

发电机转子运动方程是非线性常微分方程，一般不能求得解析解，只能用数值计算方法求它们的近似解。这里，仅介绍暂态稳定计算中常用的两种方法。

## 17.3.1 分段计算法

对于简单电力系统，用标幺值描写的发电机转子运动方程为

$$\frac{T_J}{\omega_N} \frac{\mathrm{d}^2\delta}{\mathrm{d}t^2} = \Delta M_a = \frac{1}{\omega} \Delta P_a = \frac{1}{\omega}(P_T - P_m \sin\delta)$$

式中，功角对时间的二阶导数为发电机的加速度，当取 $\omega \approx 1$ 时，转子运动方程为

$$\alpha = \frac{\omega_N}{T_J} \frac{1}{\omega}(P_T - P_m \sin\delta) = \frac{\omega_N}{T_J}(P_T - P_m \sin\delta) \tag{17-7}$$

因为 $\delta$ 是时间的函数，所以发电机转子运动为变加速运动。

分段计算法就是把时间分成一个个小段 $\Delta t$（又称为计算的步长），在每一个小段时间内，把变加速运动近似地看成是等加速运动来计算 $\delta$ 角的变化。

不失一般性，在从 $t=t_n$ 到 $t=t_n+\Delta t$ 的第 $n+1$ 时段内，按等加速运动计算 $\delta$ 角的公式为

$$\Delta\delta_{(n+1)} = \Delta\omega_{(n)}\Delta t + \frac{1}{2}\alpha^{+}_{(n)}\Delta t^2 \tag{17-8}$$

$$\delta_{(n+1)} = \delta_{(n)} + \Delta\delta_{(n+1)} \tag{17-9}$$

发电机的角速度不能突变，而角加速度正比于过剩功率。根据前述假定，运行状态突变时，发电机的电磁功率容许突变，因而角加速度是一个可突变的量。当 $t_n$ 时刻发生故障或操作时，加速度将发生突变，我们以 $\alpha^{-}_{(n)}$ 和 $\alpha^{+}_{(n)}$ 分别表示突变前和突变后的加速度。显然，在第 $n+1$ 时段计算中宜用 $\alpha^{+}_{(n)}$（见图 17-8）。

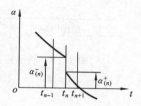

图 17-8　角加速度
　　　　　的突变

为了提高角速度计算的精确度，我们采用时间段初和时间段末的加速度的平均值作为计算每个时间段角速度增量的加速度。于是

$$\Delta\omega_{(n)} = \Delta\omega_{(n-1)} + \frac{1}{2}(\alpha^{+}_{(n-1)} + \alpha^{-}_{(n)})\Delta t \tag{17-10}$$

将式(17-10)代入式(17-8)，经整理便得

$$\Delta\delta_{(n+1)} = \Delta\delta_{(n)} + \frac{1}{2}(\alpha^{-}_{(n)} + \alpha^{+}_{(n)})\Delta t^2 \tag{17-11}$$

这是适用于一切时间段的角度增量计算公式。对于第一时段，即 $n=0$，有 $\Delta\delta_{(0)}=0,\alpha^{-}_{(0)}=0$，因而

$$\Delta\delta_{(1)} = \frac{1}{2}\alpha^{+}_{(0)}\Delta t^2 \tag{17-12}$$

不发生故障（或操作）时，$\alpha^{-}_{(n)}=\alpha^{+}_{(n)}=\alpha_{(n)}$，故有

$$\Delta\delta_{(n+1)} = \Delta\delta_{(n)} + \alpha_{(n)}\Delta t^2 \tag{17-13}$$

根据式(17-7)，令 $K=\frac{\omega_N}{T_J}\Delta t^2$，对于上一节所讨论的简单系统的情况，不计调速器作用时，$P_T=P_0=$ 常数，在短路发生后的第一个时间段

$$\Delta\delta_{(1)} = \frac{1}{2}K\Delta P_{(0)} = \frac{1}{2}K(P_0 - P_{mⅡ}\sin\delta_0) \tag{17-14}$$

在短路期间的其余时段

$$\Delta\delta_{(k+1)} = \Delta\delta_{(k)} + K\Delta P_{(k)} = \Delta\delta_{(k)} + K(P_0 - P_{mⅡ}\sin\delta_{(k)}) \tag{17-15}$$

如果在时刻 $t_m$ 切除故障，则发电机的工作点便由 $P_Ⅱ$ 突然变到 $P_Ⅲ$ 上。过剩功率也由 $\Delta P^{-}_{(m)}=P_0-P_{mⅡ}\sin\delta_{(m)}$ 跃变到 $\Delta P^{+}_{(m)}=P_0-P_{mⅢ}\sin\delta_{(m)}$。那么以 $t_m$ 为起点的第 $m+1$ 时段的角度增量便为

$$\Delta\delta_{(m+1)} = \Delta\delta_{(m)} + \frac{1}{2}K(\Delta P^{-}_{(m)} + \Delta P^{+}_{(m)}) \tag{17-16}$$

短路切除后其余时段的计算公式同式(17-15)，只要把 $P_{mⅡ}$ 换成 $P_{mⅢ}$ 就可以了。

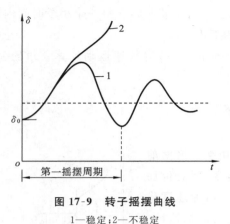

**图 17-9  转子摇摆曲线**
1—稳定；2—不稳定

这样，便可以把暂态过程中功角变化计算出来并绘成曲线，如图 17-9 所示。这种曲线通常称为发电机转子摇摆曲线。如果功角随时间不断增大（单调变化），则系统在所给定的扰动下是不能保持暂态稳定的。如果功角增加到某一最大值后便开始减小，以后振荡逐渐衰减，则系统是稳定的。

分段计算法的计算精确度与所选的时间段的长短（即步长）有关，$\Delta t$ 太大固然精确度下降；$\Delta t$ 过分小，除增加计算量外，也会增加计算过程中的累计误差。$\Delta t$ 的选择应与所研究对象的时间常数相配合，若发电机组采用简化模型，$\Delta t$ 一般可选为 $0.01 \sim 0.05$ s。

## 17.3.2  改进欧拉法

设一阶非线性微分方程为

$$\frac{\mathrm{d}x(t)}{\mathrm{d}t} = f(x(t), t)$$

且已知 $t = t_0$ 时刻的初始值 $x(t_0) = x_0$，现在要求出 $t > t_0$ 以后满足上述方程的 $x(t)$。这就是所谓常微分方程的初值问题。暂态稳定计算就是给定了扰动时刻的初值，求扰动后转子运动的规律 $\delta(t)$，这也属于常微分方程的初值问题。在暂态稳定计算中，非线性函数 $f$ 都不显含时间变量 $t$，即

$$\frac{\mathrm{d}x(t)}{\mathrm{d}t} = f(x(t))$$

为简化起见，取 $t_0 = 0$，$x(t_0)$ 写成 $x_0$。

在 $t = 0$ 瞬刻，已给定初值 $x(0) = x_0$，于是可以求得此瞬间非线性函数值 $f(x_0)$ 及 $x$ 的变化速度

$$\left. \frac{\mathrm{d}x}{\mathrm{d}t} \right|_0 = f(x_0)$$

在一个很小的时间段 $\Delta t$ 内，假设 $x$ 的变化速度不变并等于 $\left. \frac{\mathrm{d}x}{\mathrm{d}t} \right|_0$，则第一个时间段内 $x$ 的增量为

$$\Delta x_1 = \left. \frac{\mathrm{d}x}{\mathrm{d}t} \right|_0 \Delta t$$

第一个时间段末（即 $t_1 = \Delta t$）的 $x$ 值为

$$x_{(1)} = x_0 + \Delta x_{(1)} = x_0 + \left. \frac{\mathrm{d}x}{\mathrm{d}t} \right|_0 \Delta t \tag{17-17}$$

知道 $x_{(1)}$ 的值后，便可求得 $f(x_{(1)})$ 的值以及 $\left. \frac{\mathrm{d}x}{\mathrm{d}t} \right|_1 = f(x_{(1)})$，从而求得第二个时间段末（即 $t = 2\Delta t$）的 $x$ 值

$$x_{(2)} = x_{(1)} + \Delta x_{(2)} = x_{(1)} + \frac{\mathrm{d}x}{\mathrm{d}t}\bigg|_1 \Delta t$$

以后时间段的递推公式为

$$x_{(k)} = x_{(k-1)} + \frac{\mathrm{d}x}{\mathrm{d}t}\bigg|_{k-1} \Delta t \tag{17-18}$$

上述算法的特点是算式简单,计算量小,但不够精确,一般不能满足工程计算的精度要求,必须加以改进。改进后的算法如下。

对于任一时间段,先计算时间段初 $x$ 的变化速度(例如第一个时间段)

$$\frac{\mathrm{d}x}{\mathrm{d}t}\bigg|_0 = f(x_0)$$

于是可以求得时间段末 $x$ 的近似值

$$x_{(1)}^{(0)} = x_0 + \frac{\mathrm{d}x}{\mathrm{d}t}\bigg|_0 \Delta t$$

再计算时间段末 $x$ 的近似速度

$$\frac{\mathrm{d}x}{\mathrm{d}t}\bigg|_1^{(0)} = f(x_{(1)}^{(0)})$$

最后,以时间段初的初始速度和时间段末的近似速度的平均值作为这个时间段的不变速度来求 $x$ 的增量,即

$$\Delta x_{(1)} = \frac{1}{2}\left[\frac{\mathrm{d}x}{\mathrm{d}t}\bigg|_0 + \frac{\mathrm{d}x}{\mathrm{d}t}\bigg|_1^{(0)}\right]\Delta t$$

从而求得时间段末 $x$ 的修正值

$$x_{(1)} = x_0 + \Delta x_{(1)} = x_0 + \frac{1}{2}\left[\frac{\mathrm{d}x}{\mathrm{d}t}\bigg|_0 + \frac{\mathrm{d}x}{\mathrm{d}t}\bigg|_1^{(0)}\right]\Delta t \tag{17-19}$$

这种算法称为改进欧拉法。它的递推公式为

$$\left.\begin{aligned}
\frac{\mathrm{d}x}{\mathrm{d}t}\bigg|_{k-1} &= f(x_{(k-1)}) \\
x_{(k)}^{(0)} &= x_{(k-1)} + \frac{\mathrm{d}x}{\mathrm{d}t}\bigg|_{k-1} \Delta t \\
\frac{\mathrm{d}x}{\mathrm{d}t}\bigg|_k^{(0)} &= f(x_{(k)}^{(0)}) \\
x_{(k)} &= x_{(k-1)} + \frac{1}{2}\left[\frac{\mathrm{d}x}{\mathrm{d}t}\bigg|_{k-1} + \frac{\mathrm{d}x}{\mathrm{d}t}\bigg|_k^{(0)}\right]\Delta t
\end{aligned}\right\} \tag{17-20}$$

对于一阶微分方程组,递推算式的形式和式(17-20)相同,只是式中的 $x$、$f(x)$ 等要换成列向量或列向量函数。

下面,以简单系统为例来说明改进欧拉法在暂态稳定计算中的应用。对于转子运动方程

$$\left.\begin{aligned}
\frac{\mathrm{d}\delta}{\mathrm{d}t} &= \omega - \omega_N = \Delta\omega = f_\delta(\delta, \Delta\omega) \\
\frac{\mathrm{d}\Delta\omega}{\mathrm{d}t} &= \frac{\omega_N}{T_J}(P_T - P_e) = f_\omega(\delta, \Delta\omega)
\end{aligned}\right\} \tag{17-21}$$

假定计算已进行到第 $k$ 个时间段。计算步骤及递推公式如下。

确定时间段初的电磁功率（假定系统处于短路状态）

$$P_{e(k-1)} = P_{m\parallel} \sin\delta_{(k-1)}$$

解微分方程求时间段末功角等的近似值（设 $P_T = P_0 =$ 常数）分别为

$$
\left.\begin{array}{l}
\dfrac{\mathrm{d}\delta}{\mathrm{d}t}\bigg|_{k-1} = f_\delta(\delta_{(k-1)}, \Delta\omega_{(k-1)}) = \Delta\omega_{(k-1)} \\[3mm]
\dfrac{\mathrm{d}\Delta\omega}{\mathrm{d}t}\bigg|_{k-1} = f_\omega(\delta_{(k-1)}, \Delta\omega_{(k-1)}) = \dfrac{\omega_N}{T_J}(P_0 - P_{e(k-1)}) \\[3mm]
\delta_{(k)}^{(0)} = \delta_{(k-1)} + \dfrac{\mathrm{d}\delta}{\mathrm{d}t}\bigg|_{k-1}\Delta t \\[3mm]
\Delta\omega_{(k)}^{(0)} = \Delta\omega_{(k-1)} + \dfrac{\mathrm{d}\Delta\omega}{\mathrm{d}t}\bigg|_{k-1}\Delta t
\end{array}\right\}
\tag{17-22}
$$

计算时间段末电磁功率的近似值

$$P_{e(k)}^{(0)} = P_{m\parallel}\sin\delta_{(k)}^{(0)}$$

解微分方程分别求时间段末功角等的修正值

$$
\left.\begin{array}{l}
\dfrac{\mathrm{d}\delta}{\mathrm{d}t}\bigg|_{k}^{(0)} = f_\delta(\delta_{(k)}^{(0)}, \Delta\omega_{(k)}^{(0)}) = \Delta\omega_{(k)}^{(0)} \\[3mm]
\dfrac{\mathrm{d}\Delta\omega}{\mathrm{d}t}\bigg|_{k}^{(0)} = f_\omega(\delta_{(k)}^{(0)}, \Delta\omega_{(k)}^{(0)}) = \dfrac{\omega_N}{T_J}(P_0 - P_{e(k)}^{(0)}) \\[3mm]
\delta_{(k)} = \delta_{(k-1)} + \dfrac{1}{2}\left[\dfrac{\mathrm{d}\delta}{\mathrm{d}t}\bigg|_{k-1} + \dfrac{\mathrm{d}\delta}{\mathrm{d}t}\bigg|_{k}^{(0)}\right]\Delta t \\[3mm]
\Delta\omega_{(k)} = \Delta\omega_{(k-1)} + \dfrac{1}{2}\left[\dfrac{\mathrm{d}\Delta\omega}{\mathrm{d}t}\bigg|_{k-1} + \dfrac{\mathrm{d}\Delta\omega}{\mathrm{d}t}\bigg|_{k}^{(0)}\right]\Delta t
\end{array}\right\}
\tag{17-23}
$$

从递推公式可以看到，用改进欧拉法计算暂态稳定，也是把时间分成一个个小段，按等速运动进行微分方程求解，从而求得发电机转子摇摆曲线。

必须注意，用改进欧拉法对故障切除（或其他操作）后的第一个时间段的计算，与用分段计算法计算不同，电磁功率只用故障切除后的网络方程来计算即可。

改进欧拉法和分段计算法的精确度是相同的。对于简单电力系统（包括某些多机系统的简化计算）来说，分段计算法的计算量比改进欧拉法少得多。

**例 17-1** 对图 16-10 所示系统，如果在输电线路始端发生两相接地短路，线路两侧开关经 0.1 s 同时切除，试用分段计算法和改进欧拉法计算发电机的摇摆曲线，并判断系统能否保持暂态稳定。各元件参数和系统运行初态同例 16-2，对于发电机再给出参数 $x_2 = 0.2$，$T_{JN} = 8$ s。线路零序电抗为正序电抗的 5 倍。

**解** 由例 16-1 和例 16-2 的计算已知原始运行参数及网络参数，其中 $P_0 = 1.0$，$E'_0 = 1.47$，$\delta'_0 = 31.54°$。

$$X_2 = x_2 \frac{S_B}{S_{GN}} \frac{U_{GN}^2}{U_{B(I)}^2} = 0.2 \times \frac{250}{352.5} \times \frac{10.5^2}{9.07^2} = 0.19$$

$$T_J = T_{JN} \frac{S_{GN}}{S_B} = 8 \times \frac{352.5}{250}\text{s} = 11.28 \text{ s}$$

$$X_{L0} = 5X_L = 5 \times 0.586 = 2.93$$

输电线路始端短路时的负序和零序等值网络如图 17-10(a)、(b)所示,由图得

$$X_{2\Sigma} = \frac{(X_2 + X_{T1})\left(\frac{1}{2}X_L + X_{T2}\right)}{X_2 + X_{T1} + \frac{1}{2}X_L + X_{T2}} = \frac{(0.19+0.13)(0.293+0.108)}{0.19+0.13+0.293+0.108} = 0.178$$

$$X_{0\Sigma} = \frac{X_{T1}\left(\frac{1}{2}X_{L0} + X_{T2}\right)}{X_{T1} + \frac{1}{2}X_{L0} + X_{T2}} = \frac{0.13 \times (1.465+0.108)}{0.13+1.465+0.108} = 0.12$$

两相接地时短路附加电抗为

$$X_\Delta = \frac{X_{0\Sigma} X_{2\Sigma}}{X_{0\Sigma} + X_{2\Sigma}} = \frac{0.12 \times 0.178}{0.12 + 0.178} = 0.072$$

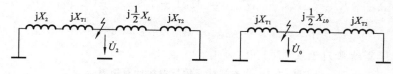

（a）负序网络　　　（b）零序网络

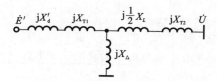

（c）短路时的等值电路

**图 17-10　序网及短路时的等值电路**

等值电路如图 17-10(c)所示,系统的转移电抗和功率特性分别为

$$X_{\text{II}} = X'_d + X_{T1} + \frac{1}{2}X_L + X_{T2} + \frac{(X'_d + X_{T1})\left(\frac{1}{2}X_L + X_{T2}\right)}{X_\Delta}$$

$$= 0.238 + 0.13 + 0.293 + 0.108 + \frac{(0.238+0.13)(0.293+0.108)}{0.072} = 2.82$$

$$P_{\text{II}} = \frac{E_0 U_0}{X_{\text{II}}}\sin\delta = \frac{1.47}{2.82}\sin\delta = 0.52\sin\delta, \quad P_{m\text{II}} = 0.52$$

故障切除后系统的转移电抗及功率特性为

$$X_{\text{III}} = X'_d + X_{T1} + X_L + X_{T2} = 0.238 + 0.13 + 0.586 + 0.108 = 1.062$$

$$P_{\text{III}} = \frac{E_0 U_0}{X_{\text{III}}}\sin\delta = \frac{1.47}{1.062}\sin\delta = 1.384\sin\delta, \quad P_{m\text{III}} = 1.384$$

（一）用分段计算法计算。

$\Delta t$ 取为 0.05 s, $\qquad K = \frac{\omega_N}{T_J}\Delta t^2 = \frac{18000}{11.28} \times 0.05^2 = 3.99$

第一个时间段:

$$\Delta P_{(0)} = P_0 - P_{mⅡ} \sin\delta_0 = 1 - 0.52\sin31.54° = 0.728$$

$$\Delta\delta_{(1)} = \frac{1}{2} K\Delta P_{(0)} = \frac{1}{2} \times 3.99 \times 0.728 = 1.45°$$

$$\delta_{(1)} = \delta_0 + \Delta\delta_{(1)} = 31.54 + 1.45 = 32.99°$$

第二个时间段：

$$\Delta P_{(1)} = P_0 - P_{mⅡ} \sin\delta_{(1)} = 1 - 0.52\sin32.99° = 0.717$$

$$\Delta\delta_{(2)} = \Delta\delta_{(1)} + K\Delta P_{(1)} = 1.45 + 3.99 \times 0.717 = 4.31°$$

$$\delta_{(2)} = \delta_{(1)} + \Delta\delta_{(2)} = 32.99 + 4.31 = 37.3°$$

第三个时间段开始瞬间，故障被切除，故

$$\Delta P_{(2)}^- = P_0 - P_{mⅡ} \sin\delta_{(2)} = 1 - 0.52\sin37.3° = 0.685$$

$$\Delta P_{(2)}^+ = P_0 - P_{mⅢ} \sin\delta_{(2)} = 1 - 1.384\sin37.3° = 0.16$$

$$\Delta\delta_{(3)} = \Delta\delta_{(2)} + K\frac{1}{2}(\Delta P_{(2)}^- + \Delta P_{(2)}^+) = 4.31 + 3.99 \times \frac{1}{2}(0.685 + 0.16) = 6.0°$$

$$\delta_{(3)} = \delta_{(2)} + \Delta\delta_{(3)} = 37.3 + 6 = 43.3°$$

以后时间段的计算结果列于表 17-1 中。

表 17-1　发电机转子摇摆曲线计算结果

| $t/s$ | $P_e$（标幺值） | | $\Delta P$（标幺值） | | $\Delta\delta/(°)$ | | $\delta/(°)$ | | $\Delta\omega/((°)/s)$ |
|---|---|---|---|---|---|---|---|---|---|
| | 分段计算法 | 改进欧拉法 | 分段计算法 | 改进欧拉法 | 分段计算法 | 改进欧拉法 | 分段计算法 | 改进欧拉法 | 改进欧拉法 |
| 0.00 | 0.272 | 0.272 | 0.728 | 0.728 | 0 | 0 | 31.54 | 31.54 | 0 |
| 0.05 | 0.283 | 0.283 | 0.717 | 0.717 | 1.45 | 1.45 | 32.99 | 32.99 | 58.09 |
| 0.10 | 0.315 | 0.839 | 0.685 | 0.161 | 4.31 | 4.33 | 37.30 | 37.32 | 114.40 |
| 0.15 | 0.950 | 0.950 | 0.050 | 0.050 | 6.00 | 6.04 | 43.30 | 43.36 | 123.03 |
| 0.20 | 1.052 | 1.054 | −0.052 | −0.054 | 6.20 | 6.25 | 49.50 | 49.61 | 122.90 |
| 0.25 | 1.141 | 1.143 | −0.141 | −0.143 | 5.99 | 6.04 | 55.50 | 55.65 | 115.00 |
| 0.30 | 1.210 | 1.211 | −0.210 | −0.211 | 5.43 | 5.47 | 60.93 | 61.11 | 100.74 |
| 0.35 | 1.260 | 1.262 | −0.260 | −0.262 | 4.60 | 4.61 | 65.53 | 65.73 | 81.68 |
| 0.40 | 1.293 | 1.295 | −0.293 | −0.295 | 3.56 | 3.56 | 69.09 | 69.29 | 59.32 |
| 0.45 | 1.312 | 1.313 | −0.312 | −0.313 | 2.39 | 2.38 | 71.48 | 71.67 | 34.87 |
| 0.50 | 1.321 | 1.322 | −0.321 | −0.322 | 1.15 | 1.12 | 72.63 | 72.79 | 9.33 |
| 0.55 | 1.320 | 1.320 | −0.320 | −0.320 | −0.13 | −0.18 | 72.50 | 72.61 | −16.49 |
| 0.60 | — | — | — | — | −1.41 | −1.47 | 71.09 | 71.15 | −41.84 |

（二）用改进欧拉法计算。

第一个时间段：

$$P_{e(0)} = P_{mⅡ} \sin\delta_0 = 0.52\sin31.54° = 0.272$$

$$\left.\frac{d\delta}{dt}\right|_0 = \Delta\omega_{(0)} = 0$$

$$\left.\frac{\mathrm{d}\Delta\omega}{\mathrm{d}t}\right|_0 = \frac{\omega_N}{T_J}(P_0 - P_{e(0)})$$

$$= \frac{18000}{11.28}\times(1-0.272)(°)/s^2$$

$$= 1161.7(°)/s^2$$

$$\delta_{(1)}^{(0)} = \delta_0 + \left.\frac{\mathrm{d}\delta}{\mathrm{d}t}\right|_0 \Delta t = 31.54°$$

$$\Delta\omega_{(1)}^{(0)} = \Delta\omega_{(0)} + \left.\frac{\mathrm{d}\Delta\omega}{\mathrm{d}t}\right|_0 \Delta t = 1161.7\times0.05(°)/s = 58.09(°)/s$$

$$P_{e(1)}^{(0)} = P_{m\mathbb{I}}\sin\delta_{(1)}^{(0)} = 0.52\sin31.54° = 0.272$$

$$\left.\frac{\mathrm{d}\delta}{\mathrm{d}t}\right|_1^{(0)} = \Delta\omega_{(1)}^{(0)} = 58.09(°)/s$$

$$\left.\frac{\mathrm{d}\Delta\omega}{\mathrm{d}t}\right|_1^{(0)} = \frac{\omega_N}{T_J}[P_0 - P_{e(1)}^{(0)}]$$

$$= \frac{18000}{11.28}[1-0.272](°)/s^2 = 1161.7(°)/s^2$$

$$\delta_{(1)} = \delta_0 + \frac{1}{2}\left[\left.\frac{\mathrm{d}\delta}{\mathrm{d}t}\right|_0 + \left.\frac{\mathrm{d}\delta}{\mathrm{d}t}\right|_1^{(0)}\right]\Delta t = 31.54 + \frac{1}{2}[0+58.09]\times0.05 = 32.99°$$

$$\Delta\omega_{(1)} = \Delta\omega_{(0)} + \frac{1}{2}\left[\left.\frac{\mathrm{d}\Delta\omega}{\mathrm{d}t}\right|_0 + \left.\frac{\mathrm{d}\Delta\omega}{\mathrm{d}t}\right|_1^{(0)}\right]\Delta t$$

$$= \left[0 + \frac{1}{2}(1161.7+1161.7)\times0.05\right](°)/s$$

$$= 58.09(°)/s$$

第二个时间段末的功角及相对速度为 $\delta_{(2)} = 37.32°$，$\Delta\omega_{(2)} = 114.4(°)/s$。

第三个时间段开始瞬间切除故障，应该用切除故障后的网络来求电磁功率，即

$$P_{e(2)} = P_{m\mathbb{I}}\sin\delta_{(2)} = 1.384\sin37.32° = 0.839$$

以下的计算结果列于表 17-1 中。由表可以绘出发电机转子摇摆曲线，如图 17-11 所示。从表及图可以看到，两种算法的结果是极接近的，但分段计算法的计算量要少得多。

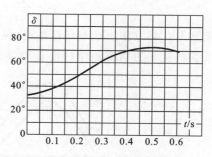

图 17-11　发电机转子摇摆曲线

## 17.4　复杂电力系统暂态稳定的分析计算

### 17.4.1　大扰动后各发电机转子运动的特点

以两机电力系统为例来说明复杂电力系统大扰动后各发电机转子运动的特点。图 17-12所示为两机电力系统，正常运行时，发电机 G-1、G-2 共同向负荷 LD 供电。为简化起见，负荷用恒定阻抗表示。这样，可以作出正常运行时的等值电路，并根据给定的运行条件，

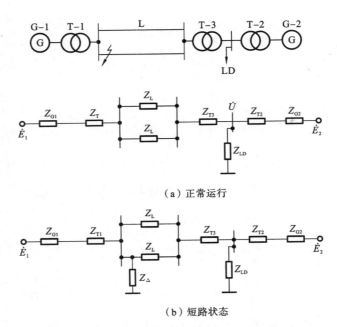

（a）正常运行

（b）短路状态

**图 17-12　两机系统暂态稳定计算用的等值电路**

算出$E_1 \angle \delta_1$、$E_2 \angle \delta_2$以及发电机转子间的相对角$\delta_{12} = \delta_1 - \delta_2$。对于两机系统，由式（16-35）可得

$$P_{1 \text{I}} = \frac{E_1^2}{|Z_{11 \text{I}}|} \sin \alpha_{11 \text{I}} + \frac{E_1 E_2}{|Z_{12 \text{I}}|} \sin(\delta_{12} - \alpha_{12 \text{I}}) \tag{17-24}$$

$$P_{2 \text{I}} = \frac{E_2^2}{|Z_{22 \text{I}}|} \sin \alpha_{22 \text{I}} - \frac{E_1 E_2}{|Z_{12 \text{I}}|} \sin(\delta_{12} + \alpha_{12 \text{I}}) \tag{17-25}$$

根据上式可以作出功率特性曲线（见图 17-13）。由于两发电机共同供给负荷所需的功率，所以发电机 1 的功率随相对角$\delta_{12}$增大而增大；发电机 2 的功率则随相对角$\delta_{12}$增大而减小。

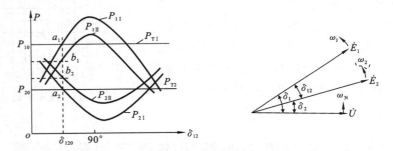

**图 17-13　两机系统的功率特性曲线**

　　正常运行时，$\delta_{12} = \delta_{120}$，发电机输出的功率应为由$P_{1 \text{I}}$和$P_{2 \text{I}}$分别与$\delta_{120}$相交的点$a_1$及点$a_2$所确定的$P_{10}$和$P_{20}$，它们分别等于各自原动机的功率$P_{\text{T1}}$和$P_{\text{T2}}$（见图 17-13）。

　　如果在靠近发电机 1 的高压线路始端发生短路，则短路时的等值电路如图 17-12（b）所示。此时各发电机的功率特性为

$$P_{1\mathrm{II}} = \frac{E_1^2}{|Z_{11\mathrm{II}}|}\sin\alpha_{11\mathrm{II}} + \frac{E_1 E_2}{|Z_{12\mathrm{II}}|}\sin(\delta_{12} - \alpha_{12\mathrm{II}}) \left.\right\}$$

$$P_{2\mathrm{II}} = \frac{E_2^2}{|Z_{22\mathrm{II}}|}\sin\alpha_{22\mathrm{II}} - \frac{E_1 E_2}{|Z_{12\mathrm{II}}|}\sin(\delta_{12} + \alpha_{12\mathrm{II}}) \left.\right\}$$

(17-26)

通常,高压网络的电抗远大于电阻,因此,短路附加阻抗 $Z_\Delta$ 主要是电抗。并联电抗的接入,使转移阻抗增大,即 $|Z_{12\mathrm{II}}| > |Z_{12\mathrm{I}}|$。因而功率特性中与转移阻抗成反比的正弦项的幅值下降,从而使发电机 1 的功率比正常时的低,发电机 2 的功率则比正常时的高(见图 17-13 中的 $P_{1\mathrm{II}}$、$P_{2\mathrm{II}}$)。

在突然短路瞬间,由于转子惯性,功角仍保持为 $\delta_{120}$。此刻,发电机 1 输出的电磁功率由 $P_{1\mathrm{II}}$ 上的点 $b_1$ 确定;发电机 2 的电磁功率由 $P_{2\mathrm{II}}$ 上的点 $b_2$ 确定。由图 17-13 可以看到,发电机 1 的电磁功率比它的原动机的功率小,它的转子将受到加速性的过剩转矩作用而加速,使其转速高于同步速度,从而使"绝对"角 $\delta_1$ 增大。而发电机 2 的电磁功率却大于它的原动机功率,它的转子将受到减速性过剩转矩作用而减速,使其低于同步速度,因而"绝对"角 $\delta_2$ 将减小。这将使发电机之间的相对运动更加剧烈,相对角 $\delta_{12}$ 急剧增大。

在多发电机的复杂电力系统中,当发生大扰动时,各发电机输出的电磁功率将按扰动后的网络特性重新分配。这样,有的发电机因电磁功率小于原动机功率而加速,有的则因电磁功率大于原动机功率而减速。至于哪些发电机加速,哪些发电机减速,则与网络的接线、负荷的分布、各发电机与短路点(大扰动发生的地点)的电气联接有关。

## 17.4.2　复杂电力系统暂态稳定的近似计算

判断复杂电力系统的暂态稳定同样需要求解发电机转子运动方程,计算功角随时间变化的曲线。复杂电力系统暂态稳定的计算,由于计算量很大,现在都采用计算机来完成。

每一台发电机的转子运动方程为

$$\frac{\mathrm{d}\delta_i}{\mathrm{d}t} = \Delta\omega_i \left.\right\}$$

$$\frac{\mathrm{d}\Delta\omega_i}{\mathrm{d}t} = \frac{\omega_\mathrm{N}}{T_{\mathrm{J}i}}(P_{\mathrm{T}i} - P_{ei}) \quad (i = 1,2,\cdots,n) \left.\right\}$$

(17-27)

式中,$P_{\mathrm{T}i}$ 为第 $i$ 号发电机的原动机的功率,它由本台原动机及其调速器特性所决定,基本上与其他发电机无关;$P_{ei}$ 为第 $i$ 台发电机输出的电磁功率,它由求解全系统的网络方程来确定。

在暂态稳定的近似分析中,常采用下列简化假设:

(1)发电机用电抗 $x_d'$ 及其后的电势 $\dot{E}'$ 表示,$E' = $ 常数,而且用 $\dot{E}'$ 的相位 $\delta'$ 代替转子的绝对角 $\delta$;

(2)负荷用恒定阻抗表示;

(3)不考虑原动机的调节作用,即 $P_\mathrm{T} = $ 常数。

采用上述三项简化假设的电力系统模型又称为经典模型。在经典模型下系统中每一台发电机的电磁功率都可以由式(16-35)直接计算。式中的输入阻抗和转移阻抗只需在网络状态变更时(发生故障、故障切除或其他操作后)作一次计算即可。

采用分段计算法或改进欧拉法求解转子运动方程的计算公式和计算步骤与上一节所介绍的简单系统的情况基本相同，其差别只是电磁功率的计算公式不同，而且每一步要加算相对角 $\delta_{ij} = \delta_i - \delta_j$。

与简单系统的情况相比较，复杂系统暂态稳定计算的主要特点如下。

（1）发电机转子运动方程也是用每一台发电机的绝对角 $\delta_i$ 和绝对角速度 $\Delta\omega_i$ 来描述的，计算公式简单。

（2）发电机的电磁功率是 $n-1$ 个相对角 $\delta_{ij}$ 的函数。它与扰动后网络的结构和参数、所有发电机的电磁特性和参数以及负荷的特性和参数有关。

（3）对复杂电力系统不能再用等面积定则来确定极限切除角，而是按给定的故障切除时间 $t_c$ 进行计算，直到 $t=t_c$ 时，按系统再发生一次扰动（操作）进行处理，从而算出发电机的摇摆曲线。

### 17.4.3  复杂电力系统暂态稳定的判断

由暂态稳定计算的结果可以得到两种功角随时间变化的曲线，即绝对角和相对角随时间变化的曲线。图 17-14 所示为三机电力系统某一计算结果。

电力系统是否具有暂态稳定性，或者说，系统受到大扰动后各发电机之间能否继续保持同步运行，是根据各发电机转子之间相对角的变化特性来判断的。在相对角中，只要有一个相对角随时间的变化趋势是不断增大（或不断减小）时，系统是不稳定的（见图 17-15）。如果所有的相对角经过振荡之后都能稳定在某一值，则系统是稳定的（见图 17-14(b)）。

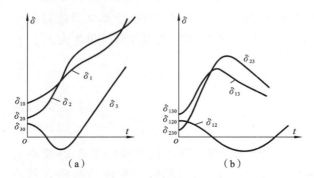

图 17-14  绝对角和相对角的变化

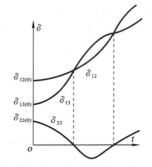

图 17-15  发电机 1 与 2、3 间失去同步

因为绝对角是发电机相对于同步旋转轴的角度，因此，若绝对角 $\delta_i$ 随时间不断增大，则意味着第 $i$ 台发电机的转速高于同步速度；若 $\delta_i$ 随时间不断减小，则第 $i$ 台发电机的转速低于同步速度。所有发电机的绝对角最后都随时间不断增大（见图 17-14(a)），系统仍然可能是稳定的，它只意味着在新的稳定运行状态下，系统频率高于额定值。

图 17-15 所示为系统失去暂态稳定的情况。从图中可以看到，2、3 号发电机基本上是同步的，而 1 号发电机相对于 2、3 号机则失去同步，系统稳定破坏是由于 1 号机转速升高引起的。

复杂系统暂态稳定计算流程如图 17-16 所示。

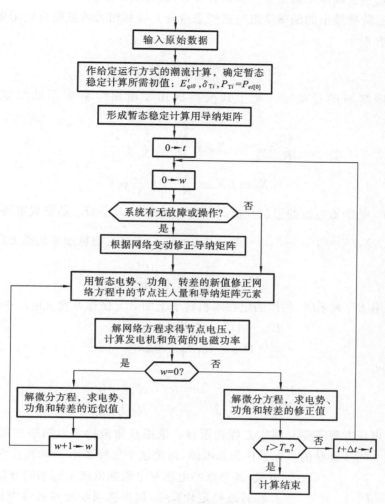

**图 17-16 复杂系统暂态稳定计算流程**

## 17.5 暂态稳定实际计算中系统各元件的数学模型

发电机的电磁暂态过程及其调节系统的动态特性和负荷的成分及动态特性,对系统的暂态稳定性都有重要影响,经典模型无法考虑这些影响因素。计算机的普及应用,为暂态稳定的更精确计算创造了条件。本节将介绍实际系统暂态稳定计算中较常用的各元件动态模型。

### 17.5.1 发电机的数学模型及其与网络方程的联接

电力系统暂态分析中发电机的模型一般用微分方程的阶次来说明,常用的有三阶模型和五阶模型。三阶模型包括转子运动的两阶微分方程和励磁绕组电磁暂态的一阶微分方程。再加上纵轴和横轴阻尼绕组各一阶微分方程，便构成五阶模型。

现在介绍三阶模型中的励磁绕组电磁暂态微分方程和相关的发电机定子电压方程。发电机励磁绕组方程为

$$U_f = R_f i_f + \frac{\mathrm{d}\psi_f}{\mathrm{d}t} \tag{17-28}$$

式中，$\psi_f$ 为励磁绕组的总磁链。把上式变换成用发电机电势表示的形式。全式乘以 $X_{ad}/R_f$，得

$$\frac{U_f}{R_f} X_{ad} = i_f X_{ad} + \frac{X_{ad}}{R_f} \times \frac{X_f}{X_f} \times \frac{\mathrm{d}\psi_f}{\mathrm{d}t}$$

或

$$i_{fe} X_{ad} = i_f X_{ad} + \frac{X_f}{R_f} \frac{\mathrm{d}}{\mathrm{d}t}\left(\frac{X_{ad}}{X_f}\psi_f\right)$$

式中，$i_{fe} = U_f/R_f$ 是励磁电流的强制分量。在标幺制中，$i_{fe} X_{ad} = E_{qe}$ 是空载电势的强制分量，且有 $i_f X_{ad} = E_q$，$X_f/R_f = T'_{d0}$，$\frac{X_{ad}}{X_f}\psi_f = (1-\sigma_f)\psi_f = E'_q$。于是发电机励磁绕组方程为

$$E_{qe} = E_q + T'_{d0} \frac{\mathrm{d}E'_q}{\mathrm{d}t} \tag{17-29}$$

当发电机用 $E'_q$ 表示时，须按固定在本机转子上的 d、q 坐标系建立电压平衡方程，即

$$\left.\begin{array}{l} E'_q = U_{Gq} + I_{Gq}R_G + I_{Gd}X'_d \\ 0 = U_{Gd} - I_{Gq}X_q + I_{Gd}R_G \end{array}\right\} \tag{17-30}$$

写成矩阵形式为

$$\begin{bmatrix} E'_q \\ 0 \end{bmatrix} = \begin{bmatrix} U_{Gq} \\ U_{Gd} \end{bmatrix} + \begin{bmatrix} R_G & X'_d \\ -X_q & R_G \end{bmatrix} \begin{bmatrix} I_{Gq} \\ I_{Gd} \end{bmatrix} \tag{17-31}$$

发电机的电压方程需要与网络方程相衔接。采用直角坐标表示网络方程时，电压和电流相量是以某一同步旋转的坐标系作为基准的，假定这个坐标系由 $x$ 轴和比它超前 $90°$ 的 $y$ 轴组成，各节点的电压和电流都以该坐标系的分量表示。

在暂态稳定计算中，如果将同步旋转的参考轴选为与 $x$ 轴重合，则发电机转子 q 轴与 $x$ 轴间的夹角，即为转子的绝对角 $\delta$，如图 17-17 所示。发电机端电压在两个直角坐标系的分量之间的关系为

$$\begin{bmatrix} U_{Gq} \\ U_{Gd} \end{bmatrix} = \begin{bmatrix} \cos\delta & \sin\delta \\ \sin\delta & -\cos\delta \end{bmatrix} \begin{bmatrix} U_{Gx} \\ U_{Gy} \end{bmatrix} \tag{17-32}$$

其逆变换为

$$\begin{bmatrix} U_{Gx} \\ U_{Gy} \end{bmatrix} = \begin{bmatrix} \cos\delta & \sin\delta \\ \sin\delta & -\cos\delta \end{bmatrix} \begin{bmatrix} U_{Gq} \\ U_{Gd} \end{bmatrix} \tag{17-33}$$

电流也有类似的关系，利用这些关系，对式（17-31）进行坐标变换，可得

$$\begin{bmatrix} I_{Gx} \\ I_{Gy} \end{bmatrix} = -\begin{bmatrix} G_x & B_x \\ B_y & G_y \end{bmatrix} \begin{bmatrix} U_{Gx} \\ U_{Gy} \end{bmatrix} + \begin{bmatrix} C_x \\ C_y \end{bmatrix} E'_q \tag{17-34}$$

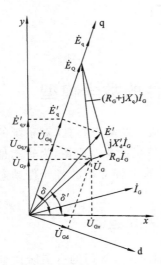

**图 17-17　坐标系的变换**

式中

$$G_x = \frac{R_G + (X_q - X_d')\sin\delta\cos\delta}{R_G^2 + X_q X_d'}$$

$$G_y = \frac{R_G - (X_q - X_d')\sin\delta\cos\delta}{R_G^2 + X_q X_d'}$$

$$B_x = \frac{X_d' + (X_q - X_d')\sin^2\delta}{R_G^2 + X_q X_d'}$$

$$B_y = -\frac{X_d' + (X_q - X_d')\cos^2\delta}{R_G^2 + X_q X_d'}$$ \qquad (17-35)

$$C_x = \frac{R_G\cos\delta + X_q\sin\delta}{R_G^2 + X_q X_d'}$$

$$C_y = \frac{R_G\sin\delta - X_q\cos\delta}{R_G^2 + X_q X_d'}$$

这些系数仅仅是绝对角 $\delta$ 的函数,它们必须根据每个时间段的功角值,不断加以修改。

这里用的网络方程即是正常潮流计算用的网络方程,它以发电机端点、负荷端点和浮游节点作为系统节点,仅用网络元件的参数形成节点导纳矩阵。节点 $i$ 的方程为

$$\dot{I}_i = \sum_{j=1}^{n} Y_{ij}\dot{U}_j \qquad (17-36)$$

或

$$I_{ix} + jI_{iy} = \sum_{j=1}^{n}(G_{ij} + jB_{ij})(U_{jx} + jU_{jy})$$

这个复数方程可以分为两个实数方程,并用矩阵形式表示为

$$\begin{bmatrix} I_{ix} \\ I_{iy} \end{bmatrix} = \sum_{j=1}^{n}\begin{bmatrix} G_{ij} & -B_{ij} \\ B_{ij} & G_{ij} \end{bmatrix}\begin{bmatrix} U_{jx} \\ U_{jy} \end{bmatrix} \quad (i = 1, 2, \cdots, n) \qquad (17-37)$$

如果节点 $i$ 为发电机节点,则节点注入电流即为发电机定子电流,节点电压即是机端电压。将定子电流算式(17-34)代入式(17-37)的左端,其中与机端电压有关的项移到右端与同类项合并,便可得到暂态稳定计算用的网络方程

$$\begin{bmatrix} I_{ix}' \\ I_{iy}' \end{bmatrix} = \sum_{\substack{j=1\\j\neq i}}^{n}\begin{bmatrix} G_{ij} & -B_{ij} \\ B_{ij} & G_{ij} \end{bmatrix}\begin{bmatrix} U_{jx} \\ U_{jy} \end{bmatrix} + \begin{bmatrix} G_{ii} + G_{ix} & -B_{ii} + B_{ix} \\ B_{ii} + B_{iy} & G_{ii} + G_{iy} \end{bmatrix}\begin{bmatrix} U_{ix} \\ U_{iy} \end{bmatrix} \qquad (17-38)$$

式中

$$\begin{bmatrix} I_{ix}' \\ I_{iy}' \end{bmatrix} = \begin{bmatrix} C_{ix} \\ C_{iy} \end{bmatrix}E_{qi}' \qquad (17-39)$$

由此可见,只要用 $[I_{ix}'\ I_{iy}']^{\mathrm{T}}$ 取代 $[I_{ix}\ I_{iy}]^{\mathrm{T}}$,并用发电机电压方程式(17-34)中的二阶导纳矩阵去修改网络 $\boldsymbol{Y}$ 阵中对应的二阶对角子块,就把发电机模型纳入网络方程了。

在暂态稳定计算中,解微分方程算出该时刻各发电机的 $\delta$ 之后,由式(17-35)计算出各发电机的 $G_x$、$B_x$、$G_y$、$B_y$、$C_x$、$C_y$ 等系数,用以修正各发电机节点的自导纳二阶子矩阵元素,并用式(17-39)求出各发电机的计算用注入电流 $I_x'$ 和 $I_y'$;求解网络方程,得到发电机的端电压 $U_x$ 和 $U_y$;再用式(17-34)求出发电机的定子电流 $I_x$ 和 $I_y$。接着便可计算发电机的电磁功率,即

$$P_e = U_x I_x + U_y I_y + (I_x^2 + I_y^2)R_G \qquad (17\text{-}40)$$

如果暂态稳定计算中发电机采用 $E'=$ 常数作为计算条件，则将前面公式中的 $E_q'$ 用 $E'$ 代替，$\delta$ 用 $\delta'$ 代替，且令 $X_q = X_d'$ 即可。此时，$C_x$、$C_y$ 仍是随时间变化的 $\delta'$ 的函数，但系数 $G_x$、$B_x$、$G_y$、$B_y$ 已是常数了。因此，只需在操作（包括故障）后的第一个时间段开始时，将导纳矩阵中与 $E'=$ 常数的发电机相对应的自导纳二阶子矩阵用常数 $G_x$、$B_x$、$G_y$、$B_y$ 修改一次即可。

## ※17.5.2　励磁系统的数学模型

发电机的励磁系统包括励磁电源和励磁调节器。按提供励磁电源的方式，励磁系统可分为直流机励磁系统，交流机励磁系统和静止励磁系统三类。

直流机励磁系统又有自励式和他励式两种，其结构如图 17-18 所示。自励方式采用并激直流发电机作为励磁机，他励方式则由副励磁机向主励磁机供给励磁。励磁机和副励磁机都与主机同轴。

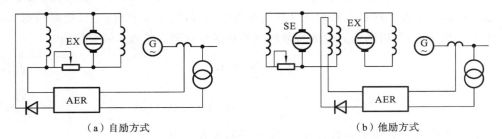

（a）自励方式　　　　　　　　　　　　　　（b）他励方式

**图 17-18　直流机励磁系统结构示意图**

G—发电机；EX—励磁机；SE—副励磁机；AER—自动励磁调节器

交流机励磁系统采用小型同步发电机作为励磁机，其定子电流经三相不控或可控桥式整流后向主发电机供给励磁。交流励磁机的励磁也有自励和他励两种方式。图 17-19 为他励式交流机励磁系统的一种结构示意图。

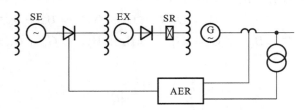

**图 17-19　他励式交流机励磁系统结构示意图**

EX—交流励磁机；SE—交流副励磁机；SR—滑环

交流机励磁系统还有一种形式，励磁机采用旋转电枢式，整流器也与主机同轴旋转，整流器的输出直接和主机励磁绕组联接，无需经过电刷和滑环，这种方式又称为无刷励磁。

静止励磁系统的励磁电源取自发电机本身或电网。仅由一个电压源提供励磁功率的称为自并励方式，由电压源和电流源构成复合电源提供励磁功率的便称为自复励方式。自复励方式中,两种电源既可在交流侧,亦可在直流侧组合。组合方式又分串联组合和并联组合两种。图 17-20 为自并励和自复励电源在交流侧串联组合的静止励磁系统结构示意图。

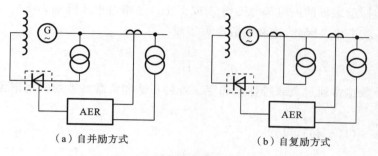

（a）自并励方式　　　　（b）自复励方式

**图 17-20　静止励磁系统结构示意图**

现在以直流机励磁系统为例,建立直流励磁机的数学模型。为了对自励式和他励式进行统一处理,假定励磁机具有自并励绕组和他励绕组,其原理接线如图 17-21 所示。图中 $R_{\mathrm{ef}}$,$R_{\mathrm{ff}}$,$L_{\mathrm{ef}}$ 和 $L_{\mathrm{ff}}$ 分别为自并励绕组和他励绕组的电阻和不饱和自感,$i_{\mathrm{ef}}$ 和 $i_{\mathrm{ff}}$ 为自并励绕组和他励绕组的电流。假定两绕组匝数相等,绕组间耦合系数等于 1,且两绕组的不饱和自感相等,即 $L_{\mathrm{ef}}=L_{\mathrm{ff}}=L_{\mathrm{e}}$,则两绕组的总磁链均等于 $\psi_{\mathrm{e}}$,它由两绕组的总励磁电流 $i_{\mathrm{e\Sigma}}=i_{\mathrm{fe}}+i_{\mathrm{ff}}$ 产生。$U_{\mathrm{f}}$ 为励磁机输出电压,

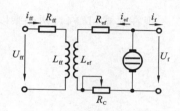

**图 17-21　直流励磁机原理电路图**

即加于发电机励磁绕组的电压。$U_{\mathrm{ff}}$ 为他励绕组的输入电压,$R_{\mathrm{c}}$ 为调节电阻。根据图 17-21 所示的电路,可列出以下电压方程。

$$U_{\mathrm{f}} = (R_{\mathrm{ef}} + R_{\mathrm{c}})i_{\mathrm{ef}} + \frac{\mathrm{d}\psi_{\mathrm{e}}}{\mathrm{d}t} \tag{17-41}$$

$$U_{\mathrm{ff}} = R_{\mathrm{ff}}i_{\mathrm{ff}} + \frac{\mathrm{d}\psi_{\mathrm{e}}}{\mathrm{d}t} \tag{17-42}$$

不计励磁机饱和时,由 $i_{\mathrm{e\Sigma}}$ 产生的磁链为

$$\psi_{\mathrm{e.us}} = L_{\mathrm{e}}i_{\mathrm{e\Sigma}} \tag{17-43}$$

由于饱和的影响,实际产生的磁链为 $\psi_{\mathrm{e}}$,其值要小于 $\psi_{\mathrm{e.us}}$（见图 17-22）。我们定义饱和系数为

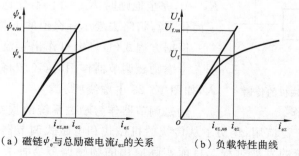

（a）磁链 $\psi_{\mathrm{e}}$ 与总励磁电流 $i_{\mathrm{e\Sigma}}$ 的关系　　（b）负载特性曲线

**图 17-22　直流励磁机的饱和特性**

$$S_{E} = \frac{\psi_{e,\,us}}{\psi_{e}} - 1 = \frac{i_{e\Sigma}}{i_{e\Sigma,\,us}} - 1 \qquad (17\text{-}44)$$

式中，$i_{e\Sigma,\,us}$ 是不饱和时为产生 $\psi_{e}$ 所需的励磁电流。可见饱和系数 $S_{E}$ 是与 $i_{e\Sigma}$ 有关的变量。

转速不变时，励磁机的内电势与磁链 $\psi_{e}$ 成正比。忽略电枢压降的影响时，励磁机的输出电压 $U_{f}$ 便与 $\psi_{e}$ 成正比。因此，饱和系数也可写成

$$S_{E} = \frac{U_{f,\,us}}{U_{f}} - 1 \qquad (17\text{-}45)$$

实际上，饱和系数也常通过负载特性来确定。若将不饱和负载特性的斜率记为 $\beta$，则有

$$U_{f,\,us} = \beta i_{e\Sigma} \qquad (17\text{-}46)$$

根据式（17-43）～（17～46），可知

$$\psi_{e} = \frac{L_{e}}{\beta} U_{f} \qquad (17\text{-}47)$$

现在对式（17-41）两端乘以 $\dfrac{\beta}{R_{ef}+R_{c}}$，对式（17-42）两端乘以 $\dfrac{\beta}{R_{ff}}$，并用 $\dfrac{L_{e}U_{f}}{\beta}$ 代替 $\psi_{e}$，便得

$$\left.\begin{array}{l} \dfrac{\beta U_{f}}{R_{ef}+R_{c}} = \beta i_{ef} + T_{ef}\dfrac{\mathrm{d}U_{f}}{\mathrm{d}t} \\[3mm] \dfrac{\beta U_{ff}}{R_{ff}} = \beta i_{ff} + T_{ff}\dfrac{\mathrm{d}U_{f}}{\mathrm{d}t} \end{array}\right\} \qquad (17\text{-}48)$$

式中，$T_{ef}=L_{e}/(R_{ef}+R_{c})$，$T_{ff}=L_{e}/R_{ff}$ 分别为自励绕组和他励绕组的时间常数。将式（17-48）的两式相加便得

$$\frac{\beta U_{f}}{R_{ef}+R_{c}} + \frac{\beta U_{ff}}{R_{ff}} = (1+S_{E})U_{f} + T_{e}\frac{\mathrm{d}U_{f}}{\mathrm{d}t} \qquad (17\text{-}49)$$

式中，$T_{e}=T_{ef}+T_{ff}$ 为励磁机励磁绕组的等值时间常数。

若取 $U_{f}$ 的基准值为 $U_{fB}$，则励磁电流的基准值应为 $U_{fB}/\beta$，而他励绕组输入电压的基准值将为 $\dfrac{U_{fB}}{\beta}R_{ff}$。因此，在标幺制下方程式（17-49）便可写成

$$U_{ff*} = (K_{E}+S_{E})U_{f*} + T_{e}\frac{\mathrm{d}U_{f*}}{\mathrm{d}t} \qquad (17\text{-}50)$$

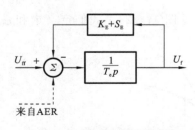

**图 17-23 直流励磁机的传递
函数框图**

式中，$K_{E}=1-\dfrac{\beta}{R_{ef}+R_{c}}$ 为励磁机的自励系数，完全自励时 $K_{E}=0$，完全他励时 $K_{E}=1$。不计饱和时 $S_{E}=0$。以后为了简化书写将略去表示标幺值的下角注 $*$。

根据方程式（17-50）可作出直流励磁机的传递函数框图。考虑励磁调节器作用时，还应将调节器的输出信号引入，如图 17-23 中虚线所示。

励磁调节器作为励磁系统的重要组成部分，随着电子技术和微机技术的广泛应用，经历了从传统的机械式和电磁式调节器过渡到半导体调节器和微机励磁控制系统的发展过程。目前实际应用的励磁调节器种类繁多，难以一一列举。

包括励磁调节器在内的典型励磁系统的数学模型,读者可查阅有关文献。[1]

在电力系统的稳定分析中对于励磁系统的数学模型通常都要作一些简化处理。图 17-24 为带可控硅调节器的直流机励磁系统的简化传递函数框图。图中测量元件和放大环节都用一阶惯性环节表示,测量元件的时间常数 $T_R$ 很小,常被略去。对于可控硅调节器考虑了其输出电压的限幅特性。引自发电机励磁电压的软负反馈是为了励磁系统的稳定运行和改善调节过程的动态品质。发电机端电压 $U_G$ 经测量元件后与参考电压比较,再加上附加信号,经调节器放大后作为励磁机的输入信号。附加信号通常来自电力系统稳定器(Power System Stabilizer,PSS)。根据简化传递函数框图可以写出励磁系统的方程如下。

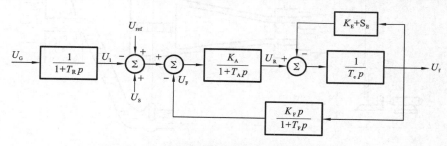

图 17-24　直流机励磁系统简化传递函数框图

$$
\left.
\begin{aligned}
T_R \frac{dU_1}{dt} + U_1 &= U_G \\
T_A \frac{dU_R}{dt} + U_R &= K_A(U_{ref} - U_1 + U_S - U_F) \\
T_e \frac{dU_f}{dt} + (K_E + S_E)U_f &= U_R \\
T_F \frac{dU_F}{dt} + U_F &= K_F \frac{dU_f}{dt}
\end{aligned}
\right\}
\qquad (17\text{-}51)
$$

稳定计算时,上列方程中各变量的初值可确定如下。初始稳态时,所有导数项均等于零,$U_{F0}=0$,$U_{S0}=0$,由发电机的运行初态可知 $U_{G0}$,再算出 $U_f$ 的初值 $U_{f0}$ 及相应的 $S_E$ 值。于是,$U_{R0}=(K_E+S_E)U_{f0}$,$U_{10}=U_{G0}$ 及 $U_{ref}=U_{R0}/K_A+U_{G0}$。在此后的计算过程中 $U_{ref}$ 保持不变。

## ※ **17.5.3** 原动机及其调节系统的数学模型

### 1. 水轮机及其调节系统的数学模型

现以装有离心飞摆式调速器的水轮机为例,对其主要特性作简要的介绍。离心飞摆式调速器的原理及静态特性在第 13 章已作了简要的叙述。现将软反馈环节补充画在图 17-25 中。

正如 13.2 节所述,当发电机的电磁功率增大使它的转速降低时,调速器的接力器上移而开大水轮机的导叶,从而使原动机的功率增加,转速回升。当接力器活塞上移时,连杆 5

①　励磁系统数学模型专家组. 计算电力系统稳定用的励磁系统数学模型[J]. 中国电机工程学报,1991.11(5):65~72.

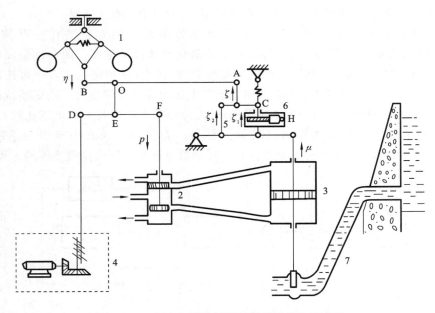

**图 17-25　离心飞摆式调速系统原理结构示意图**

1—离心飞摆；2—配压阀；3—接力器；4—调频器；5—硬反馈连杆；6—缓冲壶；7—压力水管

及缓冲壶使 A 点上移，并以飞摆套筒 B 为支点使 O 点向上移动，构成反馈机构。连杆 5 产生与接力器活塞位移成比例的硬反馈，其目的是在调节过程结束时，使配压阀回复到中间位置，关闭接力器的油路，同时产生静态调差。当接力器活塞极缓慢上移时，缓冲壶外套上移，由于弹簧的作用将壶内活塞下移，壶内活塞下部的油经调节小孔 H 流到上部，C 点的位置保持不变。当接力器活塞快速上移时，缓冲壶下部的油来不及经小孔流到上部，这样，缓冲壶外套将带动其活塞一起上移，使 C 点也上移而产生反馈作用。所以，缓冲壶产生的是一个与接力器活塞移动速度有关的软反馈，其目的是减缓调节速度，改善调节过程的品质，下面将根据上述调节过程来导出各环节的动态方程。

对于离心飞摆，当不计飞摆及套筒的质量以及忽略摩擦等阻尼因素时，套筒的相对位移 $\eta$（以机组从空载到满载时套筒行程为基准值的标幺值表示）与转速偏差成比例，即

$$\eta = K_\delta(\omega_N - \omega) = -K_\delta \Delta\omega = -\frac{1}{\delta_r}\Delta\omega \tag{17-52}$$

式中，$K_\delta$ 为测速部件的放大系数；$\delta_r$ 为测速部件的灵敏度。

对于配压阀，当忽略其惯性时，用标幺值表示的相对行程为

$$\rho = \eta - \xi + K_\gamma \mu_0 \tag{17-53}$$

式中，$\mu_0$ 为导叶开度的稳态值，由同步器整定。

对于接力器，当配压阀移动而打开接力器的油路时，压力油开始进入接力器并推动活塞移动。活塞移动速度取决于进油量。当压力油的压力一定时，进油量与进油口大小成正比，即与 $\rho$ 成正比，故有

$$\frac{\mathrm{d}\mu}{\mathrm{d}t} = \frac{1}{T_s}\rho \tag{17-54}$$

式中，$T_\mathrm{S}$ 称为接力器的时间常数；$\mu$ 为接力器活塞的相对行程，也代表导叶的开度。

对于缓冲壶，如前所述，$C$ 点的移动量与接力器活塞移动速度有关，通常近似地用一个微分惯性环节表示，即

$$T_\beta \frac{\mathrm{d}\xi_1}{\mathrm{d}t} + \xi_1 = K_\beta T_\beta \frac{\mathrm{d}\mu}{\mathrm{d}t} \tag{17-55}$$

式中，$\xi_1$ 为软反馈量；$T_\beta$ 为软反馈时间常数；$K_\beta = \beta/\delta_r$ 为软反馈放大系数；$\beta$ 为软反馈系数。

对于连杆硬反馈，其反馈量 $\xi_2$ 与接力器活塞位移成正比，即

$$\xi_2 = K_\gamma \mu \tag{17-56}$$

式中，$K_\gamma = \delta/\delta_r$ 为硬反馈放大系数，而 $\delta$ 为调差系数。

总反馈量为软、硬反馈量之和，即

$$\xi = \xi_1 + \xi_2 \tag{17-57}$$

对于水轮机，当调节器作用使导叶开度 $\mu$ 改变时，它的功率 $P_\mathrm{T}$ 也要变化。在稳态运行时，$P_\mathrm{T}$ 与 $\mu$ 成正比。在标幺制中，$P_\mathrm{T0} = \mu_0$，但在暂态过程中则要复杂得多。

原动机的功率 $P_\mathrm{T}$ 与进水量及水压成比例。在稳态运行时，水轮机引水管中水的流速一定，因此沿管道各点水的压力也恒定不变。当调节器开大导叶开度时，进入水轮机的流量增大，引水管道下段的水流速度加快。但因水流的惯性，引水管道上段的水流速度还来不及变化，所以，进入水轮机的水压下降。水压下降的作用超过流量增加的作用，所以，水轮机的功率 $P_\mathrm{T}$ 反而下降了。要等到整个引水管道中水流都加快，流量增加和压力恢复后，水轮机的功率才开始增大，如图 17-26 所示。相反，当导叶关小时，进入水轮机的水流量减少，引水管上段的水流量因惯性还来不及变化，这样，引水管下段水压升高，进入水轮机的水压升高。水压升高的作用超过流量减少的作用，水轮机的功率反而增大（见图 17-26 的虚线）。这种现象称为水锤效应。导叶停止变化（停止开大或关小）后，原动机功率的增大或减小也是水锤效应（见图 17-26）。水锤效应的大小与导叶开度 $\mu$ 的变化速度及引水管的长度有关。当引水管道较长、导叶快速关闭时，引水管道下段压力将大大地升高，甚至可能使水管破裂，这是运行调节中必须注意避免的事故。

计及水锤效应之后，水轮机及其引水系统的动态特性可近似地用下列方程表示

$$0.5T_\mathrm{w} \frac{\mathrm{d}P_\mathrm{T}}{\mathrm{d}t} + P_\mathrm{T} = \mu - T_\mathrm{w} \frac{\mathrm{d}\mu}{\mathrm{d}t} \tag{17-58}$$

式中，$T_\mathrm{w}$ 为水流时间常数。

水轮机及其调节系统的传递函数框图见图 17-27。图中 $K_\gamma \mu_0$ 为同步器整定的稳态运行值。图中还考虑了调速器的失灵区和配压阀、接力器的极限行程。

**2. 汽轮机及其调节系统的数学模型**

汽轮机的动态特性与水轮机有所不同，由于控制汽门和喷嘴之间存在一定的容积，改变汽门开度时，容积内的蒸汽压力不会立即发生变化，而有一定的时滞，这种现象称为蒸汽的容积效应，通常用一阶微分方程来描述，在传递函数框图（见图 17-28）中则表示为一阶惯性环节。

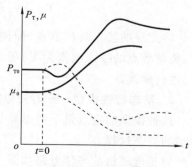

图 17-26　水锤效应

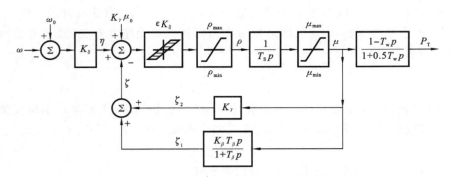

图 17-27　水轮机及其调节系统的传递函数框图

$$T_{\mathrm{CH}}\frac{\mathrm{d}P_{\mathrm{T}}}{\mathrm{d}t}+P_{\mathrm{T}}=\mu \tag{17-59}$$

式中，$T_{\mathrm{CH}}$ 为蒸汽容积时间常数。

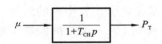

图 17-28　汽轮机的数学模型

利用图 17-27 所示的水轮机及其调节系统的传递函数框图，将其中代表水锤效应的方框换成描述蒸汽容积效应的一阶惯性环节，并删去软反馈部分，即可构成装有机械液压调速器、无中间再热的汽轮机及其调节系统的传递函数框图。当然其中的时间常数和放大系数的取值均有别于水轮机。

至于有中间再热和多级汽缸的汽轮机和其他类型调节器的数学模型，读者可查阅有关文献，这里不再赘述了。

## ※ 17.5.4　负荷的数学模型

在电力系统分析计算中，负荷有各种不同的数学模型。正常潮流计算曾使用恒定功率模型；无功平衡计算曾使用电压静态特性模型；频率调整计算曾使用频率静态特性模型。下面简要介绍暂态稳定计算中常用的三种模型及相应网络方程的处理方法。

**1. 恒定阻抗（导纳）模型**

根据暂态稳定计算给定的运行条件，算出负荷点的电压 $U_{\mathrm{LD0}}$ 和功率 $P_{\mathrm{LD0}}+\mathrm{j}Q_{\mathrm{LD0}}$ 的值。由此，负荷的恒定导纳为

$$Y_{\mathrm{LD}}=\frac{\overset{*}{S}_{\mathrm{LD0}}}{U_{\mathrm{LD0}}^{2}}=\frac{P_{\mathrm{LD0}}-\mathrm{j}Q_{\mathrm{LD0}}}{U_{\mathrm{LD0}}^{2}}=G_{\mathrm{LD}}+\mathrm{j}B_{\mathrm{LD}} \tag{17-60}$$

将此导纳接入负荷节点，原网络的节点数不变。只需对网络方程式（17-37）作如下修改：负荷节点的注入电流为零；等式右边与此负荷相对应的自导纳二阶子矩阵按接入导纳 $Y_{\mathrm{LD}}$ 进行修改。

**2. 动态特性模型——时变阻抗模型**

这种模型的特点是不考虑异步电动机的电磁暂态过程，但要考虑异步电动机转子机械运动的暂态过程。

异步电动机的等值电路如图 17-29 所示。从图中可以看到，异步电动机端所呈现的阻抗，与它的转差 $s$ 有关。在暂态过程中，$s$ 随时间变化，所以异步电动机的阻抗是时变的。

转差随时间的变化规律由异步电动机转子运动方程确定,该方程为

$$\frac{\mathrm{d}s}{\mathrm{d}t} = \frac{1}{T_{\mathrm{JM}}}(M_{\mathrm{M}} - M_{\mathrm{e}}) \tag{17-61}$$

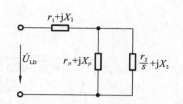

图 17-29 异步电动机的等值电路
(时变阻抗模型)

式中,$T_{\mathrm{JM}}$ 为转子惯性时间常数;$M_{\mathrm{M}}$ 为机械负荷的转矩,有

$$M_{\mathrm{M}} = k[\alpha + (1-\alpha)(1-s)^{\beta}] \tag{17-62}$$

式中,$k$、$\alpha(0<\alpha<1)$、$\beta$ 是与机械负荷特性有关的常数;$M_{\mathrm{e}}$ 为电磁转矩,其计算公式见式(15-10)和式(15-11)。

负荷用动态特性模型描述时,网络方程的处理和求解与负荷用恒定阻抗的模型时的相同。但是,由于负荷阻抗是时变的,在计算过程中要不断地修改与负荷相对应的自导纳二阶子矩阵。

实际电力系统的负荷并不全是异步电动机,因此,可以考虑一部分负荷用恒定阻抗表示,其比例取为总负荷的 25%~35%。此外,图 17-29 所示的参数是典型异步电动机的参数。实际负荷的大小和功率因数与典型异步电动机不完全相同。为此,对每一个具体的负荷节点来说,按典型异步电动机求得某一瞬间的阻抗之后,还必须对其加以修正才能作为此时刻的负荷阻抗。修正公式如下

$$Z_{\mathrm{LD}(k)} = Z_{\mathrm{LDM}(k)} \frac{Z_{\mathrm{LD0}}}{Z_{\mathrm{LDM0}}} \tag{17-63}$$

式中,$Z_{\mathrm{LD0}}$ 和 $Z_{\mathrm{LDM0}}$ 分别为正常状态下实际负荷和典型负荷的阻抗值,下脚注 $(k)$ 表示上述阻抗在第 $k$ 时段末的值。

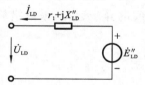

图 17-30 异步电动机的等值电路(时变电势源模型)

### 3. 恒定内阻抗的时变电势源模型

这是较为精细的负荷模型。这种模型的特点是同时计及异步电动机转子电磁暂态过程和转子机械运动的暂态过程。

异步电动机在计及转子回路的电磁暂态过程时,可以用次暂态电势 $E''_{\mathrm{LD}}$ 及相应的次暂态电抗 $X''_{\mathrm{LD}}$ 表示。若再计及定子回路的电阻 $r_1$,则可得到图 17-30 所示的等值电路。描述转子回路电磁暂态过程的微分方程为

$$T'_{\mathrm{d0LD}} \frac{\mathrm{d}\dot{E}''_{\mathrm{LD}}}{\mathrm{d}t} = -\dot{E}''_{\mathrm{LD}} - \mathrm{j}(X_{\mathrm{LD}} - X''_{\mathrm{LD}})\dot{I}_{\mathrm{LD}} - \mathrm{j}T'_{\mathrm{d0LD}}\dot{E}''_{\mathrm{LD}}s\omega_{\mathrm{N}} \tag{17-64}$$

式中,$X_{\mathrm{LD}} = X_1 + X_\mu$(见图 17-29);$X''_{\mathrm{LD}} \approx X_1 + X_2 /\!/ X_\mu$;$T'_{\mathrm{d0LD}} = \dfrac{X_2 + X_\mu}{\omega_{\mathrm{N}} r_2}$ 为定子开路时转子回路的时间常数;$\dot{I}_{\mathrm{LD}} = \dfrac{\dot{E}''_{\mathrm{LD}} - \dot{U}_{\mathrm{LD}}}{r_1 + \mathrm{j}X''_{\mathrm{LD}}}$ 为电动机定子实际电流。

这样,在网络方程中,负荷节点便转化为含恒定内阻抗的电势源节点。其处理方法与用暂态阻抗后电势 $E' =$ 常数的发电机的相同。因为 $E'_{\mathrm{LD}}$ 是时变的,其值必须由电磁暂态方程式(17-64)解出。

与动态特性模型一样,对实际电力系统的综合负荷,应考虑其中一部分为恒定阻抗模

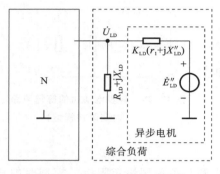

图 17-31　综合负荷接入网络

型。同时,对图 17-30 所示中的 $r_1 + jX''_{LD}$ 也必须进行修正。接入网络时,负荷点的等值电路如图 17-31 所示。在正常运行时,给定负荷中异步电动机的功率 $P_{LDM0} + jQ_{LDM0}$ 及负荷点的电压 $\dot{U}_{LD0}$,即可求出修正系数 $K_{LD}$ 及电势初值 $\dot{E}''_{LD0}$（推导从略）,结果为

$$
\left.
\begin{aligned}
\dot{E}''_{LD0} &= C\dot{U}_{LD0} \\
K_{LD} &= \frac{U_{LD0}^2(C-1)}{(r_1 + jX''_{LD})(P_{LDM0} - jQ_{LDM0})} \\
C &= \frac{j\dfrac{X_{LD} - X''_{LD}}{r_1 + jX''_{LD}}}{1 + j\left(\dfrac{X_{LD} - X''_{LD}}{r_1 + jX''_{LD}} + T'_{d0LD}s_0\omega_N\right)}
\end{aligned}
\right\}
$$

$$(17\text{-}65)$$

# ※17.6　电力系统异步运行的概念

电力系统由于严重故障或错误操作等原因而失去稳定时,各发电机之间便处于不同步的运行状态。这种状态称为异步运行状态。

异步运行是同步电机的一种非正常运行状态。带有励磁的同步电机异步运行会造成系统中电压、电流和功率的剧烈振荡;无励磁同步电机异步运行时要从系统吸取大量的无功功率,这无论是对系统还是电机本身的安全运行都会带来不良的影响。但是理论研究和运行经验都表明,在一定的条件下,积极而谨慎地利用同步电机短时间的异步运行,采取措施使之迅速恢复同步,对于改善系统的运行条件也是有利的。

## 17.6.1　发电机异步运行时的功率特性

当发电机转速偏离同步转速时,它的转子相对于定子磁场就要产生相对运动,转子上所有闭合绕组便要感生电流。感生电流所建立的磁场与定子磁场相互作用,产生了一定的附加转矩。这部分转矩（或功率）称为异步转矩（或功率）。

简单电力系统的发电机作稳态异步运行时,应用同步电机的基本方程——派克方程,可以导出发电机的转矩（或功率）表达式。

有功功率表达式中的同步功率分量为

$$P_{syn} = \frac{E_q U}{X_{d\Sigma}}\sin(\delta_0 + st) + \frac{U^2}{2}\left(\frac{X_{d\Sigma} - X_{q\Sigma}}{X_{d\Sigma}X_{q\Sigma}}\right)\sin(2\delta_0 + 2st) \qquad (17\text{-}66)$$

它与凸极发电机的功率表达式(16-8)的不同之处是表达式中的两项分别以转差和两倍转差为角频率作周期变化,它的平均值为零。因此,它不能向系统输送能量。但是,这种幅值很大的交变功率将对系统产生强烈的扰动,并使发电机转子受到很大的扭矩,这就是它的危害性。

由于受到同步功率的作用,发电机转差是作周期性变化的,发电机的异步有功功率的平

均值（又称为平均异步功率）为

$$P_{\text{as}\cdot\text{av}} = \frac{U^2}{2}\left[ \frac{X_{\text{d}\Sigma} - X'_{\text{d}\Sigma}}{X_{\text{d}\Sigma}X'_{\text{d}\Sigma}} \times \frac{sT'_{\text{d}}}{1 + (sT'_{\text{d}})^2} + \frac{X'_{\text{d}\Sigma} - X''_{\text{d}\Sigma}}{X'_{\text{d}\Sigma}X''_{\text{d}\Sigma}} \times \frac{sT''_{\text{d}}}{1 + (sT''_{\text{d}})^2} \right.$$

$$\left. + \frac{X_{\text{q}\Sigma} - X''_{\text{q}\Sigma}}{X_{\text{q}\Sigma}X''_{\text{q}\Sigma}} \times \frac{sT''_{\text{q}}}{1 + (sT''_{\text{q}})^2} \right]$$

(17-67)

当发电机转速高于同步速度时,发电机的转差 $s > 0$,
$P_{\text{as}\cdot\text{av}} > 0$,发电机发出有功功率。

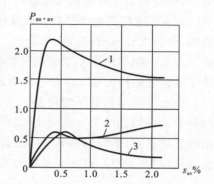

图 17-32　各种发电机的异步功率特性
1—汽轮发电机;2—有阻尼绕组水轮发电机;
3—无阻尼绕组水轮发电机

异步运行时,平均异步功率就是发电机给系统输送
的有功功率。平均异步功率与转差的关系曲线,是发电
机异步运行的重要特性曲线。图 17-32 为不同类型发
电机的平均异步功率特性。从图中可以看到,当发电机
端有额定电压时,汽轮发电机在很小的转差下便可输出
大小等于额定值的平均异步功率。

处于异步运行状态的同步发电机,不论转差的符号
如何,平均无功功率总是为负值。发电机从作为无功电
源向系统输送无功功率变成从系统吸收无功功率的无
功负荷,大大加重了系统的无功负荷,特别是对于无功
电源不足的电力系统,可能引起系统电压大幅度地下降,从而使大量用户无法继续正常
工作。

## 17.6.2　发电机由失步过渡到稳态异步运行的过程

发电机由短路到失去同步的过程可以用图 17-33 所示的功角特性曲线定性地说明。从

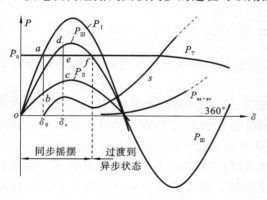

图 17-33　发电机失步过程

图中看到,最大可能的减速面积 $A_{def}$ 小于加速
面积 $A_{abce}$。因此,在第一次振荡时,发电机的
转差不可能在点 $f$ 以前重新下降到零,发电
机工作点将越过点 $f$。此后,发电机继续加
速,功角不断增大,转差也逐渐增大,发电机
便失去同步而过渡到异步状态。

发电机失去同步之后,随着转差的增大,
异步功率也逐渐增大。与此同时,原动机调
速器由于发电机转速超过同步速度而开始减
小原动机的功率(见图 17-33)。

发电机失步之后,由于功角 $\delta = \delta_0 + st$ 随
时间不断增大,因此,与功角成正弦函数的同步功率分量将随时间以转差为角频率交变。在
功率交变的一个周期内,发电机有半个周期工作在发电机状态,同步功率对转子起制动作
用;有半个周期工作在电动机状态,同步功率对转子起推动作用。由于同步功率一周期的平
均值为零,所以它仅对转差的瞬时值产生影响,而对平均转差的影响很小。

发电机的平均转差是由原动机的功率和平均异步功率(当计及定子回路的电阻或机端

负荷时，还要加上固有功率，有时固有功率与平均异步功率是同一个数量级的）共同作用来确定的。图 17-34 定性地描述了简单系统发电机由失步到稳态异步运行的过程。在刚失步时，平均转差较小，而调速器刚刚开始减小原动机的功率，所以作用在发电机转子上的加速性过剩功率较大，平均转差迅速增大。随着平均转差的迅速增大，平均异步功率也迅速增大，而原动机的功率则在调速器的作用下迅速减小。在某一时刻 $t_a$，$P_T = P_{as \cdot av}$（见图 17-34 中的点 $a$），达到了功率平衡。但在此刻，发电机的平均转差较大，调速器继续减小原动机的功率，因而在 $t > t_a$ 以后，$P_T < P_{as \cdot av}$，转子将受到减速性的过剩功率作用而开始减小平均转差。发电机的平均异步功率也开始减小。最后，平均异步功率与原动机的功率相平衡，平均转差达到它的稳态值 $s_\infty$，发电机便进入稳态异步运行。

　　稳态异步运行的平均转差 $s_\infty$ 可以由原动机调速器的静态特性 $P_T = \varphi(s_{av})$ 和发电机的平均异步功率特性的交点来确定（见图 17-35）。发电机的平均异步功率（在实际系统中还应包括固有功率）及平均转差 $s_\infty$，是稳态异步运行的两个最重要的参数。通过调整调速器的伺服马达（二次调节），改变原动机的功率特性，可以减小 $s_\infty$ 的值（见图 17-35）。

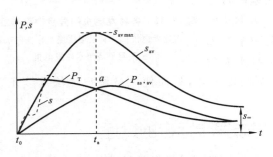

图 17-34　功率和平均转差变化特性

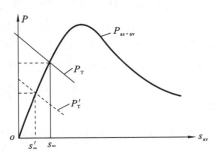

图 17-35　稳态异步运行平均转差的确定

### 17.6.3　实现再同步的必要条件和促使再同步的措施

　　发电机失去同步后，允许它作异步运行，其目的就是促使它再次牵入同步（再同步），以加快恢复系统的正常运行。

　　发电机能否实现再同步，取决于下面两个条件：第一，发电机能否抵达同步速度，即发电机的转差瞬时值能否经过零值；第二，在抵达同步速度之后，能否不失步地过渡到稳定的同步运行状态。

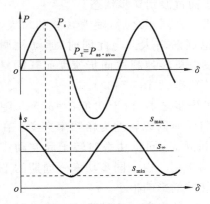

图 17-36　转矩和转差变化特性

　　大家知道，转差的瞬时值是由作用在转子上的所有转矩共同决定的。原动机的功率与平均异步功率相互平衡决定了平均转差的大小，而同步转矩的存在，使转差作周期性的脉振，其振幅与同步转矩的幅值有关，同步功率的幅值愈大，转差脉振的幅值也愈大。图 17-36 所示为简单电力系统隐极发电机稳态异步运行时转差脉振的情况。

　　平均转差越小，转差振荡幅度越大，转差瞬时值过零的机会也就越多。因此，在发电机失去同步以后，必须尽快地减少原动机功率以降低平均转差,并且适时地增加励磁,以增大同步功率的幅值,从而增大转差的振荡幅度,为瞬时转差过零创造条件,使发电机尽快地实现再同步。

# 小　结

本章从定性分析和定量计算两个方面论述了电力系统暂态稳定的分析计算方法。

功角随时间变化的特性,是判断电力系统能否保持暂态稳定的重要依据。在定性分析中,应掌握好以下几点:

● 不平衡功率的符号决定了发电机加速度的符号,两者的符号相同;

● 加速度的符号决定了相对速度的变化方向,但与当时的相对速度的符号无关。加速度为正时,相对速度将增大,反之则减小。

● 相对速度的符号决定了功角的变化方向,但与当时的加速度的符号无关。相对速度的符号为正时,功角将增大,反之则减小。

等面积定则是基于能量守恒原理导出的。发电机受大扰动后转子将产生相对运动,当代表动能增量的加速面积与减速面积相等时,转子的相对速度达到零值。应用等面积定则可以确定发电机受扰后转子相对角的振荡幅度,即确定最大和最小摇摆角 $\delta_{\max}$ 和 $\delta_{\min}$ ,可以判断发电机能否保持暂态稳定。

等面积定则虽然是从最简单的电力系统引出的,但是其原理对复杂系统(需要大致简化成简单电力系统)也是适用的。

本章介绍的暂态稳定数值计算的两种方法,都是把时间分成一个个小段(即步长),在一个步长内对描述暂态稳定过程的方程进行近似求解,以得到一些变量在一系列时间离散点上的数值。分段计算法是把发电机转子的相对运动在一个步长内近似看成等加速运动;改进欧拉法则把转子相对运动在一个步长内近似看成等速运动。两种算法具有同等级的精度。当发电机采用简化模型和负荷用恒定阻抗模型时,分段计算法的计算量要比改进欧拉法少得多。

对于简单电力系统,判断系统在给定的计算条件下(运行方式、扰动和操作内容及其发生的时序)是否具有暂态稳定,用极值比较法比较快捷。对于实际电力系统,则必须根据相对角随时间变化的特性来判断。

本章还介绍了可用于电力系统暂态稳定实际计算的发电机、励磁系统、原动机及其调节系统、负荷及网络等的数学模型。

本章还简要介绍了同步发电机异步运行时的功率特性、失步过程和实现再同步的条件。

# 习　题

17-1　电力系统如题 17-1 图所示,已知各元件参数的标幺值。发电机 G: $x'_d=0.29$ ,$x_2=0.23$ , $T_J=11$ s;变压器 T-1: $x=0.13$ ;变压器 T-2: $x=0.11$ ;线路 L:双回 $x_{L1}=0.29$ ,$x_{L0}=3x_{L1}$ ;运行初始状态: $U_0=1.0$ , $P_0=1.0$ , $Q_0=0.2$ 。在输电线路首端 $f_1$ 点发生两相短路接地,试用等面积定则确定极限切除角 $\delta_{c.\lim}$ 。

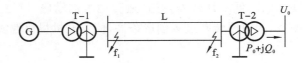

题 **17-1** 图

17-2　上题系统中,如果变压器 T-1 中性点接地线异常断开,此时在 $f_1$ 点发生单相接地短路,试问,能否确定极限切除角？为什么？

17-3　简单电力系统如题 17-1 图所示,在线路首端和末端分别发生三相短路,故障切除时间相同。试判断计及输电线路的电阻对哪处短路更有利于保持暂态稳定性？为什么？

17-4　按题 17-1 所给系统,现计及双回输电线路电阻 $R_L=0.0512$。在空载情况下,即 $U_0=1.0$, $P_0=0$, $Q_0=0$,线路末端 $f_2$ 点发生三相短路,试用等面积定则确定极限切除角。

17-5　就题 17-1 的系统及所给条件,故障切除时间为 0.13 s,试用分段计算法计算功角变化曲线,并用极值比较法判断系统的暂态稳定。

17-6　系统及计算条件仍如题 17-1,若故障切除时间为 0.15 s,试用分段计算法计算发电机的摇摆曲线,并用它判断系统的暂态稳定。

17-7　三机电力系统示于题 17-7 图。已知各元件参数标幺值如下。发电机 G-1：$x'_d=0.1$, $x_2=0.1$, $T_J=10$ s；发电机 G-2：$x'_d=0.15$, $x_2=0.15$, $T_J=7$ s；发电机 G-3：$x'_d=0.06$, $x_2=0.06$, $T_J=15$ s。变压器电抗：$x_{T1}=0.08$, $x_{T2}=0.1$, $x_{T3}=0.04$, $x_{T4}=0.05$。线路电抗：AB 段双回 $x_{L1}=0.2$, $x_{L0}=3.5x_{L1}$；BC 段双回 $x_{L1}=0.1$, $x_{L0}=3.5x_{L1}$。系统的初始运行状态：$V_{D0}=1.0$, $S_{LD0}=5.5+j1.25$, $S_{20}=1.0+j0.5$, $S_{30}=3+j0.8$。线路 AB 段首端 f 点发生两相短路接地,经 0.1 s 切除故障线路,试判断系统的暂态稳定性。

提示：为简化计算,负荷用恒定阻抗表示,可用网络变换法求各发电机的输入阻抗和转移阻抗,用分段计算法计算各发电机的转子摇摆曲线。

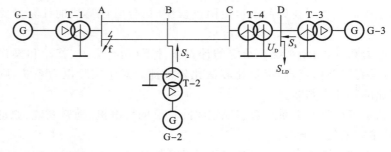

题 **17-7** 图

# 第 18 章　电力系统静态稳定性

本章将应用运动稳定性理论阐述静态稳定的严格判据及用小扰动法研究电力系统静态稳定的步骤。以简单电力系统为例,用小扰动法进行分析和论述,并对一些稳定判据作定性的物理解释。对于电力系统静态稳定的实际计算,也有简要的论述。

## 18.1　运动稳定性的基本概念和小扰动法原理

对于一个动力学系统(电力系统也是一个动力学系统),通常是用一组微分方程来描述其运动状态。例如,电力系统用转子运动方程来描述发电机转子的机械运动;用同步电机的基本方程——派克方程来描述发电机的电磁运动等。动力学系统的运动状态及其性质,是由这些微分方程组的解来表征的。动力学系统运动的稳定性,在数学上反映为微分方程组的解的稳定性。运动稳定性的理论基础,是由著名学者 A. M. 李雅普诺夫(A. M. ЛЯПУНОВ)奠定的。下面先介绍一些基本概念。

### 18.1.1　未受扰运动与受扰运动

设一动力学系统,其运动可用下列方程组(状态方程)来描述

$$\frac{\mathrm{d}\boldsymbol{X}(t)}{\mathrm{d}t} = F[t, \boldsymbol{X}(t)] \tag{18-1}$$

其中第 $i$ 个方程为

$$\frac{\mathrm{d}x_i(t)}{\mathrm{d}t} = f_i(t, x_1, x_2, \cdots, x_n) \tag{18-2}$$

$x_1, x_2, \cdots, x_n$ 称为状态变量或广义坐标,对于电力系统,它们就是运行参数。

给定初值求解微分方程,通常叫做微分方程的初值问题。设 $\widetilde{\boldsymbol{X}}(t_0) = \widetilde{\boldsymbol{X}}_0$,这组初值确定了式(18-1)的一组特解 $\widetilde{\boldsymbol{X}}(t)$,这组特解描述了动力学系统的一种运动状态。如果系统受到扰动,数学上就相当于改变了初值。假定此初值为 $\boldsymbol{X}_0$,显然,新的初值 $\boldsymbol{X}_0$ 将确定新的特解 $\boldsymbol{X}(t)$,并描述系统的另一种运动状态。如果称 $\widetilde{\boldsymbol{X}}_0$ 所确定的解 $\widetilde{\boldsymbol{X}}(t)$ 所描述的运动为未受扰运动,则一切与 $\widetilde{\boldsymbol{X}}_0$ 不同的初值 $\boldsymbol{X}_0$ 所确定的解 $\boldsymbol{X}(t)$ 所描述的运动便称为受扰运动。

未受扰运动的稳定性必须通过受扰运动的性质来判断。在系统稳定性的研究中,人们最关心的是系统平衡状态的稳定性。若对于一切 $t \geqslant t_0$,恒有 $\widetilde{\boldsymbol{X}}(t) = \widetilde{\boldsymbol{X}}(t_0) = \boldsymbol{X}_e$,则称 $\boldsymbol{X}_e$ 为系统的一个平衡状态。显然,在平衡状态下应有

$$\frac{\mathrm{d}\boldsymbol{X}}{\mathrm{d}t}\bigg|_{\boldsymbol{X}=\boldsymbol{X}_e} = \boldsymbol{0}$$

可见,平衡状态就是代数方程

$$\boldsymbol{F}(t, \boldsymbol{X}_e) = \boldsymbol{0} \tag{18-3}$$

的解。

对于线性定常系统，有 $F(t,X)=AX$。若矩阵 $A$ 非奇，则系统只有一个平衡状态；若矩阵 $A$ 奇异，则系统将有无限多个平衡状态。对于非线性系统，则可能有一个或多个平衡状态，这些状态都与方程式(18-3)的常值解相对应。

以简单系统转子运动方程 $X=[\delta\ \omega]^T$ 为例，有

$$\left.\begin{array}{l} \dfrac{d\delta}{dt}=\omega-\omega_N \\[3mm] \dfrac{d\omega}{dt}=\dfrac{\omega_N}{T_J}(P_T-P_e)=\dfrac{\omega_N}{T_J}(P_T-P_m\sin\delta) \end{array}\right\} \tag{18-4}$$

系统有两个平衡状态（见图15-5），即 $X_{e1}=[\delta_a\ \omega_N]^T$ 和 $X_{e2}=[\delta_b\ \omega_N]^T$，其中 $\delta_a=\arcsin\dfrac{P_T}{P_m}$，$\delta_b=\pi-\delta_a$。若另给初值 $X_0=[\delta_{a'}\ \omega_N]^T$，与其对应的便是一个受扰运动。

## 18.1.2　李雅普诺夫运动稳定性定义

设 $X_e$ 为系统 $\dot{X}=F(t,X)$ 的一个平衡状态。以 $X_e$ 为圆心，以 $c$ 为半径的球域可以记为

$$\|X-X_e\|\leqslant c$$

其中

$$\|X-X_e\|=\sqrt{\sum_{i=1}^{n}(x_i-x_{ei})^2}$$

表示向量差 $X-X_e$ 的欧氏长度，亦称欧氏范数。

李雅普诺夫稳定性的定义如下：

对于任给实数 $\varepsilon>0$，存在实数 $\eta(\varepsilon,t_0)>0$，使所有满足

$$\|X_0-X_e\|\leqslant\eta(\varepsilon,t_0)$$

的初值 $X_0$ 所确定的运动 $X(t)$ 恒满足条件

$$\|X(t)-X_e\|<\varepsilon\quad(t\geqslant t_0)$$

则称系统的平衡状态 $X_e$ 是稳定的；如果 $\eta$ 与 $t_0$ 无关，则称系统平衡状态 $X_e$ 是一致稳定的。

如果平衡状态 $X_e$ 是稳定的，而且还有

$$\lim_{t\to\infty}\|X(t)-X_e\|=0$$

则称平衡状态 $X_e$ 是渐近稳定的。

如果对于某个实数 $\varepsilon>0$，无论 $\eta>0$ 取得多么小，在满足

$$\|X_0-X_e\|\leqslant\eta$$

的初值 $X_0$ 所确定的运动 $X(t)$ 中，只要有一个运动在 $t\geqslant t_0$ 的某一时刻不满足

$$\|X(t)-X_e\|<\varepsilon$$

则称平衡状态 $X_e$ 是不稳定的。

本章涉及的电力系统静态稳定性属于渐近稳定性，为简化起见，在以下的叙述中省去渐近两字。

## 18.1.3　非线性系统的线性近似稳定性判断法

大多数工程系统是非线性的。设有一个不显含时间变量 $t$ 的非线性系统，其运动方

程为

$$\frac{\mathrm{d}\boldsymbol{X}}{\mathrm{d}t} = \boldsymbol{F}(\boldsymbol{X}) \tag{18-5}$$

$\boldsymbol{X}_{\mathrm{e}}$ 是系统的一个平衡状态,若系统受扰偏离平衡状态,记 $\boldsymbol{X} = \boldsymbol{X}_{\mathrm{e}} + \Delta\boldsymbol{X}$,将其代入式(18-5),并将该式右端展开成泰勒级数,可得

$$\frac{\mathrm{d}(\boldsymbol{X}_{\mathrm{e}} + \Delta\boldsymbol{X})}{\mathrm{d}t} = \boldsymbol{F}(\boldsymbol{X}_{\mathrm{e}}) + \frac{\mathrm{d}\boldsymbol{F}(\boldsymbol{X})}{\mathrm{d}\boldsymbol{X}}\bigg|_{\boldsymbol{X}=\boldsymbol{X}_{\mathrm{e}}} \Delta\boldsymbol{X} + \boldsymbol{R}(\Delta\boldsymbol{X}) \tag{18-6}$$

式中,$\boldsymbol{R}(\Delta\boldsymbol{X})$ 为 $\Delta\boldsymbol{X}$ 的二阶及以上阶次各项之和。

令

$$\frac{\mathrm{d}\boldsymbol{F}(\boldsymbol{X})}{\mathrm{d}\boldsymbol{X}}\bigg|_{\boldsymbol{X}=\boldsymbol{X}_{\mathrm{e}}} = \boldsymbol{A} = [a_{ij}]_{n\times n}$$

矩阵 $\boldsymbol{A}$ 又称为雅可比矩阵,它的第 $i$ 行第 $j$ 列元素为

$$a_{ij} = \frac{\partial f_i}{\partial x_j}\bigg|_{\boldsymbol{X}=\boldsymbol{X}_{\mathrm{e}}}$$

计及 $\dfrac{\mathrm{d}\boldsymbol{X}_{\mathrm{e}}}{\mathrm{d}t} = \boldsymbol{0}$ 和 $\boldsymbol{F}(\boldsymbol{X}_{\mathrm{e}}) = \boldsymbol{0}$,式(18-6)便简化成

$$\frac{\mathrm{d}\Delta\boldsymbol{X}}{\mathrm{d}t} = \boldsymbol{A}\Delta\boldsymbol{X} + \boldsymbol{R}(\Delta\boldsymbol{X}) \tag{18-7}$$

若再舍去高阶项 $\boldsymbol{R}(\Delta\boldsymbol{X})$,便得

$$\frac{\mathrm{d}\Delta\boldsymbol{X}}{\mathrm{d}t} = \boldsymbol{A}\Delta\boldsymbol{X} \tag{18-8}$$

这就是原非线性方程的线性近似(一次近似)方程,或者称为线性化的小扰动方程。

因为 $\boldsymbol{R}(\boldsymbol{0}) = \boldsymbol{0}$,如果 $\|\Delta\boldsymbol{X}\| \to 0$ 时,能满足 $\dfrac{\|\boldsymbol{R}(\Delta\boldsymbol{X})\|}{\|\Delta\boldsymbol{X}\|} \to 0$,则李雅普诺夫稳定性判断原则为:若线性化方程中的 $\boldsymbol{A}$ 矩阵没有零值和实部为零值的特征值,则非线性系统的稳定性可以完全由线性化方程的稳定性来决定。具体地说:

(1)若线性化方程 $\boldsymbol{A}$ 矩阵的所有特征值的实部均为负值,线性化方程的解是稳定的,则非线性系统也是稳定的。

(2)若线性化方程的 $\boldsymbol{A}$ 矩阵至少有一个实部为正值的特征值,线性化方程的解是不稳定的,则非线性系统也是不稳定的。

(3)若线性化方程的 $\boldsymbol{A}$ 矩阵有零值或实部为零的特征值,则非线性系统的稳定性需要计及非线性部分 $\boldsymbol{R}(\Delta\boldsymbol{X})$ 才能判定。

由上可知,一个非线性系统的稳定性,当扰动很小时,可以转化为线性系统来研究。电力系统静态稳定的研究和判断,就是采用这种方法。这种方法称为小扰动法或小干扰法。由于不需求解扰动方程,因而在静态稳定性的分析计算中可以不必再去注意具有随机性质的扰动形式和初值了。这也更清楚地表明,电力系统受微小扰动的静态稳定性与受大扰动的暂态稳定性,在性质上是不同的。**更明确地说,微小扰动的静态稳定性是研究电力系统在平衡点附近的"邻域"特性问题,而大扰动的暂态稳定性是研究电力系统从一个平衡点向另一个新的平衡点(或经多次大扰动后回到原来的平衡点)的过渡特性问题。**

## 18.1.4　用小扰动法分析计算电力系统静态稳定的步骤

结合电力系统的情况,可以把小扰动法分析计算静态稳定的步骤归纳如下:

（1）列写电力系统各元件的微分方程以及联系各元件间关系的代数方程（如网络方程）。

（2）分别对微分方程和代数方程线性化。

（3）消去方程中的非状态变量，求出线性化小扰动状态方程及矩阵 $A$。

（4）进行给定运行情况的初态计算，确定 $A$ 矩阵各元素的值。

（5）确定或判断 $A$ 矩阵特征值实部的符号，判断系统在给定的运行条件下是否具有静态稳定性。这里有两种方法：一是直接求出 $A$ 矩阵的所有特征值；二是求出式（18-8）的特征方程，由特征方程的系数间接判断特征值实部的符号（例如，用劳斯法、胡尔维茨法等）。

# 18.2　简单电力系统的静态稳定

简单电力系统如图 18-1 所示。在给定的运行情况下，发电机输出的功率为 $P_0$，$\omega = \omega_N$，原动机的功率为 $P_{T0} = P_0$。假定：原动机的功率 $P_T = P_{T0} = P_0 =$ 常数；发电机为隐极机，且不计励磁调节作用和发电机各绕组的电磁暂态过程，即 $E_q = E_{q0} =$ 常数。这样作出的发电机的功角特性如图 18-1 所示。现按以下几种情况分别进行讨论。

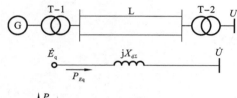

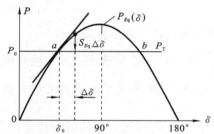

**图 18-1　简单电力系统及其功角特性**

## 18.2.1　不计发电机组的阻尼作用

发电机的转子运动方程为式（18-4），发电机的电磁功率为

$$P_e = \frac{E_{q0} U_0}{X_{d\Sigma}} \sin\delta = P_{Eq}(\delta)$$

将 $P_e$ 代入式（18-4），便得到简单电力系统的状态方程

$$\left. \begin{array}{l} \dfrac{\mathrm{d}\delta}{\mathrm{d}t} = \omega - \omega_N = f_\delta(\delta, \omega) \\[3mm] \dfrac{\mathrm{d}\omega}{\mathrm{d}t} = \dfrac{\omega_N}{T_J}[P_{T0} - P_{Eq}(\delta)] = f_\omega(\delta, \omega) \end{array} \right\} \tag{18-9}$$

由于 $P_{Eq}(\delta)$ 中含有 $\sin\delta$，所以方程组是非线性的。如果扰动很小，可以在平衡点，例如在点 $a$ 对应的 $\delta_0$ 附近将 $P_{Eq}(\delta)$ 展开成泰勒级数

$$P_{Eq}(\delta) = P_{Eq}(\delta_0 + \Delta\delta) = P_{Eq}(\delta_0) + \frac{\mathrm{d}P_{Eq}}{\mathrm{d}\delta}\bigg|_{\delta=\delta_0} \Delta\delta + \frac{1}{2!}\frac{\mathrm{d}^2 P_{Eq}}{\mathrm{d}\delta^2}\bigg|_{\delta=\delta_0} \Delta\delta^2 + \cdots$$

略去二次项及以上各项得到

$$P_{Eq}(\delta) = P_{Eq}(\delta_0) + S_{Eq}\Delta\delta = P_{Eq}(\delta_0) + \Delta P_e \tag{18-10}$$

式中，$\Delta P_e = S_{Eq}\Delta\delta$，

$$S_{Eq} = \frac{\mathrm{d}P_{Eq}}{\mathrm{d}\delta}\bigg|_{\delta=\delta_0}$$

因为 $P_{Eq}(\delta_0) = P_0$，所以 $S_{Eq}\Delta\delta$ 为受扰动后功角产生微小偏差引起的电磁功率增量，从

$\Delta P_e$ 的表达式可以看到，略去功角偏差的二次项及以上各项，实质上是用过平衡点 $a$ 的切线来代替原来的功率特性曲线（见图 18-1），这就是线性化的含义。

将式（18-10）代入到式（18-9）中，并且令 $\omega = \omega_N + \Delta\omega$，于是得到小扰动方程为

$$\left.\begin{array}{l} \dfrac{\mathrm{d}\delta}{\mathrm{d}t} = \dfrac{\mathrm{d}(\delta_0 + \Delta\delta)}{\mathrm{d}t} = \dfrac{\mathrm{d}\Delta\delta}{\mathrm{d}t} = \omega - \omega_N = \Delta\omega \\[3mm] \dfrac{\mathrm{d}\omega}{\mathrm{d}t} = \dfrac{\mathrm{d}(\omega_N + \Delta\omega)}{\mathrm{d}t} = \dfrac{\mathrm{d}\Delta\omega}{\mathrm{d}t} = -\dfrac{\omega_N}{T_J}\Delta P_e = -\dfrac{\omega_N S_{Eq}}{T_J}\Delta\delta \end{array}\right\} \tag{18-11}$$

写成矩阵形式为

$$\begin{bmatrix} \dfrac{\mathrm{d}\Delta\delta}{\mathrm{d}t} \\[3mm] \dfrac{\mathrm{d}\Delta\omega}{\mathrm{d}t} \end{bmatrix} = \begin{bmatrix} 0 & 1 \\[3mm] -\dfrac{\omega_N S_{Eq}}{T_J} & 0 \end{bmatrix} \begin{bmatrix} \Delta\delta \\[3mm] \Delta\omega \end{bmatrix}$$

或缩记为

$$\frac{\mathrm{d}\boldsymbol{X}}{\mathrm{d}t} = \boldsymbol{A}\boldsymbol{X}, \quad \boldsymbol{X} = \begin{bmatrix} \Delta\delta & \Delta\omega \end{bmatrix}^{\mathrm{T}}$$

$$\boldsymbol{A} = \begin{bmatrix} 0 & 1 \\[3mm] -\dfrac{\omega_N S_{Eq}}{T_J} & 0 \end{bmatrix} \tag{18-12}$$

为确定 $\boldsymbol{A}$ 矩阵的元素，要进行给定运行方式的潮流计算。例如，给定系统电压 $U_0$、发电机送到系统的功率 $P_0$、$Q_0$，算出 $E_{q0}$、$\delta_0$，于是可算得

$$S_{Eq} = \frac{\mathrm{d}P_{Eq}}{\mathrm{d}\delta}\bigg|_{\delta=\delta_0} = \frac{E_{q0}U_0}{X_{d\Sigma}}\cos\delta_0 \tag{18-13}$$

求得 $\boldsymbol{A}$ 矩阵的元素后，用直接求特征值的办法，由 $\det[\boldsymbol{A} - p\boldsymbol{1}] = 0$ 可得

$$\det\begin{bmatrix} -p & 1 \\[3mm] -\dfrac{\omega_N S_{Eq}}{T_J} & -p \end{bmatrix} = p^2 + \frac{\omega_N S_{Eq}}{T_J} = 0$$

由此解出

$$p_{1,2} = \pm\sqrt{-\frac{\omega_N S_{Eq}}{T_J}} \tag{18-14}$$

把已求得的 $S_{Eq}$ 值代入上式，即可确定特征值 $p_1$、$p_2$，从而判断系统在给定的运行条件下是否具有静态稳定性。

以上就是用小扰动法分析电力系统静态稳定的具体做法，对于实际的多机电力系统，只是方程的阶数较高、计算复杂一些而已。

必须着重指出，应用小扰动法，只能判定系统在给定的运行条件下是否具有静态稳定性，而不能回答稳定程度如何。但是，为了保证电力系统安全运行，人们总是希望得到与系统运行参数相联系的稳定性判断条件。也就是说，需要将特征值实部为负的判据转化为以运行参数表示的判据，以便确定所给定的运行情况的稳定程度。

从式（18-14）可以看到，$T_J$ 和 $\omega_N$ 均为正数，而 $S_{Eq}$ 则与运行情况有关。当 $S_{Eq} < 0$ 时，特征值 $p_1$、$p_2$ 为两个实数，其中一个为正实数。从自由振荡的解

$$\Delta\delta(t) = k_{\delta 1}\,\mathrm{e}^{p_1 t} + k_{\delta 2}\,\mathrm{e}^{p_2 t} \tag{18-15}$$

可以看到，电力系统受扰动后，功角偏差 $\Delta\delta$ 最终将以指数曲线的形式随时间不断增大，因此系统是不稳定的。这种丧失稳定的形式称为非周期性的。当 $S_{Eq}>0$ 时，特征值为一对共轭虚数

$$p_{1,2}=\pm \mathrm{j}\beta$$

式中

$$\beta=\sqrt{\frac{\omega_{N}S_{Eq}}{T_{J}}} \tag{18-16}$$

自由振荡的解为

$$\Delta\delta(t)=k_{\delta1}\mathrm{e}^{\mathrm{j}\beta t}+k_{\delta2}\mathrm{e}^{-\mathrm{j}\beta t}=(k_{\delta1}+k_{\delta2})\cos\beta t+\mathrm{j}(k_{\delta1}-k_{\delta2})\sin\beta t$$

$\Delta\delta(t)$ 应为实数，因此，$k_{\delta1}$ 和 $k_{\delta2}$ 应为一对共轭复数。设 $k_{\delta1}=A+\mathrm{j}B$，$k_{\delta2}=A-\mathrm{j}B$，于是

$$\left.\begin{array}{l}\Delta\delta(t)=2A\cos\beta t-2B\sin\beta t=k_{\delta}\sin(\beta t-\varphi)\\[2mm]k_{\delta}=-2\sqrt{A^{2}+B^{2}}, \quad \varphi=\mathrm{arctg}\dfrac{A}{B}\end{array}\right\} \tag{18-17}$$

电力系统受扰动后，功角将在 $\delta_0$ 附近作等幅振荡。从理论上说，系统不具有渐近稳定性。考虑到振荡中由于摩擦等原因产生能量损耗，可以认为振荡会逐渐衰减，系统是稳定的。

由以上分析可以得到简单电力系统的静态稳定判据为

$$S_{Eq}>0 \tag{18-18}$$

从式（18-13）可以看到，与此相对应的用运行参数表示的稳定判据为

$$\delta_0<90° \tag{18-19}$$

稳定极限情况为 $S_{Eq}=0$，稳定极限运行角为 $\delta_{sl}=90°$，与此运行角对应的发电机输出的电磁功率

$$P_{Eqsl}=\frac{E_{q0}U_0}{X_{d\Sigma}}\sin\delta_{sl}=\frac{E_{q0}U_0}{X_{d\Sigma}}=P_{Eqm} \tag{18-20}$$

这就是系统保持静态稳定时发电机所能输送的最大功率，把 $P_{Eqsl}$ 称为稳定极限。在上述简单电力系统中，稳定极限就等于功率极限，静态稳定的严格判据就等于由概念导出的初步判据。所以，$S_{Eq}=\dfrac{\mathrm{d}P}{\mathrm{d}\delta}>0$ 又称为实用判据，常被应用于简单电力系统和一些定性分析的实用计算中。

在稳定工作范围内，自由振荡的频率为

$$f_{e}=\frac{1}{2\pi}\sqrt{\frac{\omega_{N}S_{Eq}}{T_{J}}} \tag{18-21}$$

这个频率通常又称为"固有振荡频率"。它与运行情况即 $S_{Eq}$ 有关，其变化如图 18-2 所示。固有振荡频率是与发电机转子相对运动相联系的，它决定着系统受扰动后振荡的周期。从图中还可以看到，当 $\delta=90°$ 时，$f_e=0$，即电力系统受扰动后功角变化不再具有振荡的性质，因而系统将会非周期地丧失稳定。

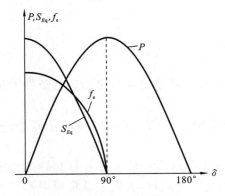

图 18-2 整步功率 $S_{Eq}$ 及固有频率的变化

## 18.2.2 计及发电机组的阻尼作用

发电机组的阻尼作用包括由轴承摩擦和发电机转子与气体摩擦所产生的机械性阻尼作

用以及由发电机转子闭合绕组（包括铁芯）所产生的电气阻尼作用。机械阻尼作用与发电机的实际转速有关，电气阻尼作用则与相对转速有关，要精确计算这些阻尼作用是很复杂的。为了对阻尼作用的性质有基本了解，我们假定阻尼作用所产生的转矩（或功率）都与转速呈线性关系，于是对于相对运动的阻尼转矩（或功率）可表示为

$$M_D \approx P_D = D\Delta\omega = D(\omega - \omega_N) = D\frac{\mathrm{d}\Delta\delta}{\mathrm{d}t}$$

式中，$D$ 为综合阻尼系数。

计及阻尼作用之后，发电机的转子运动方程为

$$\frac{T_J}{\omega_N}\frac{\mathrm{d}^2\delta}{\mathrm{d}t^2} = P_T - (P_e + P_D) = P_T - [P_{Eq}(\delta) + D\Delta\omega] \tag{18-22}$$

线性化的状态方程为

$$\left. \begin{array}{l} \dfrac{\mathrm{d}\Delta\delta}{\mathrm{d}t} = \Delta\omega \\[3mm] \dfrac{\mathrm{d}\Delta\omega}{\mathrm{d}t} = -\dfrac{\omega_N S_{Eq}}{T_J}\Delta\delta - \dfrac{\omega_N D}{T_J}\Delta\omega \end{array} \right\} \tag{18-23}$$

$A$ 矩阵为

$$\boldsymbol{A} = \begin{bmatrix} 0 & 1 \\[2mm] -\dfrac{\omega_N S_{Eq}}{T_J} & -\dfrac{\omega_N D}{T_J} \end{bmatrix}$$

$A$ 矩阵的特征值为

$$p_{1,2} = -\frac{\omega_N D}{2T_J} \pm \sqrt{\left(\frac{\omega_N D}{2T_J}\right)^2 - \frac{\omega_N S_{Eq}}{T_J}} \tag{18-24}$$

下面分两种情况来讨论阻尼对稳定性的影响。

(1) $D>0$，即发电机组具有正阻尼作用的情况。当 $S_{Eq}>0$，且 $D^2>4S_{Eq}T_J/\omega_N$ 时，特征值为两个负实数，$\Delta\delta(t)$ 将单调地衰减到零，系统是稳定的。这通常称为过阻尼的情况。

当 $S_{Eq}>0$，但 $D^2<4S_{Eq}T_J/\omega_N$ 时，特征值为一对共轭复数，其实部为与 $D$ 成正比的负数，$\Delta\delta(t)$ 将是一个衰减的振荡，系统是稳定的。

当 $S_{Eq}<0$ 时，特征值为正、负两个实数。因此，系统是不稳定的，并且是非周期地失去稳定。

由上可知，当 $D>0$ 时，稳定判据与不计阻尼作用时的相同，仍然是 $S_{Eq}>0$。阻尼系数 $D$ 的大小，只影响受扰动后状态量（如 $\Delta\delta$）的衰减速度。

(2) $D<0$，即发电机组具有负阻尼作用的情况。在这种情况下，从式(18-24)可以看到，不论 $S_{Eq}$ 为何值，即不论系统运行在何种状态下，特征值的实部总是为正值，系统都是不稳定的。例如，当 $S_{Eq}>0$，且 $D^2<4S_{Eq}T_J/\omega_N$ 时，$p_{1,2}=\alpha\pm\mathrm{j}\beta$，其中 $\alpha=\left|\dfrac{\omega_N D}{2T_J}\right|$，$\beta^2=\left|\left(\dfrac{\omega_N D}{2T_J}\right)^2-\dfrac{\omega_N S_{Eq}}{T_J}\right|$。自由振荡的解为

$$\Delta\delta(t) = k_\delta \mathrm{e}^{\alpha t}\sin(\beta t - \varphi) \tag{18-25}$$

这将是一个振幅不断增大的振荡。这种丧失稳定的形式，通常称为周期性地失去稳定，有时

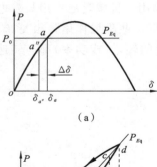

（a）

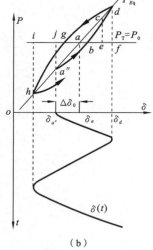

（b）

图 18-3　负阻尼导致的自发振荡

又称为自发振荡。

定性地分析一下自发振荡的过程,有助于进一步理解负阻尼作用。如图 18-3(a)所示,假定发电机工作在平衡点 $a$。如果系统受到扰动,功角变到 $\delta_{a''}$,也就是说,在扰动后瞬间,扰动的初值为 $\Delta\delta_0 = \delta_{a''} - \delta_a$,$\Delta\omega_0 = 0$。图 18-3(b)是局部放大了的图。作用在发电机转子上的过剩功率为

$$\Delta P_a = P_T - P_e = P_0 - [P_{Eq}(\delta) + D\Delta\omega]$$

在扰动瞬间,因为 $\Delta\omega_0 = 0$,所以 $\Delta P_a = P_0 - P_{Eq}(\delta_{a''}) > 0$,过剩功率为加速性的,发电机开始加速,使 $\Delta\omega > 0$,功角开始增大。如果没有阻尼作用,根据等面积定则,发电机的工作点将沿着 $P_{Eq}$ 曲线在面积 $f_{aa''j} + f_{ace} = 0$ 所确定的点 $a''$ 与点 $c$ 之间变动,功角接近于等幅振荡。现在,由于存在负阻尼作用,因此,当 $\Delta\omega > 0$ 时,作用在转子上的制动功率为

$$P_{Eq} + D\Delta\omega = P_{Eq} - |D| \Delta\omega < P_{Eq}$$

发电机的工作点不再沿 $P_{Eq}$ 的曲线变化,而是沿着比 $P_{Eq}$ 低的曲线从点 $a''$ 向点 $b$ 变化。新曲线与 $P_{Eq}$ 的差别与 $\Delta\omega$ 成比例。越过点 $b$ 之后,过剩功率改变符号,发电机开始减速。但 $\Delta\omega$ 仍大于零,所以发电机工作点仍在 $P_{Eq}$ 曲线下面。一直到发电机恢复同步,$\Delta\omega = 0$ 时,功角才停止增大。由于 $\Delta\omega = 0$,发电机工作点落在 $P_{Eq}$ 曲线上的点 $d$,点 $d$ 按等面积定则由 $A_{a''bj} + A_{bdf} = 0$ 确定。因为 $A_{a''bj} > A_{aa''j}$,所以 $\delta_d > \delta_c$。从点 $d$ 开始,由于制动功率仍大于原动机的功率,发电机继续减速,使 $\Delta\omega < 0$,功角开始减小。又因为 $D < 0$,所以制动功率

$$P_{Eq} + D\Delta\omega > P_{Eq}$$

因此,发电机工作点将沿着比 $P_{Eq}$ 高的曲线变化,直到按 $A_{dfg} + A_{ghi} = 0$ 所确定的点 $h$ 为止。因 $|A_{dfg}| > |A_{ace}|$,所以 $\delta_h < \delta_{a''}$。而且由于 $|A_{adf}| < |A_{dfg}|$,所以 $|\delta_h - \delta_a| > \delta_d - \delta_a$,即振荡幅值增大。以后的过程如图 18-3(b)所示,振荡幅值将越来越大直到失去稳定。

从以上分析可知,在 $D < 0$ 导致自发振荡而失去稳定的过程中,发电机工作点在 $P$-$\delta$ 平面上将围绕平衡点作反时针方向旋转。我们把出现这种情况的电力系统称为具有负阻尼作用的电力系统,并将应用这个概念来分析系统中某些元件产生的负阻尼作用。

当 $D^2 > 4S_{Eq}T_J/\omega_N$,即 $S_{Eq}$ 很小或为负值时,由于 $D < 0$,特征值为两个正实数或为正、负两个实数。系统将非周期地失去稳定。总之,具有负阻尼的电力系统是不能稳定运行的。

## 18.3　自动励磁调节器对静态稳定的影响

现代电力系统的发电机,装设了各种各样的自动励磁调节器。为了说明一些重要的概

念,我们以直流机励磁系统为例,用小扰动法分析它对静态稳定极限、稳定判据等方面的影响。

## 18.3.1 按电压偏差调节的比例式调节器

所谓比例式调节器一般是指稳态调节量比例于简单的实际运行参数(电压、电流)与它的给定(整定)值之间的偏差值的调节器,有时又称为按偏移调节器。属于这类调节器的有单参数调节器和多参数调节器。单参数调节器是按电压、电流等参数中的某一个参数的偏差调节的,如电子型电压调节器;多参数调节器则按几个运行参数偏差量的线性组合进行调节,如相复励、带有电压校正器的复式励磁调节器等。

下面以按电压偏差调节的比例式调节器为例来进行分析。

### 1. 各元件的动态方程

简单电力系统如图 15-1 所示。发电机配置有直流机励磁系统,其简化传递函数框图见图 17-23。该励磁系统的方程即是方程组(17-51)。为了降低方程的阶次和方便分析,令 $T_R=0, T_A=0, T_F=0, U_S=0, S_E=0$(不计饱和),$K_E=1$(完全他励),且不引入软负反馈,简化后励磁系统的传递函数框图见图 18-4,其方程如下。

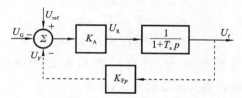

图 18-4 励磁系统简化框图

$$\left.\begin{array}{l} U_R = K_A(U_{ref} - U_G) \\ T_e \dfrac{dU_f}{dt} + U_f = U_R \end{array}\right\} \tag{18-26}$$

令 $U_f = U_{f0} + \Delta U_f$ 和 $U_G = U_{G0} + \Delta U_G$,代入上式,计及 $U_{R0} = U_{f0}$ 和 $U_{ref} = U_{R0}/K_A + U_{G0}$,便可得到以偏差量表示的小扰动方程

$$-K_A \Delta U_G = \Delta U_f + T_e \frac{d\Delta U_f}{dt} \tag{18-27}$$

为了研究自动励磁调节器对静态稳定的影响,必须把式(18-27)变换一下,使之与发电机定子的运行参数联系起来。为此,全式乘以 $X_{ad}/R_f$ 得

$$-\frac{X_{ad}}{R_f} K_A \Delta U_G = \frac{X_{ad}}{R_f} \Delta U_f + \frac{X_{ad}}{R_f} T_e \frac{d\Delta U_f}{dt} = X_{ad} \Delta i_{fe} + T_e \frac{dX_{ad}\Delta i_{fe}}{dt}$$

注意到发电机空载电势强制分量的增量 $\Delta E_{qe} = X_{ad}\Delta i_{fe}$,于是得到

$$-K_V \Delta U_G = \Delta E_{qe} + T_e \frac{d\Delta E_{qe}}{dt} \tag{18-28}$$

式中,$K_V = X_{ad}K_A/R_f$ 称为调节器的综合放大系数。

为简化起见,不计发电机的阻尼绕组的作用,发电机励磁绕组方程为式(17-29),或者写为

$$(E_{qe0} + \Delta E_{qe}) = (E_{q0} + \Delta E_q) + T'_{d0} \frac{\mathrm{d}(E'_{q0} + \Delta E'_q)}{\mathrm{d}t}$$

在给定的运行平衡点有 $E_{qe0} = E_{q0}$。计及 $E'_{q0}$ 为一常数，于是得到用偏差量表示的方程

$$\Delta E_{qe} = \Delta E_q + T'_{d0} \frac{\mathrm{d}\Delta E'_q}{\mathrm{d}t} \tag{18-29}$$

以偏差量表示的发电机转子运动方程就是式(18-11)，为讨论方便重写为

$$\left. \begin{aligned} \frac{\mathrm{d}\Delta\delta}{\mathrm{d}t} &= \Delta\omega \\ \frac{\mathrm{d}\Delta\omega}{\mathrm{d}t} &= -\frac{\omega_N}{T_J}\Delta P_e \end{aligned} \right\} \tag{18-30}$$

**2. 发电机的电磁功率方程**

上述微分方程式(18-28)～(18-30)中，共有 $\Delta U_G$、$\Delta E_{qe}$、$\Delta E_q$、$\Delta E'_q$、$\Delta\delta$、$\Delta\omega$、$\Delta P_e$ 七个变量，因此，必须应用网络方程求出发电机的功率方程，以消去其中的非状态变量。由 16.3 节的论述可知，发电机的功率特性可以用不同的电势表示，并且各功率特性曲线在给定的稳态运行点相交。我们把不同电势表示的功率特性写成一般函数的形式，即

$$\left. \begin{aligned} P_{Eq} &= P_{Eq}(E_q, \delta) \\ P_{E'q} &= P_{E'q}(E'_q, \delta) \\ P_{UGq} &= P_{UGq}(U_{Gq}, \delta) \end{aligned} \right\} \tag{18-31}$$

通过对这些功率方程的线性化处理，便可以求得电磁功率的增量 $\Delta P_e$。例如，对于 $P_{Eq}(E_q, \delta)$，将其在平衡点附近展开成泰勒级数，可得

$$P_{Eq}(E_q, \delta) = P_{Eq}(E_{q0} + \Delta E_q, \delta_0 + \Delta\delta) = P_{Eq}(E_{q0}, \delta_0) + \Delta P_{Eq}$$

$$= P_{Eq}(E_{q0}, \delta_0) + \frac{\partial P_{Eq}}{\partial \delta}\Delta\delta + \frac{\partial P_{Eq}}{\partial E_q}\Delta E_q + \cdots$$

忽略二次及以上各项，便得到

$$\left. \begin{aligned} \Delta P_{Eq} &= S_{Eq}\Delta\delta + R_{Eq}\Delta E_q \\ S_{Eq} &= \left.\frac{\partial P_{Eq}}{\partial \delta}\right|_{\substack{E_q = E_{q0} \\ \delta = \delta_0}}, R_{Eq} = \left.\frac{\partial P_{Eq}}{\partial E_q}\right|_{\substack{E_q = E_{q0} \\ \delta = \delta_0}} \end{aligned} \right\} \tag{18-32}$$

同理可以得到

$$\left. \begin{aligned} \Delta P_{E'q} &= S_{E'q}\Delta\delta + R_{E'q}\Delta E'_q \\ S_{E'q} &= \left.\frac{\partial P_{E'q}}{\partial \delta}\right|_{\substack{E'_q = E'_{q0} \\ \delta = \delta_0}}; R_{E'q} = \left.\frac{\partial P_{E'q}}{\partial E'_q}\right|_{\substack{E'_q = E'_{q0} \\ \delta = \delta_0}} \end{aligned} \right\} \tag{18-33}$$

$$\left. \begin{aligned} \Delta P_{UGq} &= S_{UGq}\Delta\delta + R_{UGq}\Delta U_{Gq} \\ S_{UGq} &= \left.\frac{\partial P_{UGq}}{\partial \delta}\right|_{\substack{U_{Gq} = U_{Gq0} \\ \delta = \delta_0}}; R_{UGq} = \left.\frac{\partial P_{UGq}}{\partial U_{Gq}}\right|_{\substack{U_{Gq} = U_{Gq0} \\ \delta = \delta_0}} \end{aligned} \right\} \tag{18-34}$$

因为扰动是微小的，所以假定

$$\left. \begin{aligned} \Delta P_{Eq} &\approx \Delta P_{E'q} \approx \Delta P_{UGq} = \Delta P_e \\ \Delta U_G &\approx \Delta U_{Gq} \end{aligned} \right\} \tag{18-35}$$

将式(18-28)～(18-35)整理之后可得到

$$\left.\begin{aligned}
\frac{\mathrm{d}\Delta E_{qe}}{\mathrm{d}t} &= -\frac{1}{T_e}\Delta E_{qe} - \frac{K_U}{T_e}\Delta U_{Gq} \\[2mm]
\frac{\mathrm{d}\Delta E'_q}{\mathrm{d}t} &= \frac{1}{T'_{d0}}\Delta E_{qe} - \frac{1}{T'_{d0}}\Delta E_q \\[2mm]
\frac{\mathrm{d}\Delta\delta}{\mathrm{d}t} &= \Delta\omega \\[2mm]
\frac{\mathrm{d}\Delta\omega}{\mathrm{d}t} &= -\frac{\omega_N}{T_J}\Delta P_e \\[2mm]
0 &= S_{Eq}\Delta\delta + R_{Eq}\Delta E_q - \Delta P_e \\[2mm]
0 &= S_{E'_q}\Delta\delta + R_{E'_q}\Delta E'_q - \Delta P_e \\[2mm]
0 &= S_{UGq}\Delta\delta + R_{UGq}\Delta U_{Gq} - \Delta P_e
\end{aligned}\right\} \tag{18-36}$$

**3. 消去代数方程及非状态变量，求状态方程**

把式(18-36)写成矩阵的形式

$$\begin{bmatrix} \dfrac{\mathrm{d}\Delta E_{qe}}{\mathrm{d}t} \\[2mm] \dfrac{\mathrm{d}\Delta E'_q}{\mathrm{d}t} \\[2mm] \dfrac{\mathrm{d}\Delta\delta}{\mathrm{d}t} \\[2mm] \dfrac{\mathrm{d}\Delta\omega}{\mathrm{d}t} \\[1mm] \hline 0 \\ 0 \\ 0 \end{bmatrix} = \begin{bmatrix} -\dfrac{1}{T_e} & 0 & 0 & 0 & 0 & -\dfrac{K_V}{T_e} & 0 \\[2mm] -\dfrac{1}{T'_{d0}} & 0 & 0 & 0 & -\dfrac{1}{T'_{d0}} & 0 & 0 \\[2mm] 0 & 0 & 0 & 1 & 0 & 0 & 0 \\[2mm] 0 & 0 & 0 & 0 & 0 & 0 & -\dfrac{\omega_N}{T_J} \\[1mm] \hline 0 & 0 & S_{Eq} & 0 & R_{Eq} & 0 & -1 \\ 0 & R_{E'_q} & S_{E'_q} & 0 & 0 & 0 & -1 \\ 0 & 0 & S_{UGq} & 0 & 0 & R_{UGq} & -1 \end{bmatrix} \begin{bmatrix} \Delta E_{qe} \\[2mm] \Delta E'_q \\[2mm] \Delta\delta \\[2mm] \Delta\omega \\[1mm] \hline \Delta E_q \\ \Delta U_{Gq} \\ \Delta P_e \end{bmatrix} \tag{18-37}$$

将上式按虚线分块，写成分块矩阵的形式

$$\begin{bmatrix} \dfrac{\mathrm{d}\Delta \boldsymbol{X}}{\mathrm{d}t} \\[2mm] \boldsymbol{0} \end{bmatrix} = \begin{bmatrix} \boldsymbol{A}_{XX} & \boldsymbol{A}_{XY} \\ \boldsymbol{A}_{YX} & \boldsymbol{A}_{YY} \end{bmatrix} \begin{bmatrix} \Delta\boldsymbol{X} \\ \Delta\boldsymbol{Y} \end{bmatrix} \tag{18-38}$$

式中，$\Delta\boldsymbol{X} = [\Delta E_{qe}\ \Delta E'_q\ \Delta\delta\ \Delta\omega]^{\mathrm{T}}$ 为状态变量列向量；$\Delta\boldsymbol{Y} = [\Delta E_q\ \Delta U_{Gq}\ \Delta P_e]^{\mathrm{T}}$ 为非状态变量列向量。

展开式(18-38)，并进行消去运算，便可得到计及励磁调节器的线性化小扰动方程为

$$\frac{\mathrm{d}\Delta\boldsymbol{X}}{\mathrm{d}t} = \boldsymbol{A}\Delta\boldsymbol{X} \tag{18-39}$$

$$\boldsymbol{A} = \boldsymbol{A}_{XX} - \boldsymbol{A}_{XY}\boldsymbol{A}_{YY}^{-1}\boldsymbol{A}_{YX} \tag{18-40}$$

上述求线性化小扰动方程的步骤和方法，也适用于复杂多机电力系统。

对于简单电力系统，可以用直接代入消去的方法求 $\boldsymbol{A}$ 矩阵：令式（18-33）和式（18-34）的右端相等，解出 $\Delta U_{Gq}$，然后将 $\Delta U_{Gq}$ 代入式（18-28）；令式（18-32）和式（18-33）的右端相等，解出 $\Delta E_q$，然后将 $\Delta E_q$ 代入式（18-29）；将式（18-33）代入式（18-30）。经过整理便得到

$$
\begin{bmatrix} \dfrac{\mathrm{d}\Delta E_{qe}}{\mathrm{d}t} \\[2mm] \dfrac{\mathrm{d}\Delta E'_q}{\mathrm{d}t} \\[2mm] \dfrac{\mathrm{d}\Delta\delta}{\mathrm{d}t} \\[2mm] \dfrac{\mathrm{d}\Delta\omega}{\mathrm{d}t} \end{bmatrix} = \begin{bmatrix} -\dfrac{1}{T_e} & -\dfrac{K_V R_{E'q}}{T_e R_{UGq}} & \dfrac{K_V(S_{UGq}-S_{E'q})}{T_e R_{UGq}} & 0 \\[2mm] \dfrac{1}{T'_{d0}} & -\dfrac{R_{E'q}}{T'_{d0}R_{Eq}} & -\dfrac{S_{E'q}-S_{Eq}}{T'_{d0}R_{Eq}} & 0 \\[2mm] 0 & 0 & 0 & 1 \\[2mm] 0 & -\dfrac{\omega_N R_{E'q}}{T_J} & -\dfrac{\omega_N S_{E'q}}{T_J} & 0 \end{bmatrix} \begin{bmatrix} \Delta E_{qe} \\[2mm] \Delta E'_q \\[2mm] \Delta\delta \\[2mm] \Delta\omega \end{bmatrix} \tag{18-41}
$$

到此为止，得到了线性化状态方程及其系数矩阵 $A$。根据给定的运行情况及系统各参数可以算出 $A$ 矩阵的各元素值，然后应用数值计算的方法求出 $A$ 矩阵的全部特征值，或者用代数判据便可判定电力系统在所给定的运行条件下是否具有静态稳定性。

**4. 稳定性判据及其分析**

应用间接判定特征值性质的方法来求出用运行参数表示的稳定性判据，以便对励磁调节器的影响作出评价。

根据式(18-41)的 $A$ 矩阵，由 $f(p)=\det[A-p\mathbf{1}]=0$ 求出特征方程。在整理简化过程中，假定发电机为隐极机，计及 $R_{Eq}=\dfrac{U}{X_{d\Sigma}}\sin\delta$、$R_{E'q}=\dfrac{U}{X'_{d\Sigma}}\sin\delta$、$R_{UGq}=\dfrac{U}{X_{TL}}\sin\delta$ 可知：$T'_d=T'_{d0}\dfrac{R_{Eq}}{R_{E'q}}$、$\dfrac{R_{Eq}}{R_{UGq}}=\dfrac{X_{TL}}{X_{d\Sigma}}$。于是得到特征方程为

$$a_0 p^4 + a_1 p^3 + a_2 p^2 + a_3 p + a_4 = 0 \tag{18-42}$$

方程式的系数为

$$
\left.
\begin{aligned}
a_0 &= \frac{1}{\omega_N} T_J T_e T'_d \\[1mm]
a_1 &= \frac{1}{\omega_N} T_J (T_e + T'_d) \\[1mm]
a_2 &= \frac{1}{\omega_N} T_J \left(1 + K_V \frac{X_{TL}}{X_{d\Sigma}}\right) + T_e T'_d S_{E'q} \\[1mm]
a_3 &= T_e S_{Eq} + T'_d S_{E'q} \\[1mm]
a_4 &= S_{Eq} + K_V S_{UGq} \frac{X_{TL}}{X_{d\Sigma}}
\end{aligned}
\right\} \tag{18-43}
$$

根据胡尔维茨判别法，所有特征值的实部为负值的条件，即保持系统稳定的条件为

(1) 特征方程所有的系数均大于零，即

$$a_0 > 0, \quad a_1 > 0, \quad a_2 > 0, \quad a_3 > 0, \quad a_4 > 0$$

(2) 胡尔维茨行列式及其主子式的值均大于零，即

$$
\triangle_4 = \begin{vmatrix} a_1 & a_3 & 0 & 0 \\ a_0 & a_2 & a_4 & 0 \\ 0 & a_1 & a_3 & 0 \\ 0 & a_0 & a_2 & a_4 \end{vmatrix} > 0; \quad
\triangle_3 = \begin{vmatrix} a_1 & a_3 & 0 \\ a_0 & a_2 & a_4 \\ 0 & a_1 & a_3 \end{vmatrix} > 0; \quad
\triangle_2 = \begin{vmatrix} a_1 & a_3 \\ a_0 & a_2 \end{vmatrix} > 0
$$

条件(1)中的系数 $a_0$ 和 $a_1$ 与运行情况无关，总是大于零。其余三个与运行情况有关的系数，由于功角从给定 $\delta_0$ 继续增大时，$S_{E'q}$ 总是比 $S_{Eq}$ 大（见图18-5），因此，要求 $a_3>0$ 必须

有 $S_{E'q} > 0$。所以，只要 $a_3 > 0$，则必有 $a_2 > 0$。这样，由条件(1)可得到两个与运行参数相联系的稳定条件，即

$$a_3 = T_e S_{Eq} + T'_d S_{E'q} > 0 \tag{18-44}$$

$$a_4 = S_{Eq} + K_V S_{UGq} \frac{X_{TL}}{X_{d\Sigma}} > 0 \tag{18-45}$$

根据条件(2)从 $\triangle_3 = a_3\triangle_2 - a_1^2 a_4 > 0$，$\triangle_4 = a_4\triangle_3 > 0$ 可以看到，当特征方程的系数都大于零时，只要 $\triangle_3 > 0$，必有 $\triangle_2 > 0$ 和 $\triangle_4 > 0$。这样，由条件(2)又得到一个与运行参数相联系的稳定条件，即

$$\triangle_3 = a_1 a_2 a_3 - a_0 a_3^2 - a_1^2 a_4 > 0$$

将系数代入上式，并解出 $K_V$，得到

$$K_V < \frac{X_{d\Sigma}}{X_{TL}} \times \frac{S_{E'q} - S_{Eq}}{S_{UGq} - S_{E'q}} \times \frac{1 + \dfrac{\omega_N T_e^2}{T_J(T_e + T'_d)}(T_e S_{Eq} + T'_d S_{E'q})}{1 + \dfrac{T_e}{T'_d} \times \dfrac{S_{UGq} - S_{Eq}}{S_{UGq} - S_{E'q}}} = K_{Vmax} \tag{18-46}$$

这样，我们得到式(18-44)、(18-45)、(18-46)三个为保持系统静态稳定而必须同时满足的条件。随着运行情况的变化，$S_{Eq}$、$S_{E'q}$、$S_{UGq}$ 都要变化。当达到某一运行状态时，稳定条件中有些便不能满足了，因而系统也就不能保持稳定运行了。$S_{Eq}$、$S_{E'q}$、$S_{UGq}$ 与功角 $\delta$ 的关系如图 18-5 所示。随着运行角度的增大，$S_{Eq}$、$S_{E'q}$、$S_{UGq}$ 依次由正值变为负值。根据这个特点和三个稳定条件，我们进一步分析励磁调节器对静态稳定的影响。

式(18-45)说明，如果没有调节器，即 $K_V = 0$，则稳定条件变为 $S_{Eq} > 0$，这和上一节的结论相同。装设了调节器后，在运行功角 $\delta > 90°$ 的一段范围内，虽然 $S_{Eq} < 0$，但 $S_{UGq} > 0$，因此只要 $K_V$ 足够大，仍然有可能使式(18-45)得到满足。所以，装设调节器后，运行角可以大于 $90°$，从而扩大了系统稳定运行的范围。为保证在 $\delta > 90°$ 仍能稳定运行，由式(18-45)解出

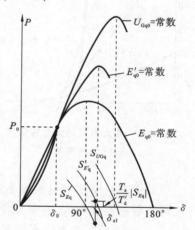

图 18-5　自动励磁调节对静态稳定条件的影响

$$K_V > \frac{|S_{Eq}|}{S_{UGq}} \times \frac{X_{d\Sigma}}{X_{TL}} = K_{Vmin} \quad (\delta > 90°) \tag{18-47}$$

上式说明，调节器在运行中所整定的放大系数要大于与运行情况有关的最小允许值 $K_{Vmin}$。对于一般输电系统，这个条件较易满足。例如，对于送端为汽轮发电机，输电线路长 $200 \sim 300$ km 的系统所作的计算结果表明，当 $K_V > 6$，$\delta < 110°$ 时，式(18-45)仍能满足。

式(18-45)是由 $a_4 > 0$ 得出的。$a_4$ 通常称为特征方程的自由项(即不含 $p$ 的项)。自由项的符号与纯实数特征值的符号有关。因此，式(18-45)不能满足就意味着有正实数的特征值，此时系统失去稳定的形式，与无励磁调节器时的相同，是非周期性的。

再来看式(18-44)。当运行角 $\delta < 90°$ 时，$S_{Eq}$、$S_{E'q}$ 均为正值，该式总能满足。在运行角 $\delta > 90°$ 的一段范围内，$S_{Eq} < 0$，$S_{E'q} > 0$。式(18-44)可改写成

$$S_{E'q} > \frac{T_e}{T'_d} \mid S_{Eq} \mid \qquad (\delta > 90°) \qquad (18\text{-}48)$$

为满足式(18-48)，必须有 $S_{E'q}>0$。这就是说，稳定的极限功角 $\delta_{sl}$ 将小于与 $S_{E'q}=0$ 所对应的角度 $\delta_{E'qm}$。这说明，比例式励磁调节器虽然能把稳定运行范围扩大到 $\delta>90°$，但不能达到 $S_{E'q}=0$ 所对应的功角 $\delta_{E'qm}$。一般 $T_e$ 远小于 $T'_d$，因此，$\delta_{sl}$ 与 $\delta_{E'qm}$ 相差很小，在简化近似计算中，可以把式(18-44)近似地写为

$$S_{E'q}>0 \qquad (18\text{-}49)$$

这说明，在发电机装设了比例式励磁调节器后，计算发电机保持稳定下所能输送的最大功率时，可以近似地采用 $E'_q=$ 常数的模型。

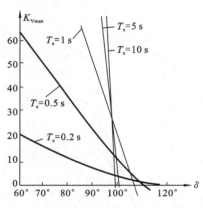

图 18-6　放大系数最大允许值与运行角的关系

最后分析式(18-46)。$K_{Vmax}$ 是运行参数的复杂函数。仍以上述 $200\sim300$ km 输电系统为例进行计算，结果如图 18-6 所示。一般励磁机的等值时间常数 $T_e$ 是不大的，从图中可以看到，按稳定条件所允许的放大系数 $K_{Vmax}$ 也是不大的。例如，对于 $T_e=0.5$ s 的情况，当运行角 $\delta=100°$ 时，$K_{Vmax}=10$。通常，为了使发电机端电压波动不大，要求调节器的放大系数整定得大些。同时，调节器的放大系数整定值愈大，维持发电机端电压的能力就愈强，输电系统的功率极限也愈大。然而式(18-46)却限制采用较大的放大系数，或者放大系数整定得大些，但只允许运行在较小的功角下。此时，由式(18-46)所确定的稳定极限 $P_{sl}$ 远小于功率极限 $P_m$，从而限制了输送功率。

当放大系数整定得过大而不满足式(18-46)时，系统失去静态稳定，但失去稳定的形式与无调节器的情况不同，它是周期性的自发振荡。从理论上说，因为式(18-46)是由 $\triangle_3>0$（$\triangle_{n-1}>0$）得出的，当条件不满足时，特征值有正实部的共轭复数，因而功角的自由振荡中含有振幅随指数增长的正弦项。

为了说明励磁调节器引起的自发振荡的性质，在 $P$-$\delta$ 平面上分析自发振荡的过程。图 18-7 为 $P(\delta)$ 特性的局部放大图，发电机工作在某一个角度 $\delta_0$ 下时，$P_{E'q}$ 和 $P_{UG}$ 均具有上升特性。当发电机工作在与 $\delta_0$ 相对应的平衡点 1 时，假定某种扰动使发电机获得了一个初始速度 $\Delta\omega_0>0$，于是发电机的功角开始增大，发电机端电压 $U_G$ 开始下降，调节器动作，增大励磁电流。由于调节器的放大系数整定过大（例如超过保持 $E'_q=E'_{q0}=$ 常数所要求的值），$E'_q$ 的值将随功角增大而增大，发电机的工作点将不是沿着 $E'_q=E'_{q0}=$ 常数的功率特性曲线变化，而是向另一条 $E'_q$ 值更大的曲线过渡。因为比例式调节器不能保持

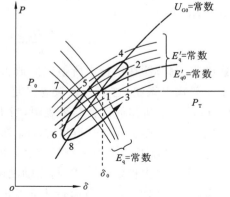

图 18-7　放大系数过大时的自发振荡

发电机端电压恒定，所以工作点也不沿 $U_G = U_{G0} =$ 常数的曲线变化。功角增大后，由于电磁功率大于原动机的功率，发电机开始减速，直到点 2，发电机消耗完与它的初始速度 $\Delta\omega_0$ 相对应的动能为止，此时发电机恢复到同步，$\Delta\omega = 0$，功角不再增大。但此刻，一方面原动机的功率仍小于电磁功率，发电机继续减速，功角开始减小；另一方面，因为点 2 在 $U_G = U_{G0} =$ 常数的曲线右侧，这意味着发电机端电压 $U_G < U_{G0}$，调节器将继续增大励磁电流。所以，发电机工作点在功角减小的同时，仍将向 $E'_q$ 数值较大的 $P_{E'q}$ 的曲线过渡，直到点 4。越过点 4 之后，工作点将位于 $U_G = U_{G0} =$ 常数的曲线左侧，这意味着 $U_G > U_{G0}$，调节器开始减小励磁电流。但因放大系数过大，故随着功角的减小，$E'_q$ 也减小。这样，发电机工作点在功角减小的同时，将向 $E'_q$ 较小的 $P_{E'q}$ 曲线过渡，直到由 $A_{3245} + A_{567} = 0$ 所确定的点 6 为止，发电机恢复同步，功角不再减小。以后的过程将沿着 6→8→…变化下去，即振荡幅度越来越大而失去稳定。从以上分析可以看到，若放大系数整定过大，则系统受扰动后，发电机工作点在 $P\text{-}\delta$ 平面上将围绕平衡点逆时针方向旋转，这与前一节所述的具有负阻尼系数的无励磁调节的发电机的情况相同。所以，比例式调节器实际上产生了负阻尼作用。当调节器产生的负阻尼效应超过了发电机的正阻尼作用（如励磁绕组的阻尼作用等）时，系统成为具有负阻尼的系统，因而将发生自发振荡而不能稳定工作。

**例 18-1**　对例 16-1 简单电力系统的情况(1)，若发电机装有按电压偏差调节的比例式励磁调节器，试在保持 $E'_q = E'_{q0} =$ 常数的条件下来整定综合放大系数 $K_V$ 和计算稳定极限 $P_{sl}$，并与功率极限比较；若 $K_V$ 整定为 10，试计算 $P_{sl}$，并作出分析。再给出：$x'_d = 0.25$，$T_e = 0.2$ s，$T'_{d0} = 7$ s，$T_{JN} = 7.8$ s。

**解**　（一）系统参数及运行参数计算

由例 16-1 已算得：$E_{q0} = 2.742$，$\delta_0 = 51.52°$，$U_0 = 1$，$X_{d\Sigma} = 2.146$，$X_{TL} = 0.531$。

$$X'_d = x'_d \times \frac{S_B}{S_{B(D)}} \times \frac{U^2_{GN}}{U^2_{B(D)}} = 0.25 \times \frac{250}{352.5} \times \frac{10.5^2}{9.07^2} = 0.238$$

$$X'_{d\Sigma} = X'_d + X_{TL} = 0.238 + 0.531 = 0.769$$

$$T'_d = T'_{d0}\frac{X'_{d\Sigma}}{X_{d\Sigma}} = 7 \times \frac{0.769}{2.146} \text{ s} = 2.51 \text{ s}, \quad T_J = T_{JN}\frac{S_B}{S_{GN}} = 7.8 \times \frac{352.5}{250} \text{ s} = 11 \text{ s}$$

$$E'_{q0} = E_{q0}\frac{X'_{d\Sigma}}{X_{d\Sigma}} + \left(1 - \frac{X'_{d\Sigma}}{X_{d\Sigma}}\right)U_0\cos\delta_0 = 2.742 \times \frac{0.769}{2.146} + \left(1 - \frac{0.769}{2.146}\right)\cos51.52° = 1.382$$

$$U_{Gq0} = E_{q0}\frac{X_{TL}}{X_{d\Sigma}} + \left(1 - \frac{X_{TL}}{X_{d\Sigma}}\right)U_0\cos\delta_0 = 2.742 \times \frac{0.531}{2.146} + \left(1 - \frac{0.531}{2.146}\right)\cos51.52° = 1.147$$

（二）整定保持 $E'_q = E'_{q0} =$ 常数所需的 $K_V$ 值。设 $\Delta U_G \approx \Delta U_{Gq}$，则调节励磁系统的静态特性有

$$(E_q - E_{q0}) = -K_V(U_{Gq} - U_{Gq0}),$$

即

$$E_q = -K_V U_{Gq} + E_{q0} + K_V U_{Gq0}$$

将 $U_{Gq} = E_q\frac{X_{TL}}{X_{d\Sigma}} + \left(1 - \frac{X_{TL}}{X_{d\Sigma}}\right)U\cos\delta$ 代入上式，得到

$$E_q = \frac{E_{q0} + K_V U_{Gq0}}{1 + K_V \frac{X_{TL}}{X_{d\Sigma}}} - \frac{K_V\left(1 - \frac{X_{TL}}{X_{d\Sigma}}\right)}{1 + K_V \frac{X_{TL}}{X_{d\Sigma}}}U\cos\delta = f_{Eq}(K_V, \delta) \tag{18-50}$$

根据 $E'_q = E_q \dfrac{X'_{d\Sigma}}{X_{d\Sigma}} + \left(1 - \dfrac{X'_{d\Sigma}}{X_{d\Sigma}}\right) U\cos\delta = E'_{q0} =$ 常数，将上式 $E_q$ 代入并经整理后得

$$\left[\frac{X'_{d\Sigma}}{X_{d\Sigma}} \times \frac{E_{q0} + K_V U_{Gq0}}{1 + K_V \dfrac{X_{TL}}{X_{d\Sigma}}} - E'_{q0}\right] - \left[\frac{\dfrac{X'_{d\Sigma}}{X_{d\Sigma}}\left(1 - \dfrac{X_{TL}}{X_{d\Sigma}}\right)K_V}{1 + K_V \dfrac{X_{TL}}{X_{d\Sigma}}} - \left(1 - \frac{X'_{d\Sigma}}{X_{d\Sigma}}\right)\right] U\cos\delta = 0$$

要使上式在任何 $\delta$ 值时均成立，要求

$$\left.\begin{array}{c} \dfrac{X'_{d\Sigma}}{X_{d\Sigma}} \times \dfrac{E_{q0} + K_V U_{Gq0}}{1 + K_V \dfrac{X_{TL}}{X_{d\Sigma}}} - E'_{q0} = 0 \\[6mm] \dfrac{\dfrac{X'_{d\Sigma}}{X_{d\Sigma}}\left(1 - \dfrac{X_{TL}}{X_{d\Sigma}}\right)K_V}{1 + K_V \dfrac{X_{TL}}{X_{d\Sigma}}} - \left(1 - \dfrac{X'_{d\Sigma}}{X_{d\Sigma}}\right) = 0 \end{array}\right\} \tag{18-51}$$

由式（18-51）可解出

$$\left.\begin{array}{l} K_V = \dfrac{E_{q0} X'_{d\Sigma} - E'_{q0} X_{d\Sigma}}{E'_{q0} X_{TL} - U_{Gq0} X'_{d\Sigma}} = \dfrac{2.742 \times 0.769 - 1.382 \times 2.146}{1.382 \times 0.531 - 1.147 \times 0.769} = 5.78386 \\[4mm] K_V = \dfrac{X_{d\Sigma} - X'_{d\Sigma}}{X'_{d\Sigma} - X_{TL}} = \dfrac{2.146 - 0.769}{0.769 - 0.531} = 5.7857 \end{array}\right\}$$

取平均值 $K_V = 5.785$。将求得的 $K_V$ 值代入式（18-50）算出

$$E_q = 3.857 - 1.791\cos\delta$$

$$E'_q = E_q \frac{X'_{d\Sigma}}{X_{d\Sigma}} + \left(1 - \frac{X'_{d\Sigma}}{X_{d\Sigma}}\right) U\cos\delta = 1.382 + 0.0001\cos\delta \approx 常数$$

$$U_{Gq} = E_q \frac{X_{TL}}{X_{d\Sigma}} + \left(1 - \frac{X'_{TL}}{X_{d\Sigma}}\right) U\cos\delta = 0.954 + 0.3094\cos\delta$$

（三）稳定极限计算。

$$S_{Eq} = \frac{E_q U_0}{X_{d\Sigma}}\cos\delta = (3.857 - 1.791\cos\delta)\frac{1}{2.146}\cos\delta = 1.797\cos\delta - 0.8346\cos^2\delta$$

$$S_{E'q} = \frac{E'_q U_0}{X'_{d\Sigma}}\cos\delta - \frac{X_{d\Sigma} - X'_{d\Sigma}}{X_{d\Sigma} X'_{d\Sigma}} U_0^2 \cos2\delta = \frac{1.382}{0.769}\cos\delta - \frac{2.146 - 0.769}{2.146 \times 0.769}\cos2\delta$$

$$= 1.797\cos\delta - 0.8344\cos2\delta = 1.797\cos\delta - 1.669\cos^2\delta + 0.8344$$

$$S_{UGq} = \frac{U_{Gq} U_0}{X_{TL}}\cos\delta - \frac{X_{d\Sigma} - X_{TL}}{X_{d\Sigma} X_{TL}} U_0^2 \cos2\delta$$

$$= (0.954 + 0.3094\cos\delta)\frac{1}{0.531}\cos\delta - \frac{2.146 - 0.531}{2.146 \times 0.531}\cos2\delta$$

$$= 1.797\cos\delta - 2.252\cos^2\delta + 1.417$$

先按 $a_3 = T_e S_{Eq} + T'_d S_{E'q} = 0$ 求稳定极限角 $\delta_{a3sl}$。

$$0.2(1.797\cos\delta - 0.8346\cos^2\delta) + 2.51(-1.669\cos^2\delta + 1.797\cos\delta + 0.8344) = 0$$

$$4.87\cos\delta - 4.356\cos^2\delta + 2.094 = 0$$

$$\delta_{a3sl} = \arccos\frac{4.87 - \sqrt{4.87^2 + 4 \times 4.356 \times 2.094}}{2 \times 4.356} = 109.37°$$

$$S_{Eq} = 1.797\cos109.37° - 0.8346\cos^2 109.37° = -0.688$$

$$S_{E'q}=1.797\cos109.37°-1.669\cos^2109.37°+0.8344=0.055$$

$$S_{UGq}=1.797\cos109.37°-2.252\cos^2109.37°+1.417=0.573$$

验算 $a_4=S_{Eq}+K_V S_{UGq}\dfrac{X_{TL}}{X_{d\Sigma}}=-0.688+5.785\times0.573\times\dfrac{0.531}{2.146}=0.132>0$

$$K_{Vmax}=\frac{X_{d\Sigma}}{X_{TL}}\times\frac{S_{E'q}-S_{Eq}}{S_{UGq}-S_{E'q}}\times\frac{1+\dfrac{\omega_N T_e^2}{T_J(T'_d+T_e)}(T_e S_{Eq}+T'_d S_{E'q})}{1+\dfrac{T_e}{T'_d}\times\dfrac{S_{UGq}-S_{Eq}}{S_{UGq}-S_{E'q}}}=4.855<5.785$$

因此,稳定极限角要由放大系数最大允许值确定。经过试算:$\delta=105.68°$,$K_{Vmax}=5.788$;$\delta=105.69°$,$K_{Vmax}=5.786$;$\delta=106°$,$K_{Vmax}=5.709$,故 $\delta_{sl}=105.69°$。因为 $E'_q=E'_{q0}=$ 常数,故稳定极限

$$P_{sl}=\frac{E'_{q0}U_0}{X'_{d\Sigma}}\sin\delta_{sl}+\frac{U_0^2}{2}\left(\frac{X'_{d\Sigma}-X_{d\Sigma}}{X'_{d\Sigma}X_{d\Sigma}}\right)\sin2\delta_{sl}$$

$$=\frac{1.382\times1}{0.769}\sin105.69+\frac{1}{2}\left(\frac{0.769-2.146}{0.769\times2.146}\right)\sin(2\times105.69)°=1.947$$

（四）功率极限计算。

由 $S_{E'q}=1.797\cos\delta-1.669\cos^2\delta+0.8344=0$ 可解出

$$\delta_{E'qm}=\arccos\left(\frac{1.797-\sqrt{1.797^2+4\times1.669\times0.8344}}{2\times1.669}\right)=110.51°$$

$$P_m=\frac{E'_{q0}U_0}{X'_{d\Sigma}}\sin\delta_{E'qm}+\frac{U_0^2}{2}\left(\frac{X'_{d\Sigma}-X_{d\Sigma}}{X'_{d\Sigma}X_{d\Sigma}}\right)\sin2\delta_{E'qm}$$

$$=\frac{1.382}{0.769}\sin110.51°+\frac{1}{2}\left(\frac{0.769-2.146}{0.769\times2.146}\right)\sin(2\times110.51°)=1.957$$

从计算结果可以看到,本例静态稳定极限由 $\triangle_3=0$ 确定。当发电机从 $\delta_0$ 开始逐渐增大原动机的功率,运行功角抵达 $\delta_{sl}=105.69°$ 时,系统将发生自发振荡而失去稳定。

$P_{sl}$ 与 $P_m$ 差值的百分数为

$$\frac{P_m-P_{sl}}{P_{sl}}\times100=\frac{1.957-1.947}{1.947}\times100=0.51\%$$

因此,仅从计算稳定极限 $P_{sl}$ 的大小着眼,完全可以从 $S'_{Eq}=0$ 出发,这就是采用 $E'_q=E'_{q0}=$ 常数作发电机模型的根据。此外,还可看到,$\delta_{a3sl}=109.37°$ 与 $\delta_{E'qm}=110.5°$ 相差极小,也可以用 $S'_{Eq}>0$ 代替 $a_3>0$。

（五）$K_V=10$ 的稳定极限计算。

$K_V=10$ 时,由式(18-50)算得 $E_q$,进而求得其他运行参数

$$E_q=4.091-2.166\cos\delta,\quad S_{Eq}=1.906\cos\delta-1.009\cos^2\delta$$

$$E'_q=1.466-0.135\cos\delta,\quad S_{E'q}=1.906\cos\delta-1.845\cos^2\delta+0.834$$

$$U_{Gq}=1.012+0.217\cos\delta,\quad S_{UGq}=1.906\cos\delta-2.425\cos^2\delta+1.417$$

由于放大系数超过保持 $E'_q=E'_{q0}=$ 常数所要求的值,所以稳定极限功角 $\delta_{sl}$ 由 $\triangle_3=0$ 确定,经过试算求得 $\delta_{sl}=84.7°$,$K_{Vmax}=10.01\approx10$。稳定极限为

$$P_{sl}=\frac{E_q U_0}{X_{d\Sigma}}\sin\delta_{sl}=(4.091-2.166\cos84.7°)\times\frac{1}{2.146}\times\sin84.7°=1.805$$

功率极限计算

$$P = \frac{E_q U}{X_{d\Sigma}}\sin\delta = (4.091 - 2.166\cos\delta)\frac{1}{X_{d\Sigma}}\sin\delta = \frac{4.091}{2.146}\sin\delta - \frac{2.166}{2\times2.146}\sin2\delta$$
$$= 1.906\sin\delta - 0.5045\sin2\delta$$

由 $\mathrm{d}P/\mathrm{d}\delta = 0$ 得 $1.906\cos\delta - 2.018\cos^2\delta + 1.009 = 0$, $\delta_m = 112.21°$。于是

$$P_m = 1.906\sin112.21° - 0.5045\sin(2\times112.21°) = 2.118$$

计算结果表明，虽然 $K_V$ 整定得大，可以提高功率极限（由 1.957 提高到 2.118），但是由于受到自发振荡条件的限制，稳定运行角从 105.64° 缩小到 84.7°，稳定极限 $P_{sl}$ 从 1.947 降至 1.805。

## 18.3.2 比例式调节器对静态稳定的影响

上面论述了按电压偏差的比例式调节器对静态稳定的影响，其他比例式调节器也可用相同的方法进行分析，这里不再赘述。关于比例式励磁调节器对静态稳定的影响，归纳起来有下面几点。

(1) 比例式励磁调节器可以提高和改善电力系统的静态稳定性。调节器扩大了稳定运行的范围（或称为稳定域），发电机可以运行在 $S_{Eq} < 0$，即 $\delta > 90°$ 的一定范围内，同时增大了稳定极限 $P_{sl}$ 的值，提高了输送能力。

(2) 具有比例式励磁调节器的发电机，不能在 $S_{E'q} < 0$ 的情况下稳定运行。考虑到 $T_e$ 远比 $T'_d$ 小，因此，在实用计算中，如果能恰当地整定放大系数，使之不发生自发振荡，则可以近似地用 $S_{E'q} = 0$ 来确定稳定极限，即发电机可以采用 $E'_q = E'_{q0} =$ 常数的模型。

(3) 调节器放大系数的整定值是应用比例式调节器要特别注意的问题。整定值应兼顾维持电压能力、提高功率极限和扩大稳定运行范围、增大稳定极限两个方面。

(4) 多参数的比例式调节器比单参数的优越。可以用其中的一个参数的调节（如按电流偏差调节）来扩大稳定域，而用另一个参数的调节（如按电压偏差调节）来提高功率极限，从而使稳定极限得到较大的提高。

## 18.3.3 改进励磁调节器的几种途径

随着电力系统的发展和扩大，需要将远方发电厂的大量电力通过输电网送往负荷中心。由于发电厂没有近距离的负荷，发电机的端电压可以允许有较大的变动。这样，自动励磁调节器在电力系统中的主要作用便从维持发电机端电压、保证电能质量转变为提高电力系统稳定性了。

从上面对比例式励磁调节器的分析中看到，励磁调节器可能产生负阻尼效应，使得调节器的放大系数不能整定得过大，因此，须要对励磁调节系统进行研究和改进。改进的主要目的是设法削弱和克服励磁调节器所产生的负阻尼效应，抑制和防止电力系统发生自发振荡。其主要途径有下面几种。

**1. 对励磁调节系统进行参数补偿**

从图 18-6 及式 (18-46) 看到，增大励磁机的时间常数 $T_e$，在同样的运行角度下（即 $S_{Eq}$、$S_{E'q}$、$S_{UGq}$ 相同），可以增大允许的放大系数 $K_{Vmax}$ 的值，或者在给定的 $K_V$ 整定值下，可以允许在较大的功角下运行而不发生自发振荡。通过改进励磁机结构来增大 $T_e$ 是较困难的,但是,对上述按电压偏差调节的比例式调节系统,可以从励磁机端引入导数负反馈,如图 18-4 中的虚线所示。这样,励磁调节系统的微分方程将为

$$- K_A \Delta U_G = \Delta U_f + (T_e + K_A K_F) \frac{\mathrm{d} \Delta U_f}{\mathrm{d} t} \tag{18-52}$$

与式(18-27)比较可知,引入导数反馈后,可以增大励磁机等值时间常数,起到抑制自发振荡的作用。

在励磁调节系统中进行参数补偿的方式很多。目前,这类通过反馈、移相等来改变励磁调节系统参数(或引入辅助调节量实现多参数调节)的调节器,习惯上称为电力系统稳定器,或简称为 PSS(Power System Stabilizer),它们主要是为提高电力系统静态稳定性而设计的。应该指出,增大 $T_e$,将会降低励磁系统的动态响应速度,这可能对暂态稳定产生不良影响。对此,在一些 PSS 的设计中,还采用了在强励动作时使补偿环节退出工作的一种电路。

**2. 按运行参数偏差的导数来调节励磁**

这是一种通过导数调节部分所产生的正阻尼效应来削弱和克服比例调节部分所产生的负阻尼效应的办法。我们知道,阻尼转矩与发电机的相对速度有关,近似地认为与相对转速成比例,即与 $p\Delta\delta$ 成比例。如果按功角偏差的导数来调节励磁,则相当于调节器产生了附加的正阻尼效应。另一方面,发电机的相对加速度 $p^2\Delta\delta$,对稳定性的影响也很大。如果按 $p^2\Delta\delta$ 来调节励磁,则发电机受扰后的转子相对运动有可能向有利于保持稳定的方向发展。为此,提出按 $(k_{0\delta}\Delta\delta + k_{1\delta}p\Delta\delta + k_{2\delta}p^2\Delta\delta)$ 来调节励磁。这种既按运行参数偏差,又按运行参数偏差的一次及二次导数调节励磁的自动励磁调节器,称为强力式调节器。

按哪个运行参数来调节励磁,是采用强力式调节器时首先要解决的问题。可供选择的运行参数很多,如发电机的电流、机端电压、输电线路某点电压、发电机的功角等。选用的运行参数不同,其效果及实现的技术难度也不同。研究表明,以功角偏差作为强力式调节器的输入量,其效果最好,但实现它却需要功角遥测设备和传送信息的通道,增加了技术上的难度。

目前研究表明,采用强力式调节器,可以有效地抑制和克服自发振荡,从而把稳定极限 $P_{sl}$ 提到接近功率极限 $P_m$ 的水平。在简化近似计算中,可按发电机端电压 $U_G$ 恒定,甚至可以按高压母线电压恒定作为计算条件。

**3. 开发新型的励磁调节系统**

研究和开发能有效地提高电力系统稳定性的新型励磁调节系统,是电力系统技术发展的重要课题。目前各方面都在研究和探索,有的已在试用,如按最优控制理论来设计多参数调节器、微型计算机励磁调节器等。

## 18.3.4  电力系统静态稳定的简要述评

在发电机装设了励磁调节器之后,电力系统静态稳定的情况与无励磁调节的不同。下面以简单电力系统为例,对电力系统静态稳定作一简要述评,以便对简化计算中关于发电机模型处理问题有较清晰的理解。

无励磁调节的发电机在运行情况缓慢变化时,发电机励磁电流保持不变,即发电机电势

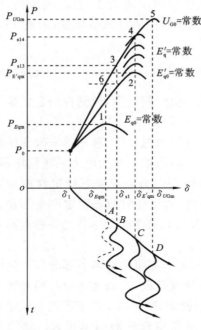

**图 18-8   电力系统静态稳定的一般情况**

$E_q = E_{q0} =$ 常数。当发电机输出的功率从给定的运行条件 $P_0$ 慢慢增加,功角逐渐增大时,发电机工作点将沿 $E_q = E_{q0} =$ 常数的曲线变化。电力系统静态稳定极限,将由 $S_{Eq} = 0$ 确定,它与功率极限 $P_{Eqm}$ 相等,即由图 18-8 中的点 1 确定。电力系统失去静态稳定的形式为非周期性的,即功角随时间单调地增大,如图 18-8 中 $\delta(t)$ 曲线所示。在简化计算中,发电机采用 $E_q = E_{q0} =$ 常数的模型。

当发电机装有按单个参数偏差调节的比例式调节器时,如果放大系数整定适中,例如大致能保持 $E'_q = E'_{q0} =$ 常数时(见例 18-1),则发电机工作点近似地沿 $P_{E'q0}$ 的曲线变化。由于放大系数不很大,即使在较大的运行角度时也能满足放大系数小于最大允许值 $K_{max}$ 的要求,因而静态稳定极限功率 $P_{sl}$ 可以近似地由 $S_{E'q} = 0$ 确定,即大小取为与功率极限 $P_{E'qm}$ 相等(见图18-8 中的点 2)。系统失去静态稳定的形式可能是非周期的,也可能是周期性的。简化计算中,发电机采用 $E'_q =$ 常数的模型。

如果放大系数整定得比较大,则由于受到自发振荡条件的限制(即 $K < K_{max}$),极限运行角 $\delta_{sl}$ 将缩小,一般比 $S_{E'q} = 0$ 对应的 $\delta_{E'qm}$ 小得多,差别的大小与 $T_e$ 有关。由于放大系数较大,维持电压能力较强,因此,稳定极限功率可以近似地按 $U_G = U_{G0} =$ 常数的曲线 $P_{UG0}$ 上对应 $\delta_{sl}$ 的点 3 确定。当发电机功率由 $P_0$ 慢慢增加到 $P_{sl3}$,功角抵达 $\delta_{sl}$ 时,系统便要失去静态稳定。失去静态稳定的形式是周期性的自发振荡。

对于装有单参数调节的比例式调节器的发电机,按点 2 和点 3 所确定的稳定极限功率值相差并不大。因此,在简化计算中,就按点 2 来确定稳定极限功率,并对发电机采用 $E'_q =$ 常数的模型。

当发电机装有按两个参数调节的比例式调节器,例如装设带电压校正器的复式励磁装置时,可以选择合适的电流放大系数 $K_1$,使稳定运行角增大到接近于由 $S_{E'q} = 0$ 所确定的 $\delta_{E'qm}$,利用电压校正器使发电机端电压大致恒定,因此,静态稳定极限值可以近似地由 $U_G = U_{G0} =$ 常数的曲线上对应 $\delta_{E'qm}$ 的点 4 确定。系统失去静态稳定的形式,可能是非周期性的,也可能是周期性的。

当发电机装有强力式调节器(包括一部分较完善的 PSS)时,静态稳定极限可以提高到 $P_{UG0}$ 的功率极限 $P_{UGm}$(见图 18-8 中的点 5)。在简化计算中,发电机可以采用 $U_G =$ 常数的模型。

附带指出,当发电机采用手动调节励磁或装有不连续的调节器,大致保持发电机端电压不变时,由于受到自发振荡的限制,稳定运行角不能超过由 $S_{Eq} = 0$ 所确定的 $\delta_{Eqm}$,其稳定极限功率值将由 $U_G = U_{G0} =$ 常数的功率特性上对应 $\delta_{Eqm}$ 的点 6 来确定。

此外,目前我国已研制和开发了许多种类的微机励磁调节系统。由于微型计算机具有极强的综合处理能力(如各输入量之间的协调、按发电机的运行情况修改调节系统的参数),对抑制自发振荡、提高稳定极限从而提高系统稳定性都有显著的效果。

# 18.4　电力系统静态稳定实际分析计算的概念

实际电力系统都是复杂(三机以上)的电力系统。虽然,前面以简单电力系统为例所得出的有关静态稳定的概念在性质上都适用于复杂电力系统,但有些则无法得出量值(如稳定极限 $P_{sl}$)。本节将简要地介绍实际电力系统分析计算的一些基本概念。

## 18.4.1　小扰动法在复杂电力系统中的应用

应用小扰动法分析复杂电力系统静态稳定的原理和步骤,在 18.1 节中已经作了原则性的说明;在 18.3 节中,又对具有励磁调节器的简单电力系统作了具体的分析。对于复杂电力系统只要逐个地按发电机及其调节系统列写小扰动方程,从而得到全系统的微分方程组,就不应有什么困难了。但是,在应用中还须注意处理如下的一些新问题和新概念。

### 1. 复杂电力系统静态稳定的判别法

对复杂电力系统,无法再导出反映特征值性质的用运行参数表示的简单稳定性判断条件,并求出稳定极限功率,而只能由给定的运行方式确定 **A** 矩阵的元素值,然后借助于计算机,直接求出全部的特征值,或者对间接判断特征值性质的判据(如劳斯判据等)进行计算,从而判断系统在给定的运行方式下是否具有静态稳定性。但是,由于不能从理论上求出稳定极限功率,因而不能确定所给定运行方式的稳定程度之高低。

应该着重指出,当所有特征值实部为负值时,系统是稳定的。特征值实部绝对值的大小,仅说明系统受扰动后自由振荡衰减的速度,表征系统在给定运行条件下的阻尼情况,它也不能反映稳定程度的高低。

### 2. 关于参考轴的选择

在暂态稳定的分析计算中,是以发电机转子相对于同步旋转轴的角度和相对于同步转速的速度,即以绝对角 $\delta_i$ 和绝对速度 $\Delta\omega_i$ 作为变量的。在复杂多机电力系统静态稳定分析中,如果仍以绝对角和绝对速度作变量来列写转子运动方程,则状态方程的系数矩阵 **A** 将会出现零特征值。

现以两机电力系统为例,采用经典模型,两发电机的功率方程为

$$\left.\begin{array}{l} P_{e1} = \dfrac{E_1^2}{|Z_{11}|}\sin\alpha_{11} + \dfrac{E_1 E_2}{|Z_{12}|}\sin(\delta_{12} - \alpha_{12}) \\[3mm] P_{e2} = \dfrac{E_2^2}{|Z_{22}|}\sin\alpha_{22} - \dfrac{E_1 E_2}{|Z_{12}|}\sin(\delta_{12} + \alpha_{12}) \end{array}\right\} \tag{18-53}$$

用绝对角表示的线性化后的电磁功率增量为

$$\left.\begin{array}{l} \Delta P_{e1} = S_{E1}\Delta\delta_{12} = S_{E1}\Delta\delta_1 - S_{E1}\Delta\delta_2 \\[2mm] \Delta P_{e2} = S_{E2}\Delta\delta_{12} = S_{E2}\Delta\delta_1 - S_{E2}\Delta\delta_2 \\[2mm] S_{E1} = \left.\dfrac{\mathrm{d}P_{e1}}{\mathrm{d}\delta_{12}}\right|_{\delta_{12}=\delta_{120}}, \quad S_{E2} = \left.\dfrac{\mathrm{d}P_{e2}}{\mathrm{d}\delta_{12}}\right|_{\delta_{12}=\delta_{120}} \end{array}\right\} \tag{18-54}$$

计及与发电机绝对速度成比例的阻尼作用后，用绝对角和绝对速度作变量的线性化状态方程为

$$
\begin{bmatrix}
\dfrac{\mathrm{d}\Delta\delta_1}{\mathrm{d}t} \\[2mm]
\dfrac{\mathrm{d}\Delta\omega_1}{\mathrm{d}t} \\[2mm]
\dfrac{\mathrm{d}\Delta\delta_2}{\mathrm{d}t} \\[2mm]
\dfrac{\mathrm{d}\Delta\omega_2}{\mathrm{d}t}
\end{bmatrix}
=
\begin{bmatrix}
0 & 1 & 0 & 0 \\[2mm]
-\dfrac{\omega_{\mathrm{N}}}{T_{\mathrm{J}1}}S_{E1} & -\dfrac{\omega_{\mathrm{N}}}{T_{\mathrm{J}1}}D_1 & \dfrac{\omega_{\mathrm{N}}}{T_{\mathrm{J}1}}S_{E1} & 0 \\[2mm]
0 & 0 & 0 & 1 \\[2mm]
-\dfrac{\omega_{\mathrm{N}}}{T_{\mathrm{J}2}}S_{E2} & 0 & \dfrac{\omega_{\mathrm{N}}}{T_{\mathrm{J}2}}S_{E2} & -\dfrac{\omega_{\mathrm{N}}}{T_{\mathrm{J}2}}D_2
\end{bmatrix}
\begin{bmatrix}
\Delta\delta_1 \\[2mm]
\Delta\omega_1 \\[2mm]
\Delta\delta_2 \\[2mm]
\Delta\omega_2
\end{bmatrix}
\tag{18-55}
$$

其特征方程 $\det[\boldsymbol{A}-p\boldsymbol{1}]=0$ 为

$$
p\Big[p^3+\omega_{\mathrm{N}}\Big(\frac{D_1}{T_{\mathrm{J}1}}+\frac{D_2}{T_{\mathrm{J}2}}\Big)p^2+\omega_{\mathrm{N}}\Big(\frac{S_{E1}}{T_{\mathrm{J}1}}-\frac{S_{E2}}{T_{\mathrm{J}2}}+\frac{\omega_{\mathrm{N}}D_1D_2}{T_{\mathrm{J}1}T_{\mathrm{J}2}}\Big)p
$$

$$
+\frac{\omega_{\mathrm{N}}^2}{T_{\mathrm{J}1}T_{\mathrm{J}2}}(S_{E1}D_2-S_{E2}D_1)\Big]=0
\tag{18-56}
$$

式中出现了一个零特征值。

现在，若选发电机 2 的转子角度作为功角的参考，即以相对角 $\Delta\delta_{12}$ 及原来的 $\Delta\omega_1$ 和 $\Delta\omega_2$ 作为变量，变换后的状态方程将降低一阶，其特征方程即是式（18-56）中消去零根以后的三阶方程。如果再将与绝对速度成比例的阻尼作用略去不计，即令 $D_1=D_2=0$，则特征方程将简化为：

$$
p\Big[p^2+\omega_{\mathrm{N}}\Big(\frac{S_{E1}}{T_{\mathrm{J}1}}-\frac{S_{E2}}{T_{\mathrm{J}2}}\Big)\Big]=0
\tag{18-57}
$$

于是，又出现了一个零特征值。

如果速度也选发电机 2 的转子速度作为参考，即以相对角 $\Delta\delta_{12}$ 和相对速度 $\Delta\omega_{12}$ 作变量。这样，状态方程又可降低一阶，其特征方程为

$$
p^2+\omega_{\mathrm{N}}\Big(\frac{S_{E1}}{T_{\mathrm{J}1}}-\frac{S_{E2}}{T_{\mathrm{J}2}}\Big)=0
\tag{18-58}
$$

两个特征值为

$$
p_{1,2}=\pm\mathrm{j}\sqrt{\omega_{\mathrm{N}}\Big(\frac{S_{E1}}{T_{\mathrm{J}1}}-\frac{S_{E2}}{T_{\mathrm{J}2}}\Big)}
\tag{18-59}
$$

由此可以得到两机电力系统保持静态稳定的条件为

$$
\frac{S_{E1}}{T_{\mathrm{J}1}}-\frac{S_{E2}}{T_{\mathrm{J}2}}>0
\tag{18-60}
$$

从以上的分析可以看到，出现零特征值的一个原因是采用了绝对角作变量；另一个原因是忽略了与转速成比例的阻尼项而采用绝对速度作变量。应该指出，即使计及转子绕组的电磁阻尼效应，但因它不是以比例于绝对速度的形式出现在方程中，所以也不能清除由于用绝对速度作变量所引起的零特征值。

零特征值意味着自由运动的解 $\Delta\omega_1$、$\Delta\delta_1$、$\Delta\omega_2$ 和 $\Delta\delta_2$ 可能有常数项。当系统保持静态稳定时，相对速度 $\Delta\omega_{12}=0$，但系统受扰后可能偏离同步速度 $\omega_{\mathrm{N}}$。若存在比例于绝对速度的阻尼项，则它可以使所有发电机都恢复到同步速度。

为了消除零特征值,在复杂电力系统中,必须用相对角作为变量;当不存在比例于绝对速度的阻尼项时,还必须以相对速度作为变量,也就是说,要以某一台发电机的转子作为参考轴来列写小扰动方程。

对发电机转子运动方程,若选最后一个编号 $n$ 的发电机的转子作为参考轴,则第 $i$ 台发电机的转子运动方程为

$$\left.\begin{aligned} \frac{\mathrm{d}\Delta\delta_{in}}{\mathrm{d}t} &= \Delta\omega_{in} \\ \frac{\mathrm{d}\Delta\omega_{in}}{\mathrm{d}t} &= \omega_{\mathrm{N}}\left(\frac{\Delta P_i}{T_{\mathrm{J}i}} - \frac{\Delta P_n}{T_{\mathrm{J}n}}\right) \\ \Delta P_i &= P_{\mathrm{T}i} - P_{ei}, \quad \Delta P_n = P_{\mathrm{T}n} - P_{en} \end{aligned}\right\} \tag{18-61}$$

发电机电磁功率增量的计算。式(18-61)中的电磁功率 $P_{ei}$,是由网络方程来确定的,它也应以同一参考轴的相对角表示。用 $P_{ei}$ 及其线性化求电磁功率增量的具体计算方法,与发电机的模型、负荷特性的考虑等有关,这里不再赘述了。

## 18.4.2　静态稳定储备系数 $K_{\mathrm{sm(P)}}$ 的计算问题

### 1. 静态稳定储备

为保证电力系统运行的安全性,不能允许电力系统运行在稳定的极限附近,而要留有一定的裕度,这个裕度通常用稳定储备系数来表示。

以有功功率表示的静态稳定储备系数为

$$K_{\mathrm{sm(P)}} \triangleq \frac{P_{\mathrm{sl}} - P_{\mathrm{G0}}}{P_{\mathrm{G0}}} \times 100\% \tag{18-62}$$

储备系数的确定必须从技术和经济等方面综合考虑。若储备系数定得较大,则要减小正常运行时发电机输送的功率 $P_{\mathrm{G0}}$(当稳定极限变化不大时)。因而限制了输送能力,恶化了输电的经济指标。储备系数定得过小,虽然可以增大正常运行的输送功率,但运行的安全可靠性较低,若出现稳定破坏事故,那么将造成经济上的巨大损失。电力系统不仅要求正常运行下有足够的稳定储备,而且要求在非常运行方式下(例如切除故障线路后)也应有一定的稳定储备。当然,这一储备可以比正常运行时的小些。

我国现行《电力系统安全稳定导则》规定:

正常运行方式和正常检修运行方式下,$K_{\mathrm{sm(P)}} \geqslant (15\sim20)\%$;

事故后运行方式和特殊运行方式下,$K_{\mathrm{sm(P)}} \geqslant 10\%$。

电力系统静态稳定实际计算的目的,就是按给定的运行条件,求出以运行参数表示的稳定极限,从而计算出该运行方式下的稳定储备系数,检验它是否满足规定的要求。

### 2. 静态稳定极限的计算

从 18.2 节及 18.3 节的论述中可以看到,即使是简单电力系统,要确定稳定极限功率 $P_{\mathrm{sl}}$ 也是很麻烦的。为此,实用上认为系统在不发生自发振荡的前提下,用 $\mathrm{d}P/\mathrm{d}\delta > 0$ 作为静态稳定性判据来计算储备系数,这意味着用功率极限 $P_{\mathrm{m}}$ 来代替稳定极限 $P_{\mathrm{sl}}$,静态稳定储备系数 $K_{\mathrm{sm(P)}}$ 将改用下式计算。

$$K_{\mathrm{sm(P)}} = \frac{P_{\mathrm{m}} - P_{\mathrm{G0}}}{P_{\mathrm{G0}}} \times 100\% \tag{18-63}$$

这样，计算静态稳定储备系数 $K_{sm(P)}$ 时，首先根据发电机装设的励磁调节器特性和整定的参数，确定发电机的计算条件（即选用保持何种电势为恒定的模型）（可参考 18.3.4 节）；然后根据给定的运行方式，进行潮流计算，求出发电机的电势及此时的功率 $P_{G0}$；接着根据计算条件，计算功率特性和功率极限；最后用式（18-63）计算 $K_{sm(P)}$，检验它是否满足规定的要求。

**3. 两机电力系统功率极限的计算**

简单电力系统功率特性和功率极限的计算，在第 16 章已作了详细的叙述，并通过例 16-1 及例 16-2 介绍了具体的计算过程。

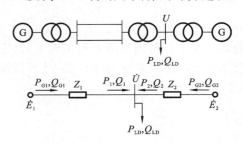

图 18-9　两机系统及其等值电路

两机电力系统及其等值电路如图 18-9 所示，图中 $Z_1$ 及 $Z_2$ 代表了包括发电机阻抗在内的网络阻抗。两机系统功率极限的计算，除与发电机的计算条件（即取何种电势恒定）有关外，还与负荷所采用的模型有关。在实际计算中，发电机可以采用某一电抗后电势恒定（如 $X'_d$ 后电势 $E'$）或某一 q 轴电势恒定（如 $E'_q$）；负荷则可以采用恒定阻抗模型或电压静态特性模型。现在就发电机用 $E'$ 和 $X'_d$ 表示，负荷分别采用恒定阻抗和静态特性模型来说明两机系统的功率极限算法。

1）负荷用恒阻抗模型

这是最简化的算法。首先根据给定的运行方式进行潮流计算，求出各发电机的 $E_{10}$、$E_{20}$、$P_{G10}$、$P_{G20}$ 以及负荷点的电压 $U_0$。然后用 $U_0$ 及 $P_{LD0}$、$Q_{LD0}$ 求出负荷的阻抗 $Z_{LD}$（式（16-28））。接着便可求出两发电机的电势点的输入阻抗 $Z_{11}$、$Z_{22}$ 及它们之间的转移阻抗 $Z_{12}$。这样，两机系统的功率特性为

$$P_{G1} = \frac{E_{10}^2}{|Z_{11}|}\sin\alpha_{11} + \frac{E_{10}E_{20}}{|Z_{12}|}\sin(\delta_{12} - \alpha_{12})$$

$$P_{G2} = \frac{E_{20}^2}{|Z_{22}|}\sin\alpha_{22} - \frac{E_{10}E_{20}}{|Z_{12}|}\sin(\delta_{12} + \alpha_{12})$$

如果我们研究和检验发电机 1，则可由 $dP_{G1}/d\delta_{12}=0$ 求得发电机 1 的功率极限为

$$P_{G1m} = \frac{E_{10}^2}{|Z_{11}|}\sin\alpha_{11} + \frac{E_{10}E_{20}}{|Z_{12}|}$$

稳定储备系数为

$$K_{sm(P)G1} = \frac{P_{G1m} - P_{G10}}{P_{G10}} \times 100\%$$

**例 18-2**　两机电力系统接线图及等值电路如图 18-10 所示。设发电机均装有比例式励磁调节器，发电机用 $X'_d$ 后电势 $E'$ 恒定的模型，负荷用恒定阻抗模型，要求计算发电机 G-1 的功率极限及稳定储备系数。已知用标幺值表示的系统参数为 $R_{\Sigma1} + jX'_{d\Sigma1} = 0.05 + j0.769$，$jX'_{d\Sigma2} = j0.141$。给定运行条件为

$$U_0 = 1.0, \quad P_{10} + jQ_{10} = 1 + j0.329$$
$$P_{20} + jQ_{20} = 2 + j0.658, \quad P_{LD0} + jQ_{LD0} = 3 + j0.987$$

.

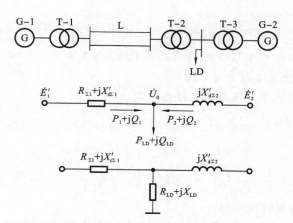

**图 18-10 两机系统及其等值电路**

**解** （一）给定运行方式的潮流计算。

$$E'_{10}=\sqrt{\left(U_0+\frac{P_{10}R_{\Sigma1}+Q_{10}X'_{d\Sigma1}}{U_0}\right)^2+\left(\frac{P_{10}X'_{d\Sigma1}-Q_{10}R_{\Sigma1}}{U_0}\right)^2}$$

$$=\sqrt{(1+1\times0.05+0.329\times0.769)^2+(1\times0.769-0.329\times0.05)^2}=1.505$$

$$\delta'_{10}=\text{arctg}\,\frac{0.753}{1.303}=30.02°$$

$$E'_{20}=\sqrt{\left(U_0+\frac{Q_{20}X'_{d\Sigma2}}{U_0}\right)^2+\left(\frac{P_{20}X'_{d\Sigma2}}{U_0}\right)^2}=\sqrt{(1+0.658\times0.141)^2+(2\times0.141)^2}=1.129$$

$$\delta'_{20}=\text{arctg}\,\frac{0.282}{1.093}=14.47°$$

$$\delta_{120}=\delta'_{10}-\delta'_{20}=30.02-14.47=15.55°$$

$$P_{G10}=P_{10}+\frac{P_{10}^2+Q_{10}^2}{U_0^2}R_{\Sigma1}=1+(1^2+0.329^2)\times0.05=1.055$$

（二）计算负荷阻抗和输入阻抗、转移阻抗。

$$Z_{LD}=R_{LD}+jX_{LD}=\frac{U_0^2}{P_{LD0}^2+Q_{LD0}^2}(P_{LD0}+jQ_{LD0})$$

$$=\frac{1}{3^2+0.987^2}(3+j0.987)=0.301+j0.099=0.317\,\underline{/18.21°}$$

$$Z_{11}=R_{\Sigma1}+jX'_{d\Sigma1}+Z_{LD}//jX'_{d\Sigma2}=0.883\,\underline{/84.15°},\quad\alpha_{11}=5.85°$$

$$Z_{22}=jX'_{d\Sigma2}+Z_{LD}//(R_{\Sigma1}+jX'_{d\Sigma1})=0.363\,\underline{/54.69°},\quad\alpha_{22}=35.31°$$

$$Z_{12}=R_{\Sigma1}+jX'_{d\Sigma1}+jX'_{d\Sigma2}+\frac{jX'_{d\Sigma2}(R_{\Sigma1}+jX'_{d\Sigma1})}{Z_{LD}}=1.072\,\underline{/104.48°},\quad\alpha_{12}=-14.48°$$

（三）各发电机的功率特性。

$$P_{G1}=\frac{E'^2_{10}}{|Z_{11}|}\sin\alpha_{11}+\frac{E'_{10}E'_{20}}{|Z_{12}|}\sin(\delta_{12}-\alpha_{12})$$

$$=\frac{1.505^2}{0.883}\sin5.85°+\frac{1.505\times1.129}{1.072}\sin(\delta_{12}+14.48°)$$

$$=0.261+1.585\sin(\delta_{12}+14.48°)$$

$$P_{G2} = \frac{E_{20}'^2}{|Z_{22}|}\sin\alpha_{22} - \frac{E_{10}'E_{20}'}{|Z_{12}|}\sin(\delta_{12}+\alpha_{12}) = 2.03 - 1.585\sin(\delta_{12}-14.48°)$$

从计算结果可以看到，发电机 G-1 的固有功率较小，而发电机 G-2 的固有功率则很大。这是因为发电机在电气上紧靠着负荷的缘故。

（四）计算 G-1 的功率极限及稳定储备系数。

$$\frac{\mathrm{d}P_{G1}}{\mathrm{d}\delta_{12}} = 1.585\cos(\delta_{12}+14.48°) = 0, \quad \delta_{12m} = 90° - 14.48° = 75.52°$$

$$P_{G1m} = 0.261 + 1.585 = 1.846$$

$$K_{sm(P)} = \frac{P_{G1m} - P_{G10}}{P_{G10}} \times 100\% = \frac{1.846 - 1.055}{1.055} \times 100\% = 75\%$$

2）负荷用电压静态特性模型

当负荷用电压静态特性模型时，当功角 $\delta_{12}$ 增大时，负荷点的电压 $U_{LD}$ 也要发生变化，负荷所吸收的功率由负荷的电压静态特性确定，因而负荷的阻抗也发生变化，因此，不能简单地用线性等值电路导出直接计算功率特性和功率极限的公式，而须用迭代的算法来考虑负荷特性的约束。具体的算法不再赘述了。

**\* 4. 复杂系统功率极限的计算问题**

在 16.4 节中已经指出：由于多机系统功率特性是多变量函数，因此理论上不能求出功率极限。目前，我国一些设计和运行部门，有时仍需按"导则"要求计算储备系数 $K_{sm(P)}$。因此，只好凭经验作出一些规定和假设，在保留被研究的发电机（厂）的情况下，把复杂系统简化成两机系统，计算两机系统的功率极限和储备系数，作为被研究发电机的储备系数。根据不同的简化条件，大致有两种算法。

1）角度恒定法

这种算法假定，除被研究的发电机外，系统其余发电机的功角保持恒定。由于规定其余发电机的绝对角和相对角均恒定不变，实质上是把其余发电机看成是一个等值发电机。通过网络的等值变换和化简，将这些发电机合并成一个等值发电机，便可按前述两机系统的算法进行计算。

2）中间发电机有功功率恒定法

这个算法规定，除被研究的发电机和另一个指定的发电机外，其余发电机输出的有功功率保持恒定。由于从给定的运行方式开始，改变被研究发电机的功率后，各发电机端的电压都会发生变化，因此，有功功率恒定的发电机，其输出的无功功率要受到机端电压与发电机电势间电路定律的约束，这与负荷电压静态特性是一样的。所以，这种算法的实质是除两个发电机外，其余发电机均当做具有电压静态特性的负荷处理。这种算法与前面所说的两机系统负荷用电压静态特性的算法相同，只是发电机可看成是负值的负荷。

由于以上两种算法的规定都无理论依据，对于同一系统，两种算法得出的结果可能差别很大，这与系统的网架结构与被研究的发电机在系统中的地位有关。要使计算结果还能具有某些参考意义，应根据系统的网架结构、被研究发电机（厂）在系统中的地位和比重，适当地选择算法。此外，上述两种规定还可混合使用，即除被研究的发电机以外，其余发电机根据网络结构及这些发电机在系统中的地位，一部分按角度恒定处理，另一部分按有功功率恒定处理。

### 18.4.3 $\dfrac{\mathrm{d}Q}{\mathrm{d}U}<0$ 判据的意义及电压崩溃

该判据的意义是电力系统某一节点无功功率不平衡量对该节点电压的导数小于零。图 18-11 所示电力系统,发电机 1、2、3 向集中负荷节点供电,分析其负荷节点无功功率不平衡量与该节点电压的关系。我们把三个发电机按网络简化原理合并成一个等值发电机。为了突出问题的实质,假定:

（1）系统频率恒定不变;

（2）只研究节点的无功功率变化,其有功功率不变;

（3）不计网络的电阻和导纳;

（4）发电机用某一电抗后的电势恒定的模型。

等值发电机送到负荷节点的功率为

$$\left.\begin{aligned}P_G &= \frac{EU}{X_{Ga}} - \sin\delta_{EU}\\Q_G &= \frac{EU}{X_{Ga}}\cos\delta_{EU} - \frac{U^2}{X_{Ga}}\end{aligned}\right\} \tag{18-64}$$

式中,$X_{Ga}$ 为发电机电势节点与节点 $a$ 之间的转移电抗;$\delta_{EU}$ 为电势与 $a$ 点电压间的相角。

当保持有功功率不变时,$Q_G$ 仅仅是节点电压 $U$ 的函数(见式(13-9)),简记为 $Q_G(U)$。负荷的无功功率与电压的关系就是负荷的电压静态特性 $Q_{LD}(U)$。发电机和负荷的无功功率与电压的关系曲线如图 18-12 所示。

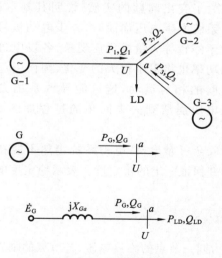

**图 18-11　三机电力系统**

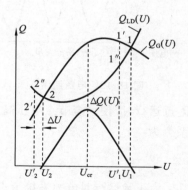

**图 18-12　$\dfrac{\mathrm{d}Q}{\mathrm{d}U}$ 判据的概念**

在平衡状态下,节点无功功率必须平衡,即 $Q_G = Q_{LD}$。从图 18-12 可以看到,有两个平衡点 1 和 2。现在我们来分析在这两个平衡点运行时受扰动后的情况。

在点 1 运行时,负荷点的电压为 $U_1$。如果受扰后电压下降,则产生一个微小的增量 $\Delta U = U_1' - U_1 < 0$。在新电压 $U_1'$ 下,根据无功电压特性,发电机送到节点 $a$ 的无功功率 $Q_G$ 由点 $1'$ 确定,而负荷所吸收的无功功率 $Q_{LD}$ 将由点 $1''$ 确定。这样,节点无功平衡受到破坏,$Q_G > Q_{LD}$。但是,节点无功必须平衡,因此,发电机只好少送无功功率,网络中的电压损耗也相应减小，从而导致负荷点的电压上升并恢复到原来的 $U_1$ 值。如果扰动使节点电压上升，则 $Q_G < Q_{LD}$。这将迫使发电机多送无功功率，使网络中电压损耗增大，导致负荷点电压下降而恢复到原来的 $U_1$ 值。所以，在点 1 运行时，系统电压是稳定的。

在点 2 运行时的情况则不同，如果扰动使负荷点的电压下降，电压变为 $U_2'$，此时 $Q_G < Q_{LD}$，这将迫使发电机多送无功功率，因而使网络中电压损耗增大，从而使负荷点的电压进一步下降，节点无功不平衡加剧，于是形成恶性循环，负荷点的电压便不断下降。如果扰动使负荷点电压上升，则 $Q_G > Q_{LD}$。这将使电压继续上升，一直到稳定平衡点 1 为止。所以在点 2 运行时，系统电压是不稳定的。

根据发电机和负荷的无功特性，我们可以作出 $\Delta Q(U) = Q_G(U) - Q_{LD}(U)$ 的无功不平衡量的特性曲线（见图 18-12）。我们看到，在点 1 运行时，$\dfrac{\mathrm{d}\Delta Q}{\mathrm{d}U} < 0$，而在点 2 运行时，$\dfrac{\mathrm{d}\Delta Q}{\mathrm{d}U} > 0$。

所以，可以用 $\dfrac{\mathrm{d}\Delta Q}{\mathrm{d}U} < 0$ 作为电力系统静态稳定的实用判据。通常简记为 $\dfrac{\mathrm{d}Q}{\mathrm{d}U} < 0$（注意：这与 $\dfrac{\mathrm{d}\Delta P}{\mathrm{d}\delta} = \dfrac{\mathrm{d}P_c}{\mathrm{d}\delta}$ 不同，此处仅为简写）。极限情况为 $\dfrac{\mathrm{d}Q}{\mathrm{d}U} = 0$，对应此条件的运行电压称为临界电压 $U_{cr}$（见图 18-12），它也是一种用运行参数表示的稳定极限。

电力系统运行电压如果低于临界电压，那么，如上所述，将会发生系统电压不断下降的现象，这个现象称为电压崩溃，或者叫做电力系统电压不稳定。

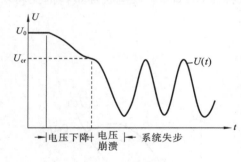

图 18-13  电压崩溃

必须着重指出，上述分析中假定有功功率不变只是为了突出问题的实质，说明其基本概念。当电力系统发生电压崩溃时，异步电动机将出现减速乃至停转等大量甩负荷现象，各发电机输出的有功功率也将发生很大的变化，因而引起各发电机之间的相对运动，这可能导致系统失去同步。从电压崩溃到失去同步的过程如图 18-13 所示。

从安全可靠出发，电力系统当然不能在临界电压附近运行，应使系统节点电压高于临界电压，并保证一定的稳定度。表示稳定度的电压储备系数为

$$K_{sm(U)} = \frac{U_0 - U_{cr}}{U_0} \times 100\% \tag{18-65}$$

式中，$U_0$ 为正常运行时电力系统节点的电压；$U_{cr}$ 为同一节点的临界电压（各节点的临界电压不同）。按照"导则"规定：

在正常运行方式和正常检修运行方式下，$K_{sm(U)} \geqslant 10\% \sim 15\%$；

在事故后运行方式和特殊运行方式下，$K_{sm(U)} \geqslant 8\%$。

## ※18.4.4  应用 $\mathrm{d}Q/\mathrm{d}U$ 判据计算静态稳定

应用 $\mathrm{d}Q/\mathrm{d}U$ 判据判断静态稳定性，就是确定电力系统中被研究的中枢节点的临界电压 $U_{cr}$；由给定的正常运行方式下该节点的电压 $U_0$，计算储备系数 $K_{sm(U)}$，并检验它是否满足规

定的要求。

为了更明了临界电压 $U_{cr}$ 的计算过程,我们把复杂电力系统改画成图 18-14 所示的系统。图中把被研究的中枢节点单独表示出来。被研究节点的负荷所需要的功率 $P_{LD}$、$Q_{LD}$ 就是由系统中所有发电机共同作用而输送到被研究节点的功率 $P_G$、$Q_G$。

临界电压计算的步骤如下:

(1) 进行给定的正常运行方式的潮流计算,确定被研究节点的运行电压 $U_0$ 以及 $P_{G0}$ ($=P_{LD0}$)、$Q_{G0}$ ($=Q_{LD0}$)。于是得到 $Q_G(U)$ 和 $Q_{LD}(U)$ 两曲线的一个交点 0(见图 18-15)。负荷有功功率电压静态特性 $P_{LD}(U)$ 也通过此点。在此点有 $Q_{G0}=Q_{LD0}$,$P_{G0}=P_{LD0}$。

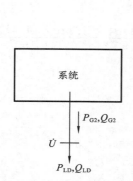

图 18-14 计算临界电压的系统模型

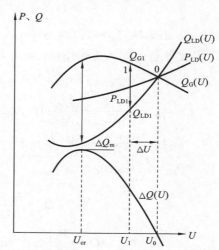

图 18-15 临界电压的计算

(2) 选定一个步长 $\Delta U$,使 $U_1=U_0-\Delta U$,并由负荷有功功率与电压特性曲线查得 $P_{LD1}=P_{LD}(U_1)$。

(3) 将被研究节点作为 $P$、$U$ 指定节点,其指定值为 $P_{LD1}$、$U_1$。进行潮流计算,求得系统送到被研究节点的无功功率 $Q_{G1}$,它就是 $Q_G(U)$ 上对应电压为 $U_1$ 时的值(图 18-16 上的点 1)。

(4) 由 $U_1$ 查负荷无功电压静态特性,求得 $Q_{LD1}=Q_{LD}(U_1)$,并由已求出的 $Q_{G1}$ 便可求得节点无功功率不平衡量 $\Delta Q_1=Q_{G1}-Q_{LD1}=\Delta Q(U_1)$,由此即可确定无功功率不平衡量电压特性 $\Delta Q(U)$ 上的一个点。

(5) 继续按步长 $\Delta U$ 降低电压,重复第二步至第四步的计算,一直到求得 $\Delta Q(U)$ 的最大值 $\Delta Q_m$,与此对应的电压即为临界电压 $U_{cr}$。

求得临界电压 $U_{cr}$ 之后,便可按式(18-65)计算储备系数 $K_{sm(U)}$,并检验它是否满足规定的要求。

在第三步的潮流计算中,除被研究的节点外,系统其余部分可根据具体情况采用适当的模型。例如,对负荷可以考虑采用电压静态特性模型,对发电机可以近似地采用暂态电势恒定的经典模型等。

**例 18-3** 用例 18-2 的系统条件，忽略电阻 $R_{\Sigma 1}$，负荷的无功电压静态特性 $Q_{LD}(U)$ 列于表 18-1 中。假定负荷的有功功率 $P_{LD}(U) = 3.0$，计算负荷点的临界电压 $U_{cr}$ 及储备系数 $K_{sm(U)}$。

**解** 发电机采用 $E' =$ 常数的模型。

（一）计算发电机的电势。

$$E'_{10} = \sqrt{\left(U_0 + \frac{Q_{10}X'_{d\Sigma 1}}{U_0}\right)^2 + \left(\frac{P_{10}X'_{d\Sigma 1}}{U_0}\right)^2} = \sqrt{(1 + 0.329 \times 0.769)^2 + (0.769)^2} = 1.47$$

$$\delta'_{10} = tg^{-1}\frac{0.769}{1 + 0.329 \times 0.769} = 31.54°$$

由例 18-2 已算得 $E'_{20} = 1.129, \delta'_{20} = 14.47°$

（二）确定等值发电机的电势和无功电压静态特性。

$$X_{Ga} = X'_{d\Sigma 1} / X'_{d\Sigma 2} = 0.119,$$

$$\dot{E}_G = jX_{Ga}\left(\frac{\dot{E}'_{10}}{jX'_{d\Sigma 1}} + \frac{\dot{E}'_{20}}{jX'_{d\Sigma 2}}\right) = j0.119\left(\frac{1.47\angle 31.54°}{0.769\angle 90°} + \frac{1.129\angle 14.47°}{0.141\angle 90°}\right)$$

$$= 1.1722\angle 17.74°$$

由 $P_G = P_{G0} = \dfrac{E_G U}{X_{Ga}}\sin\delta_{Ea} =$ 常数

$$Q_G = \frac{E_G U}{X_{Ga}}\cos\delta_{Ea} - \frac{U^2}{X_{Ga}}$$

解出

$$Q_G = \frac{E_G U}{X_{Ga}}\cos\left[\sin^{-1}\left(\frac{P_{G0}X_{Ga}}{E_G U}\right)\right] - \frac{U^2}{X_{Ga}} \tag{18-66}$$

代入已求得的参数，得

$$Q_G = \frac{1.1722U}{0.119}\cos\left[\sin^{-1}\left(\frac{3 \times 0.119}{1.1722U}\right)\right] - \frac{U^2}{0.119} \tag{18-67}$$

由于负荷无功电压静态特性是以 $Q_{LD0} = 0.987$ 及负荷点的电压 $U_0 = 1.0$ 作为基准值表示的，因此，按式（18-67）算得的值也应归算到同一基准值。$Q_G(U)$ 计算的结果也列于表 18-1 中。

**表 18-1  负荷无功电压静态特性及 $Q_G(U)$、$\Delta Q(U)$ 的计算结果**

| 电压\无功 | 1.05 | 1.00 | 0.95 | 0.90 | 0.85 | 0.80 | 0.75 | 0.70 | 0.65 | 0.60 |
|---|---|---|---|---|---|---|---|---|---|---|
| $Q_{LD}$ | 1.168 | 1.00 | 0.857 | 0.753 | 0.687 | 0.647 | 0.627 | 0.673 | 0.773 | — |
| $Q_G$ | 0.642 | 1.00 | 1.297 | 1.556 | 1.769 | 1.934 | 2.051 | 2.118 | 2.134 | 2.094 |
| $\Delta Q$ | −0.53 | 0.00 | 0.440 | 0.803 | 1.082 | 1.287 | 1.397 | 1.445 | 1.361 | — |

（三）计算临界电压及储备系数。

$\Delta Q(U) = Q_G(U) - Q_{LD}(U)$ 的计算结果亦列于表 18-1 中，从表中可以看到，临界电压 $U_{cr} = 0.7$。

储备系数 $\quad K_{sm(U)} = \dfrac{U_0 - U_{cr}}{U_0} \times 100\% = \dfrac{1 - 0.7}{1} \times 100\% = 30\%$

## ※18.5　有关电力系统运行稳定性问题的几个基本概念

### 18.5.1　电力系统次同步谐振和扭转振荡

目前我国已是世界上的电力能源生产大国,但燃煤发电仍占很大的比重。然而我国的煤炭资源在西部,而用电中心却在中、东部,这就要求在煤炭矿口建火力发电厂,用超、特高压交流线路将电能输送到用电中心。为了提高输送能力和系统的运行稳定性,一般在线路中采用了串联电容补偿装置。

**1. 次同步串联电气谐振**

在具有串联电容补偿的交流输电线路中,当故障切机、线路末端断开、单机通过线路与系统并联等操作条件下,线路的等值容抗与发电和变压器的等值感抗串联,总电抗为零且总电阻为负值时,便发生了电气谐振。其谐振频率一般比系统正常同步频低一些,表示为 $f_c$,故称为次同步串联谐振。

**2. 同步电机的感应发电机模式**

当同步发电机与串联电容补偿线路发生电气谐振时,发电机定子绕组电流将在气隙中产生一个谐振频率为 $f_c$ 的旋转磁场。当 $f_c$ 低于系统频率 $f_0$ 时,由于 $f_c < f_0$,因此,同步发电机相对于频率为 $f_c$ 的旋转磁场,就相当于一个异步感应发电机。

**3. 扭转的相互作用**

汽轮机的高、中、低压汽缸及发电机、励磁机通常都在同一条大轴上不是齿轮连接,而是刚性连接在一起。每一个设备都具有一个机械共振频率,一串转动的质量就构成了一个线性质量弹簧系统。对于有 $m$ 个质量的机械系统,通常有 $m-1$ 个扭转振荡模式。此外还有一个全部质量弹簧系统一致按其振荡的零模式。其频率记为 $f_m$。当 $f_m$ 略大于 $f_c$ 时,异步发电机在定子三相绕组中将感应出频率为 $f_c$ 的电势。此电势面对总电抗为零的定子回路将产生很大的电流,这样,转子的扭转振荡和定子的电气谐振将互相激励而加强,这就产生了次同步谐振。由于巨大的电流在气隙中产生巨大的磁场,在转子上产生巨大的扭矩,因此会造成转轴损坏甚至扭断的重大事故。

抑制次同步谐振的方法及详细论述,见参考文献[18]、[19]。

### 18.5.2　电力系统的低频振荡

在本书的 18.2 节中,我们分析了简单系统的静态稳定。当电力系统具有负阻尼系数,即 $D < 0$,$S_{Eq} > 0$,且 $D^2 < 4S_{Eq} T_J / \omega_N$ 时,将是一个振幅不断增大的振荡,系统将周期性地失去稳定。在 18.3 节中,我们分析了比例式自动励磁调节器的影响,当调节器的放大系数过大时,系统将周期性地失去稳定。这两种情况,我们都没有给出振荡频率。

实际上,在复杂电力系统中,已经发生了频率为零点几赫兹到几个赫兹的低频振荡。这种低频振荡,在各电厂的自动调节系统作用下可能在短时间内消失,系统恢复稳定,也可能周期地发散式振荡而使系统失去稳定。

为了确定低频振荡频率，我们在参考文献[20]中用一个三机电力系统进行计算。计算模型中包括了原动机及其调速系统，发电机及其励磁调节系统。负荷采用恒定阻抗和电压静态特性两种模型。在各种不同的初始运行条件（包括调节系统是否接入的条件）下进行了线性化小扰动方程计算，给定初始扰动值，直接求解其特征值。利用特征值近似可分的原则，判定各特征值对应的原件。

主振频率及其求法如下。

消去非状态变量后的小扰动线性化方程为

$$p\Delta x = \mathbf{A}\Delta x \tag{18-68}$$

式(18-68)为线性齐次方程，其解的形式为

$$\Delta X_i(t) = K_{i1}e^{p_1 t} + K_{i2}e^{p_2 t} + \cdots + K_{in}e^{p_n t} \quad (i=1,2,\cdots,n) \tag{18-69}$$

式中 $p_1, p_2, \cdots, p_n$ 为式(18-68)$\mathbf{A}$ 矩阵的特征值。$K_{i1}, K_{i2}, \cdots, K_{in}$ 为由初值确定的积分常数。状态偏差量 $\Delta X(t)$ 中包含有 $A_j e^{\alpha_j}\cos(\beta_j t + \psi_j)$ 项，即振荡 $\omega_j = \beta_j$ 的分量。

对于复杂电力系统，在受扰后，状态量的振荡包含着许多频率。究竟哪个频率是起主导作用呢？我们从两个观点来定义起主导作用的频率（称为主振频率）。

1）阻尼主振频率

对于 $A_j e^{\alpha_j}\cos(\beta_j t + \psi_j)$ 项来说，其衰减速度取决于 $\alpha_j$ 的大小，$\alpha_j$ 绝对值愈小则衰减愈慢，即阻尼愈小。当求出系统矩阵 $\mathbf{A}$ 的特征值后，即可比较特征值实部绝对值最小的 $\alpha_j$，它所对应的 $\beta_j$ 即为阻尼主振频率。

2）振幅主振频率

以前所述，分量 $A_j e^{\alpha_j}\cos(\beta_j t + \psi_j)$ 的初始振幅 $A_j$ 是由扰动大小及其形式等初值条件确定的。给定一组扰动形式和大小，即可确定 $A_j$ 的值。选出其中最大者，其对应的 $\beta_j$，我们便定义其为振幅主振频。初始振幅最大，可能会对系统造成严重危害。计算结果见表18-2。

表 18-2　各种扰动方式下振幅主振频率的计算结果

| 扰动大小／扰动内容 ＼ 方案序号／扰动地点 | 1 | 2 | 3 | 4 | 5 $G_1$ | 6 $G_2$ | 7 $G_3$ | 8 $G_1$ | 9 $G_2$ | 10 $G_3$ | 11 $G_{1,2,3}$ |
|---|---|---|---|---|---|---|---|---|---|---|---|
| $\Delta\delta_{13}$ | 2° | 5° | | | | | | | | | 2° |
| $\Delta\delta_{23}$ | | | 2° | 5° | | | | | | | 1° |
| $\Delta S_1$ | | | | | 0.05 | | | | | | 0.01 |
| $\Delta S_2$ | | | | | | 0.05 | | | | | 0.03 |
| $\Delta S_3$ | | | | | | | 0.05 | | | | 0.02 |
| $\Delta M_{p1}$ | | | | | | | | 0.1 | | | 0.1 |
| $\Delta M_{p2}$ | | | | | | | | | 0.1 | | 0.05 |
| $\Delta M_{p3}$ | | | | | | | | | | 0.1 | 0.05 |
| 振幅主振频率/Hz | \multicolumn{11}{c}{$0.6538/2\pi = 0.1041$ Hz} |

表中空格表示该方案中该状态量的扰动初值为零

从表 18-2 可以看到,对照表 18-3,系统的振幅主振频率主要由 1 号发电机励磁系参数不当引起的。而阻尼主振频率是由发电机转子运动方程引起的,说明转子运动方程中综合阻尼系仍不够大。

当所有特征根实部均为负值时,振荡是衰减的,也就是说,系统是稳定的。若出现一个特征值实部为正值,则表明振荡是发散的,系统失稳进入异步运行状态。依靠各发电机原动机的调速器,一般能恢复同步运行。

表 18-3　特征值近似可分的结果

| 对应元件环节 | 各方案选出的典型特值征 | 低频振荡频率 | 备注 |
|---|---|---|---|
| 1 号发电机励磁系统 | $-0.9544 \pm j0.6538$ | 0.1041 Hz | 振幅主振频率 |
| 2 号发电机励磁系统 | $-1.1759 \pm j1.4803$ | 0.1872 Hz | |
| 3 号发电机励磁系统 | $-1.9266 \pm j2.0188$ | 0.3213 Hz | |
| 发电机转子运动方程 | $-0.9672 \pm 7.7243$ | 1.2294 Hz | |
| | $-0.4689 \pm j6.3607$ | 1.0123 Hz | 阻尼主振频率 |
| 阻尼绕组 | $-10.5252 \pm 1.0115$ | 0.1601 Hz | |

### 18.5.3　电力系统弱联的功率振荡

改革开放 30 年来,我国的电力系统已取得极大的发展,已形成东北、华北、西北、华中、南方等几大分区电力系统。各分区内,又由许多局部电力系统联接成分区大电力系统,目前已很少有弱联的情况。但是,当主联络线故障或检修,通过较低电压的联络线联系时,就有可能产生弱联系统功率振荡的现象。

当电力系统联络线传输功率极限只占互联两系统中较小系统容量的 10%～20% 时,这种系统被称为弱联系统。

由于弱联络线的标幺值阻抗很大,联络线的传输功率的标幺值很小(主要是有功功率),它经常处于低频(相对于工频)、高幅(相对于传输功率)的振荡之中。

下面我们参考广东电力系统与九龙中华电力公司在华中科技大学做动模实验的接线状态和运行情况,介绍弱联潮流低频、高幅振荡的内在原因和规律。

系统两机系统接线见图 18-16,弱联络线路在节点 3 和节点 4 之间,系统参数见表 18-4。

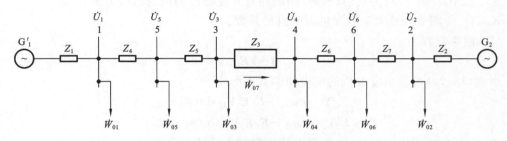

图 18-16　两机系统弱联接线图

表 18-4　图 18-16 所示系统的参数

| 系 统 参 数 | | | | 发电机参数 | |
|---|---|---|---|---|---|
| $Z_1$ | $0.03+j0.1$ | $\dot{W}_{01}$ | $1.1+j0.5$ | $T_{J1}$ | 4.5 s |
| $Z_2$ | $0.05+j0.15$ | $\dot{W}_{02}$ | $0.6+j0.35$ | $T_{J2}$ | 8.8 s |
| $Z_4$ | $0.03+j0.15$ | $\dot{W}_{03}$ | $0.04+j0.01$ | $T_{S1}$ | 0.1 s |
| $Z_5$ | $0.3+j0.8$ | $\dot{W}_{04}$ | $0.06+j0.03$ | $T_{S2}$ | 0.4 s |
| $Z_6$ | $0.15+j0.6$ | $\dot{W}_{05}$ | $0.3+j0.1$ | $T_{ch1}$ | 0.4 s |
| $Z_7$ | $0.08+j0.3$ | $\dot{W}_{06}$ | $0.2+j0.08$ | $T_{ch2}$ | 0.4 s |
| $Z_{3\,I}$ | $1+j4$ | $\dot{W}_{07\,I}$ | $0.04+j0.003$ | $D_{S1}$ | 2 |
| $Z_{3\,II}$ | $0.75+j3$ | $\dot{W}_{07\,II}$ | $0.05+j0.003$ | $D_{S2}$ | 2 |
| $Z_{3\,III}$ | $0.5+j2$ | $\dot{W}_{07\,III}$ | $0.06+j0.004$ | $K_{\delta 1}$ | 25 |
| | | | | $K_{\delta 2}$ | 25 |

**1. 数学模型**

（1）发电机转子运动、原动机调节器及蒸汽的惯性方程分别如下。

发电机转子运动惯性方程为

$$\left.\begin{array}{l} \dfrac{\mathrm{d}\delta_1}{\mathrm{d}t}=\omega_N S_i，\quad i=1,2 \\[2mm] \text{或}\dfrac{\mathrm{d}\delta_{12}}{\mathrm{d}t}=\omega_N(S_1-S_2) \end{array}\right\} \tag{18-70}$$

原动机调节器惯性方程为

$$\frac{\mathrm{d}\mu_i}{\mathrm{d}t}=-\frac{K_{\delta i}}{T_{Si}}\cdot S_i-\frac{1}{T_{Si}}(\mu_i-\mu_{0i})\quad(i=1,2) \tag{18-71}$$

蒸汽的惯性方程为

$$\frac{\mathrm{d}M_{Mi}}{\mathrm{d}i}=\frac{\mu_i}{1+S_i}\cdot\frac{1}{T_{chi}}-\frac{M_{Mi}}{T_{chi}}\quad(i=1,2,\cdots) \tag{18-72}$$

以上各式中：

$i=(1,2)$表示发电机数量，$\omega_N=2\pi f_N$ 为基准角频率；

$T_{ji}$、$T_{si}$、$T_{chi}$ 为发电机组、调节器及蒸汽的惯性时间常数$(i=1,2)$；

$\mu_{0i}$、$\mu_i$、$M_{Mi}(i=1,2)$为汽门（或导叶）的相对开度和原动机的机械力矩；

$K_{\delta i}$、$D_i$ 为调节器放大系数和机组的阻尼系数。

（2）网络方程为

$$\boldsymbol{I}=\boldsymbol{Y}\boldsymbol{E}' \tag{18-73}$$

由式(18-73)可导出发电机的电磁功率方程为

$$\left.\begin{array}{l} P_1=\boldsymbol{E}_1'^2\boldsymbol{Y}_{11}\sin\alpha_{11}+\boldsymbol{E}_1'\boldsymbol{E}_2'\boldsymbol{Y}_{12}\sin(\delta_{12}-\alpha_{12}) \\[2mm] P_2=\boldsymbol{E}_2'^2\boldsymbol{Y}_{22}\sin\alpha_{22}-\boldsymbol{E}_1'\boldsymbol{E}_2'\boldsymbol{Y}_{12}\sin(\delta_{12}+\alpha_{12}) \end{array}\right\} \tag{18-74}$$

方程中，负荷分别用恒定阻抗、电压静态特性和动态特性三种模型。

采用了两种干扰源。

第一种:电动机机械转矩振荡型。用 1/3 恒定阻抗和 2/3 有机械振荡型的电动机负荷。电动机的转子运动方程为

$$\begin{aligned}\frac{\mathrm{d}S_D}{\mathrm{d}t}&=\frac{1}{T_{jD}}(M_{MD}-M_{eD})\\M_{ed}&=\frac{2M_{emax}}{\dfrac{S_D}{S_{er}}+\dfrac{S_{er}}{S_D}}\times\left(\frac{U_D}{U_N}\right)^2\end{aligned}\right\}\qquad(18\text{-}75)$$

典型电动机的参数见表 18-5,其振荡型的机械转矩为

$$M_{MD}=[b+aQ(t)]\times K\times[\alpha+(1-\alpha)(1-S_D)^p]\qquad(18\text{-}76)$$

其中扰动振荡函数的几种波形见图 18-17。

表 18-5　标准电动机数据

| $r_1$ | 0.0465 | $x_\mu$ | 3.5 | $K$ | 0.56 |
|---|---|---|---|---|---|
| $x_1$ | 0.295 | $S_{cr}$ | 0.625 | $\alpha$ | 0.15 |
| $r_\mu$ | 0.02 | $M_{emax}$ | 1.282 | $p$ | 2 |
| $r_\mu$ | 0.35 | $x_2$ | 0.12 | | |

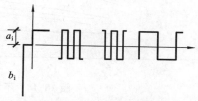

图 18-17　振荡函数的几种波形

因为 $S_D$ 不能突变,即使 $Q(t)$ 突变,相应的电动机阻抗也不能突变。

第二种:恒定阻抗型振荡源。它们接于节点 5 和节点 6。

设

$$Z'_{6LD}=Q_1(t)Z_{5LD}\ ;\quad Z'_{6LD}=Q_2(t)Z_{6LD}\qquad(18\text{-}77)$$

从式中可以看出,只要 $Q(t)$ 突变,$Z'_{5LD}$、$Z'_{6LD}$ 就突变。为了易于分析,只考虑系统中只存在一个干扰的情况。

**2. 干扰源作用下弱联无调节系统的振荡**

在给定干扰源参数和运行初始条件后,用龙格库塔法求机电暂态过程的数值解,用以分析弱联系统对干扰的动态响应。

设干扰源分别是节点 1 的电动机型和节点 5 的阻抗,式(18-76)中 $a$ 和 $Q(t)$ 的频率 $\omega$ 见图 18-18 的附表。稳态运行功角 $\delta_{120}=18.1°$,这时系统固有振荡频率 $\omega_0=3.73$。不计原动机的调节作用,由微分方程式(18-70)和式(18-75)求得 $\delta_{12}$ 的前 10 s 振荡包络线如图 18-18 所示。

由图 18-18 可以得到以下结论:

(1) 不论扰动源 $\omega$ 如何,功角振荡频率 $\omega'$ 均接近于系统固有频率 $\omega_0$,在 $\delta_{120}$ 上下做对称等幅振荡;

(2) 当 $\omega\approx2\omega_0/n\ (n=1,2,\cdots,9)$ 时,系统会发生共振。这些共振频率越接近 $\omega_0$,起振越快;

(3) 共振时从起振到失步的时间与干扰源幅值成反比(比较曲线 9 和曲线 9″),突变型干扰源远比缓变型干扰源严重(比较曲线 9 与曲线 9′)。

**3. 起振机理分析**

设原动机功率恒定,当负荷脉振(阻抗变化)且脉振频率为 $\omega$ 时,发电机的电磁功率特性可以用斜率脉振的直线簇表示。

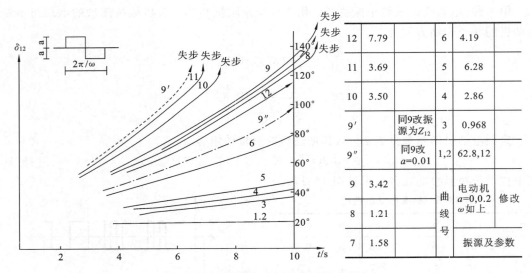

图 18-18　不考虑原动机调节时的动态响应

计算条件：$\delta_{120}=18.1°$，系统固有频率 $\omega_{01}=3.73$，动态响应频率 $\omega'=3.7$，

包络线上下对称（下半省去），振源见右表及左图。

$$P_{Ti}(t)=P_{0i}+\rho_i\delta_0=\text{恒定} \qquad (i=1,2)\Big\} \qquad (18\text{-}78)$$
$$P_{ei}(t)=P_{0i}+(\eta_i+a_i\cos\omega t)(\delta_0+\Delta\delta_{12})$$

由式(18-78)可知，当负荷阻抗脉振($\omega$)时，电磁功率在初始角 $\delta_{120}$ 附近，可以用斜率以 $\eta_i$ 为中心做幅振为 $a_i$ 脉振($\omega$)的直线簇表示。

因为负荷变化时，$P_{e1}$ 上升和 $P_{e2}$ 下降的幅度一样，故有

$$a_2=-a_1,\ \text{令}\ a_2=-a_1=a/2,\eta=\eta_2-\eta_1$$

于是可得转子运动方程为

$$T_{Ji}\frac{\mathrm{d}^2\delta_i}{\mathrm{d}t^2}+C_i(t)\frac{\mathrm{d}\delta_i}{\mathrm{d}t}=P_{Ti}(t)-P_{ei}(t)$$

当 $t_0=\dfrac{\pi}{2\omega}$ 时，$P_{0i}+\rho_i\delta_i=P_{0i}+\eta_i\delta_0$，以及 $\delta_i=\delta_0+\Delta\delta_i$，可得

$$T_{Ji}\frac{\mathrm{d}^2\delta_i}{\mathrm{d}t^2}+C_i(t)\frac{\mathrm{d}\Delta\delta_i}{\mathrm{d}t}+(\eta_i+a_i\cos\omega t)\times\Delta\delta_{12}=-a_i\delta_0\cos(\omega t) \quad (i=1,2) \qquad (18\text{-}79)$$

因为 $0\leqslant\delta_0<\dfrac{\pi}{2}$，所以 $a\delta_0$ 很小，略去式(18-79)右边项后，便成为振动学中著名的参量激励的 Mathine 方程。所以，不计原动机调节作用时，弱联系统的振荡就是参量激励型的；如果计及式(18-79)的 $a\delta_0\cos\omega t$ 项，它就是强迫振荡的微弱项。

参量激励的能源来自原动机，等值机的激励过程可用图 18-19 来说明。

**4. 主要结论**

(1) 系统负荷干扰对弱联系统的影响主要取决于干扰源的频率 $\omega$。当 $\omega$ 与系统初态固有频率 $\omega_{01}$ 存在关系 $\omega=2\omega_{01}/n$（$n$ 为小于 9 的正整数）时，干扰源起参数共振作用，系统振荡频率 $\omega'$ 接近于系统固有频率 $\omega_{01}$。

(2) 由于弱联系统两侧的负荷远大于弱联线路传输的功率，因此，在式(18-74)的功率

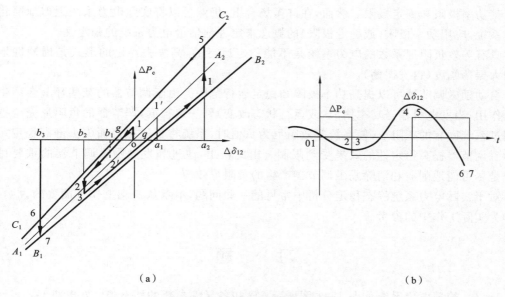

**图 18-19 等值机的激励过程**

特性表达式中,第一项的固有功率远大于第二项的传输功率,甚至有功角特性在固有功率之上的情况,此时系统将作不失步的等幅低频(即系统固有频率 $\omega_{01}$)的振荡。

(3)联络线上的有功功率的振幅相对传输线的实际传输功率是很高的,有的可高达 $50\%\sim70\%$。

(4)由于弱联线路阻抗很大,系统的振荡中心是落在联络线上的,而两侧系统的负荷点电压下降不多,影响不大,因而这种振荡可以不失步地长久持续下去。

点 3 和点 4 已被广东电力系统与九龙电力系统联网运行动态模拟所证实。

说明:本节弱联系统的功率振荡内容、图表大部分都转摘自参考文献[21]。

# 小　结

基于运动稳定性理论的小扰动法是分析运动系统静态稳定性的严格方法。未受扰运动是否具有稳定性,必须通过受扰运动的性质才能判定;当扰动很小时,非线性系统的稳定性在一定条件下可以用它的一次近似的线性小扰动方程来判定。由于一次近似方程是齐次方程,因此系统是否具有稳定性只取决于方程的系数矩阵而不需求解扰动方程。用于电力系统静态稳定计算时,可以不必再去注意具有随机性质的扰动形式和初值,这也是电力系统静态稳定性与暂态稳定性的根本差异。以上是学习和运用小扰动法分析计算电力系统静态稳定性必须掌握的重要概念。

本章以简单系统为例,按 18.1.4 节所提的步骤,针对简单模型和较为精细模型(如计及自动励磁调节器)进行了分析论述,其处理方法完全可用于实际电力系统。

功率极限是指发电机功率特性的最大值,稳定极限是指保持静态稳定下发电机所能输送的最大功率。必须严格区分这两个重要的概念。还应注意,复杂电力系统不能从理论上求出其功率极限和稳定极限。然而，在许多场合下，仍然可以将实际电力系统近似地简化成简单系统，应用功率极限（或稳定极限）的概念来定性地估价电力系统的稳定性。

具有等效负阻尼系数的电力系统是不能稳定运行的，其失去稳定的形式是周期性地不断增大振荡幅度（自发振荡）。

自动励磁调节器可以提高功率极限和稳定运行范围。由于调节器的某些环节会产生负阻尼作用，当发电机输送功率增大（或运行状态改变）到一定程度，调节器的负阻尼完全抵消并超过系统固有的正阻尼，使系统等效阻尼为负值时，系统将自发振荡而失去静态稳定。这使励磁调节器提高稳定性的效果受到限制。由此得出，改进和发展励磁调节器的重要目标之一是尽可能地削弱和消除励磁调节器产生的负阻尼效应。

对于实际电力系统静态稳定分析中常见的一些问题，本章从概念上作了简要的说明，可以作为实际工作中的参考。

# 习　　题

18-1　简单电力系统如题 18-1 图所示，已知各元件参数的标幺值。发电机 G：$x_d = x_q = 1.62, x'_d = 0.24, T_J = 10\ \text{s}, T'_{d0} = 6\ \text{s}$。变压器电抗：$x_{T1} = 0.14, x_{T2} = 0.11$。线路 L：双回 $x_L = 0.293$。初始运行状态为 $U_0 = 1.0, S_0 = 1.0 + j0.2$。发电机无励磁调节器。试求：

（1）运行初态下发电机受小扰动后的自由振荡频率；

（2）若增加原动机功率，使运行角增加到 80°时的自由振荡频率。

题 18-1 图

18-2　上题的电力系统中，若发电机的综合阻尼系数为 $D_\Sigma = 0.09$，试确定：

（1）运行初态下的自由振荡频率；

（2）在什么运行角度下，系统受小扰动后将不产生振荡（即非周期地恢复到原来的运行状态）。

18-3　电力系统及元件参数仍如题 18-1，发电机装设有按电压偏差的比例式励磁调节器，其传递函数框图见题 18-3 图。已知励磁系统参数：$T_e = 0.5\ \text{s}, K_V (= K_A x_{ad}/r_f) = 8$。试确定：

（1）发电机的功率极限 $P_m$；

（2）发电机的静态稳定极限功率 $P_{sl}$。

提示：励磁调节系统的稳态方程为 $-K_V \Delta U_G = \Delta E_q$，并设 $\Delta U_G \approx \Delta U_{Gq} = U_{Gq} - U_{Gq0}$，取 $\Delta E_q = E_q - E_{q0}$。

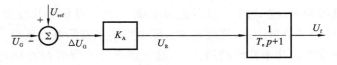

题 18-3 图

18-4 欲使上题的调节器保持 $E'_q = E'_{q0} =$ 常数,试确定励磁调节系统综合放大系数 $K_V$ 的值。

18-5 电力系统如题 18-5 图所示,已知各元件参数标幺值。发电机 G:$x_d = 1.2$,$x_q = 0.8$,$x'_d = 0.3$。变压器电抗:$x_{T1} = 0.14$,$x_{T2} = 0.12$。线路 L:双回 $x_L = 0.35$。系统初始运行状态:$U_0 = 1.0$,$S_0 = 0.9 + j0.18$。试计算下列情况下发电机的功率极限 $P_m$ 和稳定储备系数 $K_{sm(P)}$:

(1) 发电机无励磁调节,$E_q = E_{q0} =$ 常数;

(2) 发电机有励磁调节,$E' = E'_0 =$ 常数。

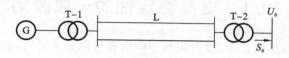

题 18-5 图

18-6 电力系统示于题 18-6 图,已知各元件参数标幺值。发电机 G:$x_d = x_q = 1.6$, $x'_d = 0.32$。变压器电抗:$x_{T1} = x_{T2} = 0.1$。线路 L:双回 $x_L = 0.36$。系统初始运行状态:$U_0 = 1.0$,$S_0 = 1.0 + j0.25$,$S_{LD0} = 0.5 + j0.15$。发电机无励磁调节,$E_q = E_{q0} =$ 常数,负荷用恒定阻抗表示。

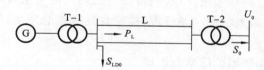

题 18-6 图

(1) 计算发电机的功率极限 $P_{Gm}$ 及稳定储备系数 $K_{sm(P)}$;

(2) 取发电机功率抵达 $P_{Gm}$ 时对应的线路功率 $P_L$ 作为 $P_{Lm}$,计算 $K_{Lm(P)} = \dfrac{P_{Lm} - P_{L0}}{P_{L0}} \times 100\%$,试对 $K_{sm(P)}$ 和 $K_{Lm(P)}$ 进行比较分析,并说明从稳定性出发应取哪个储备系数为宜;

(3) 若发电机有励磁调节,$E' = E'_0 =$ 常数,重作(1)项。

# 第 19 章　提高电力系统稳定性的措施

本章的主要内容是阐述提高稳定性的一般原则,介绍一些已得到实际应用的提高稳定性的措施,分析其效果,并说明采用这些措施时应注意的技术经济问题。

## 19.1　提高稳定性的一般原则

随着电力系统的发展和扩大,输电距离和输送容量也大大增大,输电系统的稳定问题更显突出。可以说,电力系统稳定性是限制交流远距离输电的输送距离和输送能力的一个决定性因素。

从静态稳定性分析可知,不发生自发振荡时,电力系统具有较高的功率极限,一般也就具有较高的运行稳定度。从暂态稳定性分析可知,电力系统受大扰动后,发电机轴上出现的不平衡转矩将使发电机产生剧烈的相对运动;当发电机的相对角的振荡超过一定限度时,发电机便会失去同步。从这些概念出发,我们可以得出提高电力系统稳定性和输送能力的一般原则:尽可能地提高电力系统的功率极限;抑制自发振荡的发生;尽可能减小发电机相对运动的振荡幅度。

从简单电力系统功率极限的简单表达式

$$P_m = EU/X$$

可以看到,要提高电力系统的功率极限,应从提高发电机的电势 $E$、减小系统电抗 $X$、提高和稳定系统电压 $U$ 等方面着手。

抑制自发振荡的措施,主要是根据系统情况,恰当地选择励磁调节系统的类型和整定其参数。

要减小发电机转子相对运动的振荡幅度,提高暂态稳定,应从减小发电机转轴上的不平衡功率、减小转子相对加速度以及减少转子相对动能变化量等方面着手。

根据上述一般原则,大致上可以采取下述几个方面的措施。

**1. 改善电力系统基本元件的特性和参数**

原动机及其调节系统、发电机及其励磁系统、变压器、输电线路、开关设备和保证电力系统无功平衡的补偿设备,乃是电力系统的基本元件。这些基本元件的特性和参数,对电力系统的稳定性有直接的、重要的影响。

**2. 采用附加装置提高电力系统稳定性**

装设专门用于提高电力系统稳定性和输送能力的附加装置。例如输电线路设置中间开关站、输电线路采用串联电容补偿或设置一些 FACTS 装置和对发电机实行电气制动等。

**3. 改善电力系统运行方式及其他措施**

对于运行中的电力系统,如能充分发挥现有系统的作用和工作人员的能动性,也可以使运行稳定性得到提高。例如合理选择电力系统运行接线方式、正确安排潮流、提高系统运行电压,以及故障后切除部分发电机和部分负荷等,都是很有效的措施。

此外,当电力系统遭受极严重的故障而使稳定性受到破坏时,亦应采取措施,尽可能减少因系统失去稳定而带来的影响和损失,尽快地恢复电力系统同步运行和正常供电。例如,允许发电机短时异步运行,采取措施促使再同步或系统解列等。

应该着重指出,无论采用哪种措施来提高电力系统的稳定性,除了考虑技术上实现的可能性之外,还必须考虑到经济上的合理性,通过技术经济比较来决定具体对策。有的措施,对提高静态稳定性和输送能力以及提高暂态稳定性均有良好的作用,如提高系统功率极限的各种措施就属于此类;有的措施,仅能提高暂态稳定性,如快速切除故障和电气制动等。有的电力系统,满足静态稳定性储备要求,但不满足暂态稳定性的要求,对此可以着重考虑采取一些仅能提高暂态稳定性的措施。此外,还应考虑所采用的措施对系统正常运行特性(如无功分布及过电压)和其他元件的性能(如继电保护动作的正确性)的影响。

下面,我们就目前电力系统中常用的一些提高稳定性的措施及其在技术上和经济上存在的问题等进行一些简要的分析和介绍。

# 19.2 改善电力系统基本元件的特性和参数

## 19.2.1 改善发电机及其励磁调节系统的特性

现代电力系统的发电机,无例外地都要装设自动励磁调节器。所以,提到发电机的特性就意味着包括其励磁调节系统的特性。

发电机本身的参数,主要指发电机的电抗 $X_d$、$X'_d$、$X_q$、电磁时间常数 $T'_{d0}$ 和惯性时间常数 $T_J$ 等。发电机的电抗在输电系统总电抗中所占的比重很大。因此,减小发电机的电抗可以提高系统的功率极限和输送能力。发电机的惯性时间常数 $T_J$ 对暂态稳定有着重要的影响。发电机的相对加速度 $\alpha = \omega_N \Delta M_a / T_J \approx \omega_N \Delta P_a / T_J$,增大 $T_J$ 可以减小 $\alpha$,从而减小发电机受扰动后转子相对动能的变化量,有利于提高暂态稳定。

减小发电机的电抗和增大发电机的 $T_J$,都需要增大发电机的尺寸,这就要增加材料消耗和造价。而且,现代汽轮发电机的生产都是标准化的,一般不能按电力系统稳定性要求个别地制造。只有水轮发电机是根据具体水电站的水轮机转速来制造的,属于非标准产品。因此,在设计水电站时,可以根据电力系统稳定性的要求提出合适的水轮机参数要求。

从静态稳定性分析中知道,自动励磁调节器对提高电力系统功率极限和扩大稳定运行范围都有着良好的作用。强行励磁对暂态稳定亦有好的作用。由于自动励磁调节器本身的价格相对于电力系统的投资来说是很小的,和其他提高稳定性措施相比也要经济得多,因此,发电机都应尽可能地装设高灵敏度的完善的自动励磁调节器,特别是应装设能有效地抑制自发振荡、更好地维持电压的新型调节器,如 PSS、按最优控制理论设计的调节器以及微机励磁调节器等。

改善发电机的励磁系统,也是提高稳定性的重要措施。强行励磁对提高暂态稳定性的作用取决于发电机电势上升的速度,这与励磁机电压上升速度有关。减小励磁机的等值时间常数 $T_e$ 和增大强励时励磁电压的顶值,都有利于提高励磁机电压上升速度。采用直流励磁机的励磁系统，改善这些参数较困难，因此，应尽可能采用像可控硅励磁等这一类快速励磁系统。

## 19.2.2 改善原动机的调节特性

电力系统受到大扰动后，发电机输出的电磁功率会突然变化，如果原动机的调节十分灵敏、快速和准确，使原动机的功率变化能跟上电磁功率的变化，那么轴上的不平衡功率便可大大减小，从而防止暂态稳定的破坏。但是，现有的原动机调节器都具有一定的机械惯性（特别是水轮机调节器）和存在失灵区，因而其调节作用总有一定的滞迟（要在发电机转速变化到一定值后才动作）。加之原动机本身从调节器改变输入工质的数量（如蒸汽量）到它的输出转矩发生相应的变化需要一定的时间（汽轮机用汽容时间常数表征）。所以，即使是动作较快的汽轮机调节器，它对暂态稳定性的第一个摇摆周期影响也很小。

由于快速改变原动机的功率对提高暂态稳定性有良好的作用，而现有调节器又很难满足要求，因此，提出了原动机的故障调节。所谓故障调节，就是利用一些特殊设备，在系统故障时，根据故障的情况，快速地调节原动机的功率。目前已在使用汽轮发电机的快速动作汽门（汽门动作后可在 0.3 秒内关闭 50％以上的功率，可以提高暂态稳定极限 20％～30％，它由继电保护辅以速度和加速度来启动，主要在大型机组中应用）。快速动作汽门对暂态稳定性的影响如图 19-1 所示。从图 19-1 的左图可以看到，没有快速动作汽门时，系统是不稳定的。有快速动作汽门时，如果发生短路，保护装置或专门的检测控制装置使快速汽门动作，则原动机的功率迅速下降，以减小加速面积，并增大可能的减速面积（图中阴影部分），从而使系统在第一个摇摆周期保持暂态稳定。为了减小发电机振荡幅度，可以在功角开始减小时重新开放汽门。从图 19-1 的右图可以看到，重新开放汽门，在第一个振荡的后半周期，可使减速面积减小 $f_{1\text{-}2\text{-}3}$，从而减小了转子振荡幅度。重新开放汽门还可以避免系统失去部分有功电源。根据发电机功角变化的情况，交替关、开快速汽门，如功角开始增大时关闭汽门，功角开始减小时开放汽门，即在相对速度改变符号的瞬间来控制汽门的开关，这样将会得到更好的效果。目前正在研究使用微处理机来控制，以加快振荡的衰减和抑制发电机转速的过分升高。

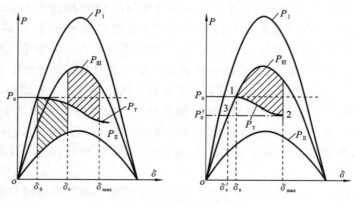

**图 19-1　快速调节汽门的作用**

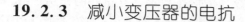

### 19.2.3　减小变压器的电抗

变压器的电抗在系统总电抗中占有相当的比重。特别是对发电机电抗较小（如有励磁调节的发电机用暂态电抗 $X'_\mathrm{d}$ 表征时）、输电线路已采取措施减小其电抗后的超高压输电系统，减小变压器的电抗仍有一定的作用。例如某 400 kV、800 km 的输电系统，当升、降压变压器的电抗从 17% 减至 12% 时，单回路的输送能力提高了 8% 左右。

目前，在超高压远距离输电系统中，广泛采用自耦变压器。除了价格较便宜和节省材料外，它的电抗较小，对提高稳定性有着良好的作用。当然采用自耦变压器要注意解决它所带来的一些问题，如增大了短路电流和增加了继电保护和调压的困难等。

### 19.2.4　改善继电保护和开关设备的特性

快速切除短路故障，除了能减轻电气设备因短路电流产生的热效应等不良影响外，对于提高电力系统暂态稳定性，还有着决定性的意义。如图 19-2 所示，要加快切除速度，可以减小切除角 $\delta_\mathrm{c}$。这样，既减小了加速面积，又增大了可能的减速面积，从而提高了暂态稳定性。

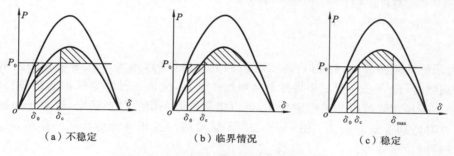

（a）不稳定　　　　　（b）临界情况　　　　　（c）稳定

**图 19-2　快速切除短路对暂态稳定的影响**

切除故障时间为继电保护动作时间和开关接到跳闸脉冲到触头分开后电弧熄灭为止的时间总和。因此，减少短路切除时间，应从改善开关和继电保护这两个方面着手。

应该指出，减少故障切除时间对提高暂态稳定的效果，与短路故障的类型有很大关系。图 19-3 所示为一双回路输电线路在线路首端发生短路时，暂态稳定极限与切除时间的关系。我们知道，当短路地点、短路类型及短路切除时间给定时，对于不同的正常输送功率 $P_0$，暂态稳定情况是不同的。随着 $P_0$ 由小到大，系统将由能保持暂态稳定变为不能保持暂态稳定。我们把刚好保持暂态稳定时所能输送的最大功率，称为暂态稳定极限 $P_\mathrm{Tsl}$。现以 0 s 切除故障的暂态稳定极限作为基准，当短路地点和短路类型给定时，对不同的切除时间，可以得到不同的暂态稳定极限值。由此可绘出图 19-3 所示的曲线。从图中可以看到，当切除时间从 0.2 s 减少到 0.1 s，对于三相短路，$P_\mathrm{Tsl}$ 从 45% 提高到 82%；对于单相接地，则仅由 94% 提高到 98%。这是因为短路愈严重，短路时发电机转子上的不平衡功率愈大，减少的切除时间相同，对于严重短路，所减小的加速动能较大，收到的效果也就比较大。

电力系统中架空输电线路的短路故障，大多数是由闪络放电造成的，在切断线路，经过一段电弧熄灭和空气去游离的时间之后，短路故障便完全消除了。这时，如果再把线路重新投入系统，它便能继续正常工作。若重新投入输电线路是由开关设备自动进行的，则称之为自动重合闸。自动重合闸成功,对暂态稳定和事故后的静态稳定都有很好的作用。图 19-4 用等面积定则说明了自动重合闸对暂态稳定的影响。当线路不重合时,系统不能保持暂态稳定。如果在 $\delta_R$ 瞬间将线路重合上去,恢复双回路运行,则可保持暂态稳定。

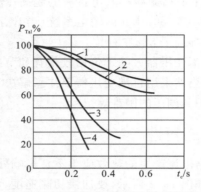

图 19-3　不同短路类型时,快速切除
短路的作用

1—单相接地；2—两相短路；
3—两相接地短路；4—三相短路

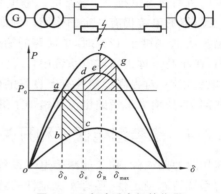

图 19-4　自动重合闸的作用

电力系统的短路故障,特别是高压电力网的短路故障,绝大多数是单相短路故障。因此,发生短路时,没有必要把三相导线都从电网中切除,应该通过继电保护的选择判断,只切除故障相。按相切除故障并采用重合闸,可以提高电力系统的暂态稳定,这对于单回路的输电系统,具有特别重要的意义。图 19-5 表明了输电线路按相自动重合闸的作用,$P_{\text{III}}$ 为切除一相导线后的功率特性。

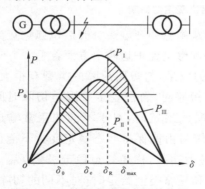

图 19-5　按相自动重合闸的作用

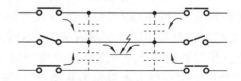

图 19-6　线路电容产生的潜供电流

采用按相重合闸应特别注意的问题是,在短路相被切除后,其他完好的两相导线仍然带电,由于相间电容耦合作用(见图 19-6),被切除相仍然有相当高的电压,使电弧不易熄灭;同时,由于相间电容的作用,从完好相经过相间耦合电容到故障相,再经过短路点到大地,形成电容电流的通路。这种电流,通常称为潜供电流。当潜供电流超过一定值时,电弧将不会熄灭,短路将是永久性的了。如果采用重合闸,将会把有故障的线路投入电网。潜供电流的大小与线路的长度及其额定电压有关。为保证电弧在按相切除后能够熄灭,使按相重合闸获得成功,对于不同电压等级的输电线路,允许的最大潜供电流值是不同的。采用按相重合闸时,应针对具体情况,通过计算加以校核。

必须着重指出,如果短路故障不是闪络放电而是永久性的(线路绝缘被破坏、外物引起短路等),重合闸时系统会再次受到短路故障的冲击,这将大大恶化,甚至破坏系统稳定性。对此,必须事先制订出现这一情况时的应急措施,以避免系统发生稳定性破坏的严重事故。

## 19.2.5 改善输电线路的特性

改善输电线路的特性,主要是减小它的电抗。输电线路的电抗在系统总电抗中占相当大的比例,特别是远距离输电线路,有时甚至将近占系统总电抗的一半。因此,减小输电线的电抗,对提高输电系统的功率极限和稳定性有着重要的作用。

**1. 提高输电线路的额定电压**

输电线路的额定电压是影响输送能力的重要因素,它也影响电能质量和电力系统的技术经济指标。从提高电力系统稳定性的角度来看,提高输电线路的额定电压是为了减小它的电抗。

在简单电力系统中,用标幺值表示的功率极限为

$$P_m = \frac{EU}{X_G + X_T + X_L} \tag{19-1}$$

当基准电压选为平均额定电压,变压器采用平均额定变比时,上式中各电抗的标幺值为

$$X_G = \frac{X_G\%}{100} \times \frac{S_B}{S_{GN}}$$

$$X_T = \frac{U_s\%}{100} \times \frac{S_B}{S_{TN}}$$

$$X_L = X_{L(\Omega)} \times \frac{S_B}{U_B^2} = X_{L(\Omega)} \times \frac{S_B}{U_{av}^2} \approx X_{L(\Omega)} \frac{S_B}{U_N^2} \tag{19-2}$$

显然,发电机电抗 $X_G$ 和变压器电抗 $X_T$ 的标幺值与输电线路的额定电压无关。输电线路电抗的欧姆值 $X_{L(\Omega)}$ 与输电线路的额定电压关系不很大,例如单导线架空线路的电抗在 $0.4\ \Omega/\text{km}$ 左右,因此,输电线路电抗的标幺值几乎与它的额定电压的平方成反比。把式(19-1)简写为

$$P_m = \frac{EU}{a + b/U_N^2} \tag{19-3}$$

式中,$a = X_G + X_T$;$b = X_{L(\Omega)} S_B$。

当 $U_N$ 变化时,功率极限的变化为

$$\left. \begin{array}{l} U_N \to 0, P_m \to 0 \\ U_N \to \infty, P_m \to EU/a \end{array} \right\} \tag{19-4}$$

典型简单电力系统功率极限与输电线路额定电压的关系如图 19-7 所示。从图中可以看到,用提高输电线路的额定电压来提高功率极限是有一定限度的,超过此限度后,继续提高额定电压的效果便很小了。例如,对于 200 km 的输电线路,当额定电压高到 200 kV 时,输电

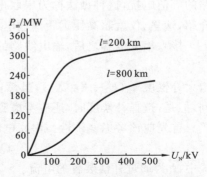

**图 19-7 功率极限与输电线路额定电压的关系**

线路电抗在总电抗中所占的比重已很小了,功率极限差不多接近于由发电机和变压器电抗所确定的最大可能值 $P_m = EU/a$ 了。线路越长,功率极限接近最大可能值所对应的额定电压也越高,这也是远距离输电采用超高压的道理。

**2. 改变输电线结构以减小电抗**

改变输电线每相单根导线的传统结构,采用分裂导线结构,可以减小输电线路的电抗和电晕损耗;同时,可以采用标准截面的导线。所以,现在的超高压远距离输电线路绝大多数采用分裂导线的结构。

采用分裂导线时,对其结构方式,如每相分裂根数和分裂间距等要综合加以考虑。对于普通结构的分裂导线输电线,过多的分裂根数和过大的分裂间距,对减小电抗的效果并不显著,一般分裂根数不超过 4 根,分裂间距以 $400 \sim 500$ mm 为宜。

一种紧凑型分裂导线输电线已在一些国家投入运行,我国也建设了这种线路。同常规型分裂导线输电线相比,这种线路能更大幅度地减少电抗,提高输送能力,但是结构比较复杂。

### 19.2.6　采用直流输电

直流输电是将发送端的交流电经升压整流后,通过超高压直流线路送到接收端经逆变成交流,再送入接收端交流电力系统。由于直流输电的电压及传输功率与两端系统的频率无关,换句话说,两端系统可以在不同的频率下通过直流输电线路联接在一起运行,因此,仅通过直流输电相联系的两大系统间便不存在同步并联运行的稳定性问题。实质上,直流输电可以看作是一种同步隔离器或变频器(特别是在无输电线路的背靠背方式下使用时)。此外,还可以利用直流输电的快速调控能力来提高交流系统的稳定性。

## 19.3　采用附加装置提高电力系统的稳定性

### 19.3.1　输电线路采用串联电容补偿

利用电容器容抗与输电线路感抗相反的性质,在输电线路上串联接入电容器来减小线路的等值电抗,这种做法称为串联电容补偿。有关串联电容补偿的原理,在第 12 章已作了介绍,这里,仅就超高压远距离输电中串联电容补偿的补偿度选择问题作些说明。

接入串联电容之后,输电线路的等值电抗为

$$X_{Leq} = X_L - X_C = X_L(1 - k_C) \tag{19-5}$$

增大补偿度 $k_C(k_C = X_C/X_L)$,虽然能减小输电线路的等值电抗,对提高电力系统稳定性有利,但是,选择补偿度时,还应考虑到下述一些技术经济方面的问题。

首先应该考虑经济性。串联电容补偿装置的容量为

$$Q_C = 3I^2 X_C = 3I^2 k_C X_L \tag{19-6}$$

式中,$I$ 为通过补偿装置的电流。

电流的大小除取决于正常运行方式外,还取决于事故后的运行方式。从式(19-6)可以看到,补偿度增大时,所需的补偿装置容量也增加,因而投资也增大。在实际工作中,通常根

据给定的输电任务、在满足稳定性和输送能力的要求下、经过各方案的技术经济比较确定一个最优的补偿度。

其次应该考虑继电保护正确动作的条件。为了保证反映短路时的电压、电流的大小及其相位关系的继电保护正确动作,通常认为,电容器的容抗应小于与电容器相连接的一段线路的感抗。例如,当电容器集中安装在线路长度的中点时,$k_C$ 应小于0.5;当电容器分两处安装且将线路等分为三段时,$k_C$ 应小于 0.66 等。

还应考虑其他技术问题。补偿度过大时,可能在某些运行方式下引起发电机的自励磁、自发振荡以及次同期谐振等异常情况。在确定补偿度时,应通过计算校核以避免上述情况的出现。

近年来,一些国家已在应用可控串联补偿装置(TCSC),其原理接线见图 11-22,它由电容器与晶闸管控制的电抗器并联组成。调节晶闸管的导通角可以改变通过电抗器的电流,使补偿装置的基频等值电抗在一定的范围内连续变化,不仅进行参数补偿,还可向系统提供阻尼、抑制振荡、提高系统的静态稳定和暂态稳定。

## 19.3.2　输电线路的并联电抗补偿

输电线路电容会产生大量的无功功率,除了在空载或轻载情况下可能引起线路末端电压过分升高、发电机可能产生自励磁等不能允许的情况外,还使发电机运行的功率因数升高。为使系统电压保持在要求范围内,发电机的电势将要降低(见图 19-8(a)),因而使电力系统的功率极限减小,运行角度增大。这些对保持系统稳定都是不利的。

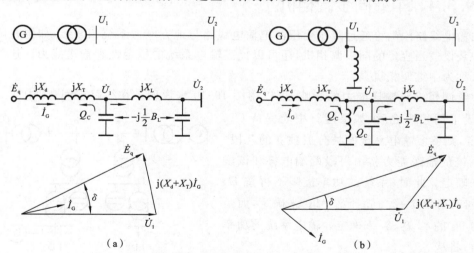

图 19-8　并联电抗补偿对发电机电势的影响

为了改善这种情况,可以在线路上并联接入电抗器以吸收线路电容所产生的无功功率,这便是并联电抗补偿。装设了足够容量的并联电抗器之后,发电机可以在较低的而且是滞后的功率因数下运行。此时,发电机的电势大大提高(见图 19-8(b)),运行功角减小,从而使系统稳定性得到提高。这是因为,虽然接入并联电抗后系统的转移阻抗增大会减小功率特性的幅值,但是,在一般情况下,接入并联电抗后发电机电势的增大将超过转移阻抗的增大,所以功率极限还是提高了。

　　并联电抗器的容量选择和分布应结合过电压、沿线电压分布、降低功率和能量损耗等技术经济问题全面地考虑。

### 19.3.3　输电线路设置开关站

　　对双回路的输电线路,故障切除一回路后,线路阻抗将增大一倍,故障后的功率极限要

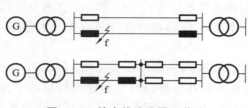

图 19-9　输电线路设置开关站

降低很多。这种情况对暂态稳定和故障后的静态稳定都是不利的。超高压远距离输电线的阻抗占系统总阻抗的比例很大,这种影响就更大了。如果在线路中间设置开关站,把线路分成几段,故障时仅切除一段线路(见图 19-9),则线路阻抗就增加得较少。开关站的数目愈多,故障后线路阻抗增加愈少,对稳定性是有利的。

但是,这种作用并不与开关站的数目成比例,而建设开关站所花费的材料和投资却大致与开关站的数目成比例。因此,过多地建设开关站在经济上是不合理的。一般对于长度为 $300\sim 500\ \mathrm{km}$ 的输电线路,开关站以一个为宜;对于长度为 $500\sim 1000\ \mathrm{km}$ 的输电线路,开关站以两个至三个为宜。开关站的数目及分布位置还可结合串联电容补偿、并联电抗补偿的分布统一考虑。

### 19.3.4　中继同步调相机

　　在输电线路中间可通过降压变压器把输电线路与地方电力系统相联接,如果在降压变电所中装设适当容量的同步调相机,还可以提高输电系统的稳定性和输送能力。这些同步调相机称为中继调相机。

　　中继调相机对输送能力的影响,可以用图 19-10 来说明。在线路中间(图中的 a 点、b 点)装设了调相机之后,如果运行中能保持 $U_a$、$U_b$ 恒定,则整个输电系统便被分成独立的几段。输电系统的输送能力将由每段两端电势和该段阻抗来确定。此时,系统的功率极限不再按 $E$、$U_2$ 之间的功角 $\delta=\delta_1+\delta_2+\delta_3=90°$ 来确定,而是由各为 90° 的 $\delta_1$、$\delta_2$、$\delta_3$ 来确定。输电系统的功率极限值,将从

$$P_{\mathrm{m}} = \frac{EU_2}{X_{Ea}+X_{ab}+X_{b2}} \qquad (19\text{-}7)$$

增大到

$$P_{\mathrm{m}} = \min\left\{ \frac{EU_a}{X_{Ea}},\ \frac{U_aU_b}{X_{ab}},\ \frac{U_bU_2}{X_{b2}} \right\} \quad (19\text{-}8)$$

由于各点电势和电压大小相差不多,而各段的电抗均远小于总电抗,因此功率极限大大地提高

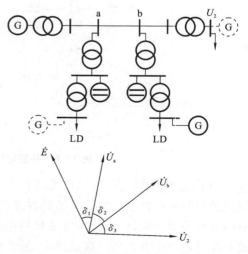

图 19-10　中继调相机的作用

了。同时,中继调相机在无功功率平衡,以及调节、减少无功在线路上的流动从而减少功率和能量损耗、改善沿线电压分布等方面,都有好的作用。

采用中继调相机来提高输电系统的输送能力,其效果与调相机维持电压的能力有关。由于同步调相机响应速度较慢,运行维护较为困难,而且价格昂贵,其应用范围正逐渐缩小。目前,调节灵活,响应速度更快的一些 FACTS 装置,如静止补偿器(SVC)和静止同步补偿器(STATCOM)正在得到日益广泛的应用。

## 19.3.5 变压器中性点经小阻抗接地

变压器中性点接地的情况对发生接地短路时的暂态稳定有着重大的影响。对于中性点直接接地的电力系统,为了提高接地短路(两相短路接地、单相接地)时的暂态稳定,变压器中性点可经小阻抗后再接地。

以图 19-11 所示的简单电力系统单相接地为例,中性点未接电阻时,短路状态下发电机的功率特性为

$$P_{\text{II}} = \frac{EU}{X_{12\,\text{II}}}\sin\delta \qquad (19\text{-}9)$$

当变压器中性点经小电阻接地时,短路状态下发电机的功率特性为

$$P'_{\text{II}} = \frac{E^2}{Z_{11}}\sin\alpha_{11} + \frac{EU}{Z_{12}}\sin(\delta - \alpha_{12}) \quad (19\text{-}10)$$

比较两式可以看到,中性点经小电阻接地时,功率特性中增加了一项固有功率,与此同时,由于接地电阻 $R_g$ 的存在,零序组合阻抗 $Z_{0\Sigma}$ 增大,短路附加阻抗 $Z_\Delta$ $= Z_{0\Sigma} + Z_{2\Sigma}$ 也增大,因而转移阻抗 $Z_{12}$ 减小,从而功率特性的第二项的幅值也增大。这样,功率特性将向上和向左移动,功率极限提高了,有利于暂态稳定。

从物理概念上说,短路时零序电流通过接地电阻 $R_g$ 时要消耗有功功率,其中的一部分可由发电机来负担,因而使发电机输出的电磁功率增加,转轴上的不平衡功率减小,从而减小了发电机的相对加速度,提高了暂态稳定性。从这个观点出发,对于受端

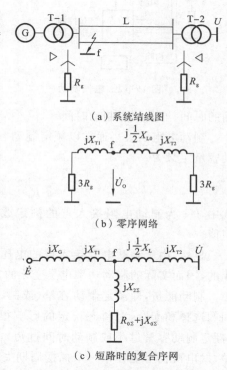

（a）系统结线图

（b）零序网络

（c）短路时的复合序网

**图 19-11 变压器中性点经小电阻接地**

不是无限大容量母线的实际电力系统,一般不宜在受端变压器中性点接入小电阻,因为在受端变压器中性点电阻上消耗的功率大部分要由受端发电机负担,这使本来处于减速的受端发电机加重负载,因而恶化了系统的暂态稳定性。

如何选择中性点接地电阻值是应用中的一个重要问题。电阻值过小,电阻上消耗的功率太小,作用不大;电阻过大,消耗功率太大,有可能使发电机在第二个摇摆周期失去稳定。对典型系统计算表明,电阻值以 4%(以变压器额定容量为基准)左右为宜。

变压器中性点接入小电抗后,可以增大零序组合电抗 $X_{0\Sigma}$,从而增大 $X_\Delta$,减小短路状态

下的转移阻抗,提高功率特性。中性点接入的电抗不宜过大,否则,短路时中性点电压升高过多,这对于原来按中性点直接接地设计制造的变压器来说是不允许的。

## 19.3.6 发电机采用电气制动

变压器中性点经小电阻接地只对接地短路起作用,而且仅在短路开始到短路被切除的一小段时间内起作用。如果在系统发生短路故障后,有控制地在加速的发电机端投入电阻负荷,则可以增加发电机的电磁功率,产生制动作用从而达到提高暂态稳定的目的。这种做法称为电气制动,接入的电阻称为制动电阻。

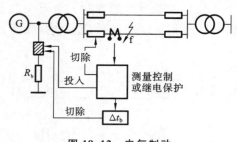

图 19-12　电气制动

制动电阻接入和控制的原理如图 19-12 所示。当线路发生短路故障时,除继电保护发出跳闸脉冲切除线路外,继电保护或专门的测量控制设备一方面向制动电阻的开关发出合闸脉冲,投入制动电阻 $R_b$,另一方面向时间控制器发出脉冲,使它开始工作。经过一段时间 $\Delta t_b$ 后,时间控制器发出跳闸脉冲,使制动电阻切除。从制动电阻投入到它被切除的时间间隔 $\Delta t_b$,是制动电阻起作用的时间,通常称为制动时间。

制动电阻的大小通常以额定制动容量(功率)表示。对于并联接入的制动电阻,额定制动容量定义为

$$\Delta P_{bN} = \frac{U_N^2}{R_b} \qquad (19\text{-}11)$$

式中,$U_N$ 为制动电阻接入点的额定线电压;$R_b$ 为每相电阻值。

显然,由于制动电阻接入点的电压在暂态过程中是变化的,因而实际的制动功率也是变化的。

制动能量,即额定制动容量(或制动电阻值)和制动时间的选择和配合,对暂态稳定的影响很大。制动能量过小(额定制动容量过小或制动时间过短),则电气制动的效果差,发电机仍可能在第一个摇摆周期失去稳定。反之,制动能量过大,发电机可能在第二个摇摆周期失去稳定,这称为过制动。下面以制动时间过长引起的过制动为例,用等面积定则来说明制动过程。如图 19-13 所示,发电机正常运行在平衡点 $a$。短路瞬间,工作点变到短路时的功率特性 $P_{II}$ 上的点 $b$,发电机加速,功角增大。到点 $c$ 切除故障线路,发电机工作点变到切除线路后的功率特性 $P_{III}$ 上的点 $d$。显然,如果不采取措施,可能的减速面积 $A_{efri}$ 将小于加速面积 $A_{abcde}$,系统将失去暂态稳定。如果在故障切除后接着(在 $\delta_b$ 对应的点 $f$)投入电气制动,发电机工作点将由点

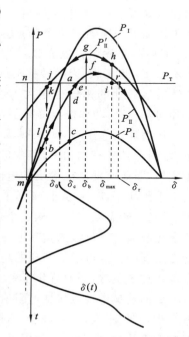

图 19-13　电气制动使用不当的情况

$f$ 变到投入电气制动后的功率特性 $P'_Ⅲ$ 上的点 $g$。发电机在第一个摇摆周期的最大摇摆角 $\delta_{\max}$，将由面积 $A_{abcde}+A_{efghi}=0$ 所对应的点 $h$ 确定。此刻，发电机转速恢复到同步速度。在这一瞬间切除电气制动，系统能保持暂态稳定。但是，由于制动时间整定过长，发电机工作点将沿 $P'_Ⅲ$ 由点 $h$ 向点 $g$、$j$、$k$ 变动。如果直到点 $k$ 才切除电气制动，发电机工作点将由点 $k$ 变到 $P_Ⅲ$ 的点 $l$。由于发电机在减速过程中失去了动能，此时发电机转速已低于同步速度，功角继续减小。最小角度将由 $A_{hij}+A_{jklmn}=0$ 所对应的点 $m$ 确定。从点 $m$ 开始的第二个摇摆周期，工作点沿 $P_Ⅲ$ 变动。由于加速面积 $A_{mne}$ 大于可能的减速面积 $A_{efri}$，工作点将越过点 $r$，使系统失去稳定。

从以上分析可以看到，制动能量过小或过大，都不能保持暂态稳定。因此，在实际应用上，应根据充分发挥制动能量以制止发电机转速升高的原则来控制。对于定电阻、定 $\Delta t_b$ 和只进行一次制动的情况，从图 19-13 可以看到，如果在功角抵达 $\delta_{\max}$，即相对速度由正变负的瞬间切除电气制动，将会获得较好的效果。目前正在研究和试用采用微处理机检测控制的多次动作的电气制动，这种控制方式，不但能使系统保持暂态稳定，而且能使振荡迅速衰减，大大改善暂态过程的品质。

在一些电力系统中，不但在靠近送端发生短路时需要电气制动，而且在受端发生故障时也要求送端发电机使用电气制动来保持暂态稳定。随着计算机和远动技术的发展，利用装设在受端的微机对发生故障后的系统状态进行检测、综合、分析后，通过远动装置，进行远方电气制动的投切控制的装置，已投入实际电力系统运行。

由于大容量的电阻在设计制造时较困难，因此目前电气制动多用于水电厂（采用水电阻）。

# 19.4　改善运行条件及其他措施

## 19.4.1　正确规定电力系统运行参数的数值

对运行中的电力系统，在制订运行方式和调度管理时，应正确规定系统的运行参数的数值，以保证和提高电力系统的稳定性。主要有下面几点。

（1）正确地规定输电线路的输送功率值。确定输电线路的输送功率值时，应在保证一定的稳定储备下尽可能多送功率，以发挥输电线路的作用。当运行接线改变，特别是环网要开环时，应事先加以验算，避免因输电线路负荷过重而导致系统稳定的破坏。必要时，还要验算接线方式改变的操作过程的暂态稳定性。

（2）提高电力系统运行电压水平。系统运行电压水平的提高，不但能提高运行的稳定性，而且可以减少系统的功率和能量的损失。要提高系统的运行电压水平，从根本上说，应该使系统拥有充足的无功电源。但是，在运行中合理地调度无功电源和管理好变压器分接头等，也可以充分发挥已有的无功电源的作用。

（3）尽可能使远方发电厂多发无功功率。如果系统中有远方发电厂（如水电厂或坑口电站）向中心电力系统输送功率，则应尽可能地让这些电厂多发无功功率。这样，可以提高发电机的电势，从而提高功率极限，减小运行角度，提高运行的稳定度。当然，远方电厂多发无功功率,还应全面地考虑输电线路的功率、能量和电压的损耗等技术经济问题。

（4）利用调度自动化系统提供的信息及时调整运行方式。目前电力系统运行调度,大部分都使用了计算机调度自动化系统,很多都配备安全分析的高级应用软件。在运行中,应根据此软件提供的安全分析信息,随时调整系统的运行方式,以保证系统的稳定性。

## 19.4.2　合理选择电力系统的运行接线

电力系统运行接线的确定与许多因素有关,如系统本身的结构、运行的经济性、安全可靠性等。接线方式对电力系统运行的稳定性也有很大的影响,必须合理选择。

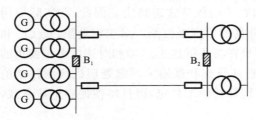

图 19-14　输电系统的接线方式

在电力系统中,远方发电厂向系统中心输电常常采用多回路输电方式。但在运行中,可以选择并联接线和分组接线两种方式。如图19-14 所示,当开关 $B_1$、$B_2$ 投入时为并联接线方式,$B_1$、$B_2$ 断开时为分组接线方式。

如果两种接线方式下发电机输出的功率相同,则从静态稳定性来说,两种接线方式是一样的。但从故障和暂态稳定性方面来说,两种接线方式各有特点。

并联接线方式的主要优点是,一回路因故障被切除后仍能通过另一回路把功率送到系统中去,系统不会失去电源。它的主要缺点在于,线路送端发生短路故障时所有发电机都要受到很大的扰动,大大地增加了保持暂态稳定的困难,而且还可能因非故障线路的过负荷而导致事故的扩大;由于要满足保持暂态稳定的要求,往往往限制了正常输送的功率。

分组接线的优缺点正好与并联接线的相反。当线路送端发生短路时,对无故障组的影响很小,可以大大改善暂态稳定性,甚至可以按静态稳定条件来确定正常输送的功率。但分组接线在线路故障之后,由于线路被切除而导致系统失去部分电源。如果系统有功备用容量不足或远方电厂容量很大,都会使系统出现较大的功率缺额,从而导致对部分用户中断供电。

上述两种接线方式的选择,应根据具体情况合理地决定。也可以根据运行方式及输送功率的大小,在不同时间采用不同的接线方式。

目前我国的 1000 kV 的特高压线路已投入试运行,如果用特高交流输电线路将全国东北、华北、西北、华中、华东、南方等大区域网联成全国交流网络,就会削弱交流同步稳定性。如果要联成全国统一的特大电网,较为合适的是用高压直流输电将这几大区域网分隔成几个独立的同步交流网。

## 19.4.3　切除部分发电机及部分负荷

减少发电机轴上的不平衡功率,可以从增加发电机的电磁功率和减少原动机输入功率这两个方面着手。在减少原动机输入功率方面,如果系统备用容量足够,在切除故障线路的同时,连锁切除部分发电机是一种简单可行和有效的提高暂态稳定的措施。

图 19-15 表示切除部分发电机对暂态稳定性的影响。当线路送端发生三相短路时,如果不切除发电机,则由于加速面积大于可能的减速面积,系统是不稳定的。如果在切除短路

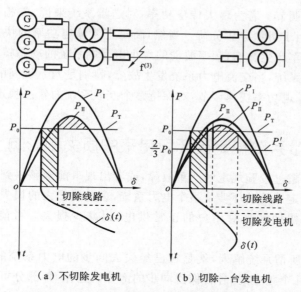

(a)不切除发电机　　　　(b)切除一台发电机

**图 19-15　切除部分发电机对暂态稳定的影响**

后接着切除一台发电机,则相当于等值发电机组的原动机输入功率减少了三分之一。虽然这时等值发电机的电抗也增大了,致使功率特性略有下降。但是,总的来说,切除一台发电机后大大地增大了可能的减速面积,使系统保持了暂态稳定。

应该指出,由于切除部分发电机,系统失去了部分电源,系统频率和电压将会下降。如果切除的发电机容量较大,则在暂态过程的初期阶段虽然保持了各发电机之间的同步,但因系统频率和电压过分下降,可能引起频率崩溃或电压崩溃,最终导致系统失去稳定。为防止发生这种情况,在切除部分发电机之后,可以连锁切除部分负荷,或者根据频率和电压下降的情况来切除部分负荷。

目前,切除部分发电机已在我国各大电力系统中被采用,部分电力系统还附加了切负荷措施。应该指出,切除部分发电机的措施对水电站来说不会产生多大的问题,而对火电站来说,从切机到故障后的恢复将带来较大的热力和燃料的损失。此外,利用现代通信及远动技术实现远方启动、切机等已得到实际应用,进一步的研究还在进行之中。

## 19.4.4　高压直流输电功率的快速调节

高压直流输电作为两大电力系统互联的重要手段,在我国已逐步地得到应用。高压直流输电的传输功率可以通过阀控快速地调节(增大或减小)。当交流电力系统发生故障时,利用高压直流传输功率的快速调节,对提高非同步(指两系统间仅通过高压直流线路互联)和同步(指两系统间既有高压直流线路、又有高压交流线路互联)互联电力系统的稳定性具有良好的效果。

调控信号(包括功率调节量的大小、方向、持续时间等)的选择是至关重要的,应由故障发生的地点、类型等信息综合后得出。

对于非同步互联系统,当送端发生交流系统故障时,为确保送端系统的稳定性而进行高压直流输电功率快速调节。若为增大传输功率,对送端系统来说,就相当于电气制动;若为减小传输功率,则相当于切除有功负荷。当然,高压直流输电功率的快速调节,将对无故障的受端电力系统的频率产生影响,频率波动的大小由受端系统的动态频率特性确定。

对于同步的互联系统,当交流电力系统发生故障,特别是两系统间的交流联络线发生故障时,采用高压直流输电功率快速调节,对保持整个互联系统的暂态稳定性将会有更重要的作用。

## 19.4.5　减少系统稳定破坏所带来的损失和影响

当电力系统出现超过校验规定的严重故障,或者出现事前未预料到的严重扰动时,系统可能会失去稳定。稳定性的破坏涉及整个电力系统,会造成很大的损失。对此,应该事先考虑一些应急措施,尽快地恢复对用户的正常供电,以减少损失。可能采取的措施有以下几点。

(1) 系统解列。所谓系统解列,就是在已经失去同步的电力系统的适当地点断开互联开关,把系统分解成几个独立的、各自保持同步的部分。这样,各部分可以继续同步地工作,保证对用户的供电。在事故消除后,经过调整,再把各部分并列起来,恢复正常运行方式。

解列点的选择应使解列后系统各部分的电源和负荷大致平衡,否则,解列后某些部分系统的频率和电压可能会过分降低(或升高),影响各部分系统的稳定工作和供电的可靠性。图 19-16(a)表示解列点选择正确,而图 19-16(b)表示解列点选择不正确。但是,在实际电力系统中,一般不易找到理想的解列点,特别是在复杂电力系统中,要把系统分解,解列点也不止一处,因而增加了选择的困难。另外,随着运行方式的改变,解列点也应作相应的变动。

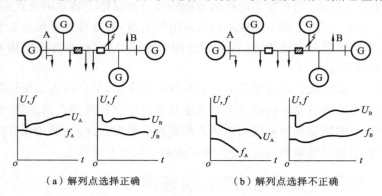

(a) 解列点选择正确　　　　　　　　(b) 解列点选择不正确

**图 19-16　解列点的正确选择**

解列操作方式也是应该注意的一个问题。对分散控制方式,可以采用比较功率、检测功率方向或检测系统振荡情况等办法来发出操作命令(跳闸脉冲);对集中控制方式,可以由中心调度所的计算机或调度人员发出操作命令。

(2) 允许短时间异步运行,采取措施,促使再同步。如果系统的稳定被破坏不是由于发电机本身的原因引起的,则可以考虑允许因稳定破坏而转入异步运行的发电机继续留在系统中工作,并采取措施,促使它再同步。异步运行时,发电机仍能向系统提供有功功率。同时,由于发电机并未停机,这也能缩短系统恢复正常运行所需的时间。

当个别发电机由于励磁系统故障而失磁时,只要故障不危及发电机的继续运行,并且系统的无功足够,就可以不必立即切除失磁的发电机,而让它在系统中作异步运行,待励磁系统故障消除后,重新投入励磁,使它牵入同步,恢复正常运行。

# 小　结

在电力系统的规划设计和实际运行中,都必须进行稳定性校验,在不满足要求时,应采取必要的措施,确保系统具有符合规定的稳定性。

提高稳定性的一般原则:为了提高静态稳定,应尽可能地提高电力系统的功率极限和抑制自发振荡;为了提高暂态稳定,应尽可能地减小发电机受大扰动后相对运动的振荡幅度。

本章从改善电力系统基本元件的特性和参数、采用附加装置和改善电力系统运行方式等三个方面,介绍了目前已得到实际应用的一些提高稳定性的措施。在学习这些内容时,应掌握好以下几点。

对每一种提高稳定性的措施,了解其所依据的原理。能熟练地应用面积定则分析在一些措施作用下的暂态稳定过程。

搞清楚每一种措施对静态稳定和暂态稳定的作用。一般说,提高静态稳定性的措施对改善暂态稳定性都会有好处;凡是在系统受大扰动后才投入或才能起作用的措施都是仅对提高暂态稳定性有效。

学会全面地分析每种措施的技术经济特性,了解该措施除了提高稳定性以外对系统运行在技术上和经济上还带来哪些影响。

# 习　题

19-1　简单系统示于题 19-1 图,已知条件如下。发电机参数:$x'_d = x_2 = 0.2$,$T_J = 10$ s。变压器电抗:$x_{T1} = 0.11$,$x_{T2} = 0.10$。线路电抗:双回 $x_L = 0.42$。系统运行初态:$U_0 = 1.0$,$S_0 = 1.0 + j0.2$。线路首端 f 点发生三相短路,故障切除时间为 0.1 s,试判断系统的暂态稳定性。

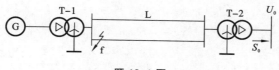

**题 19-1 图**

19-2　系统接线,参数和故障条件同上题,为保证系统暂态稳定,试确定极限切除时间 $t_{c.lim}$。

19-3　系统接线及参数同题 19-1,f 点发生两相短路接地,故障切除时间为 0.1 s,试判断系统的暂态稳定。若不稳定,假定重合闸能够成功,试确定保持暂态稳定的重合闸极限允许时间 $t_{t.lim}$(即重合闸必须在此之前实现)。线路的零序电抗为正序电抗的 3 倍。

19-4　电力系统如题 19-4 图所示,三台发电机型号相同,参数相同。三台发电机并联

后的等值参数为 $x'_d = 0.25, T_J = 12$ s。变压器电抗为 $x_{T1} = 0.12, x_{T2} = 0.1$。双回线路电抗为 $x_L = 0.38$。系统运行初态为 $U_0 = 1.0, S_0 = 1.0 + j0.2$。线路首端 f 点发生三相短路，故障切除时间为 0.1 s，试判断系统的暂态稳定性。

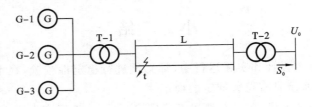

**题 19-4 图**

19-5 系统及计算条件如题 19-4，但在故障发生后 0.2 s 切除一台发电机，试计算并判断系统的暂态稳定性。

19-6 系统及计算条件如题 19-4，试确定为保持暂态稳定而切除一台发电机组的极限允许时间 $t_{cG.lim}$（从故障发生算起）。

19-7 系统及故障条件同题 19-3，不使用重合闸，但在变压器 T-1 的中性点接入小电阻，试选一电阻值使系统能获得暂态稳定（不要求刚好能保持暂态稳定）。

# 习 题 答 案

说明:要求用图形或文字回答的题均不列出答案。

**第 9 章**

9-1  $P_{av}=85\ MW;k_m=0.7083;\alpha=0.4167;\Delta P_m=70\ MW$。

9-2  年平均负荷 $P_{av(y)}=85\ MW;T_{max}=6205\ h$。

9-3  $A=5.034\times10^8\ kW\cdot h;T_{max}=5304\ h,P_{av}=60.548\ MW$。

9-4  $S'_{LD}=(9.7+j4.5)\ MV\cdot A$。

**第 10 章**

10-1  取 $D_S=0.9r$

(1) $\Delta\dot{U}=(14.416+j12.625)\ kV$;电压损耗$=15.0814\ kV$(或 13.71%);

(2) $\Delta S_{zl}=(2.817+j8.417)\ MV\cdot A;\eta=93.71\%$;

(3) 电压偏移:首端为$+9.165\%$;末端为$-4.545\%$。

10-2  (1) $\Delta\dot{U}=(9.825+j14.162)\ kV$;电压损耗$=10.695\ kV$(或 9.72%);

(2) $\Delta S_{zl}=(2.2792+j6.8098)\ MV\cdot A;\eta=94.853\%$;

(3) 电压偏移:首端为$+5.17\%$;末端为$-4.545\%$。

10-3  (1) 以 MV·A 为单位,首、末端功率圆的圆心坐标分别为 $O_1(92.814,275.681)$,$O_2(-92.814,-275.681)$,圆的半径为 $\rho_1=\rho_2=292.518$;

(2) $Q_2=16.081\ Mvar$, $P_1=44.25\ MW,Q_1=-12.777\ Mvar$;

(3) $P_{1m}=385.332\ MW,\delta=108.5°$; $P_{2m}=199.704\ MW,\delta=71.5°$。

10-4  取 $D_s=0.9r,r_0=0.01969\ \Omega/km,x_0=0.277\ \Omega/km,b_0=3.974\times10^{-6}\ S/km$。

(1) $\gamma=1.0505\times10^{-3}\angle87.967°\ km^{-1},\beta=3.7267\times10^{-5}\ km^{-1},\alpha=1.04985\times10^{-3}\ km^{-1}$;

(2) $Z_c=264.346\angle-2.033°\ \Omega,S_n=945.73\angle-2.033°\ MV\cdot A$;

(3) $\dot{A}=\dot{D}=0.7764\angle1.13°,\dot{B}=166.843\angle86.26°\ \Omega,\dot{C}=0.00239\angle90.326°\ S$;

(4) 精确参数:$Z=10.883+j166.487\ \Omega,Y=(0.0782+j26.882)\times10^{-4}\ S$;

不计分布特性的近似参数:$Z=(12.805+j180.18)\ \Omega,Y=j25.831\times10^{-4}\ S$;

对近似参数作修正后:$Z=(10.814+j166.164)\ \Omega,Y=j26.832\times10^{-4}\ S$。

10-5  无损线 $Z_c=264\ \Omega,\alpha=1.0492\times10^{-3}\ km^{-1},U_2=644.08\ kV$,过电压倍数为 1.288。

10-6  $Q_{LN}=199.49\ Mvar$。

10-7  $P_2=0.7P_n$ 时,中间点电压 $\dot{U}_{mid}=485.52\angle13.95°\ kV$,首端电压 $\dot{U}_1=446.46\angle29.61°\ kV$;

$P_2=1.3P_n$ 时,$\dot{U}_{mid}=518.93\angle24.77°\ kV,\dot{U}_1=564.39\angle46.55°\ kV$。

10-8  $P_2=0.7P_n$ 时,$Q_2=181.96\ Mvar,\dot{U}_{mid}=516.77\angle13.09°\ kV$;

$P_2=1.3P_n$ 时,$Q_2=-305.18\ Mvar,\dot{U}_{mid}=470.54\angle27.52°\ kV$。

10-9  (1) 以 MV·A 为单位的坐标图上,首、末端功率圆图的圆心坐标为 $O_1(98.768,1159.211)$,$O_2(-98.768,-1159.211)$,圆的半径为 1498.469。

(2) $P_{m1}=1597.237\ MW,P_{m2}=1399.70\ MW$。

(3)

| $P_2/P_n$ | 0.8 | 0.9 | 1.0 | 1.1 | 1.2 |
|---|---|---|---|---|---|
| $Q_2/\text{Mvar}$ | 71.106 | −0.299 | −84.76 | −185.636 | −308.53 |
| $P_1/\text{MW}$ | 787.737 | 889.728 | 994.50 | 1101.439 | 1211.122 |
| $Q_1/\text{Mvar}$ | −171.994 | −113.499 | −42.069 | 45.632 | 155.18 |
| $P_2/P_1$ | 0.9617 | 0.9567 | 0.9510 | 0.9445 | 0.937 |

10-10　(1) $P_m = 83.62$ MW, $U_{cr} = 63.79$ kV;

　　　　(2) $U = 87.69$ kV;

　　　　(3) $P = 50.66$ MW。

10-11　$\cos\varphi = 0.914$。

**第 11 章**

11-1　(1) Ⅰ线路: $\Delta\dot{U} = (30.382 + j27.622)$ kV;电压损耗 $= 28.612$ kV(13%);

　　　　　Ⅱ变压器: $\Delta\dot{U} = (17.411 + j19.93)$ kV;电压损耗 $= 16.416$ kV(7.462%);

　　　　　Ⅲ输电系统电压损耗 $= 45.028$ kV(20.46%)。

　　　(2) $S_{11} = (158.7714 + j83.2368)$ MV·A; $\eta = 94.475\%$;

　　　(3) 电压偏移:A端为 $+11.36\%$;B端为 $-1.642\%$;C端为 $+5.25\%$。

11-2　(1) $U_G = 40.491$ kV;电压偏移为: $+304.91\%$;工频过电压倍数 $= 4.049$;

　　　　　$U_2 = 989.337$ kV;电压偏移为: $+349.7\%$;工频过电压倍数 $= 4.497$;

　　　(2) $U_2 = 256.557$ kV;电压偏移为: $+16.62\%$;工频过电压倍数 $= 1.166$。

11-3　经过两轮迭代计算,已满足精度要求,计算结果如下:

　　　$S'_{cd} = (0.40142 + j0.28083)$ kV·A;　　$S'_{bc} = (0.80740 + j0.58565)$ kV·A;

　　　$S'_{ef} = (0.40255 + j0.30140)$ kV·A;　　$S'_{eg} = (0.50246 + j0.35132)$ kV·A;

　　　$S'_{be} = (1.52945 + j1.07819)$ kV·A;　　$S'_{bh} = (0.50362 + j0.40201)$ kV·A;

　　　$S'_{ab} = (3.53566 + j2.63043)$ kV·A;

　　　$U_b = 10.1553$ kV;　$U_c = 10.0771$ kV;　$U_d = 10.0434$ kV;　$U_e = 9.9673$ kV;

　　　$U_f = 9.9102$ kV;　$U_g = 9.9222$ kV;　$U_h = 10.0909$ kV。

11-4　(1) $S_{AB} = (15 + j11.038)$ MV·A; $S_{AC} = (15 + j11.8777)$ MV·A; $S_{BC} = (−5 − j2.8397)$ MV·A;

　　　　　闭环: $\Delta U_{max} = 3.202\%$;AB断开: $\Delta U_{max} = 8.141\%$(均只计纵分量);

　　　(2) $S_{AB1} = (15.3784 + j10.8886)$ MV·A; $S_{AB2} = (15 + j11.6793)$ MV·A(指线路端口,包括电容功率,下同);

　　　　　$S_{AC1} = (15.328 + j11.823)$ MV·A; $S_{AC2} = (15.0271 + j12.3939)$ MV·A;

　　　　　$S_{CB1} = (5.0271 + j2.3939)$ MV·A; $S_{CB2} = (5 + j3.3207)$ MV·A;

　　　　　闭环: $\Delta U_{max} = 3.1649\%$;AB断开: $\Delta U_{max} = 8.408\%$;

　　　(3) $S_{AB} = (15.1004 + j11.4024)$ MV·A; $S_{AC} = (14.8996 + j11.5387)$ MV·A; $S_{CB} = (4.8996 + j2.488)$ MV·A;

　　　　　闭环: $\Delta U_{max} = 3.2644\%$;AB断开: $\Delta U_{max} = 8.854\%$。

11-5　(1) $S_{AC1} = (27.812 + j23.035)$ MV·A; $S_{AC2} = (26.49 + j20.979)$ MV·A;

　　　　　$S_{AB1} = (29.8936 + j22.5420)$ MV·A; $S_{AB2} = (28.7556 + j20.772)$ MV·A;

　　　　　$S_{BC1} = (3.7556 + j2.7720)$ MV·A; $S_{BC2} = (3.7146 + j2.735)$ MV·A;

　　　　　$S_{CD1} = (30.2046 + j23.714)$ MV·A; $S_{CD2} = S_{LD} = (30 + j20)$ MV·A;

$\Delta S_{1AB}=(1.138+j1.77)$ MV・A;$\Delta S_{1AC}=(1.322+j2.056)$ MV・A,$\Delta S_{1BC}=(0.041+j0.037)$ MV・A;

$\Delta S_T=(0.2046+j3.714)$ MV・A;

(2) $U_A=115.41$ kV;$U_B=109.29$ kV;$U_D=10.1$ kV;

(3) 有功、无功分点均为 C。

11-6 (1) $S_{AC}=(18.096+j12.228)$ MV・A;$S_{DC}=(5.1091+j3.6405)$ MV・A;$S_{BD}=(19.2512+j15.4024)$ MV・A;

(2) $\dot{U}_B=115.36\angle0.26°$ kV

11-7 (1) $S_T=\frac{1}{2}S_{LD}=(4.25+j2.635)$ MV・A$=5.0\angle31.8°$ MV・A;

(2) $S_{T1}=(4.4982+j4.4688)$ MV・A$=6.34\angle44.8°$ MV・A;

$S_{T2}=(4.0312+j0.8012)$ MV・A$=4.11\angle11.24°$ MV・A。

11-8 (1) $S_{T1}=(8.8615+j6.8316)$ MV・A$=11.189\angle37.63°$ MV・A;$S_{T2}=(13.5385+j9.9684)$ MV・A$=16.812\angle36.36°$ MV・A;

(2) 取 T-2 的抽头比 T-1 的低 2.5% 时,

$S'_{T1}=(8.6992+j4.8029)$ MV・A$=9.937\angle28.9°$ MV・A;$S'_{T2}=(13.7008+j11.9971)$ MV・A$=18.211\angle41.21°$ MV・A。

11-9 节点电压初值取为 $U_1=U_2=U_3=U_4=1.0$,允许误差取为 $\varepsilon=10^{-4}$,经两轮牛顿迭代,结果如下

$U_1=0.998175$; $U_2=1.000535$; $U_3=0.997259$; $U_4=1.0$; $P_4=0.25106$。

支路功率:$P_{41}=0.18254$;$P_{14}=-0.18221$;$P_{21}=0.11806$;$P_{12}=-0.11779$;$P_{23}=0.08193$;$P_{32}=-0.08166$;$P_{34}=-0.06833$;$P_{43}=0.06852$。

11-10

(1)

$$Y=\begin{bmatrix} 0.049751 & -0.028090 & -0.021661 \\ -j0.078638 & +j0.044944 & +j0.033694 \\ -0.028090 & 0.050731 & -0.022642 \\ +j0.044944 & -j0.065699 & +j0.020755 \\ -0.021661 & -0.022642 & 0.044302 \\ +j0.033694 & +j0.020755 & -j0.054449 \end{bmatrix}$$

(2) 电压用直角坐标系表示,取初值为:$e_1^{(0)}=115$ kV,$e_2^{(0)}=e_3^{(0)}=110$ kV;$f_1^{(0)}=f_2^{(0)}=f_3^{(0)}=0$。第一次求解的修正方程为

$$-\begin{bmatrix} -7.451559 & -5.440004 & 2.283019 & 2.490566 \\ 5.720903 & -7.002119 & -2.490566 & 2.283019 \\ 2.283019 & 2.490566 & -6.157868 & -4.764934 \\ -2.490566 & 2.283019 & 4.981541 & -5.820925 \end{bmatrix}\begin{bmatrix} \Delta f_2^{(0)} \\ \Delta e_2^{(0)} \\ \Delta f_3^{(0)} \\ \Delta e_3^{(0)} \end{bmatrix}=\begin{bmatrix} \Delta P_2^{(0)} \\ \Delta Q_2^{(0)} \\ \Delta P_3^{(0)} \\ \Delta Q_3^{(0)} \end{bmatrix}$$

(3) 根据电压初值可算出

$\Delta P_2^{(0)}=-4.550544,\Delta Q_2^{(0)}=9.719181,\Delta P_3^{(0)}=-13.086640,\Delta Q_3^{(0)}=0.531980$;

并解出

$\Delta f_2^{(0)}=-1.788792,\Delta e_2^{(0)}=0.416354,\Delta f_3^{(0)}=-2.051051,\Delta e_3^{(0)}=-0.735251$;

$\dot{U}_2^{(1)}=(110.416354-j1.788792)$ kV$=110.43084\angle-0.9281°$ kV;

$\dot{U}_3^{(1)}=(109.264749-j2.051051)$ kV$=109.283997\angle-1.0754°$ kV。

11-11 取 $\varepsilon=10^{-4}$,经两轮迭代计算结果如下

$\dot{U}_1=115\angle0°$ kV,$\dot{U}_2=(110.379068-j1.794858)$ kV$=110.39370\angle-0.9316°$ kV;

$$\dot{U}_3 = (109.216131 - j2.045511) \text{ kV} = 109.23530\angle -1.07297° \text{ kV};$$
$$S_1 = (46.5375 + j35.4018) \text{ MV} \cdot \text{A};$$
$$S_{13} = (22.3335 + j17.3163) \text{ MV} \cdot \text{A}; \quad S_{31} = (-21.5183 - j16.0482) \text{ MV} \cdot \text{A};$$
$$S_{12} = (24.2040 + j18.0855) \text{ MV} \cdot \text{A}; \quad S_{21} = (-23.5137 - j16.9810) \text{ MV} \cdot \text{A};$$
$$S_{23} = (3.5137 + j1.9810) \text{ MV} \cdot \text{A}; \quad S_{32} = (-3.4817 - j1.9518) \text{ MV} \cdot \text{A}。$$

### 第 12 章

12-1 (1) $U_{LD} = 102.627$ kV；$S'_{LD} = (80 + j62.524)$ MV·A；发电机增送到负荷点的无功为 $\Delta Q_G = 2.46$ Mvar；

(2) $\Delta Q_G = 12$ Mvar。

12-2 $U_t = U_N = 35$ kV。

12-3 $U_t = U_N = 121$ kV。

12-4 $U_{\text{I} t} = 1.05 U_{NT} = 115.5$ kV；$U_{\text{II} t} = U_{NT} = 38.5$ kV。

12-5 $U_{tT2} = 0.95 U_{NT} = 9.5$ kV；$U_{tT1} = U_{NT} = 10$ kV；$U_{A\max} = 10.374$ kV；$U_{A\min} = 10.276$ kV。

12-6 (1) $U_t = 1.05 U_{NT} = 115.5$ kV；$Q_C = 20.91$ Mvar，选 $Q_{CN} = 20$ Mvar；

(2) $U_t = U_{NT} = 110$ kV；$Q_C = 13.16 > 7.5$ Mvar，选 $Q_{CN} = 15$ Mvar。

12-7 (1) $U_{LD} = 9.148$ kV；

(2) $U'_{LD} = 9.2838$ kV；$Q_{LD} = 20.4644$ Mvar。

12-8 (1) 并联补偿 $Q_C = 1.231$ Mvar；串联补偿 $Q_C = 3.693$ Mvar；

(2) 并联补偿 $Q_{CN} = 4.298$ Mvar(357 个)；

串联补偿 $Q_{CN} = 9.108$ Mvar(759 个)。

### 第 13 章

13-1 (1) $K_{D*} = 1.3$；(2) $K_{D*} = 1.2525$。

13-2 (1) $\Delta f = -0.3$ Hz；(2) $\Delta f = -1.2$ Hz。

13-3 (1) $\Delta f = -0.272$ Hz；(2) $\Delta f = -0.857$ Hz。

13-4 $\Delta f = -0.166$ Hz。

13-5 (1) $\Delta f = -0.6$ Hz；(2) $\Delta f = -0.6$ Hz。

13-6 $\Delta f = -0.0943$ Hz；$\Delta P_{AB} = -19.811$ MW。

13-7 (1) $f = 49.815$ Hz；$\Delta P_{AB} = 53.835$ MW；$\Delta P_{GA} = 49.95$ MW；$\Delta P_{DA} = -3.885$ MW；

$\Delta P_{GB} = 88.8$ MW；$\Delta P_{DB} = -7.215$ MW；

(2) $\Delta f_{\min} = -0.096$ Hz。

### 第 14 章

14-1 $\Delta A = 7.20 \times 10^6$ kW·h。

14-2 $\Delta A = 5.35 \times 10^6$ kW·h；$\Delta F = 37$ 万元。

14-3 $\Delta A = 1.4597 \times 10^6$ kW·h；$\Delta F = 114.806$ 万元。

14-4 $\Delta A = 1.382 \times 10^6$ kW·h。

14-5 $\Delta A_T = 1.8481 \times 10^6$ kW·h。

14-6 $\Delta A_T = 1.5853 \times 10^6$ kW·h。

14-7 $S_{cr} = 1183.216$ kV·A。

14-8 负荷功率 $S \leq 854.3$ kV·A 时，一台小容量变压器投入运行；$854.3$ kV·A$<S\leq 2471.66$ kV·A 时，换用一台大容量变压器；$S > 2471.66$ kV·A 时，两台变压器并联运行。

14-9 (1) $P_{LD} = 850$ MW 时；$P_{G1} = 295.833$ MW；$P_{G2} = 554.167$ MW；(2) $P_{LD} = 550$ MW 时；$P_{G1} = 200$

MW;$P_{G2}=350$ MW。

14-10　$\gamma=0.4235,0\sim8$ 小时,$P_H=50.54$ MW,$P_T=299.46$ MW;

8$\sim$18 小时,$P_H=204.691$ MW,$P_T=495.309$ MW;

18$\sim$24 小时,$P_H=116.604$ MW,$P_T=383.396$ MW;

$W_\Sigma=2.00008\times10^7$ m³。

## 第 15 章

15-3　(1) $T_{J1N}=7.211$ s;$T_{J2N}=7.31$ s;(2) $T_{Jeq}=19.233$ s。

15-4　$C_1=3361.5,C_2=1,C_3=1682.24,C_4=18000,C_5=0.0935$。

## 第 16 章

16-1　取 $S_B=220$ MV·A,$U_{BⅢ}=115$ kV。

| $\delta°$ | 0 | 30 | 56.98 | 60 | 90 | 120 | 150 | 180 |
|---|---|---|---|---|---|---|---|---|
| $P_{Eq}=P_Ⅲ$ | 0.000 | 0.597 | 1.000 | 1.033 | 1.193 | 1.033 | 0.597 | 0.000 |
| $Q_Ⅲ$ | 0.746 | 0.586 | 0.203 | 0.149 | −0.447 | −1.044 | −1.480 | −1.640 |
| $E'_q$ | 1.585 | 1.498 | 1.289 | 1.260 | 0.935 | 0.610 | 0.372 | 0.285 |
| $E'$ | 1.585 | 1.533 | 1.400 | 1.380 | 1.139 | 0.830 | 0.494 | 0.285 |
| $U_G$ | 1.398 | 1.351 | 1.230 | 1.212 | 0.992 | 0.707 | 0.382 | 0.126 |

振荡中心在发电机内,距系统母线的电抗值为 0.61。

16-2　取 $S_B=220$ MV·A,$U_{BⅢ}=115$ kV,$E'_{q0}=1.289$。

| $\delta°$ | 0 | 30 | 56.98 | 60 | 90 | 115.193 | 120 | 150 | 180 |
|---|---|---|---|---|---|---|---|---|---|
| $P_{E'q}=P_Ⅲ$ | 0.000 | 0.464 | 1.000 | 1.065 | 1.644 | 1.807 | 1.782 | 1.181 | 0.000 |
| $Q_Ⅲ$ | 0.369 | 0.355 | 0.203 | 0.168 | −0.447 | −1.297 | −1.476 | −2.492 | −2.919 |
| $E_q$ | 1.825 | 2.073 | 2.668 | 2.751 | 3.678 | 4.467 | 4.605 | 5.283 | 5.531 |
| $E'$ | 1.289 | 1.329 | 1.400 | 1.407 | 1.444 | 1.417 | 1.407 | 1.329 | 1.289 |
| $U_G$ | 1.196 | 1.215 | 1.230 | 1.228 | 1.162 | 1.011 | 0.974 | 0.710 | 0.556 |

振荡中心在线路上,距系统母线的电抗为 0.343。

16-3　取 $S_B=220$ MV·A,$U_{BⅢ}=115$ kV。

| $\delta°$ | 0 | 30 | 43.67 | 60 | 81.86 | 90 | 120 | 150 | 180 |
|---|---|---|---|---|---|---|---|---|---|
| $P_{Eq}=P_Ⅲ$ | 0.000 | 0.738 | 1.000 | 1.218 | 1.323 | 1.309 | 1.05 | 0.57 | 0.000 |
| $Q_Ⅲ$ | 0.658 | 0.434 | 0.203 | −0.142 | −0.656 | −0.845 | −1.451 | −1.833 | −1.96 |
| $E'_q$ | 1.502 | 1.435 | 1.363 | 1.251 | 1.07 | 0.999 | 0.748 | 0.563 | 0.496 |
| $E'$ | 1.502 | 1.446 | 1.385 | 1.288 | 1.127 | 1.061 | 0.809 | 0.591 | 0.496 |
| $U_G$ | 1.351 | 1.293 | 1.230 | 1.129 | 0.959 | 0.888 | 0.602 | 0.304 | 0.045 |

振荡中心距系统母线的电抗为 0.51,在变压器 T-1 内。

16-4　取 $S_B=220$ MV·A,$U_{BⅢ}=115$ kV;$P_{Eq}(\delta)=0.0636+1.2\sin(\delta-1.13°)$;$P_{Eqm}=1.264$;$\delta_{Eqm}=90.13°$。

16-6　(1) 矩阵消元法：

$$Z_{11}=0.07379+j0.8468=0.85\angle85.02°;\alpha_{11}=4.98°;$$

$$Z_{22}=0.1692+j0.4278=0.46\angle68.42°;\alpha_{22}=21.58°;$$

$$Z_{12}=-0.4818+j1.1967=1.29\angle111.93°;\alpha_{12}=-21.93°。$$

(2) 网络变换法：

$$Z_{11}=0.07374+j0.8468=0.85\angle85.06°;\alpha_{11}=4.94°;$$

$$Z_{22}=0.1707+j0.4293=0.462\angle68.31°;\alpha_{22}=21.69°;$$

$$Z_{12}=-0.4836+j1.2067=1.3\angle111.84°;\alpha_{12}=-21.84°。$$

16-7　$P_{G1}=0.2046+1.496\sin(\delta_{12}+21.93°);P_{G11}=0.2046;P_{G1m}=1.7006;\delta_{12m(G1)}=68.07°;$

$P_{G2}=1.4865-1.496\sin(\delta_{12}-21.93°)=1.4865+1.496\sin(\delta_{21}+21.93°);$

$P_{G22}=1.4865;P_{G2m}=2.982;\delta_{21m(G2)}=68.07°。$

16-8　$E_q=E_Q\left(1+\dfrac{X_d-X_q}{|Z_{11}|}\cos\alpha_{11}\right)-\dfrac{U(X_d-X_q)}{|Z_{12}|}\cos(\delta-\alpha_{12});$

$E_Q=\left[E_q+\dfrac{U(X_d-X_q)}{|Z_{12}|}\cos(\delta-\alpha_{12})\right]\Big/\left(1+\dfrac{X_d-X_q}{|Z_{11}|}\cos\alpha_{11}\right);$

$E'_q=E_Q\left(1-\dfrac{X_q-X'_d}{|Z_{11}|}\cos\alpha_{11}\right)+\dfrac{U(X_q-X'_d)}{|Z_{12}|}\cos(\delta-\alpha_{12})$

$=\left[E_q\left(1-\dfrac{X_q-X'_d}{|Z_{11}|}\cos\alpha_{11}\right)+\dfrac{U(X_d-X'_d)}{|Z_{12}|}\cos(\delta-\alpha_{12})\right]\Big/\left(1+\dfrac{X_d-X_q}{|Z_{11}|}\cos\alpha_{11}\right);$

$U_{Gq}=E_Q\left(1-\dfrac{X_q}{|Z_{11}|}\cos\alpha_{11}\right)+\dfrac{UX_q}{|Z_{12}|}\cos(\delta-\alpha_{12})$

$=\left[E_q\left(1-\dfrac{X_q}{|Z_{11}|}\cos\alpha_{11}\right)+\dfrac{UX_d}{|Z_{12}|}\cos(\delta-\alpha_{12})\right]\Big/\left(1+\dfrac{X_d-X_q}{|Z_{11}|}\cos\alpha_{11}\right)。$

**第 17 章**

17-1　(1) $\delta_{c\cdot lim}=56.21°。$

17-4　$\delta_{c\cdot lim}=-135.361°。$

17-5　$\delta_c=45.64°<\delta_{c\cdot lim}=56.21°$，故系统能保持暂态稳定。

17-6　经 0.7 s 后，角度开始减小，故系统能保持暂态稳定。

17-7　能保持系统暂态稳定。

**第 18 章**

18-1　(1) $f_e=0.726$ Hz；(2) $f_e=0.407$ Hz。

18-2　(1) $f_e=0.685$ Hz；(2) $\delta=86.25°。$

18-3　(1) $P_{Gm}=1.9037$；(2) $P_{sl}=1.894。$

18-4　$K_V=5.734。$

18-5　(1) $P_{Eqm}=1.1654；K_p=29.49\%$；(2) $P_{E'm}=1.5637；K_{(p)}=73.74\%。$

18-6　(1) $P_{Gm}=1.5868；K_{sm(P)}=5.79\%$；(2) $K_{Lm(P)}=20.09\%$；(3) $P_{Gm}=2.006；K_{sm(P)}=33.73\%。$

**第 19 章**

19-1　$\delta_c=44.4446°>\delta_{c\cdot lim}=37.92°$；或加速面积 0.157＞可能的减速面 0.0713，故系统不能保持暂态稳定。

19-2　$t_{c\cdot lim}=0.05253$ s。

19-3　先确定 $\delta_{c\cdot lim}=39.4035°。$

(1) 用分段计算法，取 $\Delta t=0.05$ s，算得切除角 $\delta_c=42.0951°$，故系统不能保持暂态稳定。

（2）$t_{r \cdot lim} = 0.935$ s（从故障发生算起）。

19-4 因 $\delta_c = 43.498° > \delta_{c \cdot lim} = 41.6946°$，故系统不能保持暂态稳定。

19-5 因为加速面积比最大可能的减速面积小 0.2535，故系统能保持暂态稳定。

19-6 极限切除一台发电机的角度 $\delta_{cG \cdot lim} = 126.17°$，由此可求出允许切除一台发电机的极限时间 $t_{cG \cdot lim} = 0.59737$ s。

19-7 $r_n = 0.01$。

# 参 考 文 献

[1]　陈珩.电力系统稳态分析[M].第二版.北京:水利电力出版社,1995.

[2]　李光琦.电力系统暂态分析[M].第二版.北京:水利电力出版社,1995.

[3]　韩祯祥,吴国炎等.电力系统分析[M].杭州:浙江大学出版社,1993.

[4]　华智明,岳湖山.电力系统稳态计算[M].重庆:重庆大学出版社,1991.

[5]　陆敏政.电力系统习题集[M].北京:水利电力出版社,1990.

[6]　东北电业管理局调度通信中心.电力系统运行操作与计算[M].沈阳:辽宁科学技术出版社,1996.

[7]　西安交通大学等六院校.电力系统计算[M].北京:水利电力出版社,1978.

[8]　西安交通大学,西北电力设计院,电力工业部西北勘测设计院.短路电流实用计算方法[M].北京:电力工业出版社,1982.

[9]　Elgerd O I. Electric Energy System Theory—An Introduction[M]. [S. l. ]:McGraw-Hill Book Co. ,1982.

[10]　Nagrath I J, Kothari D R. Modern Power System Analysis[M]. New Delhi:Tata McGraw-Hill Publishing Company,1989.

[11]　Kundur P. Power System Stability and Control[M]. New York:McGraw-Hill,1994.

[12]　Grainger J J, Stevenson W D. Power System Analysis[M]. [S. l. ]:McGraw-Hill, 1994.

[13]　Ульянов С А. Электромагнитные переходные процессы в электрических системах [M]. Издательство Энергия, 1964.

[14]　Venikov V A. Transient Processes in Electrical Power Systems[M]. [S. l. ]:Mir Publishers,1980.

[15]　安德逊 P M,佛阿德 A A.电力系统的控制与稳定[M].第一卷.《电力系统的控制与稳定》翻译组,译.北京:水利电力出版社,1979.

[16]　张钟俊.电力系统电磁暂态过程[M].北京:中国工业出版社,1961.

[17]　日丹诺夫 П С著,张钟俊译.电力系统稳定[M].上海:龙门联合书店,1953.

[18]　肖湘宁,郭春林.电力系统次同步振荡及其抑制方法[M].北京:机械工业出版社,2014.

[19]　梅桂华,温增银.多机电力系统低频振荡及其等值问题:全国高校电力系统及其自动化专业第三届学术年会论文集[C].[出版者不详],1987.

[20]　王大光,温增银,何仰赞.电力系统弱联的功率振荡研究[J].电网技术,1987(3~4).